帮你学会做设计丛书

建筑给水排水工程设计指导

罗卫东　主编

中国建筑工业出版社

图书在版编目(CIP)数据

建筑给水排水工程设计指导/罗卫东主编．—北京：中国建筑工业出版社，2010.8
（帮你学会做设计丛书）
ISBN 978-7-112-12269-1

Ⅰ.①建… Ⅱ.①罗… Ⅲ.①建筑-给水工程-工程设计②建筑-排水工程-工程设计 Ⅳ.①TU82

中国版本图书馆 CIP 数据核字（2010）第 135097 号

本书按照建筑给水排水设计要求，系统详细讲解了建筑给水排水设计的相关专业知识、基础知识、设计计算、设计作图、相关专业互提条件等设计步骤和内容。针对设计人员在工程设计中经常遇到的难点问题，本书以答疑解惑的形式进行重点讲解指导。

本书编写突出了“依据规范做设计”的设计思想，可以帮助初学设计的工程技术人员和在校学生深入了解建筑给水排水设计规范的要求和各个阶段的设计深度，切实掌握建筑给水排水工程的正确设计方法。

* * *

责任编辑：石枫华
责任设计：董建平
责任校对：王金珠 陈晶晶

帮你学会做设计丛书
建筑给水排水工程设计指导
罗卫东 主编
*
中国建筑工业出版社出版、发行（北京西郊百万庄）
各地新华书店、建筑书店经销
北京千辰公司制版
廊坊市海涛印刷有限公司印刷
*
开本：787×1092 毫米 1/16 印张：22½ 字数：560 千字
2010 年 9 月第一版 2015 年 8 月第二次印刷
定价：**55.00** 元
ISBN 978-7-112-12269-1
（19538）

出 版 说 明

对于市政与环境工程专业初学设计的学生或者是刚刚从事实际工程设计的设计者常常会有这样的疑惑：面对大量的原始工程设计资料，不知如何进行设计的准备工作和开始方案规划；在具体工程设计过程中，不知如何具体按规范进行设计；在施工图设计阶段，不知道如何与相关专业配合、互提要求，使设计切实可行。

以许多进行毕业设计的学生为例，他们在进行专业设计时，往往是在指导老师的口头指导下或者参照先前的设计说明书和图纸进行设计的。在设计的过程中，很多遇到的问题不能及时得到指导，而且由于某些初学者参照的设计计算或者作图是错误的、不规范的，因此这些“范例”实际上向初学者传递的是错误的知识。

市政与环境工程专业的工程设计，要依规范，并根据实际设计资料与设计目标的要求，科学、合理地确定设计对象参数，并通过准确的计算来完成设计目标，最后通过规范的作图来表现设计结果。

目前，已出版的市政与环境工程专业设计指导图书可分为两大类：一类是资料性质的参考用书，可供设计者在设计过程中随时备查。这类图书对于成熟的工程设计人员具有很好的参考价值，但是对于初学者，由于此类图书的内容很少涉及设计步骤和设计指要，所以即使资料很完备，他们也不知道从何下手。另一类是课程设计类的参考用书，这类书提供了很多设计算例，对学生进行课程设计很有帮助。但是对于从事实际工程项目设计的初学者，由于书中所讲的算例都是单个设计目标为对象进行的，未涉及到相关条件的配合以及具体的施工图，因此，这类算例的结果基本上是理论上的结果，与实际工程项目设计的要求还有差距。

为了帮助市政与环境工程专业的初学设计者全面、系统和准确地学会工程设计程序与方法，掌握规范、标准的设计技能，我们策划出版了《帮你学会做设计丛书》。本套丛书的特色是：

（1）突出工程设计的本质规律，将“依据规范做设计”的理念贯穿始终。全书对知识点讲解都围绕着标准规范进行，使读者真正理解工程实际的设计要求。

（2）可读性好，针对性突出。书中层次按照实际工程设计的实际程序编排，有步骤地引导初学者熟悉和了解工程设计步骤，使初学设计者逐步熟悉实际工程项目的设计要求。在必要之处，还有针对性地设置了答疑解惑的内容，使读者能在遇到疑难时从书中找到答案或受到启发。

（3）设计指导性强，可参考价值高。本套丛书引导初学者由浅入深地从开始方案论证、进行设计计算到最后用图纸语言表达设计（思想）成果，涵盖了设计所涉及的全过程。特别是关于施工图的设计实际指导在本类图书中是第一次，也是本套丛书的最大亮点。只有让初学者能够深入到施工图的设计中，才真正地将初学者由“纸上谈兵”阶段引入实际工程设计。

（4）重点突出、详略得当。根据本书的读者和功能定位，本书内容突出和细致讲解了初学者涉及的诸多有关方面，不局限于本专业的介绍，对与设计有关的相关要求也进行介绍。例如，书中必要的地方介绍了相关专业互提条件、互提条件的时间与相互配合、互提条件的内容与深度、互提条件的形式等内容，这些都是初学设计的人员在实际项目设计中要解决的问题。但对于某些初学者在初始阶段遇不到的新工艺流程的设计则不作过多的介绍。

综上所述，在《帮你学会做设计丛书》策划过程中，我们力求在体例、内容、编排等方面都有创新，使这套丛书能够真正成为对市政与环境工程专业初学设计者确有价值的学习和参考用书。

前　言

《建筑给水排水工程设计指导》是给水与排水工程专业在校生或刚参加工作不久的毕业生从事专业工程设计工作的入门指导书。

本书针对上述人群缺乏工作经验和相关专业资料又苦于无人指导的特点，在介绍工程设计时必备的相关规范、设计手册、产品样本及相关技术资料的基础上，比较详尽地阐述设计过程、方法与步骤，还涉及了一些设计过程中常见问题及解决方法。最后一章是答疑解惑，针对实际工程中遇到的许多疑难问题，给出解答或解决方法。

本书内容包括概述与相关专业知识、设计思路与步骤和答疑解惑三大部分。

“概述与相关专业知识”部分，既介绍了建筑给水排水工程设计所涉及的设计内容与设计范围，也介绍与之相关的规范、标准、手册等必备工具书。同时，对与设计工作关系密切、且必须具备的相关知识（或名词术语）作了简要介绍。

“设计思路与步骤部分”引导你从接到设计题目该如何下手、如何搜集基本资料，到怎样依据规范规定，应用设计手册及所学的专业基本知识，结合材料、设备选择，形成设计方案，然后再如何逐步展开设计方案到施工图设计。这部分内容具体分为以下几部分：

（1）设计计算——按照设计阶段所对应的设计深度不同，比较全面地介绍了如何确定基本设计参数和各设计阶段应计算的内容、范围、方法步骤和必要的校核。

（2）设计作图——阐述了不同设计阶段应出图纸内容及深度，从线形、图例使用要求、图面设计、图层管理到图表应表达内容、深度都作了系统的介绍，力求使读者能够规范作图，完整而准确地表达设计思想。同时也介绍了图纸目录的编制顺序以及设计说明的构成及内容。

（3）相关专业条件——介绍了在设计过程中和出图纸之前，向各相关专业索要和提供本专业的相关专业条件，为设计和施工创造前期条件。如：电气控制要求，留洞、留眼等。

“答疑解惑”部分，以问题的形式讲解设计过程中常遇到的疑难问题和常见设计质量通病及分析，可以为初学者提供丰富的设计思路和杜绝低级错误，从而提高设计质量。

本书的特点是笔者根据20多年的工作经验，从图纸设计、审查，图纸使用者等多角度出发，对有些常用或重要的计算方法及参数反复强调、重点讲述，其目的在于引领初涉本专业工程技术工作的同仁尽快适应工作，早日成为合格的专业技术人员。

本书共计56万字，由罗卫东主编。张启岳同志参与编写了第8章和附录，共计20万字，全书插图由张越、张成宝同志共同完成。同时，本书在编写过程中还得到了全森、周廷贵、吴丽丽、宋文、王素环、蔡成成、王成凤、陈娜等同志的大力帮助，在此深表谢意！

由于本人水平所限，错误在所难免；同时，有些纯属个人观点和经验；敬请各位同仁批评指正，本人不胜感激！

目　录

第1章　概　　述

1.1　建筑给水排水工程涉及的范围和内容

1.1.1　范围

建筑给水排水工程一般情况下是指建筑红线以内为建筑配套服务的给水排水工程及消防给水工程。

建筑给水工程是指建筑给水入口室外水表井（含水表井，一般距建筑物外墙1.5 ~5.0m）以内全部给水（含消防给水）工程。

建筑排水工程是指室外第一个排水检查井（含检查井，一般距建筑物2.0 ~ 5.0m）以内的所有污水、废水排水工程。

随着建筑业和旅游业的发展，建筑给水排水工程已不局限于一幢单体建筑，而扩展到整个建筑群或建筑小区，包含了小区的给水排水外管网，取水、净化，污水、废水、雨水的收集、处理利用和排放等原本属于市政工程和环境工程范畴的工程内容。

1.1.2　建筑给水排水工程涉及的内容

建筑给水工程所涉及的内容有：生活给水（含自来水、热水供应、杂用水、直饮水）系统、生产给水系统、消防给水（含消火栓、自动喷水灭火、水幕、水喷雾、泡沫）系统、室外给水管网、地表（下）取水、净化处理系统。

化学消防系统：二氧化碳灭火系统、混合气体灭火系统、气溶胶灭火系统、七氟丙烷灭火系统、灭火器配置等。

建筑排水工程所涉及的内容有：生活污废水排水系统、生产污废水排水系统，屋面雨水排水系统、室外排水管网，污废水、雨水的收集、处理利用或无害化处理排放系统等内容。

1.2　建筑给水排水工程与相关专业的关系

1.2.1　给水排水与各相关专业的关系

1. 与建筑专业

凡涉及到需要占用建筑空间且有具体要求的，如：所有管道井，需要装修隐蔽的管道、设备、装置，设备间、池、坑、沟、吊顶及隔墙上开孔洞、门、窗的位置、大小、开启方向，墙厚、交通、采光等，都需要由本专业提出具体要求，由建筑功能布局时予以满足。建筑专业还应该提供防火分区的划分图。同时，给水排水专业也应主动向建筑专业索要其对本专业的具体要求。

2. 与结构专业

凡涉及到有荷载、受力结构开洞、留孔、预埋等都需要结构专业予以考虑，并作相应处理。如：设备运行重量、平面布置、设备基础布置，在建筑基础、楼板及剪力墙、承重墙上开洞或预埋套管等，都需要由本专业提出具体要求，结构专业予以满足。同时，给水排水专业也应主动向结构专业提供主要荷载房间（如：水池、水箱间，大型设备间等）的具体位置与要求。

3. 与电气专业

给水排水专业所有用电的仪表、阀门、设备、装置（还包括管道电伴热保温）等都需要电气专业予以配置供电和控制，提供安全可靠的运行操作，保证达到设计目的。同时，给水排水专业也应主动向电气专业索要其设备间位置，特别是对本专业有特殊要求（如：防水）的设备间位置。

4. 与采暖通风专业

本专业所需要的热源、冷源、房间采暖温度、通风换气次数，均需要向暖通专业提出要求。如：楼顶水箱间采暖、地下室设备间通风换气等。同时，采暖通风专业所需要的供水、排水（如：锅炉、空调系统补水）由给水排水专业予以满足。

1.2.2 协调配合

任何一项建筑工程均是由相关各专业密切配合、协调工作，用共同智慧创造的劳动成果。每个专业应积极主动地开展各自工作，及时准确地为相关专业提供本专业的要求，同时索取相关专业对本专业的要求，协商解决矛盾，共同克服困难，随时沟通情况，真正做到协调配合有效工作，共同为投资方和使用方负责。

方案设计阶段，建筑专业应该周全考虑，虚心学习各相关专业知识，掌握各相关专业对建筑的具体要求，力争通过自己创造性的工作满足各相关专业需要；施工图阶段，建筑专业更应该尊重各相关专业，对涉及到各相关专业的设备、装置的选型与布局应充分听取相关专业人员的意见和建议，建筑专业的任何变动都应及时通知各相关专业，虚心听取相关专业人员的意见和建议，为各相关专业下一步工作创造有利条件。

各相关专业也应从相互理解、互相尊重的角度的出发，积极、主动地与其他相关专业沟通，掌握相关信息，认真、准确、及时地向相关专业提供条件。

第2章　相关专业知识

2.1　建筑构造

2.1.1　建筑分类

建筑按照用途分类为：工业建筑和民用建筑。

建筑按照层数和高度分类为：多层建筑和高层建筑。

1. 工业建筑

工业建筑是用来从事工业生产或储存工业原材料、成品、半成品的建筑。

工业建筑按照生产或使用物质、储存物品的火灾危险性分为：甲、乙、丙、丁、戊五类工业建筑，分别参见表2.2-9（厂房）生产或使用物质的火灾危险性分类和表2.2-10（库房）储存物品的火灾危险性分类。

2. 民用建筑

民用建筑是指除工业建筑外的其他建筑。民用建筑是供人们日常生活、社会活动和交往的建筑。民用建筑按照建筑高度及层数分类分为：高层民用建筑和多层民用建筑。

高层民用建筑包括：10层及10层以上的居住建筑（包括首层设置商业网点的住宅）；建筑高度超过24m的公共建筑；不包括单层主体高度超过24m的体育馆、会所、剧院等公共建筑及高层建筑中的人民防空地下室。高层民用建筑又分成一类建筑和二类建筑，详见《高层民用建筑设计防火规范》GB 50045—95（2005年版）。

多层建筑：除高层建筑以外的建筑。

2.1.2　建筑布局

建筑的各种使用功能常采用平面和竖向布局的方式以某区域、某层或某几层作为一种功能，主要功能（如：商业、办公等）一般置于一层及一层以上的优良楼层；而次要或辅助功能（如：仓库、洗浴、厨房、设备机房等）一般置于地下室等不良楼层。同时，建筑还必须进行平面功能划分，对同一平面内的不同使用功能进行布局，主要功能房间（如：办公、居住、人们日常活动等）一般置于光线充足、通风良好的向阳侧，而辅助功能房间或空间（如：卫生间、楼梯间、储藏室、走廊、管道井、各专业设备间等）一般置于光线、通风差或不具备通风、采光条件的里侧或背阳侧。另外，还要根据平面功能及面积大小，按照防火规范的要求进行防火分区的划分、防火疏散（疏散楼梯、消防电梯等）的设置。

2.1.3 建筑专业设计的内容及范围

建筑物内部功能布置，水平、竖直交通，安全疏散、房间分隔（纯粹的分隔，不涉及受力），空间分配，门、窗、屋面处理，建筑外立面效果及外墙面表面处理，室内空间表面处理等，尤其是涉及到机房、设备间、管道井位置、大小等均由建筑专业按相关专业要求进行综合布置。

室外红线以内的交通、景观、地面覆盖处理等，凡涉及相关专业的地上、地下建筑物或构筑物（如：井、室、池、坑等）均需由建筑专业按照相关专业的要求提供位置，合理布局。

2.1.4 建筑构造

1. 防火墙

防火墙由不燃烧体砌筑，耐火极限达到3h的墙体，用于作防火分区的分隔。防火墙上不应开设门、窗、洞口，当必须开设时，应设置能自行关闭的甲级防火门、窗。

输送可燃气体和甲、乙、丙类液体的管道（多层）不应（高层：严禁）穿过防火墙。其他管道（如：给水排水管道）不宜穿越防火墙，当必须穿过时，应采用不燃烧材料将其周围的空隙填塞密实。

穿过防火墙处的管道保温材料应采用（岩棉、玻璃棉等）不燃烧材料。

管道穿过隔墙、楼板时其周围空隙也应同穿越防火墙时一样，用不燃烧材料填塞密实。

2. 电梯井和管道井

电梯井应独立设置，井内严禁敷设可燃气体和甲、乙、丙类液体管道。井壁除开设电梯门洞和通气孔洞外，不应开设其他洞口（如：消火栓洞）。

电缆井、管道井、排烟道、排气道、垃圾道等竖井，应分别独立设置；井壁上的检查门应采用丙级防火门。

建筑高度不超过100m的高层建筑，其管道井应每隔2～3层在楼板处作防火分隔；建筑高度超过100m的高层建筑，应在每层楼板处作防火分隔。

管道井与房间、走道等连通的孔洞，其空隙应采用不燃烧材料填塞密实。

3. 防火门、防火窗和防火卷帘

防火门、防火窗按其耐火极限划分为甲、乙、丙三级。甲级耐火极限1.2h、乙级耐火极限0.9h、丙级耐火极限0.6h。

防火门应为向疏散方向开启的平开门，并在关闭后应能从任何一侧手动开启。

用于疏散的走道、楼梯间和前室的防火门，应具有自行关闭的功能。常开的防火门，当发生火灾时，应具有自行关闭和信号反馈的功能。

在设置防火墙确实有困难的场所，可采用防火卷帘作防火分隔。当采用复合卷帘时，其耐火极限不应低于3h；当防火卷帘的耐火极限低于3h时，卷帘两侧应设独立的闭式自动喷水灭火系统保护，系统喷水延续时间不应小于3.0h。

设在疏散走道上的防火卷帘，应在卷帘的两侧设置启闭装置，并应有自动、手动和机械控制的功能。

2.1.5 安全疏散

安全疏散涉及水、暖专业的主要内容如下：

（1）甲、乙、丙类厂房和高层厂房、高度超过32m且每层人数超过10人的宜采用防烟楼梯间。防烟楼梯间：在楼梯间入口处设有防烟前室或设有专供排烟用的阳台、凹廊等，且通向前室和楼梯间的门均为乙级防火门的楼梯间。

（2）地下商店和设有歌舞娱乐、放映、游戏场所的地下建筑，当其地下层数为3层及以上，或地下室内地面与室外出入口地坪高差大于10m时，均应设防烟楼梯间。

（3）高层建筑每个防火分区的安全出口不应少于2个。但18层及18层以下，每层不超过8户、建筑面积不超过650m^2，且设有一座防烟楼梯间和消防电梯的塔式住宅，可设一个安全出口。

（4）塔式高层建筑的剪刀楼梯间应为防烟楼梯间。

（5）超过11层的通廊式住宅应设防烟楼梯间。防烟楼梯间及其前室应按《高层民用建筑设计防火规范》的要求设正压送风。

（6）楼梯间及防烟楼梯间前室的墙上，除开设通向公共走道的疏散门和户门外，不应开设其他门、窗、洞口。

（7）楼梯间及防烟楼梯间前室不应敷设可燃气体管道和甲、乙、丙类液体管道，并不应有影响疏散的突出物。

（8）高度超过32m，设有电梯的高层厂房，每个防火分区内应设1台消防电梯。

（9）下列高层建筑应设消防电梯：

1）一类公共建筑；

2）塔式住宅；

3）12层及12层以上的单元式住宅或通廊式住宅。

（10）消防电梯宜分别设在不同的防火分区内。

（11）消防电梯间前室的门，应采用乙级防火门或具有停滞功能的防火卷帘。

（12）消防电梯间前室门口宜设挡水设施。消防电梯的井底应设排水设施，排水井容量不应小于2.00m^3，排水泵的排水量不应小于10L/s。

2.2 建筑防火

2.2.1 建筑物耐火等级与防火分区、防烟分区、安全疏散

1. 各类民用建筑的耐火等级及允许层数、长度和建筑面积

各类民用建筑的耐火等级及允许层数、长度和建筑面积见表2.2-1。

各类民用建筑的耐火等级及允许层数、长度和建筑面积 表2.2-1

耐火等级	最多允许层数	防火分区的最大允许建筑面积（m^2）	备注
一、二级	按《建筑设计防火规范》GB 50016—2006第1.0.2条规定	2500	1. 体育馆、剧院、展览建筑等的观众厅、展览厅的最大允许建筑面积可适当放宽； 2. 托儿所、幼儿园的儿童用房及儿童游乐厅等儿童活动场所不应超过3层或设置在4层及4层以上或地下、半地下建筑（室）内
三级	5层	1200	1. 托儿所、幼儿园的儿童用房及儿童游乐厅等儿童活动场所、老年人建筑和医院、疗养院住院部分不应超过2层或设置在3层及3层以上或地下、半地下建筑（室）内； 2. 商店、学校、电影院、剧院、礼堂、食堂、菜市场不应超过2层或设置在3层及3层以上楼层
四级	2层	600	学校、食堂、菜市场、托儿所、幼儿园、医院等不应超过1层，菜市场不应超过2层
地下、半地下建筑（室）		500	—

注：建筑内设置自动灭火系统时，每层最大允许建筑面积可按本表的规定增加1.0倍。局部设置时，增加面积可按该局部面积1.0倍计算。

2. 民用建筑物的燃烧性能和耐火极限

民用建筑物按其构配件的燃烧性能和耐火极限分为四级，见表2.2-2。

建筑构配件的燃烧性能和耐火极限与建筑物耐火等级（h） 表2.2-2

构件名称		耐火等级			
		一级	二级	三级	四级
墙	防火墙	不燃烧体 3.00	不燃烧体 3.00	不燃烧体 3.00	不燃烧体 3.00
	承重墙	不燃烧体 3.00	不燃烧体 2.50	不燃烧体 2.00	难燃烧体 0.50
	非承重外墙	不燃烧体 1.00	不燃烧体 1.00	不燃烧体 0.50	燃烧体
	楼梯间、电梯井的墙、住宅单元之间、分户的隔墙	不燃烧体 2.00	不燃烧体 2.00	不燃烧体 1.50	难燃烧体 0.50

续表

构件名称		耐火等级			
		一级	二级	三级	四级
柱	疏散走道两侧的隔墙	不燃烧体 1.00	不燃烧体 1.00	不燃烧体 0.50	难燃烧体 0.25
	房间隔墙	不燃烧体 0.75	不燃烧体 0.50	难燃烧体 0.50	难燃烧体 0.25
梁		不燃烧体 2.00	不燃烧体 1.50	不燃烧体 1.00	难燃烧体 0.50
楼板		不燃烧体 1.50	不燃烧体 1.00	不燃烧体 0.50	燃烧体
屋顶承重构件		不燃烧体 1.50	不燃烧体 1.00	燃烧体	燃烧体
柱		不燃烧体 3.00	不燃烧体 2.50	不燃烧体 2.00	难燃烧体 0.50

注：1. 以木柱承重且以非燃烧材料作为墙体的建筑物，其耐火等级应按四级确定。
2. 高层工业建筑的预制钢筋混凝土装配式结构，其节点缝隙或金属承重构件节点的外露部位，应做防火保护层，其耐火极限不应低于本表相应构件的规定。
3. 二级耐火等级的建筑物吊顶，如采用非燃烧体时，其耐火极限不限。
4. 在二级耐火等级的建筑中，面积不超过 $100m^2$ 的房间隔墙，如执行本表的规定有困难时，可采用耐火极限不低于 0.3h 的非燃烧体。
5. 一、二级耐火等级民用建筑疏散走道两侧的隔墙，按本表规定执行有困难时，可采用 0.75h 非燃烧体。

3. 各类厂房的耐火等级及允许层数和占地面积

各类厂房的耐火等级及允许层数和占地面积应符合表 2.2-3 要求。

各类厂房的耐火等级及允许层数和占地面积 **表 2.2-3**

生产类别	耐火等级	最多允许层数	每个防火分区的最大允许建筑面积（m^2）			
			单层厂房	多层厂房	高层厂房	地下、半地下厂房厂房的地下室和半地下室
甲	一级	除生产必须采用多层者外宜采用单层	4000	3000	—	—
	二级		3000	2000		
乙	一级	不限	5000	4000	2000	—
	二级	6	4000	3000	1500	
丙	一级	不限	不限	6000	3000	500
	二级	不限	8000	4000	2000	500
	三级	2	3000	2000	—	—
丁	一、二级	不限	不限	不限	4000	1000
	三级	3	4000	2000	—	—
	四级	1	1000	—	—	—

续表

生产类别	耐火等级	最多允许层数	每个防火分区的最大允许建筑面积（m^2）			
			单层厂房	多层厂房	高层厂房	地下、半地下厂房 厂房的地下室和半地下室
戊	一、二级	不限	不限	不限	6000	1000
	三级	3	5000	3000	—	—
	四级	1	1500	—	—	—

注：1. 防火分区之间应采用防火墙分隔。除甲类厂房外的一、二级耐火等级单层厂房，若其建筑面积超过本表规定，且设置防火墙有困难时，可用防火水幕带或防火卷帘加水幕分隔。

2. 麻纺厂除外，一级耐火等级的多层纺织厂房及二级耐火等级的单层、多层纺织厂房，可按本表的规定增加50%，但上述的厂房原棉开包、清花车间均应设防火墙分隔。

3. 一、二级耐火等级的单层、多层造纸生产联合厂房，其防火分区最大允许建筑面积可按本表的规定增加1.5倍。一、二级耐火等级的湿式造纸联合厂房，当纸机烘干缸罩内设置自动喷水灭火系统，完成工段设置有效灭火设施保护时，其每个防火分区的最大允许建筑面积可按工艺要求确定。

4. 一、二级耐火等级的谷物筒仓工作塔，当每层人数不超过2个时，最多允许层数可不受本表限制。

5. 一、二级耐火等级卷烟生产联合厂房内的原料、备料及成组配方、制丝储丝和卷接包、辅料周转、成品暂存、二氧化碳膨胀烟丝等生产用房应划分独立的防火分隔单元，当工艺条件许可时，应采用防火墙进行分隔。其中制丝、储丝和卷接包车间可划分为一个防火分区，且每个防火分区的最大允许建筑面积可按工艺要求确定。但其中制丝、储丝和卷接包车间之间应采用耐火极限不低于2.00h的墙体和1.00h的楼板进行分隔。厂房内各水平和竖向分隔之间的开口应采取防止火灾蔓延的措施。

6. 本表中"—"表示不允许。

4. 各类库房的耐火等级及允许层数和建筑面积

各类库房的耐火等级及允许层数和建筑面积应符合表2.2-4要求。

各类库房的耐火等级及允许层数和建筑面积　　表2.2-4

储存物品类别		耐火等级	最多允许层数	每座库房最大允许占地面积和每个防火分区最大允许建筑面积（m^2）						
				单层库房		多层库房		高层库房		地下和半地下库房或库房的地下室和半地下室
				每座库房	防火分区	每座库房	防火分区	每座库房	防火分区	防火分区
甲	3、4项	一级	1	180	60	—	—	—	—	—
	1、2、5、6项	一、二级	1	750	250	—	—	—	—	—
乙	1、3、4项	一、二级	3	2000	500	900	300	—	—	—
		三级	1	500	250	—	—	—	—	—
	2、5、6项	一、二级	5	2800	700	1500	500	—	—	—
		三级	1	900	300	—	—	—	—	—

续表

储存物品类别		耐火等级	最多允许层数	每座库房最大允许占地面积和每个防火分区最大允许建筑面积（m^2）						
				单层库房		多层库房		高层库房		地下和半地下库房或库房的地下室和半地下室
				每座库房	防火分区	每座库房	防火分区	每座库房	防火分区	防火分区
丙	1项	一、二级	5	4000	1000	2800	700	—	—	150
		三级	1	1200	400	—	—	—	—	—
	2项	一、二级	不限	6000	1500	4800	1200	4000	1000	300
		三级	3	2100	700	1200	400	—	—	—
丁		一、二级	不限	不限	不限	不限	1500	4800	1200	500
		三级	3	3000	1000	1500	500	—	—	—
		四级	1	2100	700	—	—	—	—	—
戊		一、二级	不限	不限	不限	不限	2000	6000	1500	1000
		三级	3	3000	1000	2100	700	—	—	—
		四级	1	2100	700	—	—	—	—	—

注：1. 仓库中的防火分区之间必须用防火墙分隔。

2. 石油库内桶装油品仓库应按现行国家标准《石油库设计规范》GB 50074 的有关规定执行。

3. 一级、二级耐火等级的煤均化库，每个防火分区的最大允许建筑面积不应大于 12000m^2。

4. 独立建造的硝酸铵仓库、电石仓库、聚乙烯仓库、尿素仓库、配煤仓库、造纸厂的独立成品仓库以及车站、码头、机场内的中转仓库，当其建筑的耐火等级不低于二级时，每座仓库的最大允许占地面积和每个防火分区的最大允许建筑面积可按本表的规定增加 1.0 倍。

5. 一级、二级耐火等级粮食平房仓的最大允许占地面积不应大于 12000m^2，每个防火分区的最大允许建筑面积不应大于 3000m^2；三级耐火等级粮食平房仓的最大允许占地面积不应大于 3000m^2，每个防火分区的最大允许建筑面积不应大于 1000m^2。

6. 一级、二级耐火等级冷库的最大允许占地面积和每个防火分区的最大允许建筑面积，应按现行国家标准《冷库设计规范》GB 50072 的有关规定执行。

7. 酒精度为 50%（V/V）以上的白酒仓库不宜超过 3 层。

8. 本表中“—”表示不允许。

5. 高层建筑分类

高层建筑根据其使用性质、火灾危险性、疏散和扑救难度等进行分类，分为：一类高层建筑和二类高层建筑。一类高层建筑耐火等级应为一级，二类高层建筑耐火等级不应低于二级。裙房耐火等级不应低于二级，高层建筑地下室的耐火等级应为一级，见表 2.2-5。

高层建筑分类　　表 2.2-5

名　称	一　　类	二　　类
居住建筑	高级住宅19层及19层以上的普通住宅	10层至18层的普通住宅
公共建筑	1. 医院； 2. 高级旅馆； 3. 建筑高度超过50m或24m以上部分的任一楼层的建筑面积超过1000m² 的商业楼、展览楼、综合楼、电信楼、财贸金融楼； 4. 建筑高度超过50m或24m以上部分的任一楼层的建筑面积超过1500m² 的商住楼； 5. 中央级和省级（含计划单列市）广播电视楼； 6. 网局级和省级（含计划单列市）电力调度楼； 7. 省级（含计划单列市）邮政楼、防灾指挥调度楼； 8. 藏书超过100万册的图书馆、书库； 9. 重要的办公楼、科研楼、档案楼； 10. 建筑高度超过50m的教学楼和普通的旅馆、办公楼、科研楼、档案楼等	1. 除一类建筑以外的商业楼、展览楼、综合楼、电信楼、财贸金融楼、商住楼、图书馆、书库； 2. 省级以下的邮政楼、防灾指挥调度楼、广播电视楼、电力调度楼； 3. 建筑高度不超过50m的教学楼和普通的旅馆、办公楼、科研楼、档案楼等

6. 高层建筑防火分区

高层建筑内采用防火墙等划分防火分区，每个防火分区的允许最大建筑面积见表2.2-6。

高层建筑防火分区面积　　表 2.2-6

建　筑　类　别	每个防火分区建筑面积（m^2）
一类建筑	1000
二类建筑	1500
地下室	500

注：1. 设有自动喷水灭火系统的防火分区，其允许最大建筑面积可按本表增加1.00倍。当局部设有自动喷水灭火系统时，增加面积可按该局部面积的1.00倍计算。
2. 一类建筑的电信楼，其防火分区允许最大建筑面积可按本表增加50%。

7. 高层建筑安全疏散距离

为了使高层建筑内人员在发生火灾时能够安全疏散，《高层民用建筑设计防火规范》GB 50045—95（2005年版）规定了最远的疏散距离，见表2.2-7。

高层建筑安全疏散距离　　表 2.2-7

高层建筑		房间门或住宅户门至最近的外部出口或楼梯间的最大距离（m）	
		位于两个安全出口之间的房间	位于袋形走道两侧或尽端的房间
医院	病房部分	24	12
	其他部分	30	15
旅馆、展览楼、教学楼		30	15
其他		40	20

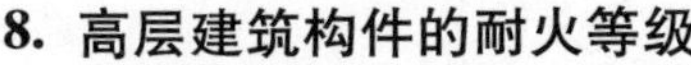

8. 高层建筑构件的耐火等级

高层建筑的耐火等级应为一、二级，其构件的耐火极限应满足表2.2-8的规定。

高层建筑构件的燃烧性能和耐火极限（h） **表2.2-8**

构件名称		耐火等级 一级	耐火等级 二级
墙	防火墙	不燃烧体	不燃烧体
		3.00	3.00
	承重墙、楼梯间墙、电梯井墙、住宅单元之间的墙、住宅分户墙	不燃烧体	不燃烧体
		2.00	2.00
	非承重外墙、疏散走道两侧的隔墙	不燃烧体	不燃烧体
		1.00	1.00
	房间隔墙	不燃烧体	不燃烧体
		0.75	0.50
柱		不燃烧体	不燃烧体
		3.00	2.50
梁		不燃烧体	不燃烧体
		2.00	1.50
楼板、疏散楼梯、屋顶承重构件		不燃烧体	不燃烧体
		1.50	1.00
吊顶		不燃烧体	难燃烧体
		0.25	0.25

2.2.2 火灾危险性分类

1. 厂房生产的火灾危险性分类

厂房生产的火灾危险性分类见表2.2-9。

（厂房）生产或使用物质的火灾危险性分类 **表2.2-9**

生产类别	使用或产生下列物质的火灾危险性特征
甲	1. 闪点<28℃的液体； 2. 爆炸下限<10%的气体； 3. 常温下能自行分解或在空气中氧化即能导致迅速自燃或爆炸的物质； 4. 常温下受到水或空气中水蒸气的作用，能产生可燃气体并引起燃烧或爆炸的物质； 5. 遇酸、受热、撞击、摩擦、催化以及遇有机物或硫磺等易燃的无机物，极易引起燃烧或爆炸的强氧化剂； 6. 受撞击、摩擦或与氧化剂、有机物接触时能引起燃烧或爆炸的物质， 7. 在密闭设备内操作温度等于或超过物质本身自燃点的生产

续表

生产类别	使用或产生下列物质的火灾危险性特征
乙	1. 闪点≥28℃至<60℃的液体； 2. 爆炸下限≥10%的气体； 3. 不属于甲类的氧化剂； 4. 不属于甲类的化学易燃危险固体； 5. 助燃气体； 6. 能与空气形成爆炸性混合物的浮游状态的粉尘、纤维，闪点大于等于60℃的液体雾滴
丙	1. 闪点≥60℃的液体； 2. 可燃固体
丁	1. 对非燃烧物质进行加工，并在高热或熔化状态下经常产生强辐射热、火花或火焰的生产； 2. 利用气体、液体、固体作为燃料或将气体、液体进行燃烧作其他用的各种生产； 3. 常温下使用或加工难燃烧物质的生产
戊	常温下使用或加工不燃烧物质的生产

注：1. 在生产过程中，如使用或生产易燃、可燃物质的量较少，不足以构成爆炸或火灾危险时，可以按实际情况确定其火灾危险性的类别。
2. 一座厂房内或防火分区内有不同性质的生产时，其分类应按火灾危险性较大的部分确定，但火灾危险性大的部分占本层或本防火分区面积的比例小于5%（丁、戊类生产厂房的油漆工段小于10%），且发生事故时不足以蔓延到其他部位，或采取防火措施能防止火灾蔓延时，可按火灾危险性较小的部分确定。
3. 丁、戊类生产厂房的油漆工段，当采用封闭喷漆工艺时，封闭喷漆空间内保持负压、且油漆工段设置可燃气体浓度报警系统或自动抑爆系统时，油漆工段占其所在防火分区面积的比例不应超过20%。

2. 库房储存物品的火灾危险性分类

库房储存物品的火灾危险性分类见表2.2-10。

（库房）**储存物品的火灾危险性分类**　　　**表2.2-10**

储存物品类别	储存物品的火灾危险性特征
甲	1. 闪点<28℃的液体； 2. 爆炸下限小于10%的气体，以及受到水或空气中水蒸气的作用，能产生爆炸下限<10%气体的固体物质； 3. 常温下能自行分解或在空气中氧化即能导致迅速自燃或爆炸的物质； 4. 常温下受到水或空气中水蒸气的作用，能产生可燃气体并引起燃烧或爆炸的物质； 5. 遇酸、受热、撞击、摩擦、催化以及遇有机物或硫磺等易燃的无机物，极易引起燃烧或爆炸的强氧化剂； 6. 受撞击、摩擦或与氧化剂、有机物接触时能引起燃烧或爆炸的物质
乙	1. 闪点≥28℃至<60℃的液体； 2. 爆炸下限≥10%的气体； 3. 不属于甲类的氧化剂； 4. 不属于甲类的化学易燃危险固体； 5. 助燃气体； 6. 常温下与空气接触能缓慢氧化，积热不散引起自燃的物品
丙	1. 闪点≥60℃的液体； 2. 可燃固体
丁	难燃烧物品
戊	非燃烧物品

注：丁、戊类储存物品的可燃包装重量超过物品本身重量1/4时，其火灾危险性应为丙类。

2.2.3 火灾种类

按照燃烧物的不同，火灾种类可划分为以下5类。

（1）A类火灾：固体物质火灾；

（2）B类火灾：液体火灾或可熔化固体物质火灾；

（3）C类火灾：气体火灾；

（4）D类火灾：金属火灾；

（5）E类火灾（带电火灾）：物体带电燃烧的火灾。

2.2.4 火灾危险等级及举例

1. 严重危险级

火灾危险性大，可燃物多，起火后蔓延迅速，扑救困难，容易造成重大财产损失的场所。分为：

1）Ⅰ级；

2）Ⅱ级；

3）Ⅲ级。

2. 中危险级

火灾危险性较大，可燃物较多，起火后蔓延较迅速，扑救较难的场所。分为：

1）Ⅰ级；

2）Ⅱ级。

3. 轻危险级

火灾危险性较小，可燃物较少，起火后蔓延较缓慢，扑救较易的场所。

4. 仓库危险级

分为：

1）Ⅰ级；

2）Ⅱ级；

3）Ⅲ级。

火灾危险等级举例见表2.2-11。

火灾危险等级举例　　表2.2-11

火灾危险等级		设置场所举例
轻危险级		建筑高度为24m及以下的旅馆、办公楼；仅在走道设置闭式系统的建筑等
中危险级	Ⅰ级	1. 高层民用建筑：旅馆、办公楼、综合楼、邮政楼、金融电信楼、指挥调度楼、广播电视楼（塔）等； 2. 公共建筑（含单、多高层）：医院、疗养院；图书馆（书库除外）、档案馆、展览馆（厅）；影剧院、音乐厅和礼堂（舞台除外）及其他娱乐场所；火车站和飞机场及码头的建筑；总建筑面积小于5000m² 的商场、总建筑面积小于1000m² 的地下商场等； 3. 文化遗产建筑：木结构古建筑、国家文物保护单位等； 4. 工业建筑：食品、家用电器、玻璃制品等工厂的备料与生产车间等；冷藏库、钢屋架等建筑构件

续表

火灾危险等级		设置场所举例
中危险级	Ⅱ级	1. 民用建筑：书库，舞台（葡萄架除外），汽车停车场，总建筑面积 $5000m^2$ 及以上的商场，总建筑面积 $1000m^2$ 及以上的地下商场，净空高度不超过8m、物品高度不超过3.5m的自选商场等； 2. 工业建筑：棉毛麻丝及化纤的纺织、织物及制品、木材木器及胶合板、谷物加工、烟草及制品、饮用酒（啤酒除外）、皮革及制品、造纸及纸制品、制药等工厂的备料与生产车间
严重危险级	Ⅰ级	印刷厂、酒精制品、可燃液体制品等工厂的备料与车间，净空高度不超过8m、物品高度不超过3.5m的自选商场等
	Ⅱ级	易燃液体喷雾操作区域、固体易燃物品、可燃的气溶胶制品、溶剂清洗、喷涂、油漆、沥青制品等工厂的备料及生产车间、摄影棚、舞台“葡萄架”下部
仓库危险级	Ⅰ级	食品、烟酒；木箱、纸箱包装的不燃难燃物品，仓储式商场的货架区等
	Ⅱ级	木材、纸、皮革、谷物及制品、棉毛麻丝化纤及制品、家用电器、电缆、B组塑料与橡胶及其制品、钢塑混合材料制品、各种塑料瓶盒包装的不燃物品及各类物品混杂储存的仓库等
	Ⅲ级	A组塑料与橡胶及其制品；沥青制品等

2.3 构筑物

2.3.1 井室

给水系统的各种阀门井、水表井、栓井，通常设于室外地面下。常以砖砌筑，无地下水时卵石铺底，井内外壁原浆勾缝；有地下水时混凝土封底，内壁原浆勾缝，外壁1：2水泥砂浆抹面厚20mm至最高地下水位以上250mm。当用于采暖室外计算温度低于－20℃地区时，需做保温井口或采用其他保温措施。砖砌井室的耐久性及严密性不如钢筋混凝土井。

井室的深度及工程量应依据管道设计埋深由设计人员确定。设计荷载一般按汽车10级重车，如果设计未予明确，可依据管道埋深参照有关标准图集确定。

排水系统的各种井室主要是指各种排水检查井。重力流排水埋地横管道的变径、汇流、分叉、转向、跌落以及长直管道的疏通等通常都是通过检查井来实现的，同时，检查井对于重力流管道系统还起着至关重要的通风换气（呼吸）作用。

排水检查井有砖砌井、现浇钢筋混凝土井和预制钢筋混凝土井。检查井的基本要求是不渗不漏，井内壁1：2防水水泥砂浆抹面至管顶以上200mm，有地下水时，砖砌检查井外抹1：2防水水泥砂浆20mm厚至最高地下水位以上500mm或至井顶部。

雨水检查井与污水检查井主要区别在于井内流槽深度：雨水井内流槽深至管

半径处，污水检查井流槽深至管顶。

检查井的实际深度，应依据管道埋深由设计人员确定，当设计不明确时，可依据管道埋深参照相关标准图确定。

检查井的形状与尺寸，由连接管的管径、根数、转弯角度等因素参照国家给水排水标准图集 S2 决定。

2.3.2 水池

在给水排水特别是建筑给水排水工程中，为了不同目的经常需要设置水池，如生活饮用水水池、消防水池、中水（杂用水）水池以及各种水池。现行《建筑给水排水设计规范》GB 50015—2003 规定：生活饮用水池（箱）应与其他用水的水池（箱）分开设置（第 3.2.8 条）。

建筑物内的生活饮用水水池（箱）体，应采用独立结构形式，不得利用建筑物的本体结构作为水池（箱）壁板、底板及顶盖。生活饮用水水池（箱）与其他用水水池（箱）并列设置时，应有各自独立的分隔墙，不得共用一幅分隔墙，隔墙与隔墙之间应有排水措施(《建筑给水排水设计规范》GB 50015—2003 第 3.2.10 条)。

建筑物内的生活饮用水水池（箱）宜设在专用房间内，其上方的房间不应有厕所、浴室、盥洗室、厨房、污水处理间等(《建筑给水排水设计规范》GB 50015—2003 第 3.2.11 条)。

水池应采用 S6 级抗渗混凝土，20mm 厚 1∶2 防水水泥砂浆抹面，不低于 42.5 级普通硅酸盐水泥。

消防水池可以利用建筑本体结构，贮存火灾延续时间内水源不足部分的消防用水量。对于多层建筑，当水池有效容积大于 1000m^3 时应分成 2 个或完全独立的两格；而对于高层建筑，当消防水池的有效容积超过 500m^3 时，应分成独立使用的 2 个水池。

为减轻结构荷载，水池通常都设在建筑物最底层，使其荷载直接作用于地基上，而不是楼板上，因此，若消防水池贮存有室外消防用水量，且室外消防用水量必须由消防车水泵自吸取水时，消防水池底的标高必须保证消防车的吸水高度不大于 6m，且应设置可靠的取水设施，当不能满足消防车吸水要求时，应设专门为消防车取水用的水泵（采水泵），保证消防车取水口处水压自地面算起不低于 10m 水柱，并满足室外不足部分的消防用水量要求。

水池的详细构造见有关标准图集。

2.3.3 水处理构筑物

在建筑给水排水工程中，经常涉及到化粪池、隔油池、沉淀池以及各种污水、废水处理构筑物。

室内的水处理构筑物应做好密封防臭处理，室外水处理构筑物宜埋地，并应在建筑总图设计时确定位置及范围。定位时，一方面应设在夏季主导风向的下风向；另一方面便于污泥清运车的清运工作，力争把清运污泥时影响的范围降到最低。

无论是水池还是水处理构筑物，当采用钢筋混凝土池体时，造价相对低廉，但施工周期长，工艺复杂，一旦既成事实，很难更改；若采用定型设备，造价相对较高，但施工周期短，布置较灵活，易于拆除、改造。

第3章　建筑给水排水工程设计基础知识

3.1　熟悉设计阶段与设计深度的规定

关于建设工程要进行几个阶段的设计，各地方政府建设行政主管部门都有相应的规定。往往都是由主导专业—建筑专业按照规定分阶段组织实施，其他相关专业配合主导专业按照各阶段应完成的深度相互协调配合工作，提交设计成果。

我国现行《建设工程设计文件编制深度规定》就方案设计、初步设计、施工图设计三个阶段的设计深度及出图内容均作了相应的规定。

3.1.1　建筑给水排水方案设计文件编制深度

方案设计除应满足投资估算和编制初步设计文件的需要外，还要满足招标书和业主向自来水、煤气、供电、供暖、热力及市政、规划等有关部门、消防安全部门征求意见的要求。

1. 方案设计阶段给水排水专业出图内容与深度

（1）出图内容

1）给水排水总平面图；

2）系统原理图：包括给水、消防给水、热水、中水、直饮水、污废水、雨水等；

3）工艺流程框图（如果包含有水处理时）。

（2）图纸深度

1）总平面图

① 给水排水总图上应表示所有外管线及建筑物接管的位置、种类、管径；

② 红线以内所有给水排水构筑物（各种水池、井室）；

③ 指北针、图名、比例。

2）系统原理图

① 各楼层板线及层数、标高；

② 系统组成及各组成部分的名称、参数、位置（指楼层）。

3）工艺流程框图（当有水循环或水处理时）

注明水流方向、各环节（或水处理单元）名称、原水来源、水量、最终去向、图名及比例。

2. 给水排水方案设计说明

（1）给水设计

1）水源情况简述

① 市政管网情况，供水能力及参数；

② 自备水源（如果有自备水源）情况，供水能力、水质及处理工艺（框图）、达到的标准。

2）用水量及耗热量估算

① 建筑（或建筑群、小区）最高日总用水量（m^3/d）、最大时用水量（m^3/h）；

② 设计小时耗热量（kJ）；设计小时热水用水量（m^3/h）；

③ 消防用水量：室外消火栓用水量（L/s）、室内消火栓用水量（L/s）、自动喷水灭火系统用水量（L/s）、水幕系统设计用水量（L/s）、水喷雾系统用水量（L/s）、泡沫系统用水量（L/s）。

3）给水系统说明

供水分区情况（几层至几层为第几区，功能是什么，采用什么水源，靠什么供水），各分区系统组成、系统图示、系统参数估算、系统计量情况。

4）消防给水系统说明

① 消防用水量

室外消火栓用水量（L/s）、室内消火栓用水量（L/s）、火灾延续时间；自动喷水灭火系统用水量（L/s）、水幕系统设计用水量（L/s）、火灾延续时间。

② 室外消火栓给水系统

室外消火栓给水系统采用的压力形式（常高压、低压还是临时高压给水系统）、消防水源情况（市政管网、消防水池加压泵）、供水能力、不足部分如何解决。

室外消防给水管网应在红线内连成环状，无论是市政管网供水还是加压泵房供水均应有两条供水管与环状管网连接。

在环状管网上设室外地上（寒冷地区设地下）式消火栓，消火栓的个数应满足室外消火栓用水量要求，消火栓间距不大于120m，保护半径不大于150m。

室外消防给水管网采用的管材、连接方式，消火栓、阀门及井的规格型号。

③ 室内消火栓给水系统

首先交待建筑类别、耐火等级、建筑层数、体积、火灾延续时间等消防设计基础资料。室内消火栓给水系统的压力工作方式（常高压、临时高压），系统组成及各组成部分的估算参数（如：消防水池、高位消防水箱的有效容积）、选型及所在位置。消火栓的选型，所配水带、水枪、按钮。动压超过0.5MPa的消火栓处减动压措施，消防水泵接合器的个数及选型（地上式、地下式、墙壁式）。

室内消防给水管网采用的管材、连接方式，消火栓、阀门及井的规格型号。

④ 自动喷水灭火（以下简称：喷洒）系统

设置喷洒系统的依据，设置喷洒系统的部位（或不设喷洒系统的部位），火灾危险等级，作用面积，喷水强度。喷洒系统类型的选择依据，系统的组成（含报警阀的估算个数）以及各组成部分的估算参数，主要设备、器材选型。各不同功能区域或房间喷头的选型，各层配水干管压力均衡措施及工作压力超过1.6MPa报警阀的处理。消防水池及高位消防水箱的设置情况。

⑤ 水幕喷水灭火系统

设置水幕的处所，水幕的作用，水幕最长的防火分区中水幕总长度，水幕喷水强度及喷水量，喷头总个数估算，雨淋阀个数的确定。系统的组成及各组成部分的估算参数及选型。

⑥ 气体消防

建筑内的通信机房、计算机房、微波机房、档案库、珍品库等处应采用气体灭火系统保护。说明气体保护的具体位置，防护区的大小，气体灭火系统组成及各部分设计参数估算值、选型。系统控制方式及人员保护措施。

⑦ 建筑灭火器配置

变配电室、电话机房、电梯机房、卫星接收室、消防控制室等处按严重危险级带电类火灾配置干粉灭火器；其余部位按相应危险等级及火灾种类配置手提式干粉灭火器。

5）热水系统说明

热源情况：是市政热网还是自备热源，是高温水还是蒸汽，热源参数如何。热水的供应范围（通常由厨房、客房、淋浴室），热水供应系统的分区情况（有时按功能分区，主要考虑用热时间、性质、水价等因素；有时按竖向分区，主要考虑系统静压），各分区系统的设计用水量、耗热量，热媒耗量，系统组成图式及循环方式，各组成部分的估算参数、选型及所在位置。用水的计量（一般公寓每套，公共厨房、淋浴间单独计量）。热水系统的管材、阀件与保温材料及厚度。

6）中水系统说明

简述设计依据（一般都依据《建筑中水设计规范》GB 50036—2002及省、市有关规定，及项目的环境影响评价报告），中水供应范围，用水量，中水水源选择及水量，处理工艺，达到的标准，供水方式及中水系统的组成，各组成部分的参数估算、选型及所在位置。

7）循环冷却水及重复用水系统说明

① 空调冷冻机冷却水的循环利用及蒸汽冷凝水的利用系统介绍；

② 游泳池水循环净化系统介绍：池子用途、水源、循环净化周期、循环方式、消毒方式、水温、加热方式及热源情况；

③ 采用的其他节水节能措施介绍：减压、节流、节水器具、感应式水龙头、冲洗阀、脚踏式开关、淋浴器等。

8）饮用净水系统说明

简述设计依据（一般依据《生活饮用水卫生标准》、标书或业主的要求），供应范围，供水量，计量方式，源水来源，水质，处理工艺，达到的标准，系统组成及各组成部分参数估算、选型及所在位置。

（2）排水设计

1）生活污废水排水系统：排水体制、排水量、排水局部处理及出路（卫生间污水经化粪池处理、厨房废水经室外隔油池处理后一并排入市政污水管），分区情况、各区排水系统的组成及各组成部分参数估算，主要材料、设备选型及所在位置；

2）生产污废水排水系统：生产污废水的组成、主要污染物、各部分性质不同的污废水量、各种污废水的处理工艺、达到的标准及排放出路（或重复利用情况）；系统的组成及各组成部分参数估算，主要材料、设备选型及所在位置；

3）屋面雨水（只有当采用内排水系统时）排水：雨水排水设计重现期的选用及选用依据，汇水面积、径流系数、雨水排水量，雨水排水系统的流态选型（重力式、虹吸式），雨水出路。

（3）需要说明的其他问题

1）人防给水排水：人防级别、防护区个数及面积、战时掩蔽人员的数量及组成、生活用水定额、饮用水定额、贮存时间、贮水箱容积；排水量，排水设备的选择，污水池通气，各种管道穿越防护区外墙时的处理。

2）卫生环保：厨房含油污废水的处理、锅炉房高温水的处理、粪便污水的处理、生产污废水的处理等有关环境保护和可持续发展方面的设计所采取的措施。节水节能技术的应用说明。

3.1.2　建筑给水排水初步设计文件编制深度

初步设计阶段除应满足编制工程概算要求外，还应满足各级主管部门的审批、业主的设施配置及编制施工图文件的要求。

初步设计阶段给水排水专业设计文件由设计说明书、设计图纸、主要设备表、计算书（内部使用并存档）组成。

1. 初步设计给水排水专业出图及图纸深度

（1）出图内容及图纸深度

1）给水排水总平面图（当设计范围包括总图时）；

2）红线内所有建筑物和构筑物的平面位置、道路等，并标注外形尺寸、定位尺寸或坐标、标高、指北针（或风向玫瑰）等；

3）给水排水管道平面位置、控制点坐标和标高，标注干管的管径、水流方向、阀门井、水表井、消火栓井、检查井化粪池和其他给水排水构筑物的位置、尺寸；

4）场地内给水排水管道与城市管道系统连接点的位置坐标和接点管道标高；

5）消防系统、中水系统、冷却循环水系统、重复用水系统管道的平面位置，干管管径。

（2）给水排水局部总平面图及图纸深度

1）取水构筑物平面布置图

当自建水源的取水构筑物距离较远时，应单独绘出取水构筑物平面布置图，包括取水头部或取水口、泵房、转换闸门井、道路平面位置、坐标、标高、方位等，必要时还应绘制含有各构筑物之间高程关系的流程图。

2）水处理厂（站）总平面布置及工艺流程图

当工程设计项目含有净化处理厂（站：包括给水、污水、中水）时，应单独绘出水处理厂（站）平面布置图及流程标高示意图。各构筑物是否要绘制单线条的平面图、剖面图，可视工程的复杂程度而定。在上述图中还应列出建（构）筑物一览表，表中内容包括建（构）筑物的序号、名称、规格尺寸、结构形式等。

3）建筑给水排水平面图及图纸深度

① 包括地面以下人防层、含有给水排水专业主要设备装置或机房的各层、底层、标准层、顶层及屋面层（当屋面雨水为内排水系统时）给水排水管道和设备复杂涉及到结构荷载、电气容量及控制点、消耗热负荷或需要通风换气、管道多交叉多涉及建筑层高或装饰装修等楼层的平面管道、设备布置图，要标注楼地面标高，坑底标高（如果设有池、坑），首层室、内外地面标高，进出户管道种类、位置、管径，水平干管种类、管径，主要立管编号，主要管井、主要构筑物实际定型、定位尺寸。

② 机房平面图，如：水池泵房、换热间、水箱间、水处理间、泳池加热循环水处理间、喷泉水景等本专业管、阀多且复杂，同时，又涉及到其他相关专业的局部，需要从原理及平面、空间定位上给予明确表达。如果设备及管道较少，在前述平面图中已表达清楚时，可不用另出图。要求标注设备平面定位尺寸、外形尺寸、管道与构筑物及设备连接方式，主要阀门、仪表的配置，设备名称和用途及参数标注。

4）系统原理图及图纸深度

包括生活给水、生产给水、各类消防给水、热水、中水、饮用水、循环水、排水、雨水内排水等系统。初步设计主要表达资源占用、能源消耗、系统规模、组成及其技术经济的合理性、可行性、可靠性。所以，可不绘制系统轴测图，只用系统原理图即可明确表达系统有关的主要内容。要求标注楼层及标高，立管编号，干管、主管管径及用途，构筑物名称或有效容积及各主要部位标高，主要设备、装置（如：水泵、水加热器或热水机组、气压箱、稳压设备、水处理设备、报警阀等）的数量、名称、用途、主要性能参数和各系统的设计参数。

5）工艺流程图及图纸深度

凡涉及到水处理或水循环的部分，应绘制工艺流程图。用流程图表明规模、资源占用、能源消耗、系统的技术、经济合理性。因而，工艺流程图要注明：规模、原水来源、工艺流程、出水标准、污泥处置或出路，各构筑物尺寸、标高或设备参数及性能参数。

6）主要设备表

按照各系统由主到次一次列出主要设备、装置、器材的名称、规格型号、单位、数量。

2. 建筑给水排水初步设计说明书

给水排水初步设计说明书由给水排水设计篇、环保和卫生防疫节水篇、消防专篇组成。

（1）给水排水设计篇

1）设计依据

① 初步设计总说明（由建筑专业编制的）中所列批准文件和依据性资料中与本专业有关内容的摘录；

② 本工程设计任务书；

③ 国家现行设计规范、规程（按工程实际情况，选择设计中涉及到的，如有更新，以最新版本为准），常用规范有：

《建筑给水排水设计规范》GB 50015—2009；

《室外给水设计规范》GB 50013—2006；

《室外排水设计规范》GB 50014—2006；

《建筑设计防火规范》GB 50016—2006；

《高层民用建筑设计防火规范》GB 50045—1995（2005 年版）；

《自动喷水灭火系统设计规范》GB 50084—2001；

《建筑灭火器配置设计规范》GB 50140—2005；

《建筑中水设计规范》GB 50336—2002；

《建筑给水排水及采暖工程施工质量验收规范》GB 50242—2002；

《人民防空地下室设计规范》GB 50038—2005；

《汽车库、修车库、停车场设计防火规范》GB 50067—1997；

《游泳池和水上游乐池给水排水设计规程》CECS 04—2002；

《医院污水处理设计规范》CECS 07—1988；

《建筑给水硬聚氯乙烯管道设计与施工验收规程》CECS 41—1992；

《半即热式水加热器热水供应设计规程》CECS 06—1994；

《公共浴室给水排水设计规程》CECS 108—2000；

《建筑给水钢塑复合管管道工程技术规程》CECS 125—2001；

《建筑排水用内硬聚氯乙烯内螺旋管管道工程技术规程》CECS 94—2002；

《建筑给水氯化聚氯乙烯（PVC-C）管管道工程技术规程》CECS 136—2002；

《沟槽式连接管道工程技术规程》CECS 151—2003。

④ 建设单位提供的建筑周围市政条件资料：如给水、中水外线位置、管径、埋深、水压；排水外线位置、管径、埋深、水流方向；热力外线位置、管径、埋深及技术参数。

⑤ 建筑专业及其他有关专业提供的条件图及设计相关资料。

2）工程概况、设计范围及设计内容

① 工程概况：本工程地理位置、用地面积、最大积雪厚度、冻土深度、总建筑面积、建筑类型、建筑高度、地上层数、地下层数、建筑功能划分、建筑类别、耐火等级、火灾种类及火灾危险等级。

② 设计范围（一般指红线内的全部给水排水工程）：应根据设计任务书和有关资料。当有其他单位共同设计时，应说明本专业分工情况。单体设计有些地方习惯是给水以外墙皮 1.5m 以内；排水至墙外第一个检查井；有些地方是给水自水表井以内；排水至化粪池。

③ 设计内容：应按设计委托书和有关资料，一般指红线内的全部给水排水工程内容。通常包括给水、排水、消防给水、热水以及所有专项设计（如：洗衣机房、泳池、中水、净水等），本次设计中不包含的内容应有明确交待，否则属设计漏项。

3）建筑给水排水设计

① 给水系统：建筑最高日用水量（m^3/d），最大时用水量（m^3/h）。水源状况及引入管、建筑室外给水管网设计描述；给水系统分区计量的依据及原则，各分区的给水方式，系统组成，系统各组成部分的设计参数、选型、选材及布置位置，节能节水、防污染措施、保温、防结露、防腐蚀等具体措施。

② 消防给水系统：遵照各类防火设计规范的有关规定要求，分别对本建筑所需设置的各类消防系统（如：消火栓、自动喷水、水幕、雨淋、水喷雾、泡沫气体灭火、建筑灭火器的配置等系统）的设计依据和设计原则、采用的标准、计算参数、系统组成、控制方式、保证系统安全可靠运行的措施等加以叙述，各组成部分的参数、选材、选型、设置位置等给予明确阐述。

③ 热水供应系统：热水供应范围，用水量标准，最高日热水用水量（m^3/d），最大时热水用水量（m^3/h），设计最大时耗热量（kJ），热源类型（蒸汽、高温水）及参数，热水供应方式（集中、分散），系统选择（开式、闭式），水温、水质，系统工作时间，循环方式，系统组成，主要管道的敷设，各组成部分的设计参数，选材、选型，设置位置，节水节能，保证设计运行条件的措施。

④ 对水质、水温、水压有特殊要求（如：要求设置引用净水、超纯水、软化水、冷冻水、开水等）的，应说明采用的技术措施，列出设计数据、工艺流程框图及设备选型。

⑤ 中水系统：说明中水系统设计依据，中水供应范围，列水量平衡表（或水量平衡图），源水水质，中水水质，设计参数，工艺流程框图及设备选型，防

止误饮误用及其他安全措施。中水供应系统的分区情况、各区的供水方式、系统组成、各组成部分的设计参数及设备选型，中水的计量。

⑥ 排水系统：室外排放条件介绍，排水体制及系统选择（重力流、压力流、通气方式），生活和生产污废水排水量，排水分区情况，主干管敷设位置。各组成部分的设计参数及选材、设备选型，有毒有害污水的局部处理工艺流程、设计数据、设备选型。屋面雨水排水系统形式（重力流、虹吸式）的选择，设计重现期和暴雨强度值，屋面汇水面积及排水量。器材选型。

（2）消防专篇

消防给水系统：遵照各类防火设计规范的有关规定，分别对本建筑所需设置的各类消防系统（如：消火栓、自动喷水、水幕、雨淋、水喷雾、泡沫、气体灭火、建筑灭火器的配置等系统）的设计依据和设计原则，采用的标准、计算参数、系统组成、控制方式，各组成部分的参数、选型、设置位置等加以明确阐述。

（3）环保卫生及节水、节能篇

1）节水、节能措施：说明所采用的节水节能设备及系统设计中采用的节水、节能技术措施。如微机控制变频供水、减压截流措施、太阳能利用、水的循环利用等。

2）环境保护与卫生措施：对于有隔振及防噪声要求的建筑物，说明给水排水设施所采用的隔振、防噪声措施，生活饮用水的防二次污染或二次消毒措施。对有毒、有害污废水的处理情况，达到的标准；对公共食堂的厨房含油污水、冲洗气车废水的处理措施，污水处理的防臭措施。对地下室所有污水坑（池）的密封通气等。

3）对特殊地区（地震、湿陷性或膨胀性土、冻土地区、软弱地带）的给水排水设施，说明所采取的相应技术措施。

（4）尚遗留问题

1）外部资源、能源未确定的，必须确定；

2）内部器材、设备选型未确定的也应确定；

3）影响到设计原则及经济合理性尚未确定的因素均应确定，并以书面形式提供给设计单位；

4）以表格形式列出各种水量表；

5）主要设备、器材表。

3.1.3　施工图设计阶段一般建筑给水排水设计文件编制深度

施工图设计在满足合同及设计委托书规定的范围、内容的前提下，还应满足各级主管部门的审批要求、设备材料采购、非标准设备制作、工程预算及指导施工安装、调试验收的要求。

1. 施工图阶段建筑给水排水设计文件内容

施工图阶段给水排水专业设计文件包括：图纸目录、施工图设计说明、设计图纸、主要设备器材表、设计计算书。

施工图设计阶段一般以平面图、系统图为主，以说明为辅，局部放大图为补充，凡能够或方便用图纸表达的尽可能以图纸表达而不用文字语言。

（1）图纸目录

图纸目录的顺序编排有传统或习惯性因素，可以按照图例、设计说明、平面（自上而下）图、局部放大图、系统图、选用标准图或重复利用图的顺序编排。

也可以按照平面图表达的内容如：给水排水或给水排水消火栓（如果没有自动喷水系统）平面图（含灭火器配置），热水供应平面图，中水、净水平面图，（机房或设备间）局部放大图，卫生间详图，给水系统图，消火栓给水系统图，热水系统图，中水系图统，净水系统图，排水系统图，材料设备表的顺序编排。

还可以按照：给水系统图、消火栓给水系统图、自动喷水系统（含水幕）图、热水系统图、中水系统图、净水系统图、污水系统图、废水系统图、雨水给水排水平面（当无喷洒或水幕时含消火栓及灭火器配置）图、消防给水平面图（含灭火器配置，当有自动喷水灭火系统时）、热水平面图、中水平面图、净水平面图、局部放大图、（机房设备间、卫生间）详图、材料设备表的顺序编排。

图纸编号常为："水施－xx"或"水消施－xx"。

当然，从方便看图的角度出发，宜先整体后局部，先主要后次要。所以，笔者认为先从系统图开始编排更合理。

（2）设计图纸出图内容

凡与给水排水及消防给水管道、设备布置有关的各层平面图，系统图（系统轴测图或系统展开原理图），局部放大图（含平面、剖面或轴测图），节点详图均应该出图。

1）平面图

根据给水排水管道、设备的繁简情况，给水排水与消防给水可合并（当只有消火栓系统时）出图或分开（当设有自动喷水灭火系统如：自动喷洒或水幕或气体消防或特殊消防时）出图。如果消防设施内容较多，应将本工种（给水排水专业）的各种消防设施的内容单独出图。热水系统如果配水点多，系统大且供回水管道布置与给水排水交叉较多时，应单独出图；如果只有局部热水系统且与给水排水很少交叉，能够清楚表达，可以与给水排水合并出图；中水及净水如果与给水排水合并会使图纸混乱，不易看图时，应单独出图（包括中水＋净水），否则，可与给水排水合并出图。

2）系统图

对于给水排水和消防给水系统，　般宜按比例分别绘制各种管道系统轴测图。对于水幕、自动喷洒系统，当各层有规律且重复较多，用展开原理图可以表达清楚设计内容时，允许以展开原理图代替系统轴测图。

3）局部放大图

平面图中难以表示清楚的部分，如：储水池、水泵房、水箱间、热交换间、污废水泵坑（池）、卫生间等管道、附件要标注的尺寸、内容多且复杂，难以通过正常平面表达清楚，应该通过局部放大予以清楚表达。

4）详图

当所选择的管件、阀门、仪表属于特殊无定型产品，又无标准图可利用或需要精确表达尺寸和位置的管道连接节点，管道与建筑物、构筑物乃至管道之间，管道与设备之间相对关系时，需要以详图表示这种精确尺寸。

（3）主要材料设备表

设计中所选用的主要设备（如：各种水泵、换热器、水处理设备、稳压膨胀罐等）、器具（水箱、卫生器具、电热开水器、贮水罐等）、仪表、阀门、管材及附配件。

2. 施工图阶段建筑给水排水设计文件编制深度

（1）设计图纸深度

1）平面图

为了看图和计算工程量方便，平面图上应保留建筑轴线及基本开间、进深尺寸，用水点位置，楼层地面标高及房间功能。一层（或首层）还应注明室外各控制点标高，其余与本专业设计或施工无关的标注或尺寸可以删除。

① 平面图中的专业设计内容应包括：

A. 各种管道的平面布置、主管位置及立编号；

B. 干管管径（$DN \geqslant 50$mm），特殊位置（如：管道多且相互重叠，相对位置关系不易表达清楚或主管随墙厚变化错位等）处应以局部纵断图形式给出标高或主管定位尺寸；

C. 所有横干管上的阀门、仪表、主要配件；

D. 一层（或首层）平面应标注所有进出户管道、水泵接合器等管径、定位尺寸、种类、基本设计参数，穿外墙留洞或套管形式及标高，并应给出指北针；

E. 自动消防系统喷洒头在平面图上的表示应注明喷头中心距墙、梁、柱之间距离和定位尺寸；

F. 平面图中，另有局部放大图的部位（设备间、机房等），该部分平面图可只表示到管道甩头至放大图边界位置，内部管道及设备不在平面图中表示，可在局部放大图中一次性表示。但应在平面图中的该位置上标注局部放大图图号。

② 局部放大图：

对于管道、附配件、仪表、阀门多相互连接及位置关系复杂，平面图难以表达清楚的水泵房、换热间、水处理间、水箱间、卫生间、水池、水箱污废水泵坑等部位，若无标准图集可以引用，则应绘制局部放大图。局部放大图应按比例绘

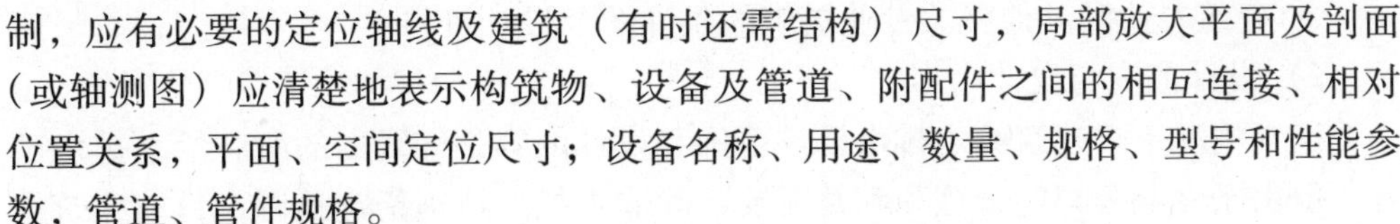

制，应有必要的定位轴线及建筑（有时还需结构）尺寸，局部放大平面及剖面（或轴测图）应清楚地表示构筑物、设备及管道、附配件之间的相互连接、相对位置关系，平面、空间定位尺寸；设备名称、用途、数量、规格、型号和性能参数，管道、管件规格。

③ 总平面图内容包括：

A. 总平面图上应表示出给水、热水、消防、污废水、雨水、循环水等各种室外管道、阀门井、水表井、栓井、接合器井、检查井、隔油池、沉淀池、化粪池等构筑物的平面布置及地位尺寸、种类或名称、管径或规格型号、编号等；

B. 应标注管段长度及所有进出户管道的位置、管径、坡度、水流方向；

C. 周围市政干道名称，市政管道连接点的桩号（或井号）管径、位置（或坐标）及标高；

D. 应给出指北针（或风向玫瑰图）。

2）系统图

① 系统轴测图：建筑给水排水施工图阶段，所有给水排水管道系统一般宜按比例分别绘制各种管道系统轴测图。轴测图上应注明楼层标高、层数、建筑室内外标高差、主管编号、管道走向、管径、仪表及阀门、控制点高度和管道坡度坡向（在设计说明中已经交代者，图中可不标管道坡度及坡向），各系统编号、各楼层配水干管及支管连接位置与卫生设备和工艺用水设备的连接点位置。

② 如果系统简单，平面图中可以表示清楚管径、标高、坡度、坡向、进出管位置标高时，可不绘轴测图，以展开原理图代替。

3）详图

管件多、组合复杂、非标管件且无标准图集可利用的管道节点或管道与设备、装置连接处，平面图、局部放大图、系统图均不能表达清楚的节点，应绘制节点详图。详图上应标明所有管件、管道的规格、连接关系及连接方式，定位尺寸，外形尺寸，附配件规格、型号或制作加工尺寸及技术要求。

（2）施工图设计说明

施工图设计说明应将本工程的设计依据性资料、定性、定量、规模、容量、原理组成说明、系统合理性以及图中未表达或不易用图来表达的技术措施、处理方法、检验标准等应以文字说明方式给看图人、校对人、审核人以及施工图审查机构以明确交待。当然，设计说明的内容必须与设计图纸相一致。一般说明的内容与顺序如下：

1）设计依据

① 本工程设计委托合同或设计任务书；

② 已批准的初步设计文件；

③ 给水排水专业及消防有关的现行设计规范、规程、地方规定（逐一列出）；

④ 建设单位提供的相关条件资料，如：自来水、排水、热水、蒸汽……等；

⑤ 建筑专业和其他相关专业提供的条件图及设计资料。

2）设计范围与设计内容

通常情况下，建筑给水排水设计范围和设计内容是红线内的所有给水排水工程，但由于专业公司的管理和利益需要，除非委托方特别指定范围，目前建筑给水排水单体建筑的设计范围通常是指：给水做到出外墙1.5~2.0m，排水到出外墙第一个检查井处，消防给水如果有水泵结合器，则到结合器，如果没有结合器，则同给水。不过，也有委托方将公共厨房、洗衣房、游泳池、饮用净水、中水、污水处理、水景绿化、气体消防等分包给专业公司设计安装的情况，设计说明中应就另外委托的内容及范围予以明确指出，并阐明相互衔接的相关条件。

3）建筑定性、定量信息交待

① 建筑分类：工业建筑、民用建筑、高层建筑、多层建筑（若是高层民用建筑应指出属几类高层中的哪一功能建筑）、建筑高度、建筑体积；

② 耐火等级（一、二、三、四级）；

③ 火灾种类（A类、B类、C类、D类、E类）；

④ 火灾危险等级（轻危险级、中危险级、严重危险级）；

⑤ 火灾延续时间（消火栓系统、喷洒系统、水幕系统等）。

4）系统说明

① 给水系统

A. 整个建筑及各分区的最高日用水量（m^3/d）、设计小时流量（m^3/h）；

B. 市政给水管网位置、管径、供水压力（MPa）；

C. 本工程自备水源（如果有自备水源）位置、水质、处理工艺、达到的标准、用途及用量；

D. 本工程给水系统分区情况，各分区的组成及各组成部分的位置、设计数据，特殊水质要求的用途及处理工艺和保证措施；

E. 节水、节能，防止水质污染及保证水质的措施。

② 中水系统

A. 中水供应范围，中水最高日用水量（m^3/d），最大时用水量（m^3/h）；

B. 中水源水：以收集何种水作为中水源水，水量（m^3/d）；

C. 中水处理所依据的规范，达到的标准，处理工艺，处理站的位置；

D. 中水供水方式，分区情况，计量情况，各分区组成及各组成部分的设计数据。

③ 循环水系统

A. 冷却循环水：暖通专业冷冻机冷却水的循环水量、排污量、补充水量、处理流程及水质稳定措施；

B. 泳池循环给水系统：泳池功能、有效容积（m^3）、设计水温、循环周期、循环水量、初次补水时间、每天补水量、循环方式、循环工艺流程、维护管理等

方面的必要说明。

④ 热水系统

A. 最高日热水（60℃或55℃）用水量（m^3/d）；设计小时耗热量（kW），设计最大时热水用水量（m^3/h）；

B. 热源种类及其参数；

C. 系统分区情况、计量情况，各分区组成系统形式、循环方式及各组成部分的设计数据；

D. 水质处理（如果需要进行处理时）：源水水质，处理工艺流程，达到的水质标准。

⑤ 饮用水系统

A. 直饮水系统：最大日饮用净水量（L/d）；源水水质、处理工艺、达到的标准；系统供水方式、分区情况、计量方式、循环方式，各分区系统的组成及各组成部分的设计数据；

B. 开水供应：开水饮用水量（L/d），开水器选型及分布，开水器产开水量（L/h），开水器电功率（kW）；

⑥ 污水、废水系统

A. 污水、废水来源，污水、废水排水体制，排水出路，排放前的处理程度或达到的标准。

B. 污水、废水最大日排水量（m^3/d），最大时排水量（m^3/h）。

C. 排水分区情况：地面以上（能够重力排出的部分）采用重力流排水，重力流排水对于高层裙房可能采用普通伸顶通气系统，高层主体，有时需要采用辅助通气系统（或专用通气管系统）。地面以下楼层，有可能靠压力排水才能将污废水排至室外。

D. 食堂含油废水、锅炉排污高温废水（>30℃）以及其他有毒有害污废水的处理方法或处理工艺，达到的标准都应予以说明。

⑦ 雨水系统，空调冷凝水系统

A. 屋面雨水的内排水系统采用的系统形式（重力流或虹吸式），设计重现期，5min暴雨强度，屋面汇水面积，雨水流量，雨水出路。

B. 空调冷凝水应自成排水系统，尽量回收利用，不便于利用或利用不经济时可排至室外。

⑧ 室内消火栓系统

A. 消防水源及其参数：室内消火栓用水量（L/s），室外消火栓用水量(L/s)，火灾延续时间（h），自动喷水灭火系统用水量（L/s），水幕系统用水量（L/s），火灾延续时间（h），一次灭火用水量（m^3），水池有效容积与位置。

B. 消火栓系统分区情况，各分区系统的组成及各组成部分设计数据。消火栓系统压力形式（高压、常高压、临时高压）。消火栓选型，栓口压力超过

0.3MPa 如何减压，消防水泵如何启动。高位消防水箱有效容积（m^3），设置高度与位置，是否需要设增压稳压设备、规格型号、定压参数。

C. 室内消火栓系统的控制：

各区的消火栓泵由本区消火栓箱内的按钮启动，也可在泵房或消防控制中心启动。消火栓泵启动后，消防控制中心及本区所有消火栓箱内的指示灯亮。

当系统设有增压泵或增压稳压设备时，消防泵与增压泵均由增压泵出水管或增压设备上的压力开关自动控制。

室外消火栓泵可由泵房内、消防控制中心或室外消火栓井内的专用防水按钮启动。

⑨ 自动喷水灭火系统

应首先介绍系统形式选择，然后针对所选择的系统进行说明。

A. 湿式系统

基本设计参数：使用场所的环境最高温度（℃）、最低温度（℃），本工程火灾危险等级，作用面积（m^3），喷水强度（$L/(min \cdot m^2)$），消防用水量（L/s），火灾延续时间；

系统分区情况：如果报警阀工作压力大于1.2MPa，则系统要进行竖向分区，以确保报警阀工作压力不大于1.2MPa；各分区的组成及各组成部分的设计数据（喷洒系统的高位消防水箱及消防水池可与消火栓系统合用）；

每个分区报警阀的个数：对于轻、中危险级，每组湿式报警阀控制的喷头数量不超过800个；严重危险级每湿式报警阀控制的喷头数量不超过600个。如果一个报警阀所控制的最高和最低喷头位置高差大于50m，则应分设报警阀。

当配水管上供水动压超过0.4MPa时的减压措施（一般在水流指示器前加减压孔板）；

喷头的选型说明：不同场所喷头的形式（如：直立型、下垂型、边墙型、普通型（$K=80$）、大流量型（$K=115$）），喷头的动作温度（℃）；

喷洒系统的控制：喷洒泵首先是依靠自动喷洒系统的报警阀、水流指示器和火灾自动报警系统（电气）等的自动控制以及增压泵系统的压力开关控制。此外，还在泵房、消防控制中心设有手动启动。自动喷水系统的状态及启动均有信号反馈到消防控制中心。

B. 预作用系统

预作用系统的设置场所、环境条件、系统组成、报警阀及喷头选型、气源运行参数及控制。空压机（如果有的话）的设置位置，隔声、降噪措施，系统排气措施及控制。水泵的控制同湿式系统。

C. 雨淋、水幕系统

设置场所，最大作用面积或长度，单位喷水强度，设计流量，持续时间（雨淋系统1h，水幕系统3h）。系统组成及各组成部分的设计数据，雨淋阀，喷

头选型；

水泵的控制除系统本身的自动控制外，还有泵房及消防控制中心的手动控制。

D. 气体灭火系统

气体灭火系统的设置场所，防护区的划分，最大防护区的体积，设计灭火浓度，灭火剂用量，喷射时间（其余由专业公司进行设计、安装及调试）。

⑩ 灭火器配置

变配电室、库房等火灾种类或危险级别不同的房间、部位或区域的灭火器配置计算应以表格形式给出，具体配置应给予说明，其他部位火灾种类、危险等级、灭火器的选型及配置统一说明。

⑪器材选择

A. 管材及接口

生活给水管材：埋设管材及连接方式，其他明设管材及连接方式；机房内管材及连接方式；人防工程管材及连接方式。

热水供、回水管材：埋设管材及连接方式、其他明设管材及连接方式、换热机房管材及连接方式。

中水给水管材：同上，也分为埋设、明设和机房三部分分别加以说明。

饮用水管材：通常采用不锈钢管材、管件及阀门，小管径：$DN<50$mm 时，卡压连接或丝扣连接；大管径：$DN\geqslant50$mm 时，法兰连接。

蒸汽及凝结水管材：通常情况应采用无缝钢管，$DN\leqslant32$mm 时，丝扣连接；$DN>32$mm 时，焊接或法兰连接；机房内管道及与阀门、设备、管件、附配件连接时采用法兰连接。

消火栓管道：工作压力 $PN\leqslant1.2$MPa 时采用焊接钢管或热浸镀锌焊接钢管，$1.2\text{MPa}<PN\leqslant1.6$MPa 时，采用加厚焊接钢管或热浸镀锌加厚焊接钢管；$PN>1.6$MPa 时，采用无缝钢管或热浸镀锌无缝钢管。管道间连接可采用冲压管件焊接（焊口处需做防腐处理）或沟槽件沟槽连接；机房内管道及与阀门相连接时采用法兰或沟槽连接。

自动喷水灭火系统（含雨淋、水幕系统）采用热浸镀锌钢管或镀锌无缝钢管，$DN\leqslant50$mm 时，丝扣连接；$DN>50$mm 时，沟槽连接（需用沟槽件，沟槽加工机具）。

气体灭火系统：当贮气压力 <2.5MPa 时，采用加厚镀锌钢管；贮气压力 ≥2.5MPa时，采用相应等级的内外镀锌无缝钢管。腐蚀性环境采用不锈钢管；$DN\leqslant70$mm 时，丝扣连接；$DN>70$mm 时，法兰连接。通常，气体灭火系统的管道、管件、阀门及附件等均由专业公司负责供货、安装及调试。

污水、废水重力流排水及通气管管材：可以采用柔性接口排水铸铁管，法兰接口或胶圈不锈钢卡箍接口；也可采用硬聚氯乙烯塑料管承插粘接或胶圈管箍连接。

雨水内排水及污废水压力排水系统：应采用承压管材，如：焊接钢管、热镀锌钢管、聚氯乙烯给水管等，可采用相应连接方式。

B. 阀门及附件

给水、中水系统：当管径 $DN \leqslant 50\text{mm}$ 时，宜采用铜或不锈钢截止阀，经常启闭时密封性能好；$DN > 50\text{mm}$ 时，宜采用闸阀或蝶阀，闸阀较蝶阀相对美观，其工作压力应按照其所在系统的工作压力确定。机房、设备间可采用蝶阀。

消防给水系统：应采用具有明显启闭标志的阀门，如：明杆闸阀、蝶阀等；报警阀前后、水流指示器前的阀门应采用电信号阀门，其开关信号能反馈到消防控制中心；而消防水泵吸水管上则不允许采用蝶阀。

饮用水管道系统阀门，采用不锈钢截止阀。

排水管道系统上的阀门，不宜采用截止阀，应采用与工作压力相当、水流阻力小、耐腐蚀、不易堵塞的闸阀或蝶阀。

热水系统的供水、回水、蒸汽及凝结水系统的阀门，应采用截止阀等密封性能好、耐热的法兰阀门。

设置安全阀、减压阀的位置、目的，安全阀的释放压力，减压阀的阀前、阀后压力调定值。

管道穿越变形缝处采用的管道附件（金属波纹管或可曲挠橡胶接头）；

地漏的材质及水封高度要求，特殊场所（如：人防工程扩散室、医院手术室）所要求的特种地漏选型。

水池、水箱人孔的防污盖加锁；各种井盖标识、材质及防盗措施。

热水系统、排水塑料管等应设伸缩节时，伸缩节的选型及设置位置或设置原则；排水塑料管阻火圈的设置位置。

管道支、吊架的选择、设置位置、间距及制作安装（规程或标准全称及编号）。

⑫ 管道敷设施工

A. 管道暗装的部位及做法、注意事项；

B. 管道穿越隔墙、楼板处套管的材质、做法及安装；

C. 管道穿越地下室外墙，水池壁套管的选择及安装；

D. 压力管道的敷设坡度及坡向；

E. 喷洒管道变径、活接头的使用要求等；

F. 排水管道的最小坡度表；

G. 各种给水排水管道的管道支架、吊架间距表。

⑬ 管道试压及灌水试验

建筑给水排水管道安装完毕，应进行强度、严密性试验，以验收管道系统各连接部位的工程质量。

A. 给水，热水供水、回水，中水供水，饮用水，生活与消防合用，生产给水等管道系统，按下述规定进行试压：

当系统工作压力小于1.0MPa时，试验压力应为工作压力的1.5倍，但不小于0.6MPa；

当系统工作压力大于1.0MPa时，试验压力应为工作压力加0.5MPa，金属管及复合管在试验压力下观测10min，压降不得超过0.02MPa，然后降至工作压力进行检查，应不渗漏；塑料给水管应在试验压力下稳压1h，压力降不得超过0.05MPa，然后降至工作压力1.15倍状态下稳压2h，压降不得超过0.03MPa，不得有渗漏。

凡系统工作压力由水泵等加压设备提供时，系统试验压力应按水泵设计扬程加0.5MPa，且不小于水泵零流量扬程，保持1h不漏为合格。

B. 蒸汽管道与凝结水管道试验压力为工作压力的1.5倍，但不小于0.4MPa，10min之内压力降不大于0.02MPa为合格。

C. 压力排水管道试验压力为排水泵最高扬程的2倍。

D. 消防给水管道：

消火栓给水系统试验压力，当工作压力不大于1.0MPa时，采用1.4MPa；当工作压力大于1.0MPa时，采用工作压力加0.4MPa；保持2h无渗漏为合格；

自动喷水灭火系统应进行强度试验和严密性试验：

强度试验：当工作压力不大于1.0MPa时，试验压力为工作压力的1.5倍，但不低于1.4MPa；当工作压力大于1.0MPa时，试验压力为工作压力加0.4MPa，稳压30min无明显渗漏、无变形，压力降不大于0.05MPa为合格。

严密性试验：在强度试验和冲洗合格后才能进行严密性试验。试验压力为工作压力，稳压24h后无渗漏为合格。

干式、干湿式、预作用等工作时需要充压缩空气的系统，除做水压试验外，还需做气压试验。水压试验同上；气压试验压力为0.28MPa，稳压24h，压降不大于0.01MPa为合格。

气体灭火系统只进行水压试验，试验压力为1.5倍的工作压力，稳压10min无变形，不降压为合格。

E. 排水管道：

暗装或埋地的排水管道，在隐蔽前必须做灌水试验，其灌水高度应不低于底层地面高度，满水15min后，再灌满并延续5min，液面不下降、管道及接口无渗漏为合格。

排水立管及水平干管管道均应做通球试验。通球半径不小于排水管道管径的2/3，通球试验率必须达到100%。

雨水管道安装后，应做灌水试验，灌水高度必须到每根立管最上部的雨水漏斗，24h无渗漏为合格。

⑭ 管道防腐及表漆

A. 防腐

明装管道：焊接管、铸铁管刷防锈漆2道，再刷银粉两道；镀锌钢管刷调合漆2道。

暗装管道：金属管一律刷防锈漆2道，调合漆2道。

埋地管道：金属管一律刷冷底子油2道，外缠玻璃丝布2道。

B. 表漆

消火栓系统管道用调合漆刷成大红色；

自动喷洒管道用调合漆刷成大红色后，涂黄色环；

给水管道：用调合漆刷成蓝色；

中水管道：用调合漆刷成浅绿色；

热水管道：用调合漆刷成浅蓝色，涂双红环；

热水回水管道：用调合漆刷成浅蓝色，涂单红环；

膨胀管：用调合漆刷成浅蓝色，涂单黄环；

蒸汽管：用调合漆刷成深绿色，涂双黄环；

凝结水管：用调合漆刷成深绿色，涂单黄环；

排水铸铁管：用调合漆刷成黑色；

雨水管：用调合漆刷成黑色，涂黄色环。

⑮ 管道及设备保温

A. 管道及设备保温

应在水压试验合格后，保温前，必须完成防腐处理。

需要保温的管道及部位有：敷设在易结冻或不采暖房间内的所有给水管道，设在管井、管槽、吊顶内需要做防结露处理的给水、中水、空调冷凝水管道的室内部分、排水管道和减少热量散失的热水、回水、蒸汽及凝结水管道。

B. 保温材料及保温层厚度

给水、排水、空调冷凝水管防结露保温：常选用岩棉、超细玻璃棉、复合硅酸镁、橡塑泡沫等，其厚度如下：管径 $DN \leqslant 40$mm 时，$\delta = 20$mm；管径 $DN >$ 40mm 时，$\delta = 30$mm；热水供、回水管、热媒水管阻热保温（岩棉、超细玻璃棉）厚度见表3.1-1；蒸汽管保温（水泥珍珠岩管壳）厚度见表3.1-2；给水管、消防给水管等防冻保温（橡塑泡沫）厚度见表3.1-3。

阻热保温（岩棉、超细玻璃棉）厚度　　**表3.1-1**

管径（mm）	热水供水、回水管		热媒水、蒸汽凝结水管	
保温层厚度（mm）	$DN \leqslant 50$	$DN > 50$	$DN \leqslant 50$	$DN > 50$
	40	40	50	50

蒸汽管保温（憎水珍珠岩管壳）厚度　　**表3.1-2**

管径（mm）	$DN \leqslant 40$	$DN = 50 \sim 70$	$DN \geqslant 80$
保温层厚度（mm）	50	60	60

给水管、消防给水管等防冻保温（橡塑泡沫）厚度　　表 3.1-3

管径（mm）	DN15	DN20	DN25	DN≥32
保温层厚度（mm）	60	60	60	50

3.2 设计工作准备

3.2.1 读题审题

缺乏经验者对刚接到的设计项目往往会有两种表现：一种茫然不知所措；另一种急于求成，立即投入图上工作。前者渴望有老师在身边一步一步指导，从而才知道从哪开始着手，如何进行设计工作，甚至帮助自己做决定；后者急切于早点画完施工图，往往容易偏离大方向或犯原则错误，欲速不达，交图后心里没底，忐忑不安。对于刚刚从事设计工作的设计者，应该做好充分的准备工作才有可能稳、准、好、快地完成设计工作。

（1）审题

尽可能审出题目的内涵与外延，如：题目的性质、功能、业态分布，业主及物业管理现在进行的是哪个设计阶段，项目的组织结构（各专业负责人、主要涉及人、甲方具体负责人）；投资方、建设方、使用方分别是谁，投资计划，建设规划，资源能源现状，题目的重要性和紧迫性，建设地点、地理环境、工程地质现状，气候条件，可能涉及的政策问题等等，都是应该掌握的边界条件。

（2）读题

首先要读懂设计委托对本专业的要求，如：设计内容、范围，工作进度安排或出图计划，出图深度，建筑及配套设备的标准（低档、中档、高档）等。其次，要读懂建筑设计的意图，如：项目的类别（工业建筑/民用建筑），工业建筑的火灾类别（甲、乙、丙、丁、戊），民用建筑的界线划分（多层建筑/高层建筑），高层民用建筑分类（一类高层建筑/二类高层建筑），建筑功能（办公、住宅、商场、综合……），建筑耐火等级（一级、二级、三级、四级），各层建筑面积及防火分区的划分情况，应配备的设备系统种类……，功能或物业所有权的划分，涉及到分区计量设备的分区管理，大空间或防火分隔的处理，吊顶等装修是一次出图还是二次设计，耐火薄弱环节的处理等。再次，结构形式及其基本尺寸对本专业设计的影响，如：管道穿越基础，空中布管是否要穿梁，剪力墙上管槽深度等等。

3.2.2 收集相关资料

通过上述读题过程，你必须了解一些必要的相关信息，同时采集相关数据，从而可以知道本设计项目适用的规范和相关标准、工具书等。

1. 了解题目的相关信息

根据委托方提供《设计任务委托书》的要求和建筑专业提供的图纸应了解如下相关信息:

(1) 建筑概况:建设地点、地理环境及环境影响评价报告;建筑功能、体积、建筑高度、每层建筑面积、功能分区、防火分区、建筑分区(多层与高层分区、裙房与高层主体分区)、耐火等级、火灾类别、火灾危险性分类;

(2) 国家和地方有关的政策、法规。如:资源、能源和环境保护等方面的政策、法规、建筑标准规定,建筑设备、器材选用政策;

(3)《设计任务委托书》相关要求;

(4) 设计项目所涉及的所有规范、规程、标准;

(5) 有关的设计手册、标准图集;

(6) 拟选用设备、装置、器材的相关资料。

2. 采集主要数据

(1) 层数、层高、建筑高度;

(2) 室内外高差;

(3) 室外消火栓的位置、个数;

(4) 资源、能源状况相关政策、相关收费及收费标准;资源、能源参数:如水源的方位、水源水压、水量或管径与埋深;污废水、雨水排水方向,允许接入市政或干管接入点位置、管径、埋深、水流方向;

(5) 地质资料、地下水位;

(6) 冻土深度、积雪厚度;

(7) 最高环境温度,室内、外环境采暖、空调温度、湿度;冬季最冷月平均气温、夏季最热月平均气温;

(8) 2~20 年的暴雨强度或暴雨强度公式、夏季主导风向(或风玫瑰图)。

3. 选择相应规范

对于建筑给水排水工程设计,可能涉及到如下的规范。

(1)《建筑给水排水设计规范》,除专业建筑和特殊建筑外,其他建筑给水排水工程设计中必须遵循的技术法规和应注意的事项;无论高层建筑还是多层建筑均执行本规范。

(2)《建筑设计防火规范》,除高层民用建筑、专业建筑和特殊建筑以外的建筑,在设计中必须遵循的技术法规和应注意的事项;包括应设置哪些消防灭火设施、系统和原则性要求。

(3)《高层民用建筑设计防火规范》,高层民用建筑在设计中必须遵循的技术法规和应注意的事项;包括应设置哪些消防灭火系统、设施和原则性要求。

(4)《建筑灭火器配置规范》,对于各类型建筑应如何配置灭火器必须遵循的技术法规和应注意的事项。

（5）《自动喷水灭火系统设计规范》，仅对应设置自动喷水灭火系统的建筑如何设计自动喷水灭火系统必须遵循的技术法规和应注意的事项。

（6）《虹吸式屋面雨水排水系统技术规程》，对于屋面雨水排水采用虹吸式排水系统（通常都是大型屋面：5000m^2 以上）的设计施工的方法、步骤、基本要求作了较详细的阐述。

（7）《游泳池和水上游乐池给水排水设计规程》，对人工建造的游泳池和水上游乐池给水排水设计的方法、步骤、基本要求作了较详细的阐述。

（8）《建筑中水设计规范》，对各类民用建筑、建筑小区的中水工程设计必须遵循的技术法规和应注意的事项。

（9）《医院污水处理设计规范》，对医院和其他医疗卫生机构含有病菌病毒及其他有害物质的污水、污泥的处理工程设计必须遵循的技术法规和应注意的事项。

（10）《人民防空工程设计规范》，对于人民防空工程设计要求作了较详细的规定。

（11）《采暖与卫生工程施工验收规范》，对建筑给水排水工程和采暖工程施工验收程序和标准作了较详细的规定。

当然，并非每项工程设计都需要上述所有规范，往往每项工程仅涉及到其中某些规范。设计者应根据所涉及到的内容选择相关规范。

4. 必备的工具书和其他资料

（1）设计手册类工具书。如《建筑给水排水设计手册》、《给水排水设计手册》中的第 1 册、第 2 册、第 10 册、第 11 册等。

（2）《给水排水标准图集》S1、S2、S3、S4。

（3）建筑给水排水工程常用器材、装置、设备样本及说明书等。

3.2.3 工具书及相关知识的应用

1. 规范的应用

在着手进行设计之前，首先要确定所设计项目应配置哪些种给水排水及消防系统，而给水排水系统的种类可以根据委托书或合同及建筑使用功能的要求，比较容易确定。当不敢肯定时，可以和甲方或项目负责人确认。多层建筑，当屋面汇水面积较小（不大于 5000m^2）时，屋面排水一般由建筑专业（结合立面）考虑，并完成外排水设计。只有当屋面汇水面积较大（5000m^2 以上）或有特殊要求时，才有可能由给水排水专业完成内排水设计。高层建筑雨水一般都是内排水系统，由给水排水专业完成设计。消防系统的种类是结合建筑类别、各部位功能、建筑布局、防火分区面积及其分隔措施、其他设备的配置情况，依据相应规范［《建筑设计防火规范》GB 50016—2006 或《高层民用建筑设计防火规范》GB 50045—95（2005 年版］中的“消防给水和灭火设备”的有关规定来确定，同时，还必须执行《建筑设计防火规范》中表 3.3.1 关于厂房防火分区面积超限、表 4.2.2 关于甲乙丙类液体储罐防火间距、表 5.1.7 关于民用建筑防火分区面积超限和《高层民用建筑设计防火规范》中表5.1.1关于防火分区面积超限的有关规定。比如：《建筑设计防火规范》3.3.1条规定："除甲类厂房外的一二级耐火等级单层厂房，当其防火分区面积大于表3.3.1规定，且设置防火墙确有困难时，可采用防火卷帘或防火分隔水幕分隔"。3.3.3条规定："厂房、库房设置自动灭火系统时，防火分区最大允许占地面积可按本表的规定增加一倍；局部设置自动灭火系统时，其防火分区最大允许占地面积可按局部面积的一倍计算等"。同时，规范对设计的一些原则性问题作了具体规定，设计人必须在规范允许的范围内进行设计，切不可钻规范的空子，坦率地说：规范没有明确规定可以不设的消防设施，除非没有条件设；否则，就应该设。

2. 设计手册的应用

确定了配置哪些系统后，各种系统的原理、组成、特点、适用条件、设计计算方法、步骤等等，都是手册介绍的，可利用《给水排水设计手册》进行各种给水排水系统设计。设计手册针对系统选型、计算、布置等具体的设计细节进行详细阐述。但是，由于其技术更新往往落后于规范，因此当设计手册与规范发生冲突或不一致时，以规范为准。

涉及到设备、器材、装置的外形尺寸、重量、安装方式、接口形式及位置时，就必须借助产品样本、使用说明书和相关技术资料。当手头缺乏相关产品资料时，设计手册的相关部分也可查到部分常用产品的有关技术信息，可供参考，但有可能是淘汰产品或落后技术。

当然，当有地方性规定的统一技术方法、措施、规程或约定俗成的做法时，应当首先采用。

3. 标准图集的应用

标准图集可以让不熟悉管道、设备、器具安装，附件制作，管道敷设方法和具体做法以及给水排水构筑物施工作法的专业技术人员直观地了解和掌握有关内容。这些内容都是成熟的施工安装技术，既可供学习，也可以直接引用。

当进行到设备、管道与器具具体安装、连接及管道的敷设安装等细节问题时，《标准图集》会给你很详尽的指导与帮助，设计人为了简化设计，常常可以直接引用《标准图集》的相关内容，但要注明图集名称、子目、页码等便于查找的信息。

3.3　设计步骤与方法

在从事实际工程设计时，除了建筑专业提供的图纸外，必须有委托方出具的《设计任务委托书》，就该项目委托的设计范围、内容及某些要求作具体规定或说明。设计者以此和建筑专业提供的图纸为依据，根据本单位安排的设计周期，按照要求的设计阶段，提供相应深度的设计成果。根据多年从事建筑给水排水工程设计、施工图审查工作的经验，从实用角度出发，推荐设计步骤与方法如下。

3.3.1 建立模型

这里所说的“模型”，并非建筑专业或一般意义上的建筑物实体模型，而是结合建筑基本特征，集合了与给水排水专业相关的建筑结构数据而建立的一套数据图表模型。模型必须自下而上逐层绘制，要能明确表示建筑外形变化的基本特征，平面及竖向划分情况，每层功能，建筑面积，给水排水有关数据，防火分区情况及防火分隔措施，每个防火分区的面积、层高、梁高、板厚、室内外地坪标高等，如图3.3-1所示。当一个剖面不能表达完整时，可以用多个剖面共同表达。

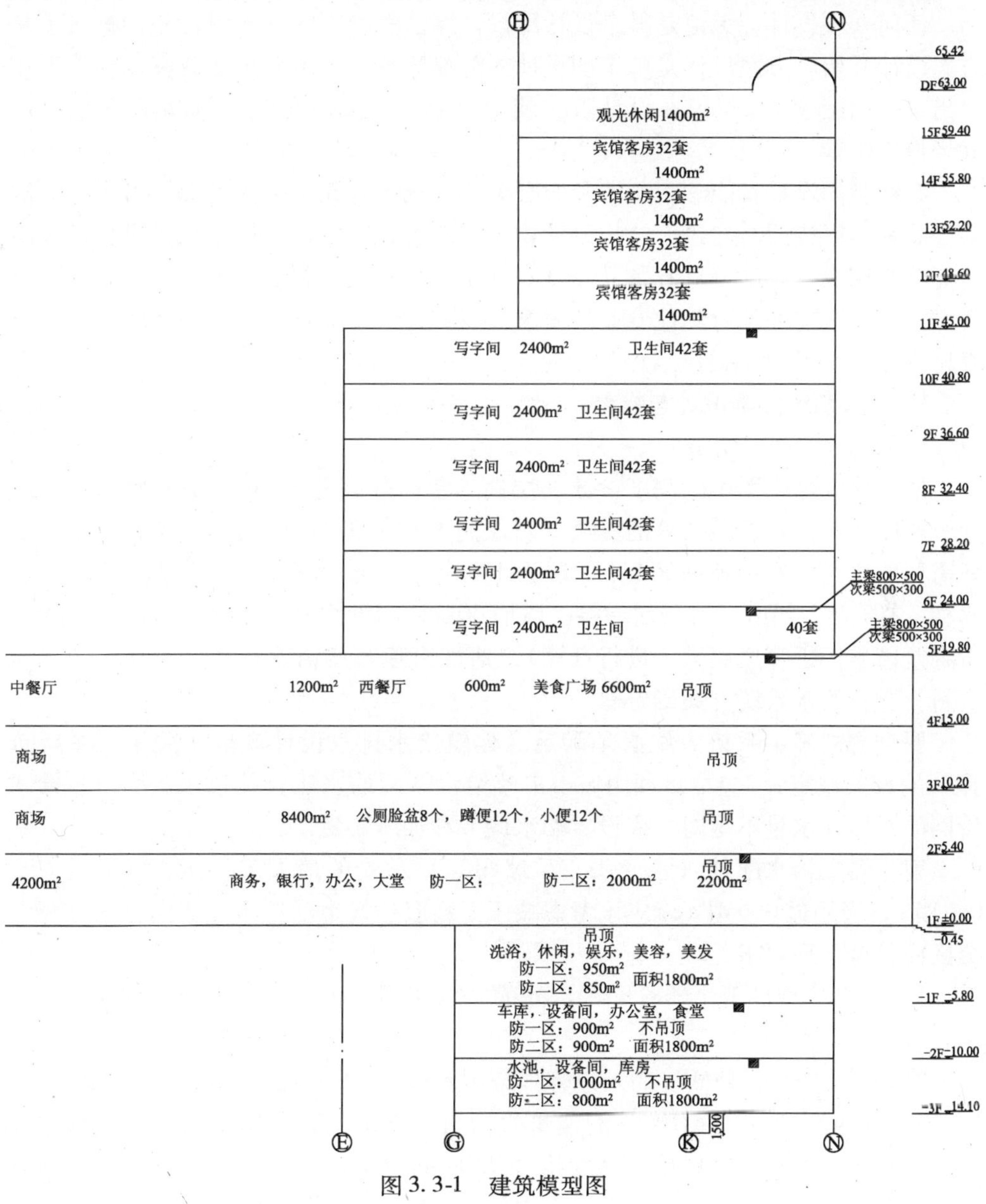

图3.3-1 建筑模型图

建立起这样一套简洁明了、直观的模型后，建筑图上关于给水排水专业设计所需要的信息基本上都能反映到模型上。给水排水专业各设计阶段、各系统的原理设计都可以在只保留相应内容的分模型上进行。与每个系统设计都要翻阅建筑图相比，通过查阅模型搜索信息方便快捷，各种给水排水系统方案设计、初步设计计算、绘制原理图都可以在模型上进行，从而可以大大提高工作效率，而且减少出现原则设计错误的几率。

3.3.2　方案设计与推敲

任何一项设计，无论是哪个设计阶段，除已有确定的方案设计外，都必须从方案设计开始。方案设计是施工图设计的前提和基础，再简单的方案，即使不用写出来或绘图表达，仅仅在设计者头脑中形成，也必须在施工图设计之前完成，并经得起推敲。

有经验的设计者能够将所涉及的有关各系统结合起来一次性综合考虑，而缺乏经验者可以按照与建筑、结构设计相关性由大到小的顺序逐个系统进行，然后将能够共用或合并部分（比如：水池、泵房、水箱间、机房等）结合在一起综合考虑，并将这些部位对其他专业的要求（将在建筑专业进行方案设计时或初次方案讨论会上）及时地提供给相关专业。

1. 给水系统方案设计与推敲

（1）以自来水为水源

依据建筑模型图中的高度参数（层高、室内外高差），按照有关资料中关于建筑所需水压，用经验估算的方法（对层高不超过3.5m的民用建筑，给水系统所需要的压力自室外地面算起，1层为100kPa = 10m水柱，2层为120kPa = 12m水柱，3层及3层以上每增加一层，增加40kPa = 4m水柱。如果层高超过3.5m，可将差值累计折算成层数，进行计算），估计出建筑所需水压力，对比水源水压资料，进行给水系统方案确定。

要合理的确定系统方案必须满足《建筑给水排水设计规范》关于“系统选择”的相关规定：“应尽量利用城市市政给水管网的水压直接供水。当市政给水管网的水压、水量不足时，应设置贮水调节和加压装置。”

卫生器具给水配件（水龙头、浮球阀等）承受的最大工作压力，不得大于0.6MPa，当超过0.6MPa就应该考虑减压。高层建筑生活给水应竖向分区，竖向分区应符合下列要求：

1）各分区最低卫生器具配水点处的净水压不宜大于0.45MPa，特殊情况下不宜大于0.55MPa；

2）水压大于0.45MPa的入户管（或配水横管），宜设减压或调压设施；

3）建筑高度不超过100m的建筑生活给水系统，宜采用垂直分区并联供水或分区减压的供水方式；建筑高度超过100m的建筑，宜采用垂直串联供水方式。

一般情况下，当水压不足，需要加压时，应先设贮水调节装置（水池、水箱、贮水罐）。贮水调节装置：居住小区加压泵站的贮水池有效容积可按最高日用水量的15%～20%确定，对于管网末梢或缺水地区，最多贮存不超过24h的最高日用水量；建筑物内生活低位贮水池，当资料不足时，宜按最高日用水量的20%～25%确定，对于管网末梢或缺水地区，最多贮存不超过24h的最高日用水量。加压装置从贮水装置中吸水。目前，为减少二次污染，室内消防供水系统宜与生活饮用水分开设置。加压供水系统，不推荐采用水泵水箱联合供水系统，而推荐采用带稳压装置的微机控制变频供水。水泵宜采用多台（一般3、4台，2用或3用1备）并联工作，便于随着住宅或居住小区入住率增加导致用水量的变化调节供水能力。

大型建筑或高层建筑分区供水方案，每个竖向分区最高与最低卫生器具几何高差在35～45m之间，可减少噪声，防止卫生器具配水工作压力超0.45MPa。还应考虑物业分割，根据业主不同、业态分区（水的用途及水价不同），考虑分区计量。

贮水调节装置及设备间应设置于经济价值或使用功能差的非优良楼层，如：地下室、管道及设备层、技术夹层等。

供水主干管的立管应设置于管道井或公共空间的易于隐蔽处，横干管宜布置在公共空间：走廊、管道夹层、技术设备层、地下室顶棚等，少穿墙或不穿墙且不需隐蔽或便于隐蔽处。

供水加压设备常年运转，其振动和噪声易对环境造成有害影响，因此，要采取减振、防噪声措施。

（2）自备水源

自备水源首先要考虑的因素是水质（甲方提供的有相应资质单位出具的水质化验报告）、水量（抽水试验报告）及服务范围。自备水源根据其供给能力，按照对水质要求由低到高的用水点进行分配。当水质不能满足用水要求时，必须进行水处理方案设计，以流程框图的形式表示。水处理工艺的容量宜按24h连续运行考虑。处理合格后，供水方案同前所述。

（3）方案推敲

1）供水方案的推敲

分区供水方案设计时，不但要考虑各区静压、水价不同，还应结合水量大小来考虑。当水量很小，不便于选择设备或不便于设备控制时，宜采用减压分区；而集中洗浴供水、消防水池进水管等用水量大且集中的用水单元宜独立进户，以减少对其他用水点的不利影响。

2）加压设备的推敲

加压设备的台数与匹配，应结合建筑的实际使用过程及状况进行动态考虑，如：住宅区用水量往往不会一下子达到设计用水量，而是随着入住率或分期开发情况，用水量逐渐或分阶次地增加；再如：宾馆或大酒店，其用水量在一年中随着季节变化，入住率也不断变化，导致用水量也有很大幅度的变化。因而，加压设备的台数与匹配力争符合或接近这种变化规律，从而使系统设计与运行更加合理。另外，常年运行的动力设备，必须对其运行费用进行计算分析、比较。经济指标是确定方案极其重要的因素。

3）贮水调节装置及水处理构筑物的推敲

贮水调节装置及水处理构筑物，当设置于建筑内部时，如果采用钢筋混凝土结构，造价低，可与建筑主体施工同时进行，但改造和扩容等不灵活；如果采用成品设备或现场制作设备，造价较高且不能与建筑主体同时施工，但调度灵活，改造拆除较容易，特别强调的是生活饮用贮水池，不能利用建筑结构本身作为水池的壁板、底板及顶盖。如果池底不设吸水坑，则有效容积大大减少；如果设吸水坑，则有效容积大大增加，也会给结构专业增加麻烦。

4）设备间等的推敲

设备间、计量表间、分区控制阀门等，有条件时应尽可能集中设置，便于维护管理；所选用的设备装置规格、型号、数量能否更经济更合理；同时，也要考虑设备运输通道、检修更换的方便以及设备运行、维修时产生的振动和噪声尽可能不影响其他房间的正常使用。

5）计算数据的推敲

方案设计时，也离不开基本的参数计算，尤其是各分区，各系统的规模、容量，主要设备选型，特别是对建筑、结构影响较大的设备间、管道井、集水池、构筑物等的尺寸及影响电器容量的机械设备、装置台数，都应该经过计算，并合理配置，经认真仔细地比较、推敲和反复论证后，才能较合理地确定方案，台数多，单台容量小，易于调节，但占据空间多，初投资大，且控制复杂；台数少，单台容量大，占地省，初投资相对节省，但易对管网系统造成压力冲击，不易调节。设计要力争提供技术可行，经济合理，管理方便，运行费用低的最佳方案。另外，当发现某个分区用水量特别小，不便于设备选型和水压控制时，应考虑合并或重新分区，尽量使各分区的水量均匀静压接近。

2. 消火栓给水系统方案设计与推敲

（1）常高压给水系统

当消防给水管网或高位水池（塔）的压力能够随时满足最大消防用水量时所需要的压力，就构成了常高压消防给水系统。而常高压消防给水系统即不用设水池、水泵，也可取消高位消防水箱。对建筑物的单体投资和运行管理是有利的，同时也简化了消防给水系统的设计和施工。系统使用时，可随时取得足够的消防水量和水压，能够及时有效地扑救火灾。

常高压系统适用于城市、城区或大型厂矿企业，与生活供水系统合用统一考虑是经济的；对于单独一栋建筑、建筑群或小型区域，无有利地形可利用时，一

般由于不经济，不宜设计成常高压消防给水系统。

（2）临时高压消防给水系统

对于不具备设计成常高压消防给水条件的单体建筑、建筑群或小区，一般情况都设计成临时高压消防给水系统，即：只有当消防灭火时，启动消防泵才提供足够水量、水压的消防给水系统。而规范规定：设置临时高压消防给水系统的建筑应设高位消防水箱。这就要求建筑物的最高处有设置消防水箱的足够空间一消防水箱间。对于多层建筑，高位消防水箱的水能够重力自流即可；而对于高层建筑，则要求水箱的设置高度能保证最不利消火栓的静水压力，当不能满足净水压力要求时，应在水箱间内设增压设备，同时增压设备还应配消防动力电及电气控制。水池及消防水泵房应设在最底层，且二者应比邻布置。

（3）消防给水系统的防冻措施

对于寒冷地区非采暖的建筑，其室内消火栓给水系统应采取防冻措施。目前常采用的有两种：一种是干式系统；另一种是湿式系统电伴热保温。对于火灾危险性小、可燃物少、蔓延速度不快、火灾损失小（属于中、轻危险级）的建筑宜采用干式系统。即在建筑物消防给水入口不致冻结处设快速启闭阀门，一旦发生火灾可通过手动、自动控制，快速打开消防给水入口阀门，使管网充水变成湿式，进行灭火。这种系统相对简单，且易于维护管理；对于可燃物多、火灾危险性大、容易蔓延、火灾损失大的建筑，宜采用湿式电伴热系统。这种系统是将发热电缆包裹在保温层里面贴管壁处，由发热电缆散发的热量来补偿系统损失的热量，防止冻结。虽然可以随时取得消防用水，但采暖期内需要消耗电能，同时，也存在发热电缆的配置及控制问题。高位消防水箱需要保温的情况是当水箱间无采暖设施时。

（4）消火栓给水系统分区

当室内消火栓栓口处的净水压力大于1.0MPa时，应采用分区给水系统。分区消火栓给水系统一般发生在建筑高度超过100m的高层建筑和含有多层和超过100m高层建筑的小区，占地面积及地形高差大且高层多层都有的小区等。

分区的临时高压消火栓给水系统，其高位消防水箱也应分区设置，且每个分区系统的消防水量均按该分区消防水量最大建筑的消防水量设计，其消防水泵、高位消防水箱也按此配置。

分区时，可以采用高低压水泵分区，也可采用能减静压的减压阀分区。采用高低压水泵分区，系统可靠性增加，但设备多，泵房占地面积大，管路复杂，电控复杂，投资大；而采用减压阀分区，系统可靠性稍差，但设备少，泵房占地小，电控及管路相对简单，投资小。

（5）消火栓的设置位置

在进行消火栓平面布置时，消火栓的定位很关键。一方面要满足保证有两股水枪的充实水柱能够同时到达室内任何一点，另一方面设置消火栓的位置应明显便于取用，同时，便于安装和装修。一般情况下，楼梯间、电梯间、卫生间靠走廊一侧的内墙相对较好，应优先考虑，其次是与柱相连的墙靠近柱边处，再次就是大空间中间宽度足够的柱子上。最不适合的位置就是有耐火极限要求的防火墙、电梯井壁和丁字墙垛处、宽度不足的柱子上。

双栓消火栓箱，带有卷盘的消火栓箱的尺寸不同于普通单栓消火栓箱，选定位置时，一定要特别注意栓箱尺寸与墙面尺寸的关系。

（6）消火栓系统管道

消火栓给水立管应设在公共空间或辅助房间内，以靠近墙角、柱边为宜。不应设在直墙面中间，消火栓立管可以拐弯，但拐弯不宜太多。连接消火栓的支管宜墙内暗设。

环状管网的上环管应设在高位水箱所在楼层以下层的顶棚，以确保水箱出水能重力自流；下环管宜设在最下一层顶棚，以确保所有立管和消火栓都接自于环状管网，确保任一消火栓支管都能够得到双向供水，提高供水可靠性。

（7）消防水泵及水泵房

消防水泵应设备用泵，备用泵的流量、扬程应按最大一台工作泵考虑。同时，一组消防水泵应有2条出水管与环状管网连接，而且宜跨越至少1根立管连接在环状管网上。出水管上应设检查试验用的压力表和*DN*65的放水阀门，放水阀门前设持压泄压阀或安全阀。消防水泵应自灌式吸水，以确保水泵工作的可靠性和及时供水灭火；一般情况下每台消防水泵宜设独立吸水管，至少一组消防泵应设2条吸水管，且每条都能保证全部消防用水量。当消防水池分成2个独立使用的分格时，2条吸水管应能从任何一格水池吸水。

（8）消防水池及消防水箱

当室外给水管网为枝状或只有1条进水管或给水管网不能满足消防对水量、水压要求时，应设消防水池。消防水池有效容积为贮存火灾延续时间内室内、室外不足部分的消防用水量，如果消防水池可以有2条进水管从城市环状管网的不同侧引入，视为能够连续补水，则消防水池的有效容积可以减去火灾延续时间内连续补水量。否则，不能减去火灾延续时间内连续补水量。临时高压消防给水系统应设高位消防水箱，高位消防水箱贮存10min的室内消防用水量。当然，在满足规范规定的条件时可以适当减少贮水量。

3. 自动喷水灭火系统方案设计与推敲

（1）系统选型

1）闭式系统的应用

当需要设置自动喷水灭火系统的场所环境温度在4～70℃时，应采用湿式自动灭火系统（闭式喷头、湿式报警阀）；当需要设置自动喷水灭火系统的场所环境温度低于4℃或高于70℃时，应采用干式灭火系统（闭式喷头、干式或干湿两用报警阀）；当需要设置自动喷水灭火系统的场所不允许有误喷或误喷会造成很

大损失时，应采用预作用系统（闭式喷头、预作用报警阀）。

2）开式系统的应用

① 雨淋喷水灭火系统：根据《建筑设计防火规范》GB 50016—2006 第 8.5.2、8.5.3、8.5.4 条规定：易燃、易爆且火灾蔓延迅速的厂房、仓库，高档或大型剧院、礼堂、会堂的舞台葡萄架下，建筑面积大于$400m^2$ 的演播室，建筑面积大于$500m^2$ 的电影摄影棚，乒乓球厂的轧坯、切片、磨球、分球检验部位等属于《自动喷水灭火系统设计规范》“设置场所火灾危险等级举例”表中所列“严重危险级”处应设雨淋喷水灭火系统（开式系统，雨淋报警阀）。

② 水幕系统：特等、甲等或超过1500个座位的其他等级的剧院和超过2000个座位的会堂、礼堂的舞台口，以及与舞台相连的侧台、后台的门窗洞口；应设防火墙等防火分隔物而无法设置的局部开口部位；需要冷却保护的防火卷帘或防火幕的上部等处宜设水幕系统（水幕喷头、雨淋阀）。

③ 水喷雾灭火系统：下列场所应设自动灭火系统，且宜采用水喷雾灭火系统：单台容量在40MV·A及以上的厂矿企业油浸电力变压器，单台容量在90MV·A及以上的电厂油浸电力变压器，或单台容量在125MV·A及以上的独立变电所油浸电力变压器；飞机发动机试验台的试车部位。

④ 气体灭火系统：《建筑设计防火规范》GB 50016—2006 第 8.5.5 条还规定了一些需要设置气体灭火系统的场所。如：大、中城市的广播、电视发射塔的某些机房，某些程控电话交换机房，某些音像制品仓库，某些图书馆内的特藏库、珍藏库……其他特殊重要设备室，具体内容需要查阅规范。

（2）组成部分的确定

应设置的灭火系统有时是一种，有时是几种，要根据建筑物的功能由相关规范确定。一旦确定了应设置的灭火系统种类，接着要做的就是确定各系统的组成及其各组成部分的位置、设计参数。一般情况下，自动灭火系统的主要组成部分有：喷头、水流指示器、管网、报警阀、水池、水泵、高位水箱、消防水泵接合器。当然是否必须设水池、水泵、高位水箱，要视水源的水量、水压和供水的可靠程度来确定。当水源的水压、水量足够，且能够保证供水时，不需要设消防水池及喷洒泵。

① 闭式喷头和开式雨淋喷头都设在被保护房间的顶棚上，根据配置场所的火灾危险等级、每个喷头的保护面积和喷头间距确定喷头数量，配水管网要根据梁、柱、墙及喷头的平面布置，按照沿墙（梁）、顺柱，横平竖直，对称布置，配水均匀的原则布置在顶棚上。

② 水流指示器的位置要结合供水立管的位置及防火分压区的划分情况来布置，既要保证每层、每个防火分区都有各自独立的水流指示器，又要便于施工安装和维护检修。水流指示器设在每个防火分区的供水横干管入口处。

③ 自动喷水灭火系统的供水立管一般都设在管道井内，并且靠近接配水横

干管一侧。

④ 报警阀设在最底层，一般是集中设在泵房内，便于维护管理，当系统需要分区时，每区的报警阀设在每区段的首层报警阀间（室）内。这里所谓的分区，是指统一工作压力的系统。当系统工作压力大于1.2MPa时，自动喷水灭火系统要分区，使每区的报警阀工作压力都不大于1.2MPa 。常用的分区方法有两种：一种是水泵分区，根据系统所需要的工作压力不同，各区有独立的水泵；二是减压分区，以满足高压区的水泵作为共用，通过减压措施，克服掉剩余压力，形成低压区。

⑤ 自动喷水灭火系统的水池、水箱通常与消火栓给水系统合用，称为消防水池或水箱，计算消防水池（箱）有效容积时，要将这两部分用水量相加。

⑥ 通常，喷洒系统的水泵与消火栓系统的水泵一并设在消防泵房内，应设备用泵。泵房与水池比邻，泵房应靠近疏散通道，泵房门应正对安全出口。

（3）喷洒系统的附件、管道敷设及保温

报警阀组附带的水力警铃是水力报警装置，应设在有人值班的地点附近，或经常有人经过的地点，但与报警阀连接管的总长度不宜大于20m。

系统中需要减静压的区段可设减压阀，需要减动压的区段宜设减压孔板或节流管。

系统立管的顶部应设自动排气阀。干式、预作用系统各层或各分区的末端应设由电磁阀控制的快速排气阀—大流量自动排气阀。

每个防火分区或楼层的最不利点（最高、最远点）喷头处，应设 *DN*25 的试水阀；每个报警阀组控制的系统最不利点喷头处应设末端试水装置。

系统管道敷设时应有2‰～3‰的坡度，坡向供水立管。配水管应避免上、下起伏，不利于排气泄水，会影响灭火效果。

不采暖房间处的消防给水系统，不宜采用湿式系统，因为无法保证不冻结。喷洒系统更加不宜采用电伴热保温，一是支管多、施工复杂、工期长、造价高；二是不符合节能政策、运行费用高。

4. 排水系统方案设计与推敲

（1）生活污水、废水排水方向及排水出路

结合建筑总图和各设备专业的规划设计，首先确定化粪池的位置（通常应设在夏季主导风向的下风向），然后确定排水外线的位置及走向，这样就可确定建筑物的排水方向。如果排水可以排入城市管道，则生活污水经化粪池处理后，与废水汇流，排入城市排水管网；如果不允许直接排入城市管网，则应按照环境主管部门批复的排放标准，进行水处理方案设计（优先考虑生物处理），估算出处理工艺设施占用空间大小，划定出合适的位置。水处理工艺方案的设计既要给建筑、结构提条件要求，同时也要估算出用电设备的容量、台数，以便给电气专业提供条件要求，还要就采暖通风方面的要求给暖通专业提条件。另外，还要考虑

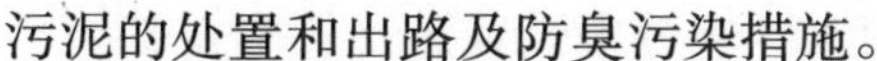

污泥的处置和出路及防臭污染措施。

（2）室内排水方案的形成与推敲

当建筑物有地下室不能靠重力自流排水时，要考虑压力排水设施。根据污废水的性质考虑明沟或是管道收集后重力自流到集水池（坑），然后在集水池（坑）内设潜水排污泵，采用独立的压力管道排出污废水到室外检查井。切不可将压力排水管接入重力排水管道。

建筑物地面以上部分的排水，应优先考虑重力排水。多层建筑只考虑设伸顶通气管；高层建筑当立管的排水量超过允许负荷时，应考虑设专用通气立管或辅助通气立管，当最低横支管接入点与立管底端的垂直距离不满足规范规定时，最下面1~2层要单独排出。建筑标准高，或对卫生与安静要求高的居住建筑，卫生间应考虑同层排水系统。对于住宅，卫生间与厨房排水系统应各自独立。对于公共卫生间，排水立管的位置与根数的确定，以横支管的最大长度不超过12m和支管最后一个卫生器具排水接入点到立管的长度不大于1层楼高为宜。立管位置应靠近排水量大、污染物多的排水点，同时也要便于横干管以最短的距离排到室外（靠外墙）。横支管的布置应沿墙、顺梁，横平竖直。立管位置确定后，沿着最脏、排水量最大卫生器具流向立管的直线方向，即为主排水方向。在主排水方向上布置横干管与立管连接，沿途排水点支管与横干管以顺水流45°方向连接。从而形成了排水管网系统。同时，排水系统设计时，应充分利用对称性和一致性的原则，将多个系统布置成完全一致或对称的形式，可大大减少制图工作量，也方便施工。

当消防电梯井排水不能采用重力自流排放时，应采用压力排水。集水坑宜设在电梯井旁边以方便安装和检修。

所有压力排水点处均应设备用泵，且宜采用消防电源供电，以确保排水系统的可靠运行。

（3）屋面雨水排水设计与推敲

屋面雨水的排除是结合建筑设计时屋面的排水布置进行的。当多层建筑屋面投影面积≤3000m^2时，一般都作成外排水，由建筑专业完成；高层建筑和屋面投影面积>5000m^2并且不便于采用外排水的多层建筑，一般都采用内排水方式。内排水有重力式和虹吸（压力流）式两种，重力式排水宜采用单斗系统，当单斗系统立管太多或不好布置时，可以采用多斗系统，但每个系统悬吊管管径不宜大于*DN*250，一般最大到*DN*200（相当于连接4个*DN*100的雨水斗）；虹吸式排水系统排水立管少，悬吊管可以很长，连接的雨水斗多，排水能力强，但悬吊管管径也不宜大于*DN*250，当悬吊管管径大于*DN*250时，应分成2个或2个以上系统，而且悬吊管和立管可以并排平行敷设。为了排空系统，避免冬季冻结，悬吊管宜设有2‰~3‰的坡度，坡向立管。

虹吸式雨水系统的设计计算一般由专业公司完成。

多斗雨水系统的分区，是指不同标高的雨水斗宜分别设置悬吊管和立管。

雨水系统不宜接入其他排水，特别是重力排水。

5. 热水供应系统方案设计与推敲

（1）市政热源

当有城市集中热源时，首先要了解热源的参数及供应状况。经过技术经济比较后，优先考虑采用城市热源，这样可简化热源部分的设计、施工和运行维护。往往会降低一次性投资，但要受到城市热源运行体制的限制。同时，当采用城市热源时，还必须考虑城市热源发展的近期及长期规划和户线投资大小、实施难易程度等诸多现实因素的影响。如果户线太长，一次性投资过大或实施难度大，协调各种关系复杂，可能会受到许多因素干扰导致工期长或不易实施，那么，考虑其他热源方案更为明智。

（2）自备热源

所谓自备热源，就是为项目自建锅炉房（无论是电、气、油、煤等锅炉）自主运行，自行管理。这样易于实施，调度管理灵活，很少受外界干扰或制约。但是增加了占地面积，使热源部分的设计增加了工作量和难度，运行维护工作量和难度也随之增加。同时，燃料等的贮存、运输、安全管理等问题，需要经当地环保主管部门审批。如果采用电锅炉，还应充分考虑如何利用高低峰电价的差别，使系统经济运行的问题。

如果项目投资受限，而自建热源相对于利用城市热源可明显节约初投资，并且项目投入使用可带来很好的经济效益，虽说自建热源运行费用较利用城市热源运行费用略高，但还是应该优先考虑自建热源方案。当然，自建热源要有足够的占地面积用于锅炉房燃料储存和炉渣堆放（如果以煤作燃料），变配电等辅助用房。

（3）热水供应系统分区

热水供应系统是否分区是由冷水分区、热水用水量大小及使用状况、热负荷大小、对热水温度和水质的要求等决定的。所谓的热水供应系统分区通常是指独立运行的系统。即一个从热水制备、供应、回水循环能够独立运行的系统即为一个分区。

一般情况下，热水系统的分区与冷水系统分区相一致；用水量大，用水相对集中的大用户如公共浴室、大型洗衣房等宜为独立系统；对水质、水温要求不一致的应为独立系统；当热负荷小，分区不经济或不合理时，宜合并到温度、水压、水质及供水时间最接近的系统。

某些分散、对水温要求不十分严格的用户可采用支管不循环或局部热水供应系统。

有时，可以采用一套水加热器减压分区系统，但为了确保回水压力一致，采用公共回水箱或低压区回水加压等措施。虽然系统可以正常运行但造成了能量浪费，增加了运行费用和操作难度。

（4）热水供应系统设计

对于零星分散，耗热量小的热水用水点，可采用就地制备热水的局部热水供应系统，如小型食堂厨房、理发店、车间洗手盆等，一般常采用电热水器或太阳能制备热水，可以不用循环。

对于每天洗澡人数不超过50人的小型集体宿舍，可采用在盥洗间设置一两处较大型的电加热器或太阳能热水系统，定时供应的局部小型管网热水供应系统，既可采用小型管道泵循环，也可不循环，这样系统相对简单，也较实用。

对于厂矿企业的淋浴室，宜采用定时供应的热水系统，管道较长的系统应采用全循环方式；管道较短的系统可采用不循环或干管循环的方式，也可采用定温水的单管供水方式。系统的淋浴器等洗浴设备的数量及耗热量是按照最大班洗浴人数确定的。

对于宾馆、高档公寓、高档写字楼，应采用至少立管循环的集中热水供应系统。宾馆按全日热水供应考虑；公寓、写字楼可按定时热水供应考虑。其热水的制备宜采用容积式水加热器或热水锅炉，也可以采用非容积式水加热器配以高灵敏度、控制精确、运行可靠的温控装置。前两者由于具有一定的储水容积，对用热量有一定的调节作用；因而，对热源的供应量需求相对较均衡，按小时耗热量计算热源投资较省。而后者由于无储水容积，对用热量无调节作用；因而，对热源的供应量需求随用水量变化，相对不均衡，按设计秒流量时的耗热量计算，热源投资较大。

立管循环热水供应系统宜采用上供下回机械循环系统。当水加热器的工作压力不超过1.0MPa时，各分区的水加热器宜集中布置在统一的换热间内，便于操作和维护管理；如果因集中设置会导致高区水加热器工作压力超过1.0MPa，宜将高区水加热器提高到中间的技术设备层，使水加热器的工作压力降低到不大于1.0MPa，这样虽然给操作维护带来不便，但有利于系统的安全运行和降低水加热器的造价。

当支管较长，而对水温稳定性要求较高时，应采用支管循环系统，这样每个卫生器具处的给水配管均有3条，即：冷水管、热水管、回水管。

对于水温、水压要求严格的宾馆热水供应系统，应采用开式系统稳定系统压力，这样就必须在每个系统最高处的适当位置设置膨胀水箱（起到定压补水作用）。

对于公寓、写字楼等较大型（按60℃计，日用水量 $>20m^3$）且定时供应的热水系统，应优先采用开式系统，使每次加热过程中的膨胀水量全部回收，不致浪费水资源；而对于小型定时供应的热水系统和小型全日供应的系统，允许有极少量的水膨胀泄出，宜采用闭式系统，安全阀泄水；对于系统较大且不具备设置膨胀水箱条件或设膨胀水箱不经济或不合理的热水供应系统宜采用闭式系统，设落地膨胀罐用来补偿系统水容积的热胀冷缩。落地膨胀罐宜与换热器集中设在换热间内，便于维护管理。

3.3.3　主要参数的选择与系统容量估算

1. 生活给水系统

（1）生活给水系统的用水单位数

在计算建筑用水量时，首先要计算用水单位数。住宅的用水单位数根据户型确定用水人数为：3～4 人/户；对于公共建筑，由于有些建筑或建筑功能区规范上没有相应用水单位指标，其用水单位数往往不易确定，给用水量计算带来很大困难，当无可靠数据时，可参考下述指标计算用水单位数。

用水单位数及用水定额指标参数：

1）办公（包括银行）

① 人数计算：12～14m^2（总面积）/人；5～7m^2（有效面积）/人。

② 有效面积/总面积：出租办公室 60%；一般办公室 55%～57%；金融银行 50%～55%。

③ 用水量：50～120L/(d·人)。

④ 使用时间：8～12h。

2）商场（商售）

① 顾客人数计算：5～6m^2（营业面积）/顾客。

② 员工人数计算：2～4m^2（含货柜使用面积）/人。

③ 使用面积/有效面积：55%～60%。

④ 用水量：顾客 5～25L/d；员工 100～200L/d。

⑤ 使用时间：8～12h。

⑥ 洁具使用次数：参见表 3.3-1。

商场卫生间洁具使用次数及一次用水量　　　　**表 3.3-1**

洁　具　类　别	使用次数（次/h）	用水量（L/次）
大便器	6～12	13～15
小便器	10～20	4～6
洗脸盆	10～20	7～10
污水盆	3～6	15～25

3）餐营

营业性餐厅每座位用水定额见表 3.3-2，其中餐厅面积/厨房面积 =1～1.5。

营业性餐厅每座位用水定额 表3.3-2

餐厅类别	A (m^2/座)	Q (L/(座·次))	N (次/(座·h))	T (h/d)
西餐厅	1.8~1.4	15~20	0.5~1	6
中餐厅	1.8~1.5	15~20	0.5~1	6
小餐厅	3.3	15~20	0.5	6
快餐	1.3	10	1	12
考虑同时使用系数：0.5				
酒吧、咖啡、茶座	1.2~1.4	5	1~2	12~16
考虑同时使用系数：0.3				
宴会厅（多功能厅）	1.6	20	2人次/(座·d)	6

4）康乐中心

可参照商场，宜采用下限。

淋浴器：2~3次/h，24~60L/次。

剧场：1.5~2m^2（有效面积）/人。

有效面积/总面积：53%~55%。

5）其他建筑或功能区的用水单位数计算

旅馆床位数：按图纸给出的床位数计。

旅馆就餐人数：按床位数的80%~60%计，每日可按2餐计。

旅馆的洗衣房洗衣数量：30~75kg/(床·月)，每月25d计，也可按3.2~4.0kg/(床·d)计。

汽车库停车数量：按25~30m^2/辆计。

游泳池洗浴人数：按游泳池面积5m^2/人，3h/(人·次)，每天营业时间取12h。

空调系统补水量：按系统循环水量的2%计。

（2）生活用水定额

用水定额分为两类：一类是单位用水定额，用于计算最大日用水量、最大时用水量、平均时用水量。用水定额的具体数值参见《建筑给水排水设计规范》GB 50015—2003表3.1.9~表3.1.13；另一类是卫生器具定额，通常用于计算配管的设计秒流量。用水定额的具体数值参见《建筑给水排水设计规范》GB 50015—2003，见表3.1-14。

定额数值的确定与卫生设备的完善程度（有无热水供应）、地理位置及生活习惯有关。卫生设备完善程度提高，用水量增加，地理位置由北往南用水量增加。同时，定额的取值直接决定着系统设计规模、容量的大小、投资的多少，取值过高，会导致投资浪费；取值过低，会导致用水量不够。总之，定额是个敏感的指标，也是方案审查时的重要内容。

（3）小时变化系数

按常识，用水定额取值越高或用水单位数越大，用水越趋于均匀，因而时变化系数越小；相反，则时变化系数越大。具体数值参见《建筑给水排水设计规范》GB 50015—2003，表 3.1-9、表 3.1-10。

有了用水定额、时变化系数及用水单位数等基本计算参数，就可以计算用水量。给水系统的容量通常以高日最大时用水量和设计秒流量来表示，而贮水池（箱）容积和加压设备的运行参数估算也是以其为基础的。民用建筑加压设备的供水压力估算参照“3.3.2 方案设计与推敲”部分有关内容进行；工业建筑则按工艺要求确定。

2. 热水供应系统和饮用水系统

（1）热水供应系统和饮用水系统的用水定额和时变化系数

热水供应系统和饮用水系统的用水定额和时变化系数取值原则同上，具体数值参见《建筑给水排水设计规范》GB 50015—2003 表 5.3.1-1、表 5.3.1-2、表 5.3.1-3 和表 5.7.1。

（2）其他计算参数

热水供应系统的用水定额和时变化系数确定以后，冷水计算温度、系统最大水温差等的取值决定着耗热量的大小，也直接影响到投资多少。如果冷水计算温度、系统最大水温差取值过低，会导致计算耗热量增大，水加热器换热管传热系数取值过低，会增加加热设备投资；反之，虽然加热设备投资和系统运行费用都减少了，但可能会导致供热量不足，热水温度达不到要求。如果系统最大水温差（水加热器出口温度与最不利配水点的水温差）取值过大，会减少循环水流量，降低运行费用，但系统始末端热水温度相差较大；如果系统最大水温差取值过低，会增加循环水流量，提高运行费用，但系统始末端热水温度相差较小；通常情况下热水系统小时耗热量估算值按照每个淋浴器：1.1 万 kcal/h（地表水源时），0.90 万 kcal/h（地下水源时），7 个脸盆折算为一个淋浴器；循环泵的流量可按设计小时热水量的 25% 估算，循环泵的扬程可按最长循环回路的总长度乘 0.25kPa/m 进行估算。膨胀水量估算可按水加热器的容积乘 0.024L 估算。

3. 消防给水系统

（1）消火栓给水系统

1）设计用水量

无论是《建筑设计防火规范》还是《高层民用建筑设计防火规范》给出的用水量都是最低限值，设计取值时应大于或等于该限值。这有两方面的含义：一方面，最不利点消防用水设备必须满足该最低限值才具有有效的灭火作用；另一方面，当最不利点满足该最低限值的情况下，其余非不利用水点的水量、水压参数必然不小于最不利点的值，导致系统总的用水量一定不小于规范规定的最低限

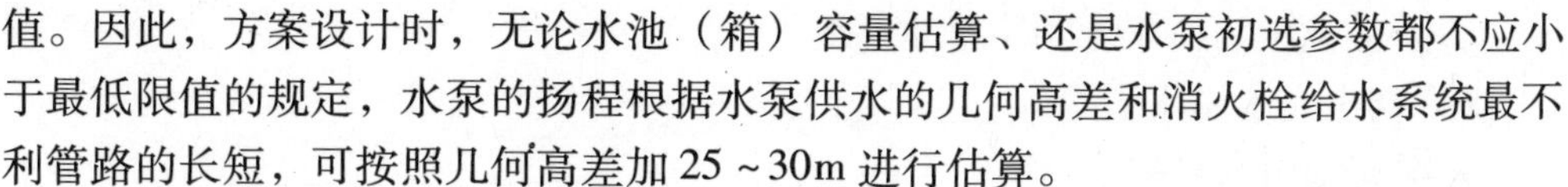

值。因此，方案设计时，无论水池（箱）容量估算、还是水泵初选参数都不应小于最低限值的规定，水泵的扬程根据水泵供水的几何高差和消火栓给水系统最不利管路的长短，可按照几何高差加25～30m进行估算。

2）栓口静压

高层民用建筑消火栓给水系统当栓口静压超过100m水柱（原规范80m水柱）时应竖向分区，使得栓口处静水压不大于1.0MPa，这里的静压，不包含因水箱设置高度不够而设置的增稳压设备提供的水压，由于增稳压设备流量很小，一旦打开消火栓，增稳压设备提供的压力很快被泄掉。因而竖向分区时，只考虑几何高差，不考虑增稳压设备提供的压力。

（2）喷洒系统

设计喷水强度、作用面积、持续喷水时间等基本参数，按《自动喷水灭火系统设计规范》GB 50084—2001规定执行，但同上所述，仍然是最低限值，水池容量、水泵参数等不能小于规范规定的最低限值，当然可以大于最低限值。喷洒系统水泵的扬程根据水泵供水的几何高差和喷洒系统最不利管路的长短，可按照几何高差加35～40m进行估算。

（3）高位消防水箱

高位消防水箱的有效容积，当计算大于18m^{3}时，允许采用18m^3（指消火栓系统、喷洒系统或合用系统作为估算值或最低限值），这是从结构经济角度考虑，当然也可以按照实际计算量确定水箱有效容积，这样消防给水系统供水的可靠性得到了保证，但是会相应地增加结构造价。消防水池的有效容积可按室内、外消防用水量之和乘以火灾延续时间估算。

（4）消防用水量的均衡调节

消防给水系统出水量的不均匀性是必然的，但消火栓系统可以采用设置调压型消火栓，自动喷洒系统可以采用设置减压孔板、节流管等减压节流措施，使得消火栓出口压力不超过0.35MPa，使得轻、中危险级场所中喷洒系统各配水管入口的压力均不大于0.4MPa来调整水量的不均匀性，尽可能使各配水点的出水量均匀。良好的、合理的调压节流措施可做到将实际喷水量与设计最低限值之比控制在1.05～1.30范围内。

4. 其他系统

（1）污水、废水池、坑有效容积

污水、废水池、坑有效容积可按不小于最大一台工作泵5min出水量估算，生活排水调节池的有效容积不得大于6h生活排水平均小时排水量。污水、废水池、坑的有效水深取1.5～2.0m，超高至少为0.2m，池内最低设计水位应满足水泵吸水和冷却水泵必要的淹没深度（潜污泵要保证不小于1/2泵体高）。消防电梯井集水坑有效容积不小于2.0m^3。

（2）游泳池、游乐池给水排水系统

1）初次充水用水量

初次充水用水量按：

$$Q=V/T \tag{3.3-1}$$

式中　Q——初次充水用水量，m^3/h；

V——游泳池、游乐池有效储水容积，m^3；

T——初次充水时间，取 $T=24\sim48h$。

2）补充水量

补充水量参见表3.3-3。

游泳池、游乐池的补充水量　　**表3.3-3**

序　号	游泳池、游乐池名称		每日补充水量占泳池水容积的百分数（%）
1	竞赛池 训练池 跳水池	室　内	3～5
		露　天	5～10
2	多功能池 游乐池 公共泳池	室　内	5～10
		露　天	10～15
3	按摩池	公　用	10～15
4	儿童池 幼儿戏水池	室　内	不小于15
		露　天	不小于20
5	环流池		10～15
6	家庭游泳池	室　内	3
		露　天	5

注：1. 室内游泳池、水上游乐池的新鲜水最小补充水量应保证一个月内池水全部更新一次。
2. 当地卫生防疫部门有规定时，应按卫生防疫部门的规定执行。

3）压力过滤设备反冲洗用水量

压力过滤设备反冲洗用水量可根据反冲洗强度和反冲洗时间及过滤面积确定，如表3.3-4、表3.3-5。

压力过滤器的反冲洗强度和反冲洗时间　　**表3.3-4**

序　号	滤料类别	反冲洗强度（$L/(m^2\cdot s)$）	膨胀率（%）	冲洗时间（min）
1	单层石英砂	12～15	40～45	7～5
2	双层滤料	13～16	45～50	8～6
3	三层滤料	16～17	50～55	7～5

注：1. 设有表面冲洗装置时，取下限值。
2. 采用自来水冲洗时，应根据水温变化，适当调整冲洗强度。
3. 膨胀率数值仅作设计计算之用。

活性炭吸附过滤器的反冲洗强度和反冲洗时间 **表 3.3-5**

反冲洗强度 (L/(m²·s))		反冲洗时间 (min)		胀率 (%)
气	水	气	水	
14~16	4~6	3~5	2~3	40~45

注：为保证活性炭吸附能力，宜每年更换1/3总厚度的表层活性炭滤料。

4）补水箱有效容积

① 单纯作为补水用时，不小于池子的补充水量，且不小于2.0m^3。

② 同时兼作回收溢流水之用时，按循环流量的5%~10%确定。

5）循环处理水量

循环处理水量可按式3.3-2计算。

$$Q_x = \frac{V_s}{T} \tag{3.3-2}$$

式中 Q_x——循环流量或循环水处理量，m^3/h；

V_s——池水有效容积，L；

T——循环周期，h，见表3.3-6。

游泳池和水上游乐池的循环周期 **表 3.3-6**

序 号	池子类型	有效水深 (m)	循环周期 (h)	循环次数 (次/d)
1	竞赛池 训练池	1.8~2.2	4~5	6~4.8
		2.5~3.0	5~6	4.8~4
2	跳水池	5m、7.5m、10m 跳台	8	3
		1.0~3.5m 跳板	6~8	4~3
3	儿童池	0.4~0.6	1.5~2	16~12
4	幼儿戏水池	0.3~0.4	1	24
5	公共池 中小学池 教学池	1.0~1.2	3~4	8~6
		1.2~1.4	4~5	6~4.8
		1.4~1.8	5~6	4.8~4
6	宾馆和俱乐部内 附设的游泳池	1.2~1.4	4	6
		1.4~1.6	5	4.8
		1.6~1.8	6	4
7	家庭游泳池	≤1.0	8~10	3~2.4
8	造浪池	0~2.0	2	12
9	环流池	0.9~1.0	2~4	12~6
10	滑道池	1.0~1.10	4~6	6~4
11	探险池	≤1.0	6	4
12	气泡休闲池	≤1.0	1.5~2	18~12

续表

序号	池子类型		有效水深（m）	循环周期（h）	循环次数（次/d）
13	蹼泳池		2~3	4~6	6~3
14	水力按摩池	公共用	0.6~0.8	0.3~0.5	80~48
		专 用	0.6	0.5~1.0	48~24

注：1. 池水的循环次数，按每日使用时间与循环周期的比值确定。
2. 未列出之游乐池和游泳池，可根据使用性质及池子有效水深、比照表内有关池子确定。

6）过滤面积

过滤设备总的过滤面积可按式（3.3-3）计算：

$$A=\frac{Q_x}{V} \tag{3.3-3}$$

式中 A——过滤设备总的过滤面积，m^2；

Q_x——循环流量或循环水处理量，m^3/h；

V——过滤设备的过滤速度，m/h，见表3.3-7。

压力过滤器的滤料组成和过滤速度 **表3.3-7**

序号	滤料类型		滤料组成粒径（mm）			过滤速度（m/h）	备注
			粒径/mm	不均匀系数 K_{80}	厚度（mm）		
1	单层石英砂		$D_{min}=0.50$ $D_{max}=1.00$	≤2.0	≥700	10~15	
			$D_{min}=0.60$ $D_{max}=1.20$				
2	单层石英砂		$D_{min}=0.50$ $D_{max}=0.85$	≤1.7	≥700	15~25	
			$D_{min}=0.50$ $D_{max}=0.70$	≤1.4	>900	16~40	供参考
3	双层滤料	无烟煤	$D_{min}=0.80$ $D_{max}=1.60$	≤2.0	300~400	14~18	
		石英砂	$D_{min}=0.60$ $D_{max}=1.20$		300~400		
4	多层滤料	沸石	$D_{min}=0.75$ $D_{max}=1.20$	≤1.7	350	0~30	适用于过滤及剩余臭氧吸附过滤一体化系统
		活性炭	$D_{min}=1.20$ $D_{max}=2.00$	≤1.7	600		
		石英砂	$D_{min}=0.80$ $D_{max}=1.20$	≤1.5	400		
5	硅藻土		36~38μm 44~46μm		≥2	6~10	此数据为可逆式压力过滤器数据

注：1. 其他滤料如铁矿砂、锰砂、纤维球、瓷砂及纸芯等，可按生产厂商提供的经过有关部门认证的数据选用。
2. 滤料的相对密度，石英砂：2.6~2.65；无烟煤：1.4~1.6。

7）耗热量

① 正常运行时池体及管道设备散热耗热量 W_h 可按池水面积估算，如表3.3-8。

游泳池每平方米面积平均热损失概略值（kJ/h） **表3.3-8**

气温（℃）	5	10	15	20	25	26	27	28	29	30
露天游泳池	4522	4187	3852	3433	2931	2847	2721	2596	2470	2302
室内游泳池	2345	2177	2010	1842	1507	1465	1382	1340	1256	1172

而加热补充水量的耗热量 W_b 为：

$$W_b = \frac{\alpha Q_b (t_s - t_b)}{t_h} \qquad (3.3\text{-}4)$$

式中 W_b——加热补充新鲜水量所需的耗热量，kJ/h；

α——热量换算系数，取 $\alpha = 4.1868$kJ/kcal；

Q_b——每天新鲜水的补充量，L/d；

t_s——池水设计温度，℃；

t_b——补充新鲜水的温度，℃；

t_h——每天池水的加热时间，h。

② 初次充水加热时的耗热量

$$W_c = \frac{\alpha V_s (t_s - t_b)}{T_h} + W_h \qquad (3.3\text{-}5)$$

式中 W_c——初次充水加热耗热量，kJ/h；

V_s——池水有效容积，L；

T_h——初次充水加热时间，一般取24～48h。

其余同上。

8）消毒剂投加量

消毒剂投加量按消毒剂类型加以计算，见表3.3-9。

消毒剂类型及投加量 **表3.3-9**

消毒剂类型	臭氧		次氯酸钠、氯气、氯片或溴片	二氯异氰尿酸钠 三氯异氰尿酸钠
	池水温度	投加量		
投加量	<28℃	0.6～0.8mg/L	1～3mg/L（有效氯）	5～10mg/L 消毒剂溶液配制浓度 3～5mg/L
	28℃	1.0mg/L		

注：可逆式硅藻土过滤器氯的投加量可按1.0mg/L设计。

3.3.4　主要设备及装置预选型

1. 生活给水设备及装置预选型

(1) 各区生活给水加压泵

通常选用不锈钢立式离心泵，按微机控制变频给水加压泵设计。应该以设计秒流量选泵，但方案设计时，无法计算系统设计秒流量，只能暂时按最大时流量作为单台泵流量选泵，并按2用1备或3用1备（根据使用工况及实际水量大小）进行组合，设计秒流量相当于最大时流量的3～4倍，这样配泵基本上能够满足按设计秒流量选泵时的要求。水泵扬程可按估算值选泵，估算方法如下：层高3.5m以内时，一层10m，二层12m，三层以上每增加1层增加4m，层高大于3.5m时，累计差值折算成层数进行估算。

(2) 水池（箱）

生活贮水池（箱）的有效容积（即调节容积）可以采用建筑最高日用水量的百分数进行估算，通常可取日用水量的20%～25%，但不得超过48h平均日用水量（可查《室外给水设计规范》“居住区生活用水定额”），必须超过48h平均日用水量时，应采取二次消毒措施。如前所述：当有效容积不大于$50m^3$时，建议采用玻璃钢或不锈钢水箱；当有效容积大于$50m^3$时，建议采用独立结构的钢筋混凝土水池，食品级玻璃钢衬里。

(3) 给水引入管直径

对于一幢建筑按最大小时设计流量（进水池）或设计秒流量（进供水系统）选择管径；对于建筑群或居住小区可按最大小时设计流量选择管径。当室外埋地管直径大于50mm时，采用球墨铸铁给水管或硬聚氯乙烯给水管；当室外埋地管直径小于50mm时，可采用与室内明设相同的管材，比如：镀锌钢管、钢衬塑管、PP-R管均可，甲方无特殊要求时，由设计人确定，同时，要做好金属管道的防腐。

2. 热水供应系统设备及装置预选型

首先是加热和贮热设备，其选型依据是加热设备的加热面积和贮热设备的储存容积，选用时应考虑如下因素：使用特点、热水用水量、加热方式、水质情况、耗热量、热源、维护管理等因素，除建筑标准较高的建筑采用热水机组外，通常以蒸汽或高温水为热媒，采用间接加热的设备有：导流型容积式水加热器、半容积式水加热器、半即热式水加热器、快速水加热器等。

当利用太阳能为热源时，宜采用热管式、真空管式等热效率高的太阳能热水器，并辅以电加热，以备阴天或其他阳光不足天的用热要求。

当采用自备热源时，宜选用以燃气、燃油的热水机组，机组应全自动或半自动运行，应有工况显示，并具有超压、超温、缺水、有无火焰等自动报警功能。

(1) 间接加热设备的选用

1) 导流型容积式水加热器

① 构造

导流型容积式水加热器有立式、卧式之分，其构造如图3.3-2。

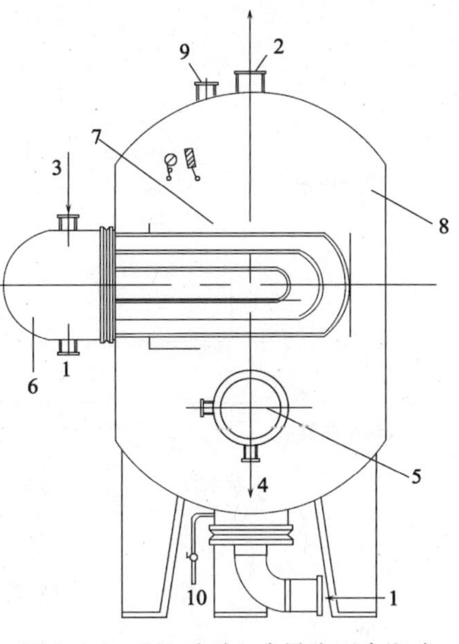

图3.3-2 RV系列立式导流型容积式加热器构造示意图

1—进水管；2—出水管；3—热媒进口；4—热媒出口；5—下盘管；6—导流装置；7—U形盘管；8—罐体；9—安全阀接口；10—排污口

② 适用条件

A. 有宽大的设备间；

B. 热源供应不能满足设计秒耗热量；

C. 用水量变化幅度大，而且对供水的可靠性、水温、水压稳定性要求较高的情况。

③ 特点

A. 构造简单，便于清垢、维修；

B. 换热效果好，传热系数高；

C. 热媒及被加热水的阻力损失小；

D. 体积及运行重量大，占据空间多。

④ 导流型容积式水加热器性能参数见表3.3-10。

2) 半容积式水加热器

① 构造

半容积式水加热器是带有适量贮水容积和内置式快速水加热器组成。其工作系统如图3.3-3。

导流型容积式水加热器性能参数　　表3.3-10

参数 热媒	传热系数 K (W/(m² · K))		热媒出水温度 t_{mz} (℃)	热媒阻力损失 Δh_1 (MPa)	被加热水水头损失 Δh_2 (MPa)	被加热水温升 Δt (℃)
	钢盘管	铜盘管				
0.1~0.4MPa的饱和蒸汽	791~1093	872~1204 2100~2550 2500~3400	40~70	0.1~0.2	≤0.005 ≤0.01 ≤0.01	≥40
70~150℃的高温水	616~945	680~1047 1150~1450 1800~2200	50~90	0.01~0.03 0.05~0.1 ≤0.1	≤0.005 ≤0.01 ≤0.01	≥35

注：1. 表中铜盘管的 K 值及 Δh_1、Δh_2 中的二行数字由上而下分别表示U形管、浮动盘管和铜波节管3种导流型容积式水加热器的相应值。

2. 热媒为蒸汽时，K 值与 t_{mz} 对应；热媒为高温水时 K 值与 Δh_1 对应。

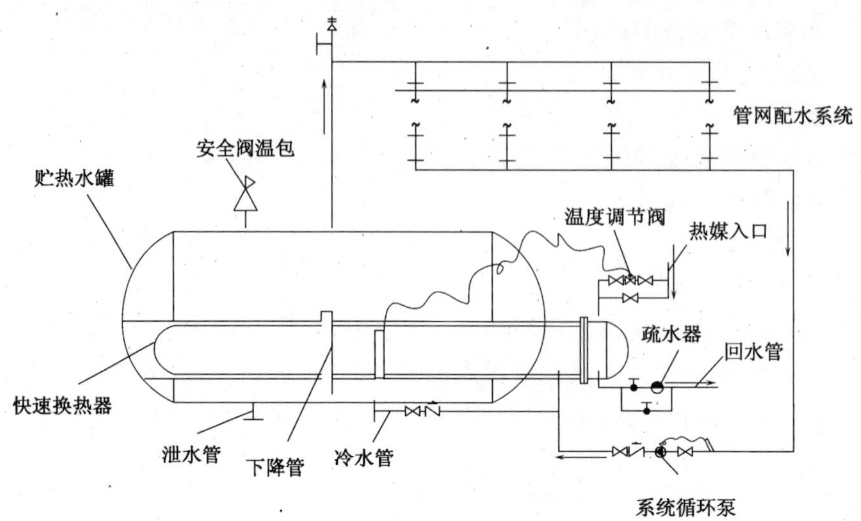

图 3.3-3 HRV 型半容积式水加热器工作系统图

② 适用条件

A. 热源供应能够满足小时耗热量;

B. 对水温、水压要求平稳;

C. 设备间面积较小;

D. 设有机械循环的热水系统。

③ 特点

罐体内热水水温基本相同,具有体积小加热快、换热充分、供热温度稳定等。要求配置灵敏度较高、工作可靠的温度自控装置。

④ 半容积式水加热器性能参数

见表 3.3-11。

半容积式水加热器性能参数 **表 3.3-11**

参数 / 热媒	传热系数 K (W/(m^2·K))		热媒出水温度 t_{mz} (℃)	热媒阻力损失 Δh_1 (MPa)	被加热水水头损失 Δh_2 (MPa)	被加热水温升 Δt (℃)
	钢盘管	铜盘管				
0.1~0.4MPa的饱和蒸汽	1047~1465	1163~1628 2900~3600	70~80 30~50	0.1~0.2	≤0.005 ≤0.01 ≤0.01	≥40
70~100℃的热媒水	733~942	814~1047 1500~2000	50~85	0.02~0.04 0.01~0.1	≤0.005 ≤0.01 ≤0.01	≥35

注:1. 表中铜盘管的 K 值及 Δh_1、Δh_2 中的三行数字:上行表示 U 形管,下行表示铜制 U 形管、浮动盘管和铜制 U 形波节管三种导流型容积式水加热器的相应值。

2. 热媒为蒸汽时,K 值与 t_{mz} 对应;热媒为高温水时 K 值与 Δh_1 对应。

3）半即热式水加热器

① 构造

半即热式水加热器是带有小量贮存容积的快速式水加热器。其构造如图3.3-4。

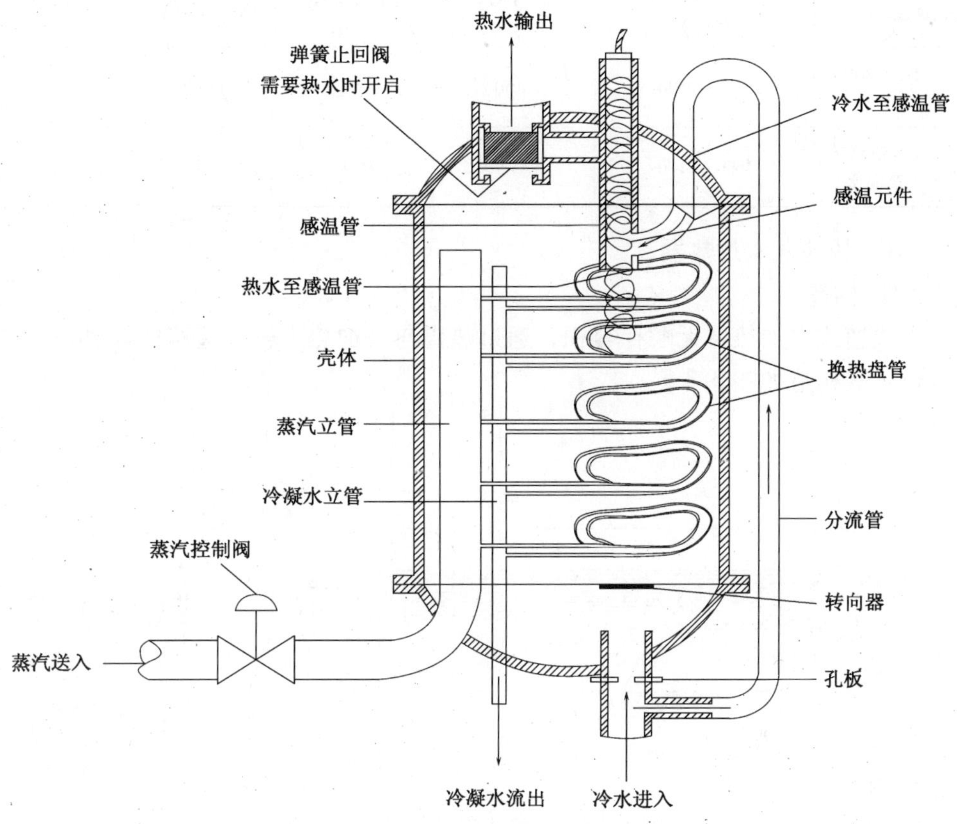

图3.3-4　半即热式水加热器构造示意图

② 特点

A. 传热系数大，换热速度快，水流停留时间短，能防止军团菌滋生；

B. 浮动盘管的收缩、膨胀可使传热表面上的水垢自动脱落；

C. 体积小、占地面积少；

D. 要求热媒供应充足，冷水供水压力稳定。

③ 适用条件

A. 热源供应能满足设计秒流量所需耗热量；

B. 设备间面积小；

C. 用水量较均匀；

D. 热媒为蒸汽时，其最低压力不少于0.15MPa，并且供汽压力稳定。

④ 半即热式水加热器热力性能参数

见表 3. 3-12。

半即热式水加热器主要热力性能参数 **表 3. 3-12**

参数 热媒	传热系数 K (W/(m²·K)) 铜盘管	热媒出水温度 t_{mz} (℃)	热媒阻力损失 Δh_1 (MPa)	被加热水水头损失 Δh_2 (MPa)	被加热水温升 Δt (℃)
0. 1 ~ 0. 4MPa 的饱和蒸汽	2300 ~ 3500	≈50		0. 02	≥40
70 ~ 150℃ 的高温水	1600 ~ 2100	50 ~ 90	0. 04	0. 02	≥35

4) 快速式水加热器

① 构造

快速式水加热器无贮存容积，通过热媒与被加热水较大速度的流动进行快速换热。其构造如图 3. 3-5。

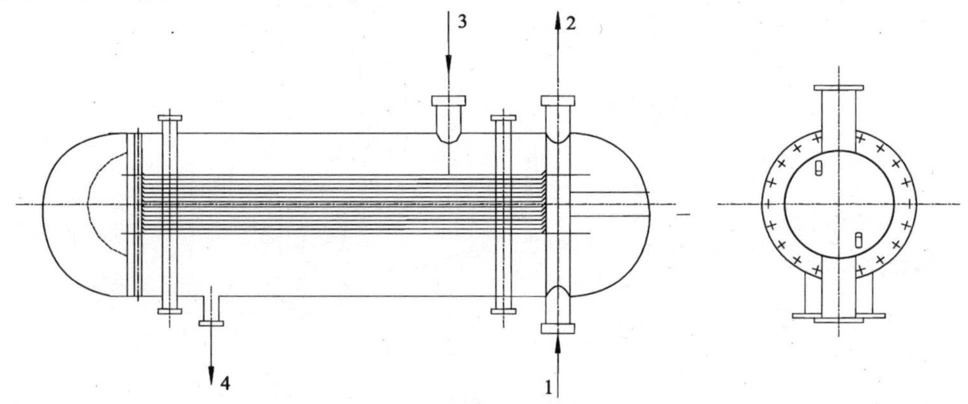

图 3. 3-5 多管式汽-水快速式水加热器

1— 冷水；2— 热水；3—蒸汽；4—凝水

② 特点

A. 体积小，安装方便，价格便宜；

B. 传热系数大，热效率高，效果好；

C. 技术成熟，性能可靠；

D. 水头损失较大，当热媒或被加热水压力不稳定时，出水温度波动较大；

E. 不能单独用于水量变化大的生活热水系统中；

F. 构造简单，方便除垢。

③ 适用条件

A. 用水均匀的闭式循环或开放系统；

B. 热源供应充足，能满足最大用水量时的耗热量要求；

C. 用于生活热水系统时，应配置热水贮罐及内循环泵。

④ 构造

其配置如图 3.3-6。

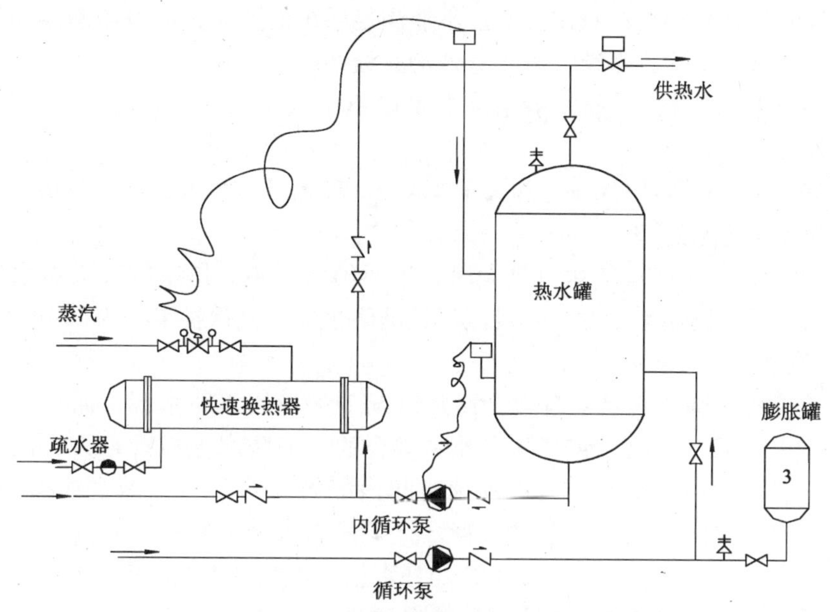

图 3.3-6 配热水罐的快速加热器

这里要特别注意的是以下几点：

首先，水加热器可以不设备用，设备间的布置按《建筑给水排水手册》和《建筑给水排水设计规范》相关章节的要求执行。但选择医院热水供应系统水加热器时，应执行相关规定：水加热器和锅炉不得少于 2 台，1 台检修时，其余各台的总供热能力不得小于设计小时耗热量的 50%；医院水疗设备用水，应设专用的加热设备，水压应根据水疗要求决定；医院建筑不得采用有滞水区的容积式水加热设备；不超过 50 床位的医院所设的 2 台水加热设备，根据其构造情况，每台的供热能力可按设计小时耗热量计算。

其次，循环水泵的选型依据是循环流量和循环扬程，方案设计时可按系统设计小时耗热量的百分数求出循环流量（前面已有阐述），而循环水头损失估算时，按循环流量加上附加流量除以环路数，以比最小循环管径大一级的管径作为最长的环路管径计算；再加上必要的富余水头及泵阀水头损失，即可粗略求出循环泵扬程。

再次，膨胀罐或膨胀水箱的选型参数的确定前面也已经介绍过，这里不再赘述。

3. 消火栓给水系统设备及装置预选型

消火栓给水系统设计前，首先确定消防水池容积和消防泵房尺寸，以便给建筑、结构专业提供构筑物尺寸条件。

（1）消防水池容积的确定

1）多层建筑

当设有自动喷洒系统且水源水压不能满足系统需要时，应设喷洒泵和消防水池，若无自动喷水灭火系统，由于室外消火栓系统可以采用低压系统（水压从地面起不小于10m水柱），故一般情况下可以不用消防水池，只有当如下情况时，才考虑设消防水池：

① 室内、外消防用水量之和大于25L/s，且无可靠的水源（市政给水管为枝状或只有1条进水管）；

② 生产、生活用水量达到最大时，市政给水管道、进水管或天然水源不能满足室内、外消防用水量时，才设区域性消防水池，其保护半径为150m。

2）高层建筑

因其消防原则是立足于自救，通常情况下无专用消防水源，而且水压也不能满足灭火要求，所以设置消防水池是必要的。消防水池应贮存火灾延续时间内不足部分的消防用水量，火灾延续时间内能够补水的可以减去连续补水量。当然，只有当消防水池有2个进水管，且2根进水管分别从市政环状管网的不同侧面引入时，才能减去其中1根管的补水量，否则是不能减去补水量的。高层建筑群可以共用消防水池，消防水池的保护半径也是150m。当水池贮存有室外消防水用量时，应设有可靠的取水设施，且取水设施必须设在消防车易于靠近操作的位置。

（2）消防水泵的选择

1）消防水泵流量

只要建筑物的定性、定量参数准确，其消防水量可由相应规范中查到，当然是最低的保证量，而消防工作水泵的流量之和不应小于该值；工作泵的台数：当设备间的大小不受限制，且消防用水量较大（超过30L/s）时，宜2用1备，逐台启泵，可大大减少对管网及电网的冲击；一般情况下，采用1用1备，但消防水泵启动时会对管网和电网产生较大的冲击，易发生故障，从而降低系统工作的可靠性。

2）消防水泵扬程

消防水泵可按几何高差加管网损失加栓口所需水压力三部分之和进行计算。其中，几何高差为消防水池底到最不利消火栓；管网损失可按单根竖管管径及流量，从水泵至最不利消火栓的总长度摩阻损失；栓口所需压力可按栓口水枪规格、流量及材质、长度，查计算手册获得。当然，也可以采用前面介绍的估算法。这里特别指出的是：水带长度应根据实际保护半径计算选择，并非什么情况下都要选择25m长水带，特别是单元式住宅，或小单元公建，若水带过长，折叠过多，会导致无法正常使用，使火灾扑救工作不能正常进行。

3）消防水泵选型

多层建筑消防水泵扬程不大，普遍采用单级离心泵，立式、卧式均可。当泵房面积有限时，应优先采用立式泵；高层建筑消防水泵扬程大，普遍采用多级离心泵，立式、卧式均可。当泵房面积有限时，应优先采用立式泵，但立式泵的总高度不宜超过2.0m。

（3）高位消防水箱

1）高位消防水箱有效容积

按规范规定，高位消防水箱有效容积，普通住宅可不小于6m^3，其他建筑可不小于18m^3，但并非一定选择6m^{3}或18m^3，只有当条件不允许、不经济或不合理时才如此。有条件时，还是应该贮存不小于10min的消防用水量。水箱材质一般常采用玻璃钢。

2）高位消防水箱设置高度

多层建筑高位消防水箱的设置高度是重力自流，高层建筑是满足最小不利点消火栓静水压7m或15m水柱（见规范《建筑设计防火规范》GB 50016—2006和《高层民用建筑设计防火规范》GB 50045—1995），当不能满足时，应设增压设施（或增压泵，只是水泵；或气压罐，带有补压泵）。增压泵应恰好能满足1只消火栓的用水量约5L/s；气压水罐相当于一个等效泵，只要其贮水的调节容积不小于300L及上下限压力确定合理，则在规定的时间内即能供给规定的水量。

（4）消火栓箱的配置

消火栓的规格是根据消防规范中规定的每支水枪最小流量确定的：5L/s对应的是*DN*65消火栓，$\phi16/\phi19$水枪；而2.5L/s对应*DN*50消火栓，$\phi13$、$\phi16$水枪。当消火栓处静水压超过0.35MPa时（此时消火栓口处的出水压力有可能大于0.35MPa），应采用调压型消火栓。若发生火灾时需要启动消防泵或干式系统的电动阀门时，消火栓箱内还应设置启动按钮。有竖向分区的消火栓系统的启动按钮应与本区的消防泵联锁，避免交叉。

4. 自动喷水灭火系统设备及装置预选型

（1）报警阀

报警阀的形式是由系统选型决定的，若系统选型为湿式则报警阀为湿式报警；若系统选型为干式则报警阀为干式或干湿式报警阀；若系统选型为干湿式则报警阀为干湿两用报警阀；若系统选型为预作用式则报警阀为预作用报警阀；若系统为开式系统则报警阀为雨淋阀。确定报警阀的个数，可按照需要设自动喷水灭火系统部位的总建筑面积除以单个喷头的最大保护面积，得出估算喷头数，再将喷头估算总数除以所在系统类型（湿式、干式）所允许每个报警阀控制喷头数量的限额（干式：500只；湿式：800只），可估算出报警阀的个数。另外，如果报警阀组控制的最高与最低喷头高差超过50m，宜分设报警阀。报警阀个数估算出来后，在模型图中估算各层喷头数，然后大致平均地分配一下各报警控制喷头数量及所在楼层。

（2）消防水池

一般为钢筋混凝土水池。当进水管水压不能满足自动喷水灭火系统要求时，应设消防水池和消防水泵。消防水池贮水容积＝设计灭火用水量×自动灭火系统的火灾延续时间（1h）。设计灭火用水量为1.3倍的喷水强度乘作用面积，见式3.3-6：

$$Q_p = 1.3EA \tag{3.3-6}$$

式中 Q_p——设计灭火用水量，L/s；

E——设计喷水强度（按《自动喷水灭火系统设计规范》GB 50084—2001查表），$L/(m^2 \cdot s)$；

A——作用面积（按《自动喷水灭火系统设计规范》GB 50084—2001相应危险级查表），m^2。

（3）自动喷洒水泵

自动喷洒水泵型号一般同消火栓系统。自动喷洒水泵的流量即为Q_p，水泵扬程可按几何高差加35～40mH_2O（水头损失＋最不利喷头工作压力）进行估算，待管网布置完毕后，再进行计算校核。

（4）高位消防水箱

喷洒系统高位消防水箱可与消火栓及水幕等系统合用。甚至有时喷洒系统与消火栓系统的增稳压气压水罐（当水箱间面积受限时）也可以合用一套。如果选择分用气压水罐，其调节容积不小于150L，如果选择合用气压水罐，其调节容积不小于450L，其平时运行定压限值应满足合用系统中需要压力最高的系统，其定压上限以保证设备正常运行，且不致使消防给水系统超压。合用气压水罐出水管应分别连接消火栓系统和喷洒系统，连接消火栓系统的出水管径为*DN*80，连接喷洒系统的管径为*DN*50，2条出水管上均应设置止回阀，以防各系统之间造成消防水泵供水混用。

5. 压力排水系统污水、废水泵预选型

小型分散泵坑一般选用潜污泵，大型污废水泵房一般选用干式污水泵，以便于维护管理。压力排水应当以主要排水源为选择排水泵的首要依据，如：有水池、箱溢流管的泵房或水箱间以水池（箱）溢流为主；换热间、空调机房等以设备排污、事故排水或安全阀泄水（视具体情况）为主；卫生间以生活排水为主等。生活排水的污水、废水泵流量可参照相应的生活给水量估算。当吸水坑有调节容积时，按最大小时给水量；当吸水坑无调节容积时，按进入泵坑的排水设计秒流量，设计秒流量的估算法前面已经介绍，不再赘述。

污水、废水泵的扬程可按几何高差加管路水头损失加富余水头进行计算，几何高差在建筑图上可以查到，管路水头损失可按照管路长度乘以0.25mH_2O/m进行估算，富余水头取2～3m。同时，为了预防阻塞，污水泵的规格不应小于

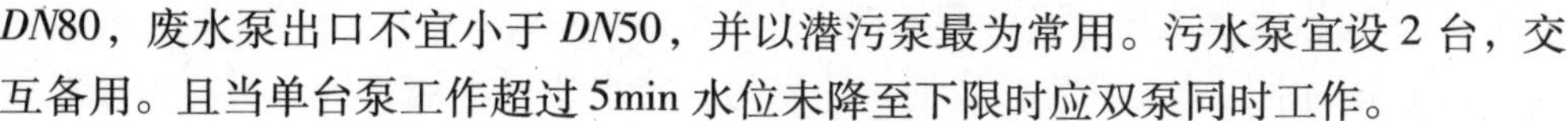

*DN*80，废水泵出口不宜小于 *DN*50，并以潜污泵最为常用。污水泵宜设 2 台，交互备用。且当单台泵工作超过 5min 水位未降至下限时应双泵同时工作。

3.3.5 主要设备间、池、坑位置及尺寸估算

按照前述方法及原则对各系统进行了容量估算和主要设备、装置进行了预选型，紧接着就给水排水专业直接关系到建筑专业进行功能布局和结构专业进行结构设计的内容进行确定。

1. 各设备间的尺寸估算及位置确定

（1）高位水箱间

高位水箱间的位置应尽可能设于能满足最不利用水点用水设备净水压要求的位置，若无法满足静水压要求高度，也应设于建筑物可设水箱间的最高处，并且宜将水箱设于水箱间内，以便于维护和防冻处理。

要确定水箱间的平面尺寸，应当估算水箱尺寸。通过设备装置预选型，我们已经得出高位水箱有效容积，水箱有效高度按建筑层高减 1.2m（楼板约 0.2m、箱顶净高 0.6m、箱底距地面 0.4m 以利排污阀安装）。水箱间平面尺寸除满足水箱平面占地外，水箱周围预留 0.7m 检修通道，如果设有增稳压设备，还应将增稳压设备占地及其周围通道留出，增稳压设备可查产品相关资料。

（2）泵房

有了水泵预选型就可以对泵房占地空间尺寸进行估算。立式生活泵按每台占地面积 3～4m^2，其中含有检修通道空间，但不含电控柜占地面积，生活给水泵的控制柜占地面积按每套机组 1.2m^2 计；立式消防水泵按每台占地面积 4～5m^2 计，卧式消防泵按每台占地面积 6～8m^2 计，同时还要加上每台消防泵 1 台控制柜占地面积，每台控制柜占地面积按 1.5m^2 计。这样估算的泵房面积含有检修操作、人行通道和控制柜面积，不含变配电室面积，也不含其他装置设备的面积。

设备间的高度估算，除满足人员正常活动外，设备最高突出部位与梁下皮距离不小于 0.2m，距顶棚不小于 0.6m，基础高于地面 0.2m。

（3）换热间

对于立式换热器，每台占地面积按其水平投影面积的倍数估算：直径小于 1.0m 时，按 6～8 倍计；直径大于等于 1.0m 时按 4～6 倍计。对于卧式换热器，每台占地面积：直径小于 1.0m 时，按 4～6 倍计，直径大于等于 1.0m 时，按 3～4 倍计。落地膨胀水罐占地面积按立式换热器估算。水箱面积另计。上述面积估算中含有检修、人员操作、循环水泵及电控面积。

换热间高度方向的尺寸与泵房有所不同的是，换热器顶部要接管道阀门等附配件，所以，上部要有足够的操作检修空间，换热器顶部突出部位（在未安装附配件前）距上方顶棚突出部位的最小净距为 0.6m。基础高出地面按 0.2m 计。

板式换热器占地面积可参考立式换热器进行估算。

2. 水池、集水坑尺寸及位置的确定

水池分为消防水池和生活水池，还有污、废水的集水池、坑。消防水池有效容积已按前述算出，再结合建筑层高及有效水深便可求出其平面尺寸。当检修人孔在池上盖时，其有效水深为层高减去进水水位控制阀的安装高度0.4～0.6m；当检修人孔在池子侧壁时，有效水深为层高减1.0m。消防水池位置应在地下室最底层，池底落于实地层上，毗邻于泵房，且宜长边邻泵房有利于水泵布置。生活水池有效容积如前述计算得出，其总高度为层高减去约1.2m（箱顶距顶棚0.6m，箱底距底0.4m，楼板厚0.2m）；其位置也应使水箱基础落于实地层上，其尺寸为房间尺寸减去独立结构尺寸和相应的安装尺寸，应与建筑、结构等相关专业协商确定。

污水、废水的集水池、坑，主要用于无法重力排水的地下室地面或用水设备间的排水。其有效容积估算前面已经阐述。集水池、坑的有效深度一般取1.2～1.5m，平面尺寸除满足有效容积外，还应满足水泵、水位控制器、格栅安装和检修等方面的要求。集水池、坑的位置应设在不影响平面布置及不妨碍正常检修通行的柱根、墙角等处。

3. 管道井

管道井大致可分为集中管井和分散管井。集中管井（也称主管井）是将各分区的主干管及高位水箱进出水管等主要立管集中敷设的管井，便于主干管的集中敷设与检修维护。如果主管井要进人安装和检修，其尺寸按管道根数及管径、保温、检修情况确定，无保温管道 *DN*150 时，平均年每根管所占管井面积约为 $0.14m^2$，方案设计时可粗略按管道根数乘 $0.14m^2$ 估算。若管道井狭窄，并可沿管井两侧面检修时，可不设进入检修面积；若管道井深度较大且需进人检修，还应增加 $0.36 \sim 0.64m^2$ 检修面积。主管井宜设于高层核心筒，且宜从底层设备层直到最顶层，无中间转折。分散管井一般不需要进人操作，主要用于隐蔽分散立管，多位于柱边、墙角，占据空间不大，其尺寸按管道根数及管径、保温及装修隐蔽情况确定。

3.3.6 第一次相关专业条件反馈

方案设计阶段所进行的各种主要设备、装置预选型及主要设备间、池坑、管道井尺寸估算等，一方面是为建设方报批资源、能源用量，另一主要方面是为各相关专业提出给水排水专业要求的基本条件，称为第一次相关专业条件反馈。当然，以图纸的形式向各专业提条件是最正规、最受欢迎的，也可以书面形式提条件，但必须明确给出平面及高程位置及本专业的具体要求。

1. 给建筑专业的条件

水池、设备间、管道井的尺寸（平面尺寸、净高）、位置、开门方向、主要设备位置、尺寸、检修（人孔）门位置及大小。气体灭火设备的钢瓶间，还需要提出围护结构的抗压强度要求、泄压口的面积等。

2. 给结构专业的条件

主要有坑、池尺寸、位置、荷载（指水的总容积），受力结构（梁、墙、楼板、柱）上开洞、预留、预埋；各设备间设备布置、基础尺寸、位置、设备运行重量等涉及受力计算或需要结构专业作特殊处理的有关条件。

3. 给电气专业的条件

凡涉及电气专业用电容量计算的所有主要电气设备的台数功率、电压、位置、电源保证程度（或用电设备功能）等应首先提出，随后，控制的基本要求应及时提供给电气专业，以免影响电气专业设计工作的正常进行。

4. 给暖通专业的条件

给水排水专业所需要的冷、热源负荷，以耗冷、热量的形式提供，用冷、热点的位置及所需的冷、热源参数（流量、压力、温度）；其次是给水排水专业需要通风换气、供冷或采暖的设备间位置及需要的参数。

在给相关专业提条件同时，也应向相关专业索要条件，如：采暖、空调系统的需水量、水压；建筑专业景观对给水排水的要求，建筑室内外地坪高差、防火卷帘、防火幕或需要给水排水专业配合保护的场所和构配件；结构专业的建筑物基础形式，梁、板、柱布置，主要结构尺寸，场地的工程地质条件等对本专业设计直接影响的条件。

3.3.7 方案展开细化（主要管道、设备间布置）—初步设计—施工图设计

方案展开细化就是从方案设计逐步扩展到初步设计或施工图设计。简单工程可以直接将方案展开细化到施工图设计，复杂工程需要展开到初步设计，再深入到扩大初步设计（扩初设计）。经过扩初设计审查并批准后，按扩初设计审批意见进行展开细化到施工图设计。

方案设计是为了进行可行性论证或投资估算，而初步设计（或扩初设计）则是为了进行比较准确的投资概算，资源、能源占用评估（扩初设计比初步设计更加准确），环境容量和影响评价。为此，在方案的基础上，每个系统规模容量估算都已基本完成，并按照其组成展开到主要管道（横干管、主管）的平面布置，并进行管径、长度、等计算、保温材料、主要阀门、仪表的数量及选型；所有设备、装置及其配套的附属设备的规格、型号数量基本确定，设备间的平面、高程布置基本形成，从而主要投资项目及其数量基本确定，能够基本准确地计算投资概算。这就达到了初步设计的深度。

从方案设计或初步设计展开细化到实施图设计，就是除了要对系统主干管、主管、竖管、支管、阀门、附配件、构筑物等进行数量、规格、性能参数精确计算外，还要对其敷设方式及位置予以确定。特殊节点的详细组合及安装尺寸确定，设备间内所有设备、装置、管道配件的平面及空间定位，管道穿越建筑结构

的处理等。总之，系统所有组成部分的定型尺寸、定位尺寸、施工操作的基本要求等都要有明确的结果，并表达在图纸上就是施工图设计。

1. 管道平面设计

各给水排水系统展开细化时，首先涉及到的是管道的平面设计：一是管道平面布置，二是管道平面定位。管道平面布置时，首先涉及到设备间管道平面布置，应该小管靠外，大管和高温介质管靠里，沿着最近的墙、梁、柱，横平竖直地平行布置，便于管道固定和支吊架的设置；同时，应保证维护管理人员的正常通行。

1）当布置管道的平面空间不足时，可分散沿不同方向布置，如图 3.3-7。

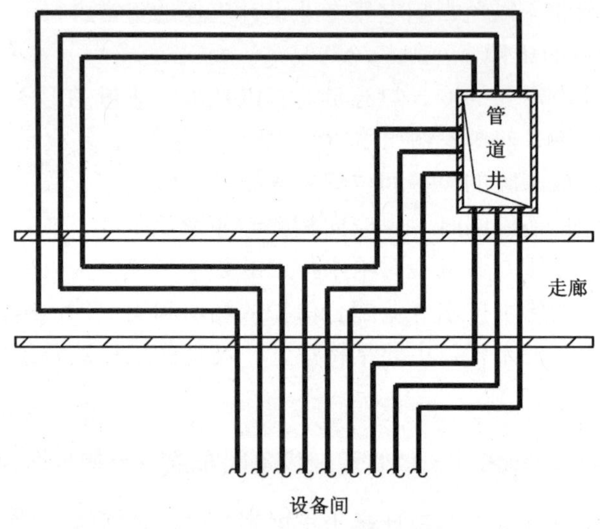

图 3.3-7　平面管道分散布置

2）在不影响正常使用层高的情况下也可沿高程分层布置管道，如图 3.3-8，但要注意留出连接支管的足够空间！

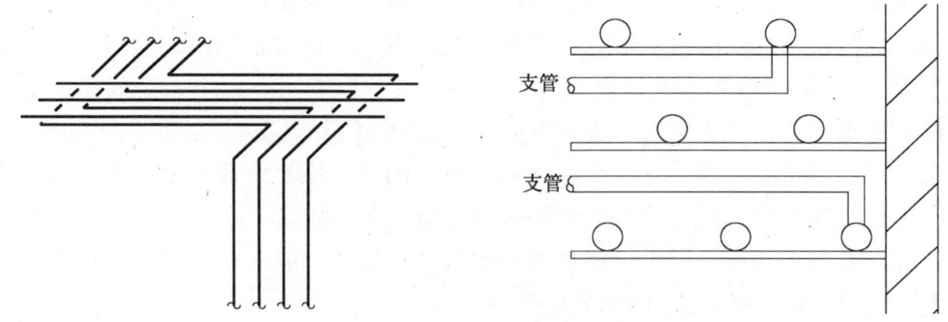

图 3.3-8　平面管道沿高程分层布置

3）公共走廊内管道布置，最好事先与暖通专业协商好各自主干管道的位置，以免发生冲突。若受高度限制必须在同一标高敷设，且宽度空间紧张时，主水管可与主风管逆流布置，如图 3.3-9。

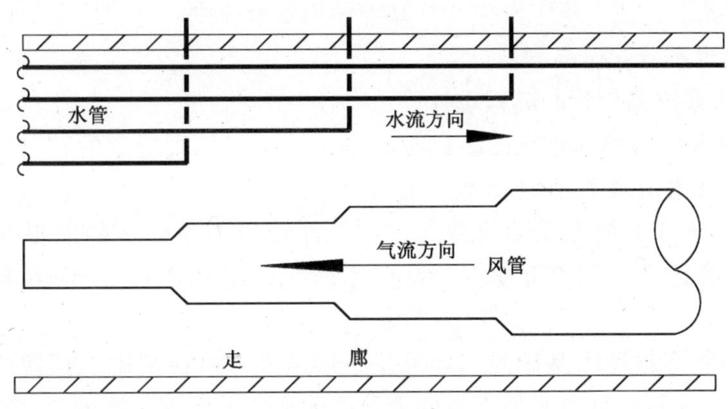

图 3.3-9 主水管与主风管逆流布置

4）竖向分层管道平行布置时，表示多根管道重叠布置的方法可如图 3.3-10。

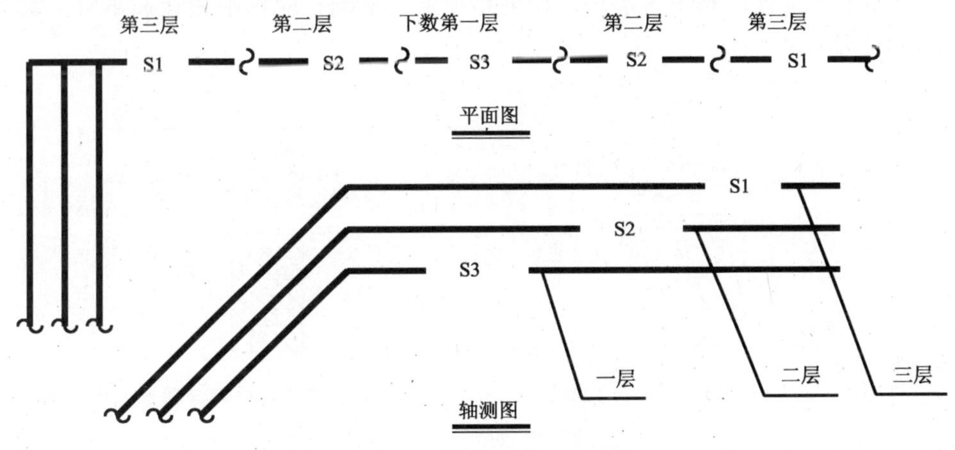

图 3.3-10 多根管道重叠布置的表示

管道平面布置时，应同时确定空间位置。要设计好管道的空间位置就必须了解建筑构造的空间尺寸。同时，也需要掌握所布设管道的种类、管径大小、敷设要求等，如：重力排水管道必须沿水流方向下坡敷设，喷洒管道必须沿水流方向上坡敷设。

管道平面设计时，尽可能避免或减少管道交叉，如：将单侧分叉的管道布置在分叉一侧，将双侧分叉管道布置在与其余管道不同的标高处。

管道的平面布置应充分利用一致性和对称性的原则（特别对于公寓和单元式住宅），将管道布置成对称或一致，这样可减少后续管道计算和绘制系统图的工作量。

2. 管道高程设计

给水排水管道的高程设计，室外部分是以不受动荷载破坏和不冻结为前提下的最小埋深为基本原则（土方工程量少，节省投资）；室内部分则是以占用最小空间高度前提下，便于施工操作和检修维护为基本原则。

（1）给水系统管道高程设计

1）给水系统入户管的高程设计

① 给水入户管埋地敷设时，其标高是按照下述原则确定的：对于我国的非采暖地区，管道上地面有动荷载（如车、重物）时，覆土（管上皮）厚度不少于0.7m，管道上地面无动荷载时，在保证管道不受破坏的前提下可适当减少；对于采暖地区，管道上皮应敷设在冰冻线以下0.2m，且管道覆土厚度不少于0.7m。

② 入户管穿越外墙基础时，如果是条形基础，可在基础上预留洞，管道穿洞而入如图3.3-11；如果是地下室外墙，可预埋防水套管，管道穿套管而入，如图3.3-12；如果是地梁，当地梁在管道敷设标高处允许预埋套管或留洞最好，如果不允许，则应调整管道标高，在满足上述要求的前提下，或避让地梁，或调整到适合穿越的位置，如图3.3-13；如果是独立柱基础，应水平避让而不宜穿越基础，如图3.3-14。

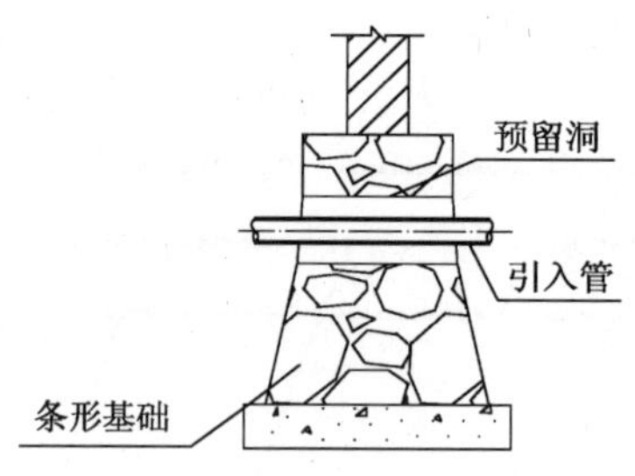

图3.3-11　入户管穿越外墙基础

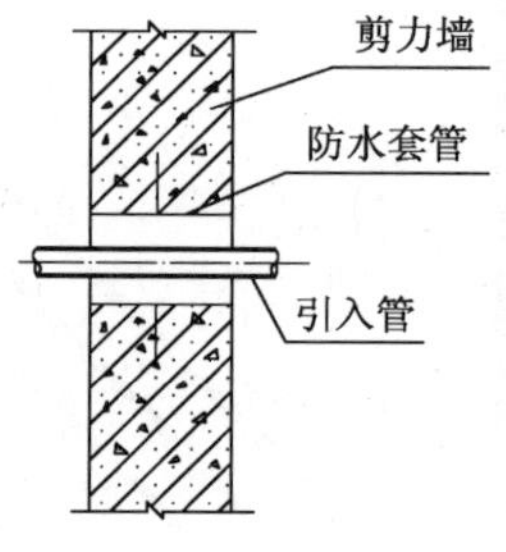

图3.3-12　入户管穿越地下室外墙

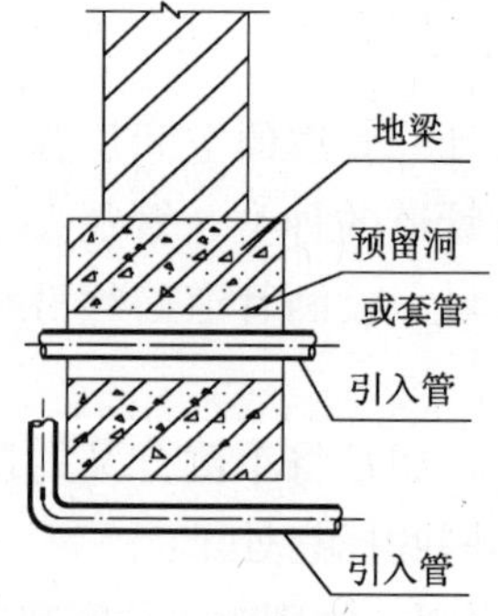

图3.3-13　入户管穿越地梁

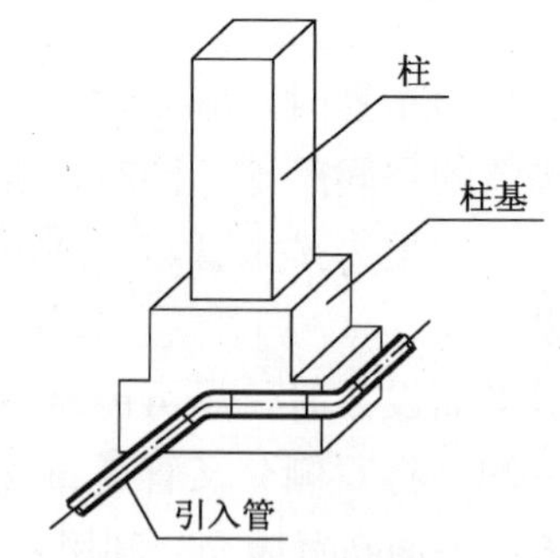

图3.3-14　入户管穿越独立柱基础

2）给水室内管道的高程设计

室内给水横干管可在顶棚下或地面下的管沟内敷设，其坡度是坡向来水方向

（2‰～3‰，有利于排气、泄水）。顶棚下敷设时可与风管平行同标高（当能避让风管分叉时）或设在风管下方（当不能避开风管分叉时）。给水管道可在干管下方接出支管，支管坡度为顺水流动方向下坡（2‰～5‰，以便于排气、泄水）。给水干管应设在污废水排水管道的上方，热水管道的下方。前者是为了避免污染，后者是为了使水温不受热水管道影响和检修管道更方便。室内给水横支管可沿墙敷设，也可在地面面层内埋设（仅限于无接口或热熔接口，且管径≤*DN*20的支管）。沿墙敷设的支管标高，应根据用水设备的类型及配管方式按照国家标准图或用水设备的具体要求（当有特殊要求时）确定。因此，必须熟悉卫生器具或用水设备的配管方式及配管标高、配管位置的要求（见国标S3）。

（2）消火栓给水系统的管道高程设计

消火栓给水系统的管道高程设计总的原则同给水系统，但环状管网的上环管应设在高位消防水箱间的下层顶棚，便于水箱内的水能够重力自流；对于干式系统，最高点要留出安装排气装置的空间，最低处要连接泄水装置；消防泵房内的试验泄水装置、超压泄水装置、管道过滤器等需要经常操作和检修的附配件应设在便于操作的高度上；消火栓的连接支管可以从箱侧（左、右）面接入，也可以从箱底下面自上反接入；当条件允许时，厂房内消火栓给水干管也可以设置在地沟内。

（3）自动喷水灭火系统管道高程设计

报警阀供水管道的安装高度必须满足报警阀中心距地面1.2m的要求。为了便于排除管道系统积气，不影响喷水时的管道过水断面，自动喷水灭火系统的供水横干管和支管敷设时，其坡向均是顺水流方向上升。为此，确定喷洒系统管道高程时，往往先从最末端喷头支管的安装高度反推至供水立管，同时，结合管道交叉及主次梁尺寸来确定管道标高，否则将会出现许多意想不到的问题。

（4）热水系统管道高程设计

热水系统管道的敷设特点是：供水干管的坡向既可顺水流方向上升（坡度2‰～3‰），也可顺水流方向下降（坡度3‰～5‰），两种坡向都可以顺利排气。但回水干管坡向必须顺水流方向下降，以利于回水顺利回到水加热器和系统放空。

热水管道与其他管道平面平行敷设时其位置宜靠内侧，交叉敷设或沿竖直方向平行时应在其他管道的上方。当管道敷设空间受限时，热水管道宜穿梁敷设，同时，热水管道的空间定位，应考虑预留出保温操作空间。

热水管道可以在地沟内敷设，此时，其高程定位根据管沟断面尺寸由设计人员确定。

如果有管道技术层，则压力管道的主干管宜尽可能集中设在管道技术层内，这样既不受空间高度限制，又便于集中维修管理。

当没有专用的管道技术层，横干管较多（给水、热水分区横干管，消火栓系统上、下环管等），且空间敷设高度受限时，可将横干管分散在上、下楼层顶棚敷设，不宜集中在某一层或两层设置。

（5）排水管道的高程设计

由于排水横干管往往是管道在空间占用层高的控制性因素，管道越长坡降越大，占用空间越多，因此，排水管道高程设计时，要特别慎重。首先，要尽可能缩短排水横管长度，避免其他管道与排水管道的交叉，不能避免时，其他管道宜采取穿梁、拐弯等措施或在横干管的末端交叉，以免因其降低排水管道标高。其次，排水横干管起端应尽可能提高，而且，横干管不要轻易下落，一旦下落再无抬高可能。另外，排水横干管起端标高，必须满足其与立管上最低横支管接入点落差的要求，见表3.3-13。

最低排水横支管与立管连接处至立管管底的垂直距离　　表3.3-13

立管连接卫生器具的层数	垂直距离（m）
≤4	0.45
5～6	0.75
7～12	1.20
13～19	3.0
≥20	6.0

注：当与排出管连接的立管底部大1号或与主管连接的横干管比立管管径大1号时，可将表中垂直距离缩小一档。

排水横支管的高程设计，当排水横支管不跨梁或跨梁且允许穿梁敷设时，其标高由支管与立管连接三通的安装尺寸确定，如图3.3-15；当排水横支管跨梁且与其他管道交叉时，其标高由其他管道（含保温层）底外皮标高决定，如图3.3-16；当排水横支管跨梁且不允许穿梁时，其标高由梁下皮标高决定，如图3.3-17。

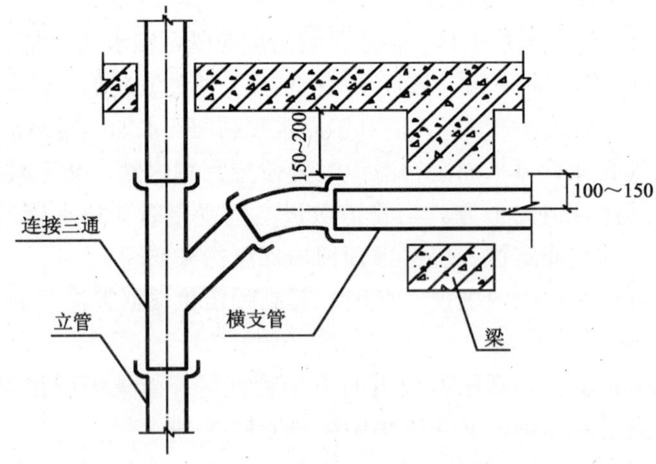

图3.3-15　排水横支管穿梁时其标高定位

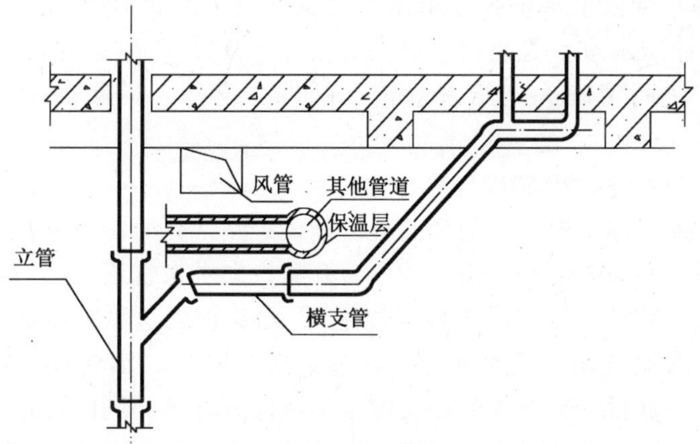

图 3.3-16 排水横支管与其他管道交叉时其标高定位

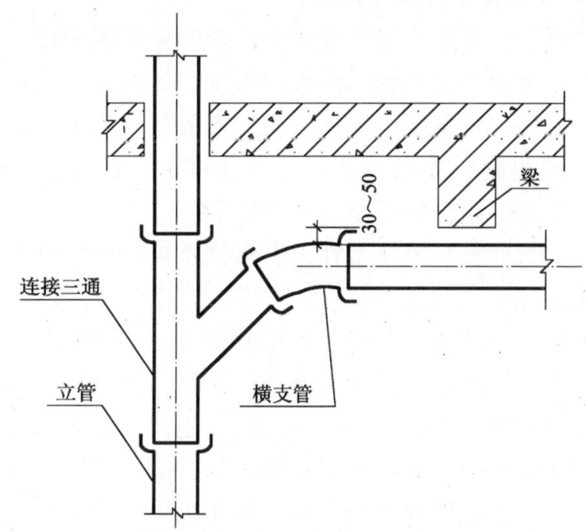

图 3.3-17 排水横支管不穿梁时其标高定位

3. 精确计算

有了管道平面及高程的细化设计，那么系统配管就已经确定，于是就可以对各系统进行精确计算。

所谓精确计算，就是要对所设计的各个系统从基本量开始的准确计算，包括：用水量、耗热量、排水量以及管径、管长、流速、水头损失、热损失、管道各控制点标高（如：起点、终点、交叉点、穿越障碍点……）等的计算。所有关于材料、设备、装置选型、占用平面、空间尺寸、施工安装的有关数据均需要精确计算，从而确定材料、设备、装置的准确设计参数，校核调整设备、装置选型的准确性。

（1）给水系统的精确计算

根据平面和高程设计，绘制计算简图，计算各管段设计秒流量，确定各管段管径，计算各管段水头损失，求出系统设计流量及所需要的压力。准确选择水箱（池）、加压水泵、管道材质和工作压力级别，正确选用减压、节流阀件及计量仪表，进而精确确定给水管道、阀件、设备、装置安装位置、尺寸和标高。

（2）消火栓给水系统精确计算

同给水系统一样，根据平面和高程设计，绘制计算简图，按枝状管网，从最不利点消火栓栓口的流量和所需要的压力开始，向供水管逐段进行计算，求出各管段设计流量、管径（不得小于规范规定）、水头损失、系统所需要的压力。从而准确计算出水池（箱）规格尺寸，减压、节流装置、消防加压水泵的性能参数，以及管材、器材、装置等的相关定型定位尺寸计算。同时，也可准确确定消防水池（箱）的各个控制水位的标高，进、出水管、溢流管的管径、标高等。

（3）自动喷水灭火系统精确计算

首先，根据喷洒头的平面布置和建筑平面及竖向功能布局，准确合理地计算所需报警阀的个数；对于湿式系统、预作用系统，每组报警阀控制的喷头数不超过800只；对于干式系统，每组报警阀控制的喷头数不超过500只；对于干式系统，一般每组报警阀控制的系统容积不大于1500L。当系统设有快速排气装置时，每组报警阀组控制的系统容积不大于3000L。

其次，喷水强度的计算与校核。在设有喷洒系统的各层划定包含最不利点在内的作用面积（按照相应的危险等级和规范规定的作用面积），按照《给水排水设计手册》的计算方法和步骤，计算作用面积的平均喷水强度，使之保证满足规范规定的喷水强度值。同时，调整某些管段的管径，使得同一层内任意相邻4只喷头围合范围内的平均喷水强度，轻、中危险级不低于规范规定的喷水强度值的85%；严重危险级不低于规范规定的喷水强度值。调整管段管径，多数情况下是为了损失掉剩余压力，少数情况是为了减少水头损失，提高喷头的作用压力，以此调整喷头的喷水量，均化平面上各处的喷水强度。

除了上述喷水强度及管径计算外，还应计算最不利作用面积供水管道入口处的管道流量，从最不利点喷头到作用面积供水管道入口的水头损失。另外，同一报警阀系统各层供水干管入口剩余压力、管道标高、减压孔板孔口直径、减压孔板级数等都需要经过准确计算。

最后，根据系统设计流量、总的水头损失等参数，校核喷洒泵性能参数和水池、水箱实际需要的设计容积。

（4）污水、废水系统精确计算

污水、废水系统精确计算，首先从各管段设计秒流量计算开始，计算各管段管径，充满度，流速，坡度，坡降，管底、管顶标高，起点、终点标高与其他管道交叉点标高，各管系出口排水量。立管上最低横支管与立管底部落差计算，伸顶通气管管径，伸出屋面高度、出户埋深、穿外墙套管或穿越基础留洞尺寸及标

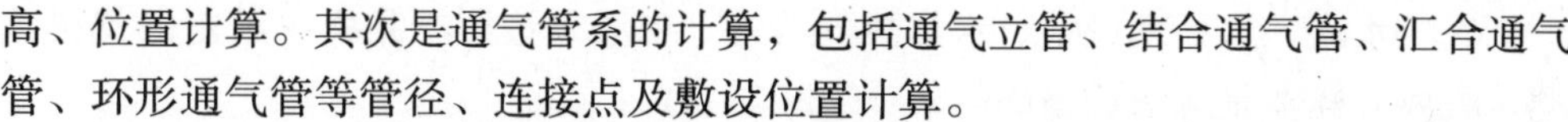

高、位置计算。其次是通气管系的计算，包括通气立管、结合通气管、汇合通气管、环形通气管等管径、连接点及敷设位置计算。

最后，污水、废水提升泵的流量、扬程精确计算，校核污水、废水泵的性能参数，最后确定污水、废水泵的型号，在此基础上，计算污废水坑（池）的控制水位，如启泵水位，停泵水位，上、下报警水位等。排水沟的断面尺寸、沟底坡度计算。

（5）雨水排水系统精确计算

各汇水区域汇水面积计算（有时可能要计算径流系数），雨水斗（口）个数，各斗（口）的汇水量计算、连接管、悬吊管、立管计算，检查井直径、井深计算。

4. 器材、装置、设备选型

经过上述一系列的精确计算，所有器材、装置、设备、附配件的设计运行参数都已确定，这些参数就是材料、设备等选择的最基本依据，同时考虑到建筑标准和使用环境条件就可以精确选型。

满足设计运行参数的材料、设备多种多样，如何正确合理的选择是值得每位技术人员认真研究的课题。笔者根据多年从事工程实践工作的经验，介绍一些个人观点：

（1）选材必须满足设计运行参数的要求

给水管材及其附配件的选择，必须满足工作压力和水质的要求；消防给水管材及其附配件的选择除满足工作压力外，还必须有一定的耐火、耐高温性能；中水管材及其附配件除了工作压力外，还必须具有一定的耐腐蚀、抑制微生物滋生的功能；热水系统管材及其附配件必须满足在设计使用温度下的水质、工作压力和设计使用寿命的要求；重力排水管材及其附配件必须满足耐腐蚀、耐磨损的要求；压力排水管材（含雨水内排水系统的正压管段部分）除满足重力排水对其要求外，还必须满足工作压力及与设备、阀门连接的要求。

水加热器、气压水罐等压力容器，必须同时满足设计运行温度下的水质、工作压力和设备间空间尺寸的要求。

水箱、水池除必须满足有效容积外，还必须满足使用温度下的强度和水质要求。

给水泵应满足流量、扬程和水质要求；排水泵除满足流量、扬程外，还应满足耐腐蚀要求。

（2）选材必须与现有成品规格相一致

管材及其附配件选用时，要特别注意产品规格，比如：镀锌钢管市面上没有 $DN>200$mm 的规格，除非特殊加工；铸铁给水管没有 $DN\leqslant50$mm 的规格；排水铸铁管没有 $DN\leqslant75$mm 的规格；铝（铜）塑复合管市面上没有 $DN\geqslant32$mm 的规格；室内消火栓没有 $DN70$ 的规格，而对应 $DN70$ 管的消火栓则为 $DN65$。

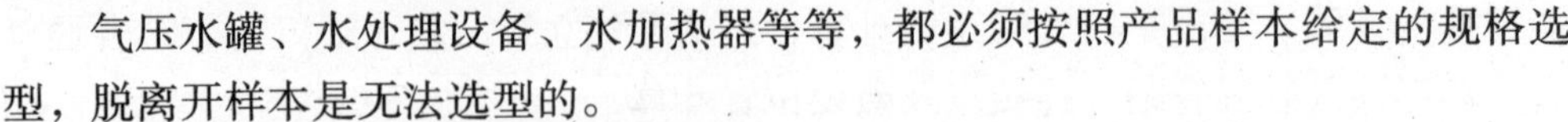

气压水罐、水处理设备、水加热器等等，都必须按照产品样本给定的规格选型，脱离开样本是无法选型的。

（3）选材必须与建筑标准相协调

在美国对建筑材料选择规定如下：“建筑物的平均寿命是75年，但经使用35年左右后就要向现代化的建筑物进行大规模的改造，机械设备要更换为效率更高的。所以给水、污水的管道要分别考虑其水质，选用寿命为35年的材料。但是设在地板下或墙壁中的管道在更换时要损坏建筑物，修理建筑物的费用要高于更换管道的费用，从经济方面考虑应选取寿命为75年的材料。”

正所谓“皇帝穿龙袍，农夫穿布衣”，建筑配套用的器材装置，应当与建筑物自身标准相协调。普通标准的建筑，如普通住宅、公寓、办公楼等采用一般标准的UPVC管材、衬（涂）塑钢管、PP-R管、普通铸铁清水泵、普通碳钢水加热器、普通砖（或石）砌检查井等，其设计使用寿命一般不低于15年即可。而对于高档大酒店、星级宾馆、大型标志性金融建筑就不宜采用上述普通标准的器材、装置，而应当采用如：不锈钢管、不锈钢复合管、铜管、稳态管、PB管、ABS管、不锈钢清水泵、不锈钢或铜换热器、不锈钢水箱、钢筋混凝土（井、室）构筑物等，这些器材的耐久性、装饰性、使用性能都很卓越，其设计使用寿命一般不低于35年，有的甚至不低于50年。一个经常维修或更换配套设施的高标准公共建筑，其信誉和商业利益将会受到大大折损。某些建筑物、设备和管道的使用年限分别参见表3.3-14、表3.3-15。

建筑物使用年限（参考大藏省规定）　　**表3.3-14**

构造 用途	加强钢筋混凝土、钢筋混凝土	砖、石、石砌块		钢结构			木结构		
		钢结构	其他桁架	壁厚（mm）			泥灰	木、合成树脂	灰浆、木骨架
				>4	3~4	<3			
办公楼、商店、住宅	75	65	55	50	35	25	25	30	27
旅馆、公寓、医院、学校	65	60	50	45	32	22	25	27	25
工厂、仓库	50	50	45	40	30	20	25	20	18

设备和管道的使用年限　　**表3.3-15**

设备名称		材质	使用年限	
			日本	美国
加热器、锅炉类	锅炉及附属品	铸铁	15年	20年
		钢及其他	20年	
	燃烧器		15年	20
动力类	水泵		17年	20
	鼓风机		18年	15

续表

设备名称		材质	使用年限	
			日本	美国
阀类	铸铁阀		15年	
	碳钢阀		20年	
	铜阀		30年	
	不锈钢阀		50年	
	塑料阀		35年	
管道类	钢管		20年	
	铜管		25年	
	不锈钢管		永久	
	塑料管（70℃热水，1MPa以下）		50年	
	铝塑复合管（70℃热水，1MPa以下）		50年	

（4）选材必须与场所相一致

使用、安装场所直接限制器材等的选型。当平面面积受限制，而高度空间较富余时，应选择立式安装的装置、设备；当高度受限，而平面空间较富余时，应选择卧式安装的装置、设备；丝接管道上宜采用丝接阀门，承插或法兰连接的管道上宜采用法兰阀门，沟槽连接的管道上宜采用沟槽阀门或法兰阀门。建筑给水（热水）系统小直径的阀门较为经常启闭，宜采用丝接截止阀、球阀、闸阀；在大直径的市政管道上或大型设备间的阀门应选择法兰连接，带有动力或启闭助力的闸阀、蝶阀；自控系统上的控制阀门应选用电动或气动阀门。易受冲击破坏处应采用耐冲击的金属管材；埋设管道应采用熔接或接口形式可靠耐久的管材；冷水系统采用冷水管材、冷水表；热水系统采用热水管材、热水表；小直径管道上采用旋翼式水表，大直径管道上采用螺翼式水表等。生活热水系统宜采用具有贮热功能的水加热器，流量相对均匀的热水系统（如：采暖、空调、工业循环、泳池循环）可采用无贮热功能的水加热器；生活冷热水系统可采用铸铁清水离心泵，而直饮水、医药、电子、食品工业给水应采用不锈钢清水泵。

（5）选材必须便于施工维护

不便于施工或不便于维修拆装的选型都不是好的选型。好的选型既要考虑到如何施工安装，也要考虑到如何维修、拆卸。为后续工作做好充分准备。

5. 设备间细部设计

（1）纯粹水箱间细部设计

纯粹水箱间是指除了水箱无其他设备的房间。首先，要解决的是水箱的平面位置，通常水箱都是现场焊接或组装，而且水箱的进水控制阀门需要经常检修维护，水箱需要定期清洗等，留出门、窗作为水箱施工通道和采光、通风是必要的，因而，水箱位置应确定在远离门窗的死角，而且水箱壁离墙壁净距不应小于

0.5m（规范要求不小于0.7m，一般很难做到），以便为施工操作和维护保养留出适当的空间，而进水阀门操作检修、人员上下水箱爬梯侧的净宽度不应小于0.8m。水箱间平面布置示意图如图3.3-18。

其次，要解决的是水箱的高程位置。为了底部和顶部能够施工操作和检修，水箱底距室内地面高度不宜小于0.4m，水箱顶部距顶板突出部位（局部）的净距不宜小于0.4m，距顶棚净距不宜小于0.6m。水箱的高程布置参见图3.3-19。

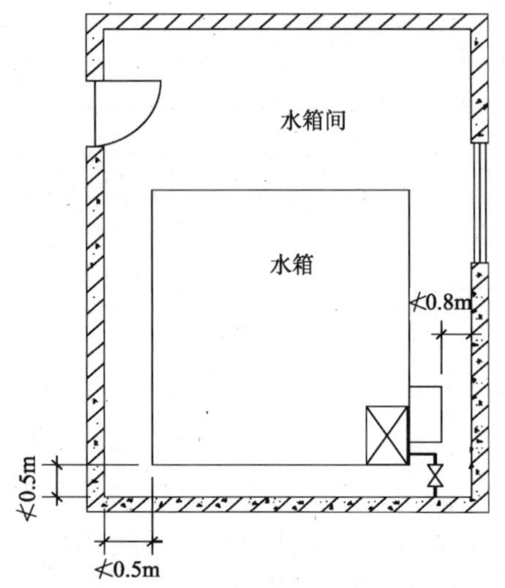

图3.3-18　水箱间平面布置示意图

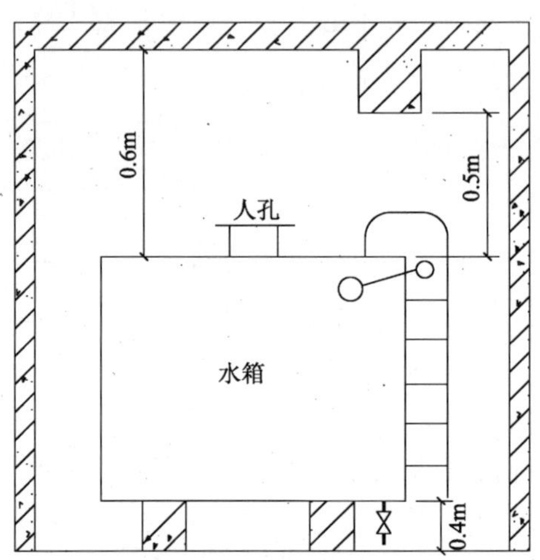

图3.3-19　水箱的高程布置图

再次，水箱进水、出水、溢流、排水管的管径、标高的确定。生活、生产用水箱的进水管按设计最大小时供水量及管内流速1～1.5m/s确定管径及进水阀；消防水箱进水管则按充满一箱水不超过48h确定管径。

水箱出水管径则按设计出水量确定。如：生产、生活按设计秒流量确定；消防水箱出水管则按消防给水管网供水干管的管径相同确定。

进水管的位置宜设在水箱顶板，既可保证最高水位与出水管口的空气隔断高度（不小于150mm），又可充分利用水箱的有效高度。

出水管口既可在箱底，也可在箱侧，但出水管口高出箱内底不宜小于50mm，通常为50～100mm，以防箱底沉积物进入给水管网。

溢流管管径的确定，严格地说是按进水量的大小来确定的，但实际上由于进水管的进水量不易准确确定，因此，溢流管的管径按经验比进水管管径大1～2号（当进水管 $DN \leqslant 70$mm时，溢流管径大于进水管2号；当进水管 $DN \geqslant 80$mm时，溢流管径大于进水管径1号），是为了及时将进水排掉。溢流管口应设水平放置的喇叭口，且喇叭口上沿（溢流水位）应高出控制上限水位50mm。溢流管的设置有两种方式：水箱内安装和水箱侧安装，分别如图3.3-20和图3.3-21。

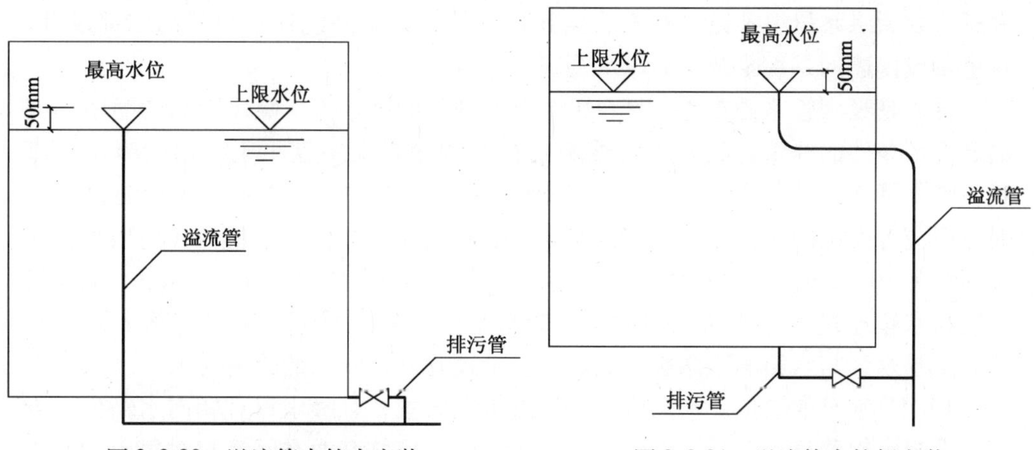

图 3.3-20　溢流管水箱内安装　　　　图 3.3-21　溢流管水箱侧安装

水箱溢流排水管出口及溢流排水的处理，一般有如下几种方式，见图 3.3-22～图 3.3-25。

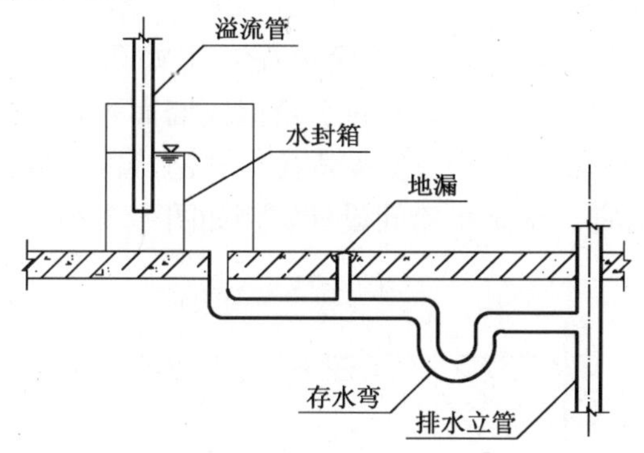

图 3.3-22　溢流排水通过水封箱排放

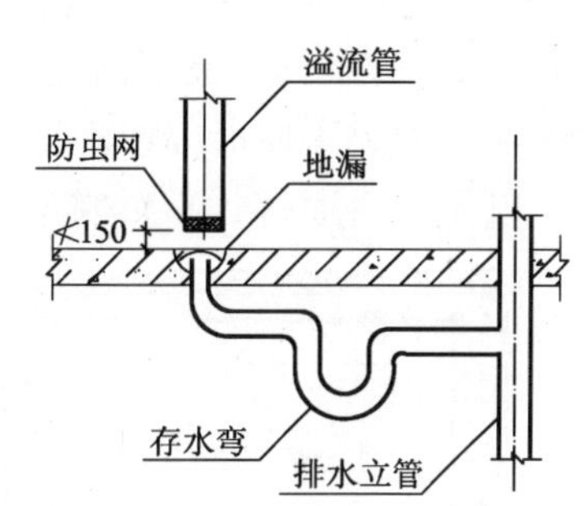

图 3.3-23　溢流排水通过地漏排放

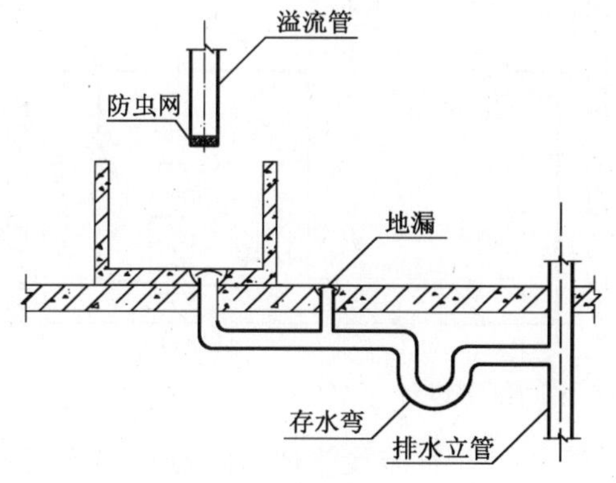

图 3.3-24　溢流水排入污水池

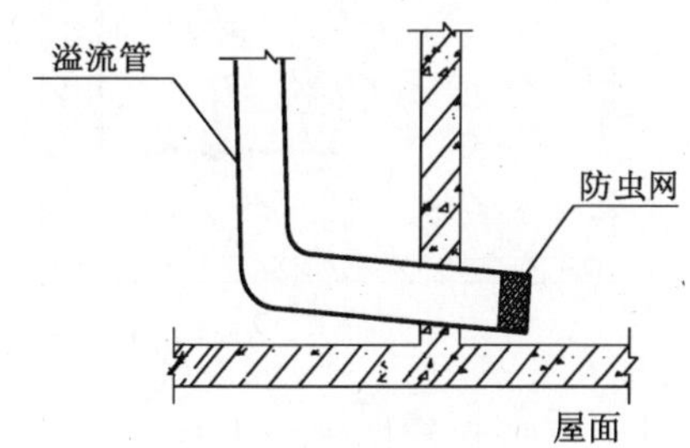

图 3.3-25　溢流水排到屋面

（2）水箱水泵间细部设计

所谓的水箱水泵间是除了水箱外还有水泵从水箱吸水的设备间。如：生活给水加压泵房、设有增稳压设备的消防水箱间等。水箱部分的设计除了确定水箱尺寸时，要为水泵机组预留足够安装空间外，其余完全同纯粹水箱间的细部设计，这里重点阐述的是水泵及其吸压水管路的布置。

首先是吸水管路的布置。每台水泵宜设独立的吸水管，吸水管间的净距离应满足吸水条件的要求：吸水管边缘距水箱壁的净距离不宜小于2倍的吸水管直径，吸水管之间的净距不宜小于3.5倍吸水管管径。当并列的吸水管超过2条时，还应考虑中间吸水管有足够的安装、检修空间。往往水泵基础（高出水箱间地面0.1~0.15m）低于水箱基础（高出水箱间地面0.4~0.6m），从而，水泵吸水端与水箱连接需要拐弯，同时，因为水泵处于自灌状态，吸水管路上要设阀门，于是水泵与水箱的距离必须满足安装上述管件、阀门的距离要求。

其次是水泵的定位。水泵应尽量靠近水箱布置，且吸水口宜朝向水箱，一方面力求吸水管路最短，另一方面设备占用空间与检修交通空间都相对集中，便于操作管理，同时水泵定位还要考虑其周围有不小于0.7m的检修空间。水泵机组的维护检修主要有：接线盒操作、电机修理、叶轮更换、轴承更换、轴封填料更换添加、仪表维修更换、阀门维修更换等。

最后是压水管路的布置。压水管路宜架空敷设（很短而且不妨碍通行除外），以便为维修人员留出充分的活动空间。沿着最近的水箱壁或墙面敷设，便于固定。如果不便沿墙或水箱壁敷设，也可从地面设支架固定，在适当的空间架设，以不妨碍通行、不影响视觉效果为宜。水泵水箱间设计实例如图3.3-26。

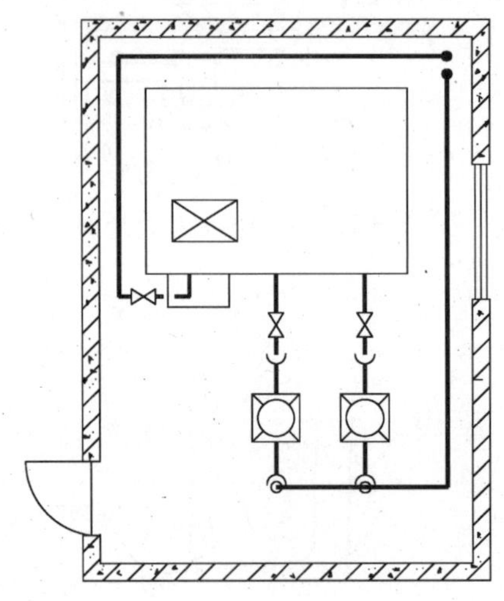

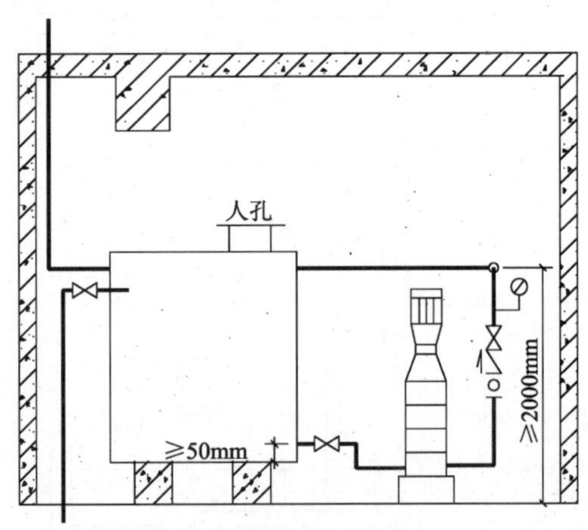

图3.3-26 水箱水泵间细部设计

水泵吸水管按流速1.0~1.2m/s确定管径，并宜装设管道过滤器；出水管按流速1.5~2.0m/s确定管径，并且应设水锤消除措施，经常运行的水泵还应设减振装置。当电机容量小于20kW时，机组的突出部分与墙的净距或相邻两个机组的突出部分间的净距可以不小于0.2m；管道外皮距地面或管沟底的距离，当$DN \leqslant 150$mm时，不应小于0.2m；当$DN \geqslant 200$mm时，不应小于0.25m。

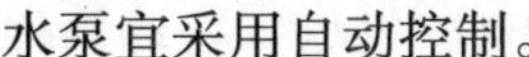

水泵宜采用自动控制。

水泵基础平面尺寸，每边应比机组底座尺寸多出100~150mm，基础顶面至少高出地面100mm，通常在100~300mm之间。

泵房的主通道宽度，不得小于0.8m。电控柜前通道宽度不得小于1.2m。泵房净高度不宜小于3.0m。地面应有排水措施。

水箱水泵间的采暖温度，当无人值班时，不低于5℃；当有人值班时，不低于16℃。当采用机械通风时，换气次数不少于4次/h。

当建筑对噪声有要求时，水泵应设减振基础，与水泵连接的管道应设避振喉或软管接头，同时，向土建专业提出泵房的隔声要求。

（3）消防泵房的细部设计

消防水泵房的设计是建筑给水排水工程设计中较为重要且难度较大的一部分。

消防泵房的细部设计，从平面功能划分开始。通常情况下，消防泵房应划分为：设备管道区、检修通道区、配电控制区。好的泵房工艺设计应该是区划明确，布置紧凑合理，施工、检修操作便利。

在确定水泵位置之前，首先应该从吸水管路的布置入手。按现行规范要求，消防水泵应采用自灌式吸水。当水池无分隔，并且水泵单独从水池吸水能够布置得开吸水管时，吸水管路布置相对简单，具体要求如图3.3-27所示。

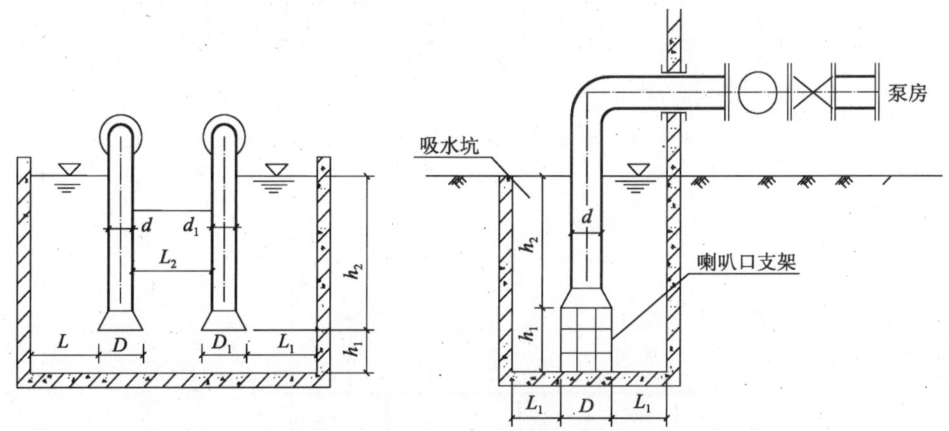

图3.3-27　吸水管布置尺寸图

图中：d、d_1——水泵吸水管直径，根据水泵流量，按流速1.0~1.2m/s确定；

D、D_1——吸水喇叭口直径，一般按1.3~1.5 d（或d_1）确定；

L（或L_1）——喇叭口边缘与池壁的净距，不宜小于1.5d（或1.5d_1）；

L_2——吸水管之间的净距，不宜小于3.5×1/2（$d+d_1$）；

h_1——喇叭口距池底的净距，一般0.8D，但不小于0.1m；并应满足喇叭口支座安装的要求；

h_2——喇叭口下沿至水池最低水位（池底）的淹没深度，不宜小于0.5m。

吸水管穿越水池壁处应设防水套管，考虑到消防水泵不经常运行和制作安装的方便，采用柔性防水套管再配以吸水管减振喉，完全可以解决渗水问题。另外，按现行施工验收规范的规定，消防水泵吸水管上不允许设蝶阀，因此，采用明杆闸阀，吸水管的高度应按照水泵基础高度和水泵安装尺寸计算确定。

影响吸水管路布置的另一种情况是当消防水池有分隔时，为了确保一个分格清洗或检修时，任意一台泵都能从未检修的分格内正常取水，就必须设置公共吸水管，公共吸水管与每格水池连通，且每台消防泵均从公共吸水管上吸水，下面分别就消防水泵单排布置和双排布置两种情况介绍公共吸水管的布置，如图3.3-28～图3.3-30所示。

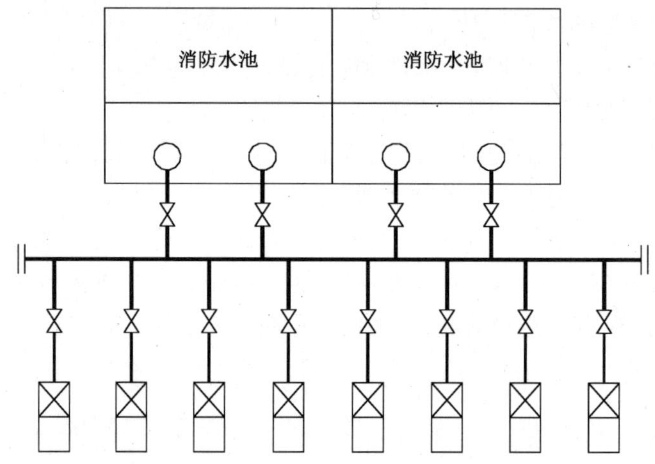

图3.3-28　单排水泵从公共吸水管吸水的布置

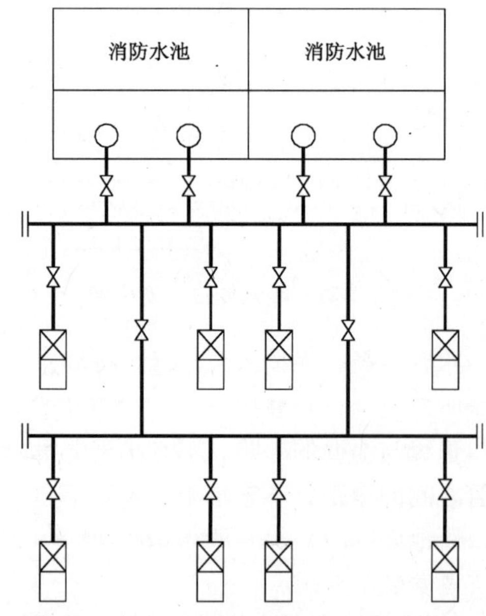

图3.3-29　双排水泵从公共吸水管吸水布置图

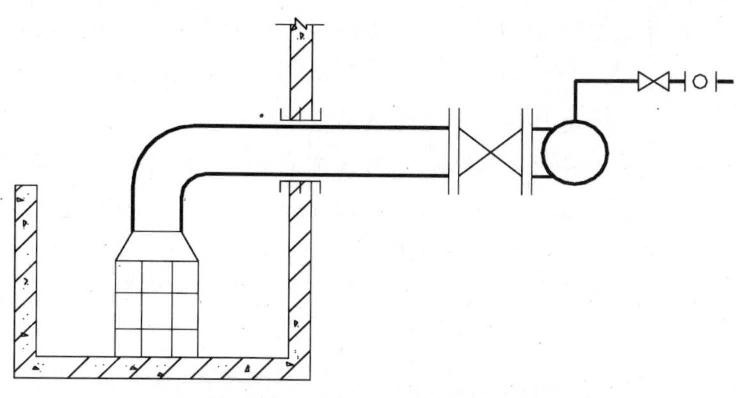

图 3.3-30 公共吸水管剖面布置图

公共吸水管的管径，按照所有需要同时工作的消防泵流量之和计算，并且流速在 0.8～1.0m/s 来确定。而伸入水池的每根吸水管都应按照与公共吸水管管径相同来设计。

只有当吸水管路的布置形式和安装尺寸确定后，才能确定水泵的准确位置。消防水泵应设备用泵，其工作能力应不小于最大 1 台消防泵。当工厂、仓库、堆场和储罐的室外消防用水量小于等于 25L/s 或建筑的室内消防用水量小于等于 10L/s 时，可不设备用泵。消防水泵基础的布置应遵循如下原则：

水泵基础长度 $L0$ = 机组底座长 L +（0.15～0.2）m；

水泵基础宽度 $B0$ = 机组底座宽度 B +（0.15 +0.2）m；

水泵基础厚度 $H0$ = 机组底座地脚螺栓直径 d ×（25～30），但不小于 0.5m；基础顶面高出室内地面一般为 0.1～0.3m。

消防水泵一般不做减振基础。

水泵机组的布置不宜小于下表的规定（见表 3.3-16）。

水泵机组的布置参数 **表 3.3-16**

电动机额定功率（kW）	水泵机组外轮廓面与墙面之间的最小距离（m）	相邻水泵机组外轮廓面之间的最小间距（m）
≤22	0.8	0.4
22～55	1.0	0.8
≥55，≤160	1.2	1.2

注：1. 水泵侧面有管道时，其外轮廓面为侧面管道外壁面；
2. 水泵机组是指水泵与电机的组合体，或已安装在金属底座上的多台泵组合体。

配电盘（柜）前的通道宽度：高压不小于 2.0m，低压不小于 1.5m。配电控制设备的尺寸及布置，由电气专业提供。

泵房门应比搬运的最大件宽 0.5m；泵房主通道宽度，不得小于 1.2m。

消防水泵出水管上应装设压力表、可曲挠橡胶接头（避振喉）、止回阀和检修阀门。如果止回阀无缓闭消锤功能，则应设水锤消除器。出水管流速宜采用1.5～2.0m/s。消防水泵房应有不少于2条的出水管与环状消防给水管网连接。当其中一条关闭时，其余出水管应仍能通过全部用水量。

出水管上应设置试验和检查用的压力表和*DN*65的放水阀门，同时出水管上还应设置防超压设施。这些较经常操作的阀门应设在便于操作和维修的位置。所有阀门的工作压力要与水泵工作压力相匹配。试验和检查用放水阀的排水可与防超压的泄水合并后回到消防水池。为了避免误操作，检修阀门一般应采用明杆闸阀或蝶阀，以便观察阀门开启度。

泵房内应设排水沟和集水坑，排水沟宽度一般不小于150mm，排水沟纵向坡度不小于0.01，地面应有0.005坡度坡向排水沟，集水坑容积应不小于排水泵5min的吸水量。排水泵应按水池溢流量（进水量）选泵，但出水管径不宜小于*DN*50。

如果泵房内还设有报警阀，划分设备管道区时，还应给报警阀留出足够的安装、操作空间。报警阀宜靠墙设置，当受条件限制不便于靠墙设置时，可在泵房适当位置架设固定，其中心设置高度为1.2m，每个报警阀组所占空间尺寸根据报警阀型号不同有所不同，如图3.3-31。

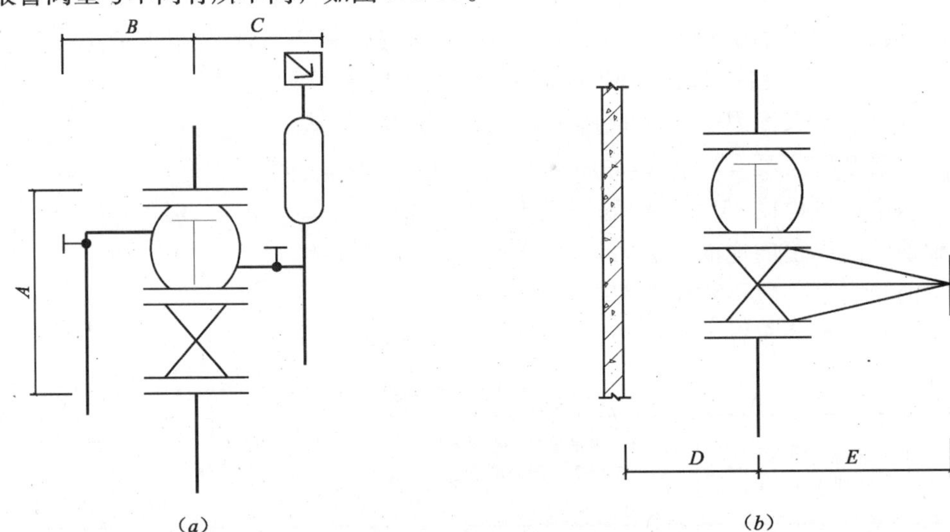

图3.3-31　报警阀示意图

（*a*）报警阀组正视图；（*b*）报警阀组剖视图

报警阀组安装尺寸见表3.3-17。

泵房内管道一般为明设。沿地面敷设的管道，当其上设有阀门或有通行要求时，应设管桥或跨越阶梯；架空管道，应不影响检修通行，不得架设在机组尤其不得架设在电机、配电盘、电控柜上方。暗设管道不应直埋，应设在管沟内。管道外底距地面或管沟底的净距，当$DN \leqslant 150$mm时，不应小于0.2m；当$DN \geqslant 200$mm时，不应小于0.25mm。

消防泵房细部设计的其他要求同水箱水泵间。

报警阀组安装尺寸 **表 3.3-17**

报警阀类型		安装方式									
		甲型安装					乙型安装				
		A	B	C	D	E	A	B	C	D	E
ZSZ 系列湿式报警阀安装	DN80	560	350	660	233	530	560	350	660	233	530
	DN100	600	420	680	243	620	600	420	680	243	620
	DN150	680	440	700	268	865	680	440	700	268	865
ZSS 系列湿式报警阀安装	DN100	885	354	650	160	254	885	354	650	230	254
	DN150	960	380	700	190	280	960	380	700	260	280
	DN200	1070	410	805	220	310	1070	410	805	290	310
ZSL 系列干、湿两用报警阀安装	DN100	1345	350	500	230	300	1345	350	500	230	300
	DN150	1420	350	550	260	300	1420	350	550	260	300
	DN200	1530	350	600	290	300	1530	350	600	290	300
ZSY 系列气控雨淋阀安装	DN100	1230	225	400	200	300	1230	225	400	230	300
	DN150	1340	250	450	230	300	1340	250	450	260	300
	DN200	1465	275	500	260	300	1465	275	500	290	300

（4）换热间的细部设计

换热间的细部设计，是在热水系统水力计算和热平衡计算完成，水加热器、循环水泵、落地式膨胀水罐、凝结水箱等都已经选型完毕或尺寸已经确定之后，才能进行的又一项复杂的设备间设计。

换热间的平面功能划分，通常只有设备管道区、检修通道区。由于换热间的循环水泵都很小，配电和控制系统简单，所以，一般不单独划分配电控制区，电控柜占地很少，可设置在检修通道附近任何适当位置。

首先，设备管道区的布置应满足设备的安装、运行、检修和操作的要求。热水机组和热水加热器的布置应符合下列要求：

其前方宜留有能抽出加热管或不少于机组长度 2/3 的检修、操作空间。

其后方宜留有 0.8～1.5m 的空间，但净距不得小于 0.5m。

其两侧（至少一侧）通道宽度不少于 0.7m。其他侧面距墙、柱净距及水加热器之间净距不得小于 0.5m。水加热器的保温厚度按 80～100mm 考虑。

其上部附件的最高点至建筑结构最低点的净距，应满足检修要求，但不得小于 0.2m，房间净高不得低于 2.2m。

水加热器或换热机组宜有高出地面 50～100m 的安装基座，但同时必须满足管道外壁底距地面或管沟底的净距要求（当 $DN\leqslant150$ 时，不小于 0.20m；当 $DN\geqslant200$ 时，不小于 0.25m）。

循环水泵和需要经常操作、检修的阀门（如温控阀、疏水器等）应布置在紧挨主通道或检修通道旁边。

闭式膨胀水罐宜设在墙角或靠近柱子不挡光，同时便于检修、操作的地方。

管道宜集中并排沿墙敷设或架设，既节省空间，又便于固定。但无论是架空敷设还是地面敷设，都不得妨碍通行和操作。

换热间应有排除地面积水和设备、管道泄水的措施。

水加热设备与管道的连接，一般遵循下列规律：

1）热水出水管应从水加热器或贮水罐顶部接出；

2）冷水管从底部（立式水加热器有时从侧面下部）接入；

3）热媒应从换热盘管封头的顶部接入，有时（如浮动盘管换热器）也从水加热器的顶部接入；

4）热媒出口应从水加热器的底部或换热盘管封头的底部接出。

自动温度调节装置的温度探测器（温包）连接在热水出水管上或水加热器的指定接口上，调节装置（或调节阀门）则连接在热媒进入水加热器之前的水平管段上。

当热媒为蒸汽时，水加热器的热媒出口应设疏水器。

水加热设备供水、回水干管上应装设温度计；进出水管上应装设压力表，水加热器上应装设安全阀、排污泄水阀。

第4章　设计计算

4.1　方案设计阶段的设计计算

4.1.1　方案设计阶段的计算内容和目的

各系统的规模、容量、设备间的大小等直接影响系统形式、建筑布局及工程投资，所以方案设计阶段必须先估算各系统的规模、容量性的参数。

各系统、各方案的工程量估算：针对影响工程投资的主要材料、设备、构筑物的工程量进行估算。

衡量、比较计算：对经济、技术可行的几个方案的某些对比项（比如：设备间大小、直接投资、运行费用等）进行比较计算。

方案设计阶段的计算内容和目的就是为了投资估算和可行性研究提供基础技术参数。

4.1.2　各系统的规模、容量、设备间大小的估算方法与步骤

1. 给水系统

（1）最大日用水量估算

要计算最大日用水量，首先要根据卫生设备完善程度、建筑标准或用水生产工艺情况确定用水定额范围；其次是估算建筑用水人数或用水单位数（如：人、床位、座、产量……）。无准确使用人数的公共建筑用水单位数可按本书第3章第3.3.3条提供的参考定额进行估算。

于是最大日用水量范围在：

$$Q_{\mathrm{d}}=q_0 m=c\sim d \tag{4.1-1}$$

式中　Q_{d}——最高日用水量，L/d或m^3/d；

q_0——用水定额，L/(人·d)；

m——用水单位数，人、床位、座、产量……；

$c\sim d$——代表用水量在某一范围内。

当同一建筑有几种功能同时用水时，应将各种功能最大日用水量分别计算，然后叠加。即：

$$Q_d = \sum_{i=1}^{n} Q_i \qquad (4.1\text{-}2)$$

式中　Q_i——第 i 种用水的最大日用水量，L/d 或 m^3/d；

Q_d——同上。

(2) 最大时用水量

最大时用水量是指最高日最大小时用水量，其计算公式如下：

$$Q_h = K_h \frac{Q_d}{T} \qquad (4.1\text{-}3)$$

式中　Q_h——最大时用水量，L/h；

K_h——小时变化系数；

Q_d——最高日用水量，L/d；

T——日用水时间，h。

同上所述，当某一建筑有几种功能同时用水时，应将能够同时发生的各种用水最大时流量叠加。即：

$$Q_h = \sum_{i=1}^{n} Q_{hi} \qquad (4.1\text{-}4)$$

式中　Q_{hi}——第 i 种用水的最大时用水量，L/h。

特别提醒的是：当建筑采用分区供水时，还应当计算各分区的最高日、最大小时用水量；分质供水时，还应计算各种质别的用水量。同时要切记：不能忽视一些辅助用水量，如空调系统补水、锅炉补水、浇洒、绿化……。

(3) 水压估算

方案设计阶段，配管设计尚未完善，无法进行精确的水力计算，只能凭借经验进行各系统所需水压估算。

对于居住建筑，当首层室内外地坪高差不大于0.45m，各层建筑层高不大于3.5m时，所需水压估算方法如下：1层10m水柱；2层12m水柱；3层及其以上，每增加1层加4m水柱。

比如8层建筑所需水压估算值为：

$$12 + (8-2) \times 4 = 12 + 24 = 36(mH_2O)$$

但是，如果层高超过3.5m，可在估算值的基础上，将层高差值的累加值折算成层数，再按层数估算水压，如层高为3.9m的8层建筑其所需水压估算值为：

$$36 + 4 \times (3.9 - 3.5) \times 8 \div 3.5 = 36 + 3.6 = 39.6(mH_2O)$$

对于其他建筑；在已知最不利点用水设备额定水压的前提下，也可以按此方法进行估算，只是在上述方法求得估算值的基础上再加上最不利点用水设备额定水压的差值。比如：其3.9m层高的8层建筑顶层最不利点用水设备的额定水压为20m水柱（而普通住宅最不利点淋浴器的额定水压为4m水柱），于是该建筑的水压估算值为：

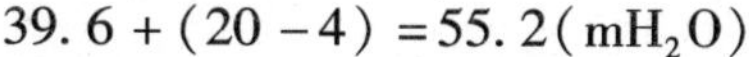

$$39.6+(20-4)=55.2(mH_2O)$$

（4）设备间尺寸估算

1）贮水池（箱）容积估算

对于居住小区加压泵站的贮水池有效容积，用水量变化资料不足时可按最高日用水量的15%～20%，但最大不超过平均日的200%确定。即：

$$V_{有效}=(15\%\sim20\%)Q_d \not> 2\overline{Q_d} \tag{4.1-5}$$

式中 $V_{有效}$——贮水池有效贮水容积，m^3；

$\overline{Q_d}$——平均日用水量，m^3/d。

对于建筑物内的生活贮水池（箱），当资料不足时，按最高日用水量的20%～25%，但最大不超过平均日200%确定。即：

$$V_{有效}=(20\%\sim25\%)Q_d \not> 2\overline{Q_d} \tag{4.1-6}$$

对于合用水池，当贮存水量除了生活用水调节水量外，还存有其他水量时，其总的贮水量不应大于平均日用水量的2倍，即：池（箱）内的水在48h内必须得到完全更新，否则应设消毒处理装置（常用紫外线消毒装置）。

2）水池的尺寸估算

① 水池的有效水深估算（$H_{有效}$）

首先是池内最高水位的估算，如图4.1-1。第一种情况是检修人孔在池盖上。目前普遍采用性能可靠的进水控制阀是液位控制阀，阀头在池盖上，先导阀是$DN15\sim DN20$的小浮球阀，安装在池内，其尺寸较小，所以池内最高水位可定在池盖内底以下0.2m处，完全满足安装和检修要求。第二种情况是检修人孔在池壁上端，这时池内最高水位可确定在人孔下边缘以下0.2m处。

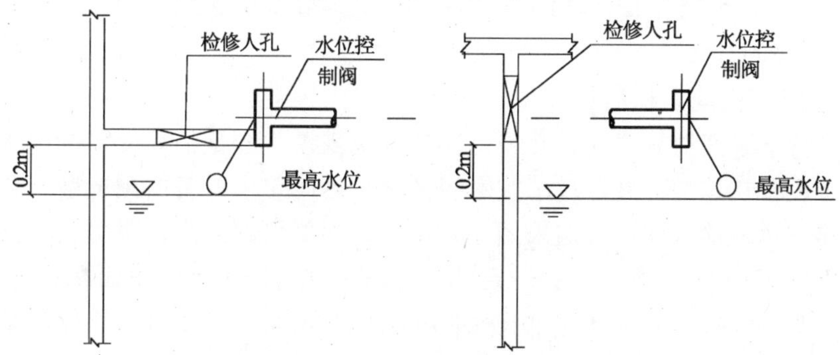

图4.1-1 水池最高水位确定

其次是池内最低水位的估算，也分两种情况，如图4.1-2。第一种情况是池底设有深度足够的吸水喇叭口集水坑，这时池内最低水位是池内底。第二种情况是池底无法设吸水喇叭口集水坑，这时池内最低水位大致在池内底0.8～1.3m处（根据喇叭口尺寸计算。其中：喇叭口下沿距池内0.3m左右，喇叭口必须保证有0.5～1.0m的淹没深度才能保证水泵正常吸水运行）。

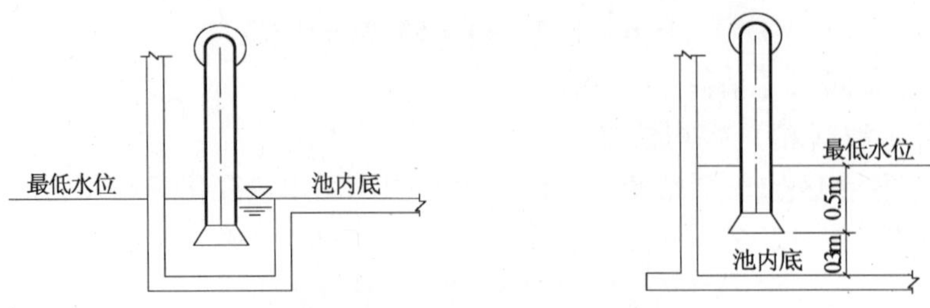

图4.1-2　水池最低水位确定

② 水池平面尺寸的估算

有效水深（最高水位到最低水位的深度）确定以后，平面尺寸便可确定。

$$A = k\frac{V_{有效}}{H_{有效}} \tag{4.1-7}$$

式中　A——水池估算占地面积，m^2；

k——池内梁柱等结构实体占据的空间导致的构造系数，一般取 $k = 1.01 \sim 1.05$；

$V_{有效}$、$H_{有效}$——同上。

3）水箱尺寸估算

首先，水箱顶盖距房间顶棚内底面以下0.6～0.8m，便于检修；其次，水箱底距室内地面0.4～0.5m，便于排污、检修；则水箱的有效水深可定在水箱顶盖以下0.2m到水箱底板以上0.1m的高度。而水箱的尺寸宜以0.5m的整数倍为宜，既便于焊接制作，又便于装配组对。水箱间的占地面积是要保证检修通道侧净距0.8～1.0m，其余周边净距0.6～0.7m，最小为0.5m。

4）水泵间计算

① 水泵间占地面积估算

在进行水泵间估算之前，必须是在各系统规模、容量估算完成的前提下，已经进行了设备初选型，并经过了技术经济比较后确定了设备的预选型。

目前，建筑给水加压普遍采用立式水泵，根据泵的大小，泵房（含交通、检修，不含变配电）宜按3～4m^2/台进行估算，电控柜所占净面积按每套机组1.2m^2估算，根据实际情况再加上构造占地、无效面积等便可估算出水泵间平面面积；而泵间的净高，以水泵最高点到顶棚不小于0.6m为宜。如果除水泵外还有气压水罐，则水罐占地面积可按3.3.5节中“1 各设备间的尺寸估算及位置确定”中立式换热器进行估算。

② 水泵间电气容量估算

水泵间的电气容量有2个，一个是总装机容量，即所有设备的电机功率；另一个是运行容量，即实际运行中能够同时运转的电机功率。在进行泵间电机功率统计时，如果泵间内有污水泵，千万不要遗漏污水泵的电机功率。

2. 消火栓给水系统

（1）消防水池估算

对于消火栓给水系统而言，方案阶段首先要计算消防水池和消防泵房所占用的空间和消防水箱间的大小。依据相关规范（多层民用建筑和高层工业建筑依据《建规》，高层民用建筑依据《高规》），消防水池贮存火灾延续时间内室内、外消防给水不足部分的消防用水量，如能保证火灾延续时间内连续补水，可减去火灾延续时间内的补充水量。所谓能够保证连续补水是指两种情况：一是除了市政给水外，还有可靠的自备水源；二是有两条进水管分别从环状市政管网的不同侧引入。于是，消防水池的有效贮水容积为：

$$V_{有效} = T(Q_1 + Q_2 + Q_3 - Q_{补}) + Q_4 \tag{4.1-8}$$

式中 $V_{有效}$——消防水池有效容积，m^3；

T——火灾延续时间按规范确定，h；

Q_1——室外消防用水量不足部分，m^3/h；

Q_2——室内消防用水量，m^3/h；

Q_3——（如果有的话）防火卷帘的冷却水幕用水量，m^3/h；

Q_4——自动喷水灭火系统用水量，m^3/h；

$Q_{补}$——火灾延续时间内消防水池补水量，当不能保证连续补水时 $Q_{补}=0$，m^3/h。

消防水池尺寸估算方法同前述给水系统贮水池。

（2）高位消防水箱估算

依据相关规范，高位消防水箱的有效容积为：贮存10min室内消防用水量（既包括消火栓，也包括自动灭火系统），当室内消防用水量之和大于25L/s，水箱容积大于$18m^3$时，可取$18m^3$；当室内消防用水量之和小于25L/s，水箱容积大于$12m^3$时，可取$12m^3$。

上述的含义并非是水箱容积都取$18m^3$或$12m^3$，应该是：首先满足10min室内消防用水量，当受条件限制或不够经济合理时，才可以按相应条件取$18m^3$或$12m^3$。

消防水箱的有效容积确定后，其尺寸的估算方法同给水箱。

（3）消防水泵间占地面积估算

由于消防水泵间除水泵之外还有试验泄水设备，大型电控柜，有时甚至还有报警阀组等，所以消防泵间往往占地面积较大。

首先是水泵及电控柜部分占地面积（含辅助空间占地），可按水泵台数估算。一般情况下，消防水泵都普遍采用普通立式或卧式离心泵。于是水泵间含检修、操作空间在内的设备区占地面积估算为：

$$立式泵\quad A = 4 \sim 5(m^2/台) \times n(台),(m^2)$$

$$卧式泵\quad A=6\sim8(\mathrm{m^2/台})\times n(台),(\mathrm{m^2})$$

同时还要加上每组消防泵（一般为2台，1用1备）配1台电控柜所占面积，每台电控柜所占面积按$1.5\mathrm{m^2}$计。这样计算的消防泵间面积不含变配电室和其他设备装置的占地面积。

其次是报警阀组占地面积估算为：

$$A=0.5\times1.2(\mathrm{m^2/组})\times n(组),(\mathrm{m^2})$$

（4）消防水泵扬程估算

方案设计时，无论消防水泵房设在建筑物内还是在建筑物外，消火栓水泵的扬程都可按下式计算：

$$H=H_z+H_q+H_d+H_0+\sum h \tag{4.1-9}$$

式中 H——消火栓水泵扬程，m；

H_q——充实水柱不小于10m时，水枪喷嘴所需的水压，$\mathrm{mH_2O}$，当$q=5\mathrm{L/s}$时，$H_q=15.63\mathrm{m}$（$\phi19$水枪）；

H_d——水龙带的水头损失，$\mathrm{mH_2O}$；Φ65的麻质不衬胶消防水带，长度为$L_d=25\mathrm{m}$，$q=5\mathrm{L/s}$时，$H_d=2.7\mathrm{m}$；

H_0——消火栓栓口角阀水头损失，按2.0m计；

$\sum h$——从最不利消火栓到消防水池计算路径管路所有水头损失之和，m，当泵房设在建筑内时，管路长度可参照：

$$L=H_z(\mathrm{m})+L_c(\mathrm{m})$$

式中 L_c——建筑长边长度，m；

H_z——从水池底到建筑屋顶的几何高度，m，此时$\sum h=\lambda(H_z+L_c)$；

当泵房设在建筑物外面时，管路总长度估算按：

$$L=H_z+S+L_c$$

式中 H_z、L_c——同上述；

S——泵房距建筑物的距离，m，此时，$\sum h=\lambda(H_z+S+L_c)$；

λ——单位管长综合摩阻损失系数，即沿程比摩阻与局部摩阻之和，对于消火栓给水系统，当采用钢管且管径选择适当时，沿程比摩阻i为0.0723～0.0602m/m之间，而局部的摩阻则为按沿程摩阻的（15%～20%）i，于是$\lambda=i+(15\%\sim20\%)i$；其中$i=(1.15\sim1.20)i$，估算时，取值可相对保守些，即：$\lambda=1.2\times0.0723=0.087$

所以，消火栓水泵扬程的估算公式就简化为：

$$H=H_z+15.63+2.7+2.0+0.087L=H_z+20.33+0.087L \tag{4.1-10}$$

式中 L——消火栓给水管网最不利点可能的最大长度，m；

H_z——同上述。

3. 自动喷水灭火系统

（1）自动喷水灭火系统用水量估算

根据方案设计时确定的建筑火灾危险等级、喷水强度、作用面积等基本参数，可以估算出喷水灭火系统用水量：

$$Q_4 = 60kqA/1000 \tag{4.1-11}$$

式中 Q_4——自动喷水灭火系统1h用水量，m^3；

k——通透性系数，当喷头装设在网格、栅板类通透性吊顶内时 $k=1.3$，否则 $k=1$；

A——作用面积，m^2；

q——喷水强度，$L/(min \cdot m^2)$。

（2）喷头个数估算

按照总的建筑面积和相应喷水强度下，1只喷头的保护面积，可以先估算一下喷头总数：

$$N = \frac{M}{m_0} \tag{4.1-12}$$

式中 N——建筑物所需喷头数，个；

M——建筑物需设自动喷洒头处总的建筑面积，m^2；

m_0——1只喷头的保护面积，m^2，可查规范。

（3）报警阀组个数估算

根据自动喷水灭火系统的种类，规范规定每个报警阀组允许最多控制的喷头数可以估算出所需报警阀组的个数：

$$n = \frac{N}{n_0} \tag{4.1-13}$$

式中 n——报警阀组个数，个；

N——建筑物所需喷头数，个；

n_0——每个报警阀组允许控制的喷头数，个。

同时，每个报警阀组所控制的最高与最低喷头的几何高差不宜大于50m。

（4）自动喷水灭火系统水泵参数估算

1）水泵流量（Q）的估算

$$Q = Q_4$$

其估算方法见（1）。

2）水泵扬程（H）的估算

当向最不利作用面积供水的主干管管径为 $DN100$ 时（$i>100mm/m$）

$$H = H_z + (35 \sim 40) \tag{4.1-14}$$

式中 H_z——从水池底到最高喷头的几何高度，m。

当向最不利作用面积供水的主干管管径为 $DN125 \sim DN150$ 时（$i \leqslant 50mm/m$）

$$H = H_z + (25 \sim 35) \tag{4.1-15}$$

4. 热水供应系统

（1）基本参数估算

1）各分区热水供应系统最大小时热水用水量

① 对于全日（24h）供应热水的住宅、别墅、招待所、培训中心、旅馆、宾馆的客房（不含员工）、医院住院部、养老院、幼儿园、托儿所（有住宿）等建筑的集中热水供应系统设计最大小时热水量为：

$$Q_r = K_h m q_r / 24 \tag{4.1-16}$$

式中　Q_r——设计小时热水用水量，L/h；

K_h——热水小时变化系数，可查规范；

m——用水计算单位数（人数或床位数）；

q_r——热水用水定额，L/(人·d）或L/(床·d)。

② 对于定时供应热水的住宅、旅馆、医院及工业企业生活间、学校、剧院、公共浴室、体育馆（场）或其他不易确定用水单位数但有较确切卫生器具数的场所，集中热水供应系统设计最大小时热水量为：

$$Q_r = \sum q_h N_0 b \tag{4.1-17}$$

式中　Q_r——同上；

q_h——卫生器具小时热水用水定额（L/h），可查规范；

N_0——同类卫生器具数；

b——卫生器具的同时使用百分数，可查规范。

2）各分区热水供应系统最大小时耗热量

① 对于全日供应热水的住宅、招待所、培训中心、旅馆、宾馆的客房（不含员工）、医院的住院部、养老院、幼儿园、托儿所（有住宿）等建筑的最大小时耗热量为：

$$W_r = K_h \frac{m q_r c (t_r - t_l) \rho_r}{86400} \tag{4.1-18}$$

式中　W_r——设计小时耗热量，W；

K_h——热水用水的小时变化系数，可查规范；

t_r——热水温度，取 $t_r = 60$℃；

t_l——冷水计算温度,℃，查规范；

c——水的比热，$c = 4187$J/(kg·℃)；

ρ_r——热水密度，kg/L，方案估算时可取 $\rho_r = 1$；

m、q_r——同前述。

② 对于定时供应热水的住宅、旅馆、医院、工业企业生活间、公共浴室、学校、剧院、体育馆（场）等建筑的最大小时耗热量为：

$$W_r = \sum \frac{q_h(t_r - t_l)\rho_r N_0 bc}{3600} \tag{4.1-19}$$

式中 q_h——热水用水的小时用水定额，L/h，可查规范；

t_r——卫生器具用水温度，可查规范；

t_l——冷水计算温度，℃，查规范；

N_0——同类卫生器具数；

W_r、ρ_r、b、c——同前述。

3）各分区热水供应系统热媒消耗量

① 当采用蒸汽为热媒间接加热时，蒸汽消耗量按下式计算：

$$G = (1.05 \sim 1.10)\frac{3.6W_r}{\gamma_h} \tag{4.1-20}$$

式中 G——蒸汽耗量，kg/h；

W_r——设计小时耗热量，W；

γ_h——蒸汽的汽化热，kJ/kg，可查表4.1-1。

饱和水蒸气性质 **表4.1-1**

绝对压力	水蒸气温度（℃）	热焓（kJ/kg）		水蒸气的汽化热（kJ/kg）
		液体	蒸汽	
1×10^5 (1.033)	100	419	2679	2260
1.96×10^5 (2.0)	119.6	502	2707	2205
2.94×10^5 (3.0)	132.9	559	2726	2167
3.92×10^5 (4.0)	142.9	601	2738	2137
4.9×10^5 (5.0)	151.1	637	2749	2112
5.88×10^5 (6.0)	158.1	667	2757	2090
6.86×10^5 (7.0)	164.2	694	2767	2073
7.84×10^5 (8.0)	169.6	718	2773	2055
8.82×10^5 (9.0)	174.5	739	2777	2038

② 当采用高温水作为热媒间接加热时，高温水的消耗量按下式计算：

$$G = (1.05 \sim 1.10)\frac{3.6W_r\rho_r}{c(t_{mc} - t_{mz})} \tag{4.1-21}$$

式中 G——高温热水消耗量，kg/h；

W_r——设计小时热水量，W；

c——水比热，$c=4.187$kJ/(kg·℃)；

t_{mc}——水加热器高温热水进口温度，可近似按高温供水温度，℃；

t_{mz}——水加热器高温水出口温度，由经过热力性能测定的产品样本提供，℃；

ρ_r——热水密度 kg/L；$\rho_r \approx 1$kg/L，满足工程使用要求。

③ 当采用燃油、燃气等燃料加热时，燃料消耗量按下式计算：

$$G=(1.05\sim1.10)\frac{3.6W_r}{\eta W_{燃}} \tag{4.1-22}$$

式中　G——燃料消耗量，kg/h 或 Nm^3/h；

W_r——设计小时耗热量，W；

$W_{燃}$——燃料发热量，kJ/kg 或 kJ/Nm^3；

η——水加热设备的热效率；可按表4.1-2采用燃料发热量及加热设备热效率参考值。

燃料发热量及加热设备热效率参考值　　**表4.1-2**

燃料种类	燃料发热量 $W_{燃}$	加热设备效率	备注
轻柴油	41800～44000kJ/kg	≈	热水机组的热效率采用
重油	38520～46050kJ/kg		
天然气	34400～35600kJ/Nm^3	65%～75%	
城市煤气	14653kJ/Nm^3	65%～75%	
液化石油气	46055kJ/Nm^3	65%～75%	

注：本表数值仅为参考值，计算时应根据实际参数进行。

④ 电热水器耗电量估算如式（4.1-23）所示：

$$N=\frac{W_r}{1000\eta} \tag{4.1-23}$$

式中　N——耗电量，kW；

W_r——设计小时耗热量，W；

η——电热水器的热效率，95%～97%。

（2）加热设备的估算与选择

1）集中热水供应系统中水加热设备的设计供热量计算

① 容积式水加热器或贮热容积与其相当的水加热器、热水机组，按式（4.1-24）计算：

$$W_g=W_r-1.163\frac{\eta Vr}{T}(t_r-t_l)\rho_r \tag{4.1-24}$$

式中　W_g——容积式加热器的设计小时供热量，W；

W_r——设计小时耗热量，W；

η——有效贮热容积系数，普通容积式水加热器 $\eta=0.75$，导流型容积式水加热器 $\eta=0.85$；

V_r——总贮热容积（L），总容积去除构造容积；

T——设计小时耗热量的持续时间，2～4h；

t_r——水加热器出口温度或贮水温度，℃；

t_l——冷水计算温度，℃；

ρ_r——热水密度。

② 半容积式水加热器或贮热容积与其相当的水加热器、热水机组按 $W_g = W_r$ 计算，式中符号同前。

③ 半即热式（浮动盘管）、即热式（“热高”）、快速式（“板换”）等无贮热容积的水加热器的供热量按设计秒流量时的耗热量计算。

2）表面式水加热器的加热面积计算

上述1）中所提及的水加热器均属表面式水加热器，其加热面积均按式（4.1-25）计算：

$$F = (1.1 \sim 1.5)\frac{W_r}{\varepsilon K \Delta t_j} \tag{4.1-25}$$

式中 F——表面式水加热器的加热面积，m^2；

W_r——设计耗热量，W；

K——传热材料的传热系数，$W/(m^2 \cdot ℃)$；

ε——由于污垢和热媒分布不均匀影响传热效率的系数，一般取0.6～0.8；

Δt_j——热媒与被加热水的计算温度差,℃；$\Delta t_j = (t_{mc} + t_{mz})/2 - (t_c + t_z)/2$，其中：$t_{mc}$、$t_{mz}$为热媒的初温和终温,℃；热媒为饱和蒸汽时，可查饱和蒸汽性质表4.1-1；热媒为热水时，应按热力网供水、回水最低温度计算；t_c、t_z为被加热水的初温和终温,℃。

对于快速式、半即热式水加热器：

$$\Delta t_j = (\Delta t_{max} - \Delta t_{min})/\ln\frac{\Delta t_{max}}{\Delta t_{min}} \tag{4.1-26}$$

式中 Δt_{max}——热媒与被加热水在加热器一端的最大温度差,℃；

Δt_{min}——热媒与被加热水在加热器一端的最小温度差,℃；

3）水加器的容积计算

当水加热器采用即热、半即热、快速式加热器时，为了保证供水温度稳定，常采用贮水容器，此时，贮水容器的容积可采用式（4.1-27）计算：

$$V = 60\frac{TW_r}{(t_r - t_l)c} \tag{4.1-27}$$

式中 V——贮水容器的容积，L；

T——规定的储热时间，min；

W_r——设计小时耗热量，W；

c——水的比热，$c = 4187 J/(kg \cdot ℃)$；

t_r——热水温度，取 $t_r = 60℃$；

t_l——冷水计算温度,℃，可查规范。

（3）热水系统膨胀补偿设备计算

1）膨胀水箱有效容积计算

$$V_p = 0.0006\Delta t V_s \tag{4.1-28}$$

式中　V_P——膨胀水箱有效容积，L；

V_s——系统内水的总容积，L，根据系统管网总容积和设备容积累加计算所得；

Δt——系统内水的最大温差,℃，一般情况 $\Delta t = t_r - t_l$。

2）膨胀水罐总容积计算

$$V = \frac{(\gamma_1 - \gamma_2)p_2}{(p_2 - p_1)\gamma_2}V_s \tag{4.1-29}$$

式中　V——闭式膨胀水罐总容积，m^3；

$\gamma_1$❶——加热前系统内水的密度，kg/m^3；

γ_2——热水密度，kg/m^3；

p_1——膨胀管处管内水压，MPa（绝对压力），p_1 = 管内工作压力 + 0.1MPa，管内工作压力近似为冷水供水压力；

p_2——膨胀管处管内最大允许压力，MPa（绝对压力），可取 $p_2 = 1.05p_1$；

V_s——系统内水的总容积，m^3。

（4）热水系统循环水泵参数估算

1）全日供应热水系统的循环流量估算

$$q_x = \frac{\Delta W_r}{1.163\Delta t} \tag{4.1-30}$$

式中　q_x——全日制热水供应系统的循环流量，L/h；

ΔW_r——配水管道的热损失，一般取设计小时耗热量的3%～5%；

Δt——配水管道的热水温差,℃，按系统大小确定，5～10℃。

2）定时供应热水系统的循环流量计算

$$q_{xh} = \frac{V_s}{N} \tag{4.1-31}$$

式中　q_{xh}——定时供应热水系统的循环流量，L/h；

V_s——系统内水的总容积，L；

N——每小时水的循环次数，一般取2～4次。

3）循环水泵扬程估算

$$H_b \geqslant (H_P + H_x) + H_j \tag{4.1-32}$$

式中　H_b——循环水泵扬程，mH_2O；

H_P、H_x——循环流量分别流经计算环路配水管和回水管的管路沿程和局部水头损失，mH_2O，可按35mm/m估算；

H_j——水加热器的水头损失，mH_2O，容积式、半容积式、加热水箱可忽

❶ γ_1 为定时供应热水系统时，宜按冷水温度确定；γ_1 为全日连续供应热水系统时，宜按回水温度确定。

略不计，其余按2.0mH_2O估算。

热水供应系统计算用参数见表4.1-3～表4.1-14。

热水管网回水管管径选用　　表4.1-3

热水管网配水管段管径 *DN*（mm）	20～25	32	40	50	65	80	10	125	150	200
热水管网回水管段管径 *DN*（mm）	20	20	25	32	40	40	50	70	80	100

膨胀管的最小管径　　表4.1-4

锅炉或水加热器的传热面积（m^2）	<10	≥10且≤15	≥15且<20	≥20
膨胀管最小管径（mm）	25	32	40	50

高压蒸汽管道常用流速　　表4.1-5

管径（mm）	15～20	25～32	40	50～80	100～150	≥200
流速（m/s）	10～15	15～20	20～25	25～35	30～40	40～60

热水管道的流速　　表4.1-6

管径（mm）	15～20	25～40	≥50
流速（m/s）	≤0.8	≤1.0	≤1.2

热水供应系统的热损失系数　　表4.1-7

热水管网敷设方式	热损失系数
下行上给系统，供、回水干管敷设在管沟内	1.1
下行上给系统，供、回水干管敷设在不采暖地下室	1.2
上行下给系统，回水干管敷设在管沟内	1.15
上行下给系统，回水干管敷设在不采暖地下室	1.2

容积式水加热器换热盘管的传热系数 *K* 值　　表4.1-8

热媒种类	传热系数 *K*（kJ/(m^2·h·℃)）	
	铜盘管	钢盘管
蒸汽	3140	2721
80～115℃的高温水	1465	1256

快速式水加热器传热系数 *K* 值　　表4.1-9

被加热水的流速（m/s）	传热系数 *K*（W/(m^2·℃)）							
	热媒为蒸汽时，蒸汽压力（kPa）		热媒为热水时，热水流速（m/s）					
	≤100	>100	0.5	0.75	1.0	1.5	2.0	2.5
0.5	2733/2152	2558/2035	1105	1279	1400	1512	1628	1686
0.75	3431/2675	3198/2500	1244	1454	1570	1745	1919	1977

续表

被加热水的流速 (m/s)	传热系数 K (W/(m²·℃))							
	热媒为蒸汽时，蒸汽压力 (kPa)		热媒为热水时，热水流速 (m/s)					
	≤100	>100	0.5	0.75	1.0	1.5	2.0	2.5
1.0	3954/3082	3663/2908	1337	1570	1745	1977	2210	2326
1.5	4536/3722	4187/3489	1512	1803	2035	2316	2558	2733
2.0	—/4361	—/4129	1628	1977	2210	1558	2849	3024
2.5	—	—	1745	2093	2384	2849	3198	3489

普通容积式水加热器换热盘管的传热系数 *K* 值　　表 4.1-10

热媒种类		热媒流速 (m/s)	被加热水流速 (m/s)	传热系数 K (W/(m²·℃))	
				钢盘管	铜盘管
蒸汽压力 (MPa)	≤0.07	—	<0.1	640~698	756~814
	>0.07	—	<0.1	698~756	814~872
70~150℃热水		<0.5	<0.1	326~349	384~407

加热水箱内加热盘管的传热系数 *K*　　表 4.1-11

热媒性质	热媒流速 (m/s)	被加热水流速 (m/s)	传热系数 K (W/(m²·K))	
			钢盘管	铜盘管
蒸汽	—	<0.1	698~756	814~872
高温水	<0.5	<0.1	326~349	384~407

容积式水加热器主要热力性能参数　　表 4.1-12

参数 / 热媒	传热系数 K (W/(m²·K))		热媒出口温度 (℃)	热媒阻力损失 Δh_1 (MPa)	被加热水水头损失 Δh_2 (MPa)	被加热水温升 Δt (℃)	容器内冷水区容积 V_L (%)
	钢盘管	铜盘管					
0.1~0.4MPa 饱和蒸汽	698~756	814~872	≥100	≤0.1	≤0.005	≥40	25
70~150℃ 高温水	926~349	384~407	60~120	≤0.03	≤0.005	≥23	25

水加热器贮水容积估算值　　表 4.1-13

容积估算值 / 建筑类别	热媒为蒸汽或95℃以上高温水		热媒为≤95℃的温水	
	导流型容积式水加热器	半容积式水加热器	导流型容积式水加热器	半容积式水加热器
有集中热水供应的住宅 (L/(人·d))	5~8	3~4	6~10	3~5
设有独立卫生间的集体宿舍、培训中心、旅馆 (L/(b·d))	5~8	3~4	6~10	3~5
宾馆、客房 (L/(b·d))	9~13	4~6	12~16	6~8

续表

建筑类别＼容积估算值	热媒为蒸汽或95℃以上高温水		热媒为≤95℃的温水	
	导流型容积式水加热器	半容积式水加热器	导流型容积式水加热器	半容积式水加热器
医院住院部［L/(b·d)］ 设公共盥洗室 设单独卫生间 门诊就诊部	4～8 8～15 0.5～1	2～4 4～8 0.3～0.6	5～10 11～20 0.8～1.5	3～5 6～10 0.4～0.8
有住宿的幼儿园、托儿所［L/(人·d)］	2～4	1～2	2～5	1.5～2.5
办公楼［L/(人·d)］	0.5～1	0.3～0.6	0.8～1.5	0.4～0.8

注：表中L/(b·d) 的 b 指床位数。

水加热器的贮热量　　表4.1-14

加热设备	热媒为蒸汽或>95℃高温水		热媒为≤95℃热水	
	工业企业淋浴室	其他建筑	工业企业淋浴室	其他建筑
容积式水加热器或加热水箱	≥30minW_r	≥45minW_r	≥60minW_r	≥90minW_r
导流型容积式水加热器	≥20minW_r	≥30minW_r	≥30minW_r	≥40minW_r
半容积式水加热器	≥15minW_r	≥15minW_r	≥15minW_r	≥20minW_r

(5) 热交换间面积估算

热交换间面积估算是在水加热器预选型的基础上才进行的。(水加热器的预选型即要考虑换热间的层高、面积及应用场所等）一旦水加热设备选型完成，则按照3.3.5节中“1 各设备间的尺寸估算及位置确定”中介绍的方法进行。

5. 污废水排水系统

(1) 排水量的计算

1) 最大日排水量

① 对于建筑最大日排水量，严格地说等于最大日给水量，减去不可回收部分的用水量；方案设计时，可以按照等于最大日用水量考虑：

$$Q_{pd}=Q_d \tag{4.1-33}$$

式中　Q_{pd}——最大日排水量，m^3/d；

Q_d——最大日用水量，m^3/d。

② 对于小区，最大日排水量等于最大日给水量减去刷车、浇洒道路绿地、水景等不可回收的用水量，方案设计时，可按照最大日用水量的百分数估算，根据小区的大小及综合功能按下式取值：

$$Q_{pd}=(70\%\sim80\%)Q_{dj} \tag{4.1-34}$$

设计最大日排水量，是为了向市政排水设施主管部门报批排水容量增加的准入；同时，也是向环保部门缴纳排污费的依据。

2）最大时排水量

涉及到贮存、抽升、处理等构筑物容量或设备规格型号的排水系统，需要计算最大时排水量，有时甚至是设计秒流量。一般情况下，最大时排水量或设计秒流量，方案设计时可按该系统所接纳的卫生器具或用水设备所对应给水系统的相应给水设计流量。即：

$$Q_p = Q_g \tag{4.1-35}$$

（2）污废水集水坑（池）容积及尺寸的计算

1）消防电梯井集水坑

根据《高层民用建筑设计防火规范》的规定：消防电梯井的排水设施不小于10L/s，集水池容积不小于$2.0m^3$，通常取≥$2.0m^3$，取深度为1.2～1.5m，平面尺寸根据建筑布局合理确定。

2）污废水集水坑（池）

当一个集水坑（池）汇集的水量很少，按设计秒流量选择污、废水泵的出水管径，当废水泵出水管管径小于*DN*50、污水泵出水管管径小于*DN*80时，应当选用的出水管管径分别为废水*DN*50、污水*DN*80的排水泵。其扬程按照提升高度估算，有了排水泵，于是集水坑（池）的容积按照不小于污废水泵5min抽升水量计算，其深度按照1.2～1.5m，然后根据建筑布局确定平面尺寸。

当一个集水坑（池）汇集的水量较大，按照设计最大小时排水量选泵出水管径大于DN80时，应按计算选泵，集水坑（池）的容积和尺寸应根据汇集水的类型（如：生活、生产）和排水泵的控制方式（如：自动、人工手动）结合建筑布局，计算确定。

（3）污废水泵扬程估算

$$H_b = H_z + \sum h + H_0 \approx H_z + 10 \tag{4.1-36}$$

式中 H_b——污废水泵扬程，mH_2O；

$\sum h$——管路水头损失，mH_2O；

H_0——富余水头，2～$4mH_2O$；

H_z——水泵提水高度，m，从集水坑（池）到排出口的几何高度。

6. 雨水排水系统的计算

（1）汇水面积计算

屋面汇水面积按照屋面水平投影面积计算。

高出屋面侧墙应按照其最大受雨面正投影面积的1/2计算，并附加到屋面的汇水面积当中。如图4.1-3，因高出屋面侧墙而加入汇水面积中的面积为$\frac{1}{2}ab$。

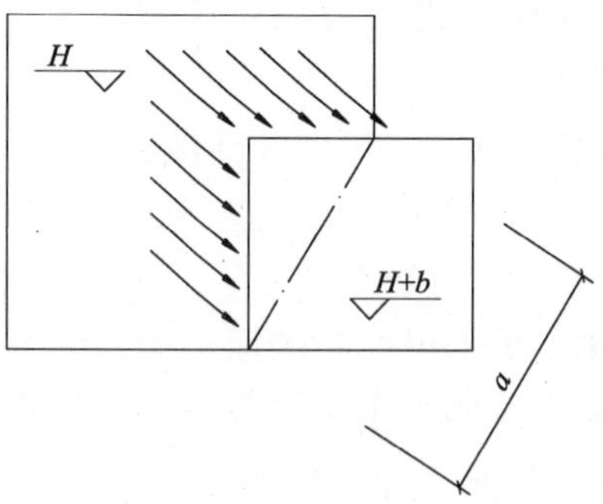

图4.1-3 高出屋面的侧墙汇水面积计算图

（2）设计排水量计算

设计雨水排水量可按下式计算：

$$q_y = \frac{q_i \psi F_w}{10000} \qquad (4.1\text{-}37)$$

式中 q_y——设计雨水排水量，L/s；

q_i——设计重现期时的降雨强度，L/(s·hm^2)（计算 q_i 时，降雨历时 t：屋面取 $t=5$min，地面视距离长短、地形坡度和地面铺盖情况，一般取 $t=5\sim10$min，q_i 公式可查给水排水设计手册）；

ψ——径流系数，可查表。当由几种覆盖组成时，Ψ 可按面积比例进行加权平均，计算取值；

F_w——汇水面积，m^2。

（3）雨水排水方案设计参数的选用

雨水排水方案选用的设计参数参见表4.1-15、表4.1-16。

设计暴雨重现期选用值 **表4.1-15**

汇水区域名称		设计重现期（a）
室外场地	居住小区	1~3
	车站、码头、机场基地	2~5
屋面	一般性建筑物屋面	2~5
	重要公共建筑屋面	10

注：工业厂房屋面排水设计重现期视生产工艺，重要程度等因素确定。

屋面、地面径流系数 **表4.1-16**

屋面、地面种类	ψ
屋面	0.9
混凝土和沥青路面	0.9
块石路面	0.6
级配碎石路面	0.45
干砖及碎石路面	0.4
非铺砌地面	0.3
公园绿地	0.15

4.1.3 方案计算结果整理汇总

方案设计计算结果应该整理汇总成表格，大体分为3类表格。

1. 主要设计参数表

将计算得出的用水量：最大日用水量、最大时用水量；排水量：最大日排水量、最大时排水量，雨水排水量；设计最大小时热水量，耗热量，热媒耗量；将根据相关防火规范确定的室外消火栓用水量、室内消火栓用水量，自动喷水灭火系统用水量，水幕系统用水量，中水用水量，直饮水系统设计用水量等主要设计参数汇总列表，一方面便于方案设计审查，另一方面也便于用户报批增容指标，缴纳增容费、排污费以及配套外网的规划。

2. 主要设备、装置、器材表

将各系统设计预选的设备、装置、主要器材，如：水泵、水箱、水加热器、贮水罐、膨胀罐、消火栓、报警阀、开水器、水处理设备等汇总列表，注明其性能或技术参数、数量、材质、电气容量等涉及到造价或投资的内容，便于投资估算和方案的技术、经济比较。

3. 设备间、构筑物尺寸表

根据各种水量及系统设计方案、工艺流程，估算出各设备间大小尺寸、水池、水塔、井室、各种水处理构筑物（如：中水处理构筑物、化粪池、消防水池、汽车库沉淀池、锅炉排污降温池、隔油池、中和池及其他地下井室等）的尺寸、数量、位置等，以表格的形式汇总起来，以便进行投资估算和技术经济比较。

4.2　初步设计阶段的设计计算

4.2.1　初步设计阶段的计算内容和目的

初步设计阶段的计算内容是在方案设计阶段计算的基础上进一步扩展计算内容和计算范围，是针对方案设计阶段估算范围较大或计算不够准确以及为了进行工程概算尚缺的主要工程量、主要附属设备、构筑物、主干管、主要控制点标高等的计算。有时也需要对方案设计阶段的估算、计算结果进行校核、修正，力求更准确，更具体，更经济合理。

初步设计阶段的计算内容和目的就是为了给投资概算和各种资源、能源的占用或消耗量提供较为准确的技术参数。

4.2.2　初步设计阶段的计算方法与步骤

初步设计阶段的计算方法与步骤完全与方案设计阶段的计算方法与步骤相同。不同的是计算依据更确切，参数更准确，计算范围更广，计算内容更全面、更深。

1. 给水系统

根据建筑初步设计卫生设备完善程度和建筑标准以及在方案设计和初步设计过程中甲方提供的准确的水压、水源资料、管材、设备选型情况，在更加准确地确定了用水定额的前提下，计算各系统、各分区系的用水设计参数；（水量、水

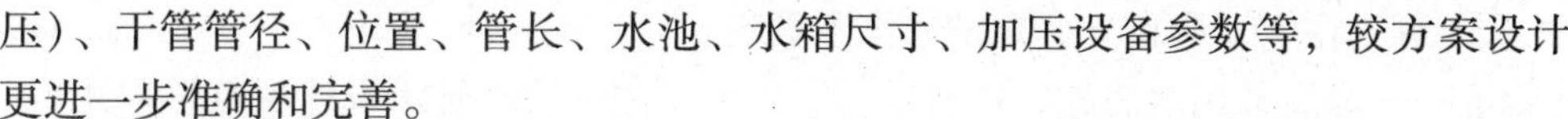

压)、干管管径、位置、管长、水池、水箱尺寸、加压设备参数等，较方案设计更进一步准确和完善。

2. 消火栓给水系统

在方案设计的基础上，对管网进行平面及系统设计，进行比较准确的定位，管径、管长确定后，对系统所需压力作进一步较准确的计算，校核消火栓系统水泵参数。确定水池平面尺寸及水位标高，水箱间、水泵房的较为准确的尺寸。

3. 自动喷水灭火系统

在平面及系统布置的基础上，基本准确地确定喷头型号规格数量、报警阀组个数、主干管管径、校核喷洒泵参数。

4. 热水系统

在用水单位数或卫生器具数基本确定、热源参数已确定的前提下，对热水系统的基本参数进行较精确的计算，主要管材、管径确定、位置确定，对方案选择的设备、容器、储罐、热水循环泵等进行校核、调整。

5. 排水系统

在用水单位数或卫生器具数以及用排水状况基本确定的前提下，对最大日排水量、最大时排水量、污废水集水坑（池）容积及尺寸、污废水泵扬程估算、设计排水量、进行较精确的计算或校核，同时还要对各主要系统的立管、通气管管径、主干管管径、坡度坡降、控制点标高等进行计算。

计算结果的整理汇总同方案设计计算。

4.3 施工图设计阶段设计计算

4.3.1 施工图设计阶段的设计计算内容和目的

所有设计内容的定型定位、尺寸计算、设计运行参数计算和各种资源能源消耗量计算，施工图阶段的设计计算内容和目的就是为了给施工预算提供准确的技术参数。

4.3.2 施工图设计阶段的计算方法与步骤

1. 给水系统计算

(1) 管段设计秒流量计算

根据给水管网平面及空间施工图设计图纸，将给水系统抽象为计算简图，计算简图要表明管网的平面结构及各配水点的功能与参数。测量施工图设计图纸上各管段设计长度，并标注于计算简图上；根据建筑功能或用途确定基本计算参数，先进行管段设计秒流量计算，然后对各给水系统进行水力计算。

① 对于住宅，应首先确定的基本参数有：

q_0——最高日用水定额，L/(人·d)，按《建筑给水排水设计规范》取用；

m——每户用水人数，一般取3~4人（与户型及户内面积有关）；

K_h——小时变化系数，按《建筑给水排水设计规范》取用，当q_0取值越小，K_h取值越大；q_0取值越大，K_h取值越小；

T——用水时间，24h；

N_0——每户设置的卫生器具给水当量，按《建筑给水排水设计规范》查表计算。

基本参数确定以后，计算最大用水时卫生器具给水当量平均出流概率。

$$U_0=\frac{q_0 m K_h}{0.2N_0 T3600}100 \tag{4.3-1}$$

式中 U_0——最大用水时卫生器具给水当量平均出流概率，%；

其余同上。

从计算简图的管网最末端向管网入口端逐段进行计算：根据计算管段上的卫生器具给水当量总数，计算出该管段的卫生器具给水当量的同时出流概率，计算公式如式（4.3-2）所示。

$$U=\frac{1+\alpha_c(N_g-1)^{0.49}}{\sqrt{N_g}} \tag{4.3-2}$$

式中 U——计算管段的卫生器具给水当量同时出流概率，%；

α_c——对应于不同U_0的系数，按《建筑给水排水设计规范》查表；

N_g——计算管段的卫生器具给水当量总数，按《建筑给水排水设计规范》查表计算。

有了各计算管段的U、N，便可按式（4.3-3）计算出各管段的设计秒流量。

$$q_g=0.2UN \tag{4.3-3}$$

式中 q_g——计算管段的设计秒流量，L/s。

为了达到快速计算，方便工程应用，《建筑给水排水设计规范》提供了编制好的“住宅给水管段设计秒流量计算表”（表8.1.2），计算出U_0及各计算管段的N_g值后，可立即在表中直接查得q_g值，中间数值可用内差法计算。当计算管段的N_g值超过表8.1.2中的最大值时，q_g按平均出流概率计算，如式（4.3-4）所示：

$$q_g=0.2U_0N_g \tag{4.3-4}$$

式中各项同前。

特别指出的是：当干管上连接有2条或2条以上具有不同U_0的支管时，干管的U_0应该按各支管给水当量平均出流概率（U_{0i}）加权平均计算，如式（4.3-5）所示：

$$U_0=\frac{\sum U_{0i}N_{gi}}{N_{gi}} \tag{4.3-5}$$

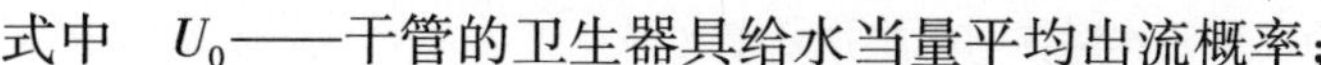

式中 U_0——干管的卫生器具给水当量平均出流概率；

U_{0i}——支管的卫生器具给水当量平均出流概率；

N_{gi}——相应支管的卫生器具给水当量总数。

② 对于集体宿舍、宾馆、医院、养老院、办公楼、教学楼、疗养院、幼儿园、旅馆、商场、会展中心、客运站、公厕等建筑的生活给水设计秒流量，应按式（4.3-6）计算：

$$q_g = 0.2\alpha\sqrt{N_g} \tag{4.3-6}$$

式中 q_g——计算管段给水设计秒流量，L/s；

N_g——计算管段的卫生器具给水当量总数；

α——根据建筑物的用途而定的系数，见表4.3-1，综合建筑的 α 值应该按加权平均法计算求得。

应用式（4.3-6）计算设计秒流量必须注意下述几个问题：

A. 计算结果必须校核。当 q_g 小于该管段上用水量最大一个卫生器具的给水额定流量时，q_g 取该卫生器具额定流量；当 q_g 大于该管段上所有卫生器具给水额定流量累加值时，q_g 取累加值。

B. 有大便器延时自闭冲洗阀的给水管段，大便器延时自闭冲洗阀的给水当量均以0.5计，将按照此式计算所得的 q_g 值再附加上1.10L/s后，作为该管段的给水设计秒流量值。

根据建筑物用途而定的系数值（α） **表4.3-1**

建筑物名称	α值
幼儿园、托儿所、养老院	1.2
门诊部、诊疗所	1.4
办公楼、商场	1.5
学校	1.8
医院、疗养院、休养所	2.0
集体宿舍、旅馆、招待所、宾馆	2.5
客运站、会展中心、公厕	3.0

③ 对于工业企业的卫生间、公共浴室、职工食堂、营业餐馆的厨房、体育场馆的运动员休息室、剧院的化装间、普通理化实验室等同类卫生器具布置相对集中、用水时间相对集中且不连续的建筑，其生活给水管道的设计秒流量应按式（4.3-7）计算：

$$q_g = \sum q_0 N_0 b \tag{4.3-7}$$

式中 q_g——计算管段的给水设计秒流量，L/s；

q_0——同类卫生器具的给水额定流量，L/s；

N_0——计算管段上同类卫生器具数；

b——卫生器具的同时给水百分数，见表4.3-2、表4.3-3。

实验室化验水嘴同时给水百分数（b） **表4.3-2**

化验水嘴名称	同时给水百分数（%）	
	科研实验室	生产实验室
单联化验水嘴	20	30
双联或三联化验水嘴	30	50

工业企业生活间、公共浴室、剧院、体育场馆、洗衣房、宿舍（Ⅲ、Ⅳ类）等卫生器具同时给水百分数（b） **表4.3-3**

卫生器具名称	同时给水百分数（%）			
	工业企业生活间	公共浴室	剧院化装间	体育场馆运动员休息室
洗涤盆（池）	33	15	15	15
洗手盆	50	50	50	50
洗脸盆、盥洗槽水嘴	60～100	60～100	50	80
浴盆	—	50	—	—
无间隔淋浴器	100	100	—	100
有间隔淋浴器	80	60～80	60～80	60～100
大便器冲洗水箱	30	20	20	20
大便器自闭式冲洗阀	2	2	2	2
小便器自闭式冲洗阀	10	10	10	10
小便器（槽）自动冲洗水箱	100	100	100	100
净身盆	33	—	—	—
饮水器	30～60	30	30	30
小卖部洗涤盆	—	50	—	50

应用式（4.3-7）也应注意下述问题：

A. 计算结果不会大于额定流量累加值，当 q_g 小于该管段上用水量最大一个卫生器具给水定额时，q_g 应采用该额定流量。

B. 大便器自闭式冲洗阀应单列计算，当单列计算值小于1.2L/s时，以1.2L/s计，大于1.2L/s时以计算值计。

（2）给水系统所需要的压力计算

1）给水管道沿程水头损失可按式（4.3-8）计算：

$$h_y = \sum i_i l_i \tag{4.3-8}$$

式中 h_y——计算系统的沿程水头损失，kPa；

i_i❶——计算管路各计算管段单位长度水头损失，kPa/m；

---

❶ 可根据各计算管段的设计秒流量 q_g（相对应于水力计算表中的 Q、q、q_g 等）及有关管道经济流速 v，查《给水排水设计手册》第1册、《建筑给水排水设计手册》、《全国民用建筑工程设计技术措施》、《给水排水》等工具书中相应管材的“水力计算表”，求得各计算管段的 i_i（对应于水力计算表中的 i）值；同时还可得到各计算管段的管径和流速。

l_i——各计算管段的实际长度（根据施工图计算并标注于计算简图上的长度），m。

同时还可得到各计算管段的管径和流速。

2）给水管道局部水头损失计算

生活给水管道系统的局部水头损失，当不需要为某种特殊目的进行精确计算时，一般均以管网沿程水头损失的百分数取值，比如：

① 管（配）件内径与管道内径一致，采用三通分水时，取25%～30%；采用分水器分水时，取15%～20%；

② 管（配）件内径略大于管道内径，采用三通分水时，取50%～60%；采用分水器分水时，取30%～35%；

③ 管（配）件内径略小于管道内径，管（配）件的插口插入管口内连接采用三通分水时，取70%～80%；采用分水器分水时，取35%～40%；

④ 硬聚氯乙烯给水管（PVC-U）的局部水头损失，取25%～30%；

⑤ 建筑给水聚丙烯管（PP-R）的局部水头损失，取25%～30%；

⑥ 氯化聚氯乙烯给水管（PVC-C）的局部水头损失，取25%～30%；

⑦ 建筑给水交联聚乙烯管（PEX）的局部水头损失，取25%～45%；

⑧ 建筑给水铝塑复合管（PAP）的局部水头损失，当采用三通配水时，取50%～60%；当采用分水器配水时，取30%；

⑨ 给水钢塑复合管当采用衬塑可锻铸铁管件螺纹连接时，生活给水管网取30%～40%；生活、生产合用系统取25%～30%；当采用法兰或沟槽连接内衬塑钢管件时，取10%～20%；

⑩ 给水热镀锌钢管、薄壁不锈钢管、给水铜管的局部水头损失，取25%～30%。

水表的局部水头损失，当已选定产品时，应按产品性能参数中给定的压力损失值计。未确定产品时，可按下列情况取用：住宅分户水表，宜取0.01MPa；建筑物或小区引入管上的水表，在生活用水工况时，宜取0.03MPa；在校核消防工况时，宜取0.05MPa。

比例式减压阀的水头损失，阀后动水压宜按阀后静水压的80%～90%采用；管道倒流防止器的水头损失，宜取0.025～0.04MPa；管道过滤器的水头损失，宜取0.01MPa。

螺纹连接阀门及管件的局部水头损失，可折算成补偿长度（即折算成管道增加的长度）按沿程水头损失计算，螺纹连接阀门及管件的折算补偿长度见表4.3-4、表4.3-5。

建筑内部给水管道的管径估算是在已知设计流量、确定经济流速的前提下进行，经济流速的确定参照表4.3-6。

螺纹接口各种阀门、管件的摩阻损失的折算补偿长度　　表4.3-4

管件内径（mm）	各种管件、阀门的折算管道长度（m）						
	90°标准弯头	45°标准弯头	标准三通90°转角流	三通直向流	闸板阀	球阀	角阀
9.5	0.3	0.2	0.5	0.1	0.1	2.4	1.2
12.7	0.6	0.4	0.9	0.2	0.1	4.6	2.4
19.1	0.8	0.5	1.2	0.2	0.2	6.1	3.6
25.4	0.9	0.5	1.5	0.3	0.2	7.6	4.6
31.8	1.2	0.7	1.8	0.4	0.2	10.6	5.5
38.1	1.5	0.9	2.1	0.5	0.3	13.7	6.7
50.8	2.1	1.2	3.0	0.6	0.4	16.7	8.5
63.5	2.4	1.5	3.6	0.8	0.5	19.8	10.3
76.2	3.0	1.8	4.6	0.9	0.6	24.3	12.2
101.6	4.3	2.4	6.4	1.2	0.8	38.0	16.7
127.0	5.2	3.0	7.6	1.5	1.0	42.6	21.3
152.4	6.1	3.6	9.1	1.8	1.2	50.2	24.3

注：当管件与管道等径焊接时，其折算长度取本表的1/2。

建筑给水氯化聚氯乙烯管（PVC-C）的管件、阀门管道折算长度　表4.3-5

公称外径（mm）	管件种类							
	90°弯头	45°弯头	三通（分流）	三通（直流）	闸阀	球阀	角阀	单向阀
20	0.75	0.45	1.2	0.24	0.15	6.0	3.6	1.6
25	0.9	0.54	1.5	0.27	0.18	7.5	4.5	2.0
32	1.2	0.72	1.8	0.36	0.24	10.5	5.4	2.5
40	1.5	0.9	2.1	0.45	0.30	13.5	6.6	3.1
50	2.1	1.2	3.0	0.60	0.39	16.5	8.4	4.0
63	2.4	1.5	3.6	0.75	0.48	19.5	10.2	4.6
75	3.0	1.8	4.5	0.90	0.63	24.0	12.0	5.7
90	3.5	2.1	5.4	1.05	0.70	30.0	14.3	6.6
110	4.2	2.4	6.3	1.2	0.81	37.5	16.5	7.6
125	5.1	3.0	7.5	1.5	0.99	42.0	21.0	10.0
140	6.0	3.6	9.0	1.8	1.20	49.5	24.0	12.0
160	6.8	4.0	10.2	2.0	1.30	55.0	26.0	14.0

生活给水管道的水流速度　　表4.3-6

公称直径（mm）	15～20	25～40	50～70	≥80
水流速度（m/s）	≤1.0	≤1.2	≤1.5	≤1.8

3）建筑内部给水管网所需水压的计算

建筑内部引入管入口端所需水压应按式（4.3-9）计算：

$$H = 10H_1 + H_2 + H_3 \tag{4.3-9}$$

式中 H——建筑给水引入管入口端所需水压，kPa；

H_1——最不利配水点与引入管的标高差，m；

H_2——计算管路的沿程水头损失和局部水头损失之和，$H_2 = \sum h_y + \sum h_j$，kPa；

H_3——最不利配水点所需的最低工作压力，kPa，（相当于设计手册中的“流出水头 + 富裕水头”）。

当计算所需水压 H 与给水外网能够保证的压力（最低测压值）有一定差别时应该通过调整内部给水管网某些管段的管径以使两者相互吻合。

当 $H < H_0$ 时可适当缩小某些管段直径，来克服剩余水头；当 $H > H_0$ 时，可适当放大某些管段的直径，以减少管网的水头损失，使 $H \approx H_0$；当 $H \gg H_0$ 时，无法通过调整管径来实现 $H \approx H_0$，则必须设增压设备；当 $H \ll H_0$ 时，无法通过调整管径，克服掉剩余水头，就必须设减压装置。

（3）水泵流量及扬程计算

建筑采用水泵供水有三种情况：第一种，小区供水采用调速泵与恒速泵编组供水；第二种，建筑供水采用高位水箱加恒速泵；第三种，调速泵供水且泵后无调节装置。水泵出水量的确定是根据这三种不同情况分别对待。

当小区供水采用调速泵与恒速泵编组供水时，泵组的最大出水量不应小于小区设计给水量；

当建筑供水采用高位水箱与恒速泵联合供水时，水泵的出水量不应小于最大小时用水量；

当生活给水采用调速泵且泵后不设调节装置时，水泵组的最大出水量应满足设计秒流量。

① 当水泵与高位水箱联合供水时，水泵扬程按式（4.3-10）计算：

$$H_b \geqslant H_z + \sum h + \frac{v^2}{2g} \tag{4.3-10}$$

式中 H_b——水泵扬程，mH_2O；

H_z——扬水高度，mH_2O，即贮水池最低水位至高位水箱进水管的几何高差（m）；

$\sum h$——水泵吸水管路和压水管路总的水头损失，mH_2O；

v——水箱进水管流速，m/s。

② 当水泵单独供水时，水泵扬程应按式（4.3-11）计算：

$$H_b \geqslant H + Z + \sum h_0 \tag{4.3-11}$$

式中 H_b——水泵扬程，mH_2O；

H——建筑给水系统引入管入口端所需水压，mH_2O；

Z——贮水池最低水位至给水系统引入管入口端的几何高差（m）；

$\sum h_0$——给水系统引入管入口端以前水泵吸压水管路的总水头损失，mH_2O。

选择水泵时，应使水泵在其高效区内运行。生活给水加压系统的水泵机组应设供水能力不小于最大一台运行水泵能力的备用泵。

（4）气压水罐参数计算

气压水罐调节容积按式（4.3-12）计算：

$$V_t = \frac{\alpha q_b}{4n_q} \tag{4.3-12}$$

式中　V_t——气压水罐的调节容积，m^3；

q_b——水泵（或泵组）的出流量，m^3/h，当扬程对应气压水罐平均压力时，q_b 不小于系统最大小时用水量的1.2倍；

α——安全系数，取1.0～1.3；

n_q——水泵在一小时内的启动次数，宜取6～8次。

气压水罐的总容积按式（4.3-13）计算：

$$V_z = \frac{\beta V_s}{1 - \alpha_b} \tag{4.3-13}$$

式中　V_z——气压水罐总容积，m^3；

V_s——气压水罐的水容积，m^3，取1.05～1.10V_t；

α_b——气压水罐内的工作压力比（以绝对压力计），宜采用0.65～0.85；

β——气压水罐的容积系数，隔膜式气压水罐取1.05，气压水罐最低压力应满足最不利配水点的水压要求，气压水罐最高压力不得使最大压力配水点处水压超过0.55MPa。

（5）水泵间平面尺寸计算

水泵机组布置应符合下述要求：

① 电机容量小于等于20kW时，机组的一侧与墙间可不留通道，两台相同机组可设在同一基础上，彼此不留通道，基础侧边之间应有不小于0.7m的通道。

② 机组之间不留通道时，机组突出部分之间及机组突出部分与墙壁之间的净距不得小于0.2m，以便安装和维修。

③ 为了在维修时，能抽出泵轴或电机转子，水泵机组基础端边之间及端边与墙面的净距离不小于1.0m。

④ 水泵机组基础平面尺寸，应比机组底座每边大出0.10～0.15m。

⑤ 泵房主要人行通道宽度不小于1.2m，配点盘前的通道宽度，低压不小于1.5m，高压不小于2.0m。

⑥ 当电机容量在20～55kW时，水泵机组基础间净距不得小于0.8m；当电机容量大于55kW时，净距不得小于1.2m。

泵房间平面布置尺寸计算时，可参见图 4.3-1。

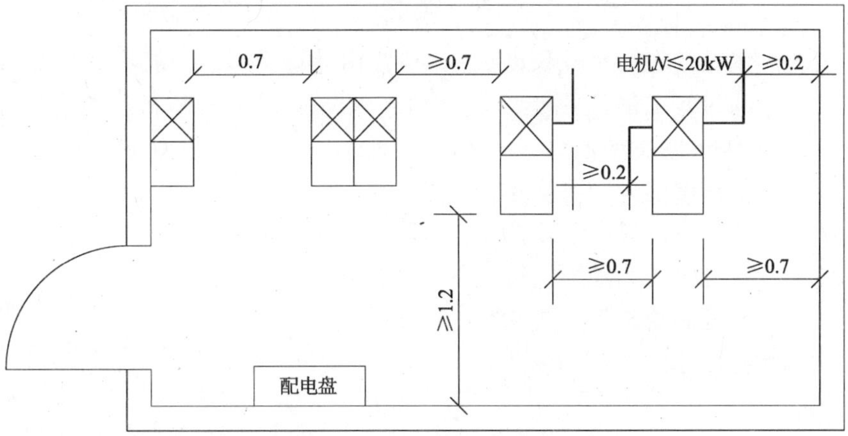

图 4.3-1　泵房间平面布置尺寸

（6）给水管道水力计算所需的其他表格详见第 8.1 节和 8.2 节。

2. 消火栓给水系统

通过初步设计审查和各有关专业公司的外部资源环境批复后，如果对水池贮水量、水泵种类及数量有影响，应该据此加以调整。否则，构筑物、设备间等如调整会影响到其他相关专业时，一般不作调整，维持初步设计结果，因此，消火栓给水系统施工图阶段涉及到的计算有管网水力计算、消防水泵校核、附件选型、参数计算和管道位置计算。

（1）消火栓给水管网水力计算

1）绘制计算简图

同给水系统一样，根据平面及系统轴侧图，绘制计算简图，一般情况下，去掉距主要供水源最远的环管，变为枝状管网便于计算。绘制计算简图时，应标注各计算管段的长度，同时，简图仅仅是为了计算和校核用，应当完整地表达系统构成及水流方向。

2）确定最不利点及最不利供水管路，编制水力计算表

最不利点就是需要系统供水压力最大的用水点—消火栓，此消火栓决定着系统的供水压力，通常为距系统供水点最远且最高的消火栓。虽然高位消防水箱为系统最高点，有时最远，但它并不是决定系统供水压力的最不利点。因为，高位消防水箱的进水是生活给水系统或独立给水系统，而不是消防给水系统。防火规范规定：消防水泵出水不允许进入消防水箱。

将确定的最不利管路从最不利点到供水点（给水入口或消防水泵）逐段进行编号，并列成水力计算表格。

3）水力计算

① 水枪射流充实水柱长度计算，如式（4.3-14）所示。

$$S_k = \frac{H_1 - H_2}{\sin\alpha} \quad (4.3\text{-}14)$$

式中 S_k——水枪的充实水柱长度，m，应当由计算确定，一般不应小于7m，但超过6层的民用建筑、库房、人防工程、车库和建筑高度不超过100m的高层建筑，不应小于10m，高架库房和建筑高度超过100m的高层建筑，不应小于13m；

H_1——建筑室内最高点距离室内地面的高度，m；

H_2——水枪喷嘴离地面高度，m，一般取1m；

α——水枪倾角，一般为45°，最大不应超过60°。

消火栓水枪喷水示意如图4.3-2。

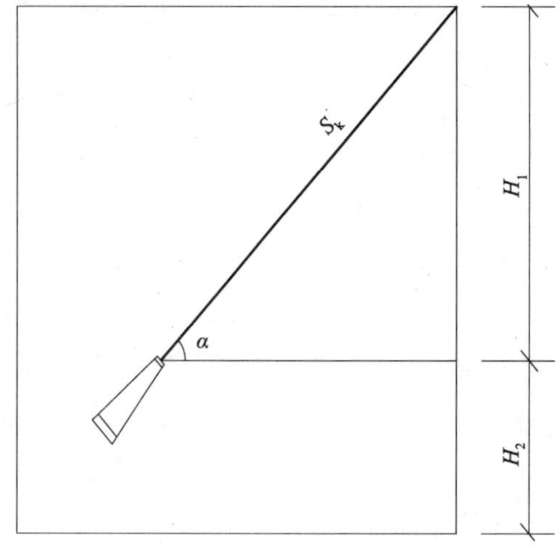

图4.3-2 消火栓水枪喷水示意图

② 消火栓栓口所需水压计算

$$H_{xh} = h_d + H_q + H_{sk} = A_d L_d q_{xh}^2 + \frac{q_{xh}^2}{B} + H_{sk} \quad (4.3\text{-}15)$$

式中 H_{xh}——消火栓口所需最低水压，MPa；

h_d——消防水带的水头损失，MPa，$h_d = A_d L_d q_{xh}^2$；

H_q——为了造成一定长度的充实水柱，水枪喷嘴所需的水压，MPa；

A_d——水带的比摩阻，见表4.3-7；

L_d——水带的长度，m；

B——水枪的特性系数，见表4.3-8；

q_{xh}——水枪的设流量，L/s，与S_k相对应，可查表求得q_{xh}，见表4.3-9；

H_{sk}——栓口水头损失，一般取0.02MPa。

水带的比摩阻 A_d 值 **表 4.3-7**

水带口径（mm）	衬胶水带的比摩阻 A_d 值
50	0.00677
65	0.00172

水枪水流特性系数 *B* **表 4.3-8**

喷嘴直径（mm）	13	16	19	22	25
B 值	0.346	0.793	1.577	2.834	4.727

水枪充实水柱、压力和流量 **表 4.3-9**

S_k 充实水柱（0.01MPa）	不同水枪直径的压力和流量					
	13		16		19	
	H_q 压力（0.01MPa）	q_{xh} 流量（L/s）	H_q 压力（0.01MPa）	q_{xh} 流量（L/s）	H_q 压力（0.01MPa）	q_{xh} 流量（L/s）
6	8.1	1.7	8	2.5	7.5	3.5
7	9.6	1.8	9.2	2.7	9.0	3.8
8	11.2	2.0	10.5	2.9	10.5	4.1
9	13	2.1	12.5	3.1	12	4.3
10	15	2.3	14	3.3	13.5	4.6
11	17	2.4	16	3.5	15	4.9
12	19	2.6	17.5	3.8	17	5.2
12.5	21.5	2.7	19.5	4.0	18.5	5.4
13	24	2.9	22	4.2	20.5	5.7
13.5	26.5	3.0	24	4.4	22.5	6.0
14	29.6	3.2	26.5	4.6	24.5	6.2
15	33	3.4	29	4.8	27	6.5
15.5	37	3.6	32	5.1	29.5	6.8
16	41.5	3.8	35.5	5.3	32.5	7.1
17	47	4.0	39.5	5.6	33.5	7.5

③ 管路水力计算，如图 4.3-3 所示。

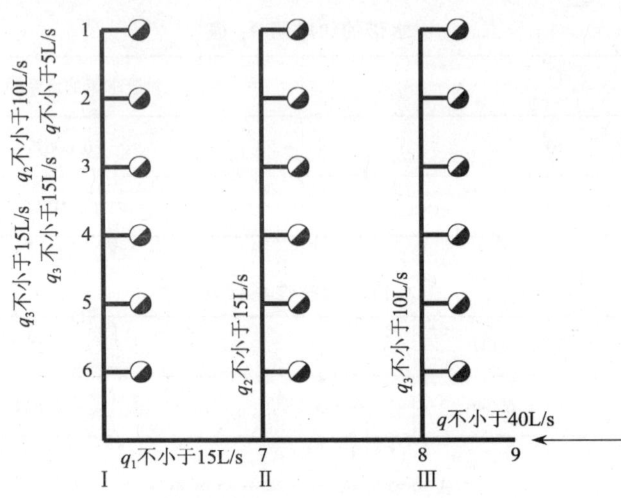

图4.3-3　消火栓给水系统水力计算简图

当水枪的充实水柱长度 S_k 确定以后，通过查表可求得 q_{xh} 作为各消火栓的出水量，进行累加计算各管段的流量值，对各计算管段进行计算，以确定各计算管段的管径、流速、水头损失，见表4.3-10。

消火栓给水系统水力计算　　**表4.3-10**

管　段	流　量（L/s）	DN（mm）	流　速（m/s）	水力坡降（mm/m）	长　度（m）	沿程水头损失（mm）
1～2	$q_{xh}=5$	70	1.42	72.3	3.2	231.36
2～3	$2q_{xh}=10$	80	2.01	117.0	3.2	374.4
3～4	$3q_{xh}=15$	100	1.73	60.2	3.2	192.64
4～5	$3q_{xh}=15$	100	1.73	60.2	3.2	192.64
5～6	$3q_{xh}=15$	100	1.73	60.2	3.2	192.64
6～7	$3q_{xh}=15$	100	1.73	60.2	8.4	505.68
7～8	$6q_{xh}=30$	150	1.77	40.5	22.4	907.20
8～9	$8q_{xh}=40$	150	2.36	71.9	18.2	1308.58
合计						3905.14

每个消火栓的流量按设计流量且不应小于5L/s（当水枪喷嘴直径和充实水柱确定后，最不利消火栓的流量就确定了，一般不小于5L/s），每根竖管流量按防火设计规范中的相关规定来确定。比如：某建筑室内消火栓用水量为：不小于

40L/s，每根竖管的最小流量为15L/s，如果系统竖管大于等于3根，则计算管网系统所需压力时的流量分配就如图4.3-3所示进行；从最不利竖管开始，分配$3q_{xh}$不小于15L/s，与之相邻的竖管也分配$3q_{xh}$不小于15L/s，次相邻的竖管分配$2q_{xh}$不小于10L/s，（但管径则按最小流量为15L/s确定），于是将不小于40L/s的流量分配完毕，对系统各管段进行水力计算，可求得系统所需供水压力；当确定竖管管径时，无论哪根竖管，其流量均不得小于15L/s，即按$3q_{xh}$及有关流速（一般控制在1.4～1.8m/s）规定进行确定，但同时不得小于规范规定的最小竖管管径。对于上例图中竖管Ⅲ，虽然系统计算时其分配的流量仅为$2q_{xh}$，但竖管管径计算时，其流量则按$3q_{xh}$不小于15L/s确定，从而保证让每根竖管的输水能力一致。

当然，由于每个消火栓处的压力不同，各消火栓的出流量不可能都是q_{xh}，但是，如果采取了相应的技术措施，基本上是可以使得各消火栓的出流量大致接近于q_{xh}，保持一致。比如：采用栓口阀调节、减压孔板消除剩余静压、调压型消火栓即减动压又减静压等。

④ 系统所需要的供水压力及供水量计算

系统所需供水量为：

$$q = nq_{xh} \tag{4.3-16}$$

式中 q——消火栓系统供水量，L/s；

q_{xh}——每个消火栓的出流量，L/s，一般为最不利消火栓的出流量；

n——同时使用水枪数。

系统所需要的供水压力为：

$$H = H_{xh} + H_1 + \sum h \tag{4.3-17}$$

式中 H——系统所需要的压力，MPa；

H_1——水源接入点或消防水池最低水位到最不利消火栓的几何高差，m，应当将长度单位折算成水压单位，MPa；

H_{xh}——最不利栓口所需的最低水压，MPa；

$\sum h$——从水源入口或消防水泵吸入口到最不利消火栓管路的总水头损失，局部水头损失取沿程水头损失的15%。

⑤ 减压装置计算

通过管网水力计算，可求出各消火栓口超过H_{xh}的剩余水压力ΔH。为了克服掉该剩余压力，使得各处消火栓的出水压力和流量尽可能均匀一致，所以要对有剩余水压的各消火栓处的减压装置进行选择计算。常用的减压措施有减压孔板和调压型室内消火栓，下面分别加以介绍。

A. 减压孔板水头损失

减压孔板水头损失如表4.3-11、表4.3-12。

消火栓前安装孔板水头损失值（mH_2O）　　表 4.3-11

孔板孔径（mm）	管道公称直径 *DN*（mm），流量 q_x（L/s）					
	*DN*50		*DN*70		*DN*80	
	$q_x=2.5$	$q_x=5.0$	$q_x=2.5$	$q_x=5.0$	$q_x=5.0$	$q_x=10.0$
16	18.4	73.5	19.7	78.9	80.3	
18	11.0	44.1	12.1	48.3	49.4	
20	6.9	27.6	7.8	31.0	31.9	127.5
22	4.5	17.9	5.2	20.7	21.4	85.5
24	3.0	11.9	3.5	14.2	14.8	59.1
26		8.1		10.0	10.5	42.0
28		5.6		7.2	7.6	30.4
30		3.9		5.3	5.6	22.5
32				3.9	4.2	16.8
34					3.2	12.8
36						9.8
38						7.6
40						6.0
42						4.7
44						3.7
46						3.0

消火栓栓口处安装孔板组合水头损失值（mH_2O）　　表 4.3-12

消火栓型号		SN50	SN65
流量 q_{xh}（L/s）		2.5	5.0
孔板孔径（mm）	12	65.76	
	14	34.58	
	16	19.66	83.61
	18	11.85	51.13
	20	7.46	32.76
	22	4.87	21.80
	24	3.26	14.95
	26		10.50
	28		7.53
	30		5.49
	32		4.06

减压孔板计算公式见式（4.3-18）、式（4.3-19）：

$$\Delta H=0.01\xi\frac{v^2}{2g} \tag{4.3-18}$$

$$\xi = \left(1.75\frac{d_j^2}{d_k^2}\cdot\frac{1.1-\frac{d_k^2}{d_j^2}}{1.175-\frac{d_k^2}{d_j^2}}-1\right)^2 \tag{4.3-19}$$

式中 ΔH——减压孔板的减压量，MPa；

v——水流经孔板后管道处的流速，m/s；

d_k、d_j——孔板孔口的计算内径（孔径减去1mm）和管道内径，m；

g——重力加速度，m/s^2；

ξ——孔板局部阻力系数。

B. 调压型室内消火栓

调压型室内消火栓可以在很大范围内调整栓口出水压力，因而越来越受到设计人员及用户的欢迎，被广泛地应用高层建筑中，见表4.3-13。

调压型室内消火栓主要技术参数 **表4.3-13**

公称通经	*DN65*		
固定接口	kN65 内扣式消防接口		
试验压力	2.4MPa		
公称压力	1.6MPa		
进水口压力	SNJ65-A 型	SNJ65-B 型	SNJ65-C 型
	0.4～0.8MPa	0.4～1.2MPa	0.4～0.8MPa
出水口压力	0.3MPa	0.25～0.45MPa	0.21～0.3MPa
稳压精度	±0.05MPa		
流量	5～6.5L/s	5～6.5L/s	5～6.5L/s

⑥ 消火栓水泵流量及扬程的确定

系统所需供水量计算 q 确定以后，选择消火栓泵的流量应不小于系统所需供水量，但不宜大于 $1.1q$。

系统所需要的供水压力 H 确定以后，选择消火栓泵的扬程不小于系统所需的供水压力，但不宜大于 $1.1H$。

（2）消防水池及高位消防水箱有效容积计算

1）消防水池有效容积计算

消防水池有效容积可按下式计算：

$$V_{池} = V_{NX} + V_{WX} + V_p + V_t - V_L = nq_{xh}T + q_wT + q_pT_1 + q_tT_2 - q_LT \tag{4.3-20}$$

式中 $V_{池}$——消防贮水池有效贮水容积，m^3；

V_{NX}——室内消火栓贮水量，m^3，$V_{NX} = nq_{xh}T$；

V_{WX}——室外消防给水不足部分，m^3，$V_{WX}=q_wT$；

V_p——喷洒系统用水量，m^3，$V_p=q_pT_1$；

V_t——其他消防贮存水量，m^3，$V_t=q_tT_2$；

V_L——火灾延续时间内，连续补充的水量，m^3，只有当水池有可靠的水源保证时，如：两个独立水源或从城市环状管网的不同侧引入进两条进水管时，才允许在水池贮水容积中减去火灾延续时间内的连续补充水量，$V_L=q_LT$；

n、q_{xh}——同前；

q_w——室外消防用水量，m^3/h；

q_p——自动喷水灭火系统用水量，m^3/h；

q_t——其他消防灭火设施用水量，m^3/h；

q_L——火灾延续时间内的连续补充水量，m^3/h；

T——室内、外消火栓连续工作时间即建筑物火灾延续时间，h；

T_1——自动喷水灭火系统的连续工作时间，h，一般取1h；

T_2——其他灭火用水系统的连续用水工作时间，h。

2）高位消防水箱有效贮水容积计算：

高位消防水箱有效贮水容积按照贮存10min室内消防用水量计算，室内消防用水量为同时使用的室内消防给水灭火设施用水量之和。因此，高位消防水箱的有效容积可按式4.3-21计算：

$$V_{箱}=(10\times 60nq_{xh}+10\times 60q_p+10\times 60q_t)/1000 \tag{4.3-21}$$

式中　$V_{箱}$——高位消防水箱的有效贮水容积，m^3；

n、q_{xh}、q_p、q_t 同上，但流量单位取，L/s。

严格说，高位消防水箱应贮存10min室内消防用水量，计算多少取多少；但考虑到火灾初期（前10min）各种消防灭火设施同时启动的可能性很小，而且同时到达其系统设计用水量的可能性更小，而结构荷载过大导致工程造价增大等因素，规范规定：当室内消防用水量不超过25L/s，经计算消防贮水量超过$12m^3$时，仍可采用$12m^3$；当室内消防用水量超过25L/s，经计算消防贮水量超过$18m^3$时，仍可采用$18m^3$。

3）室内消火栓箱预留洞尺寸及位置计算

常用的室内消火栓箱成套装置有四种形式：手提式灭火器与消火栓组合在一起的组合式消火栓箱、普通单栓消火栓箱、双阀双栓消火栓箱、单栓带水喉设备消火栓箱。

常用的消火栓规格为*DN*65。

① 消火栓箱预留洞距端墙或柱边的距离是由竖管的位置所决定，如图4.3-4：

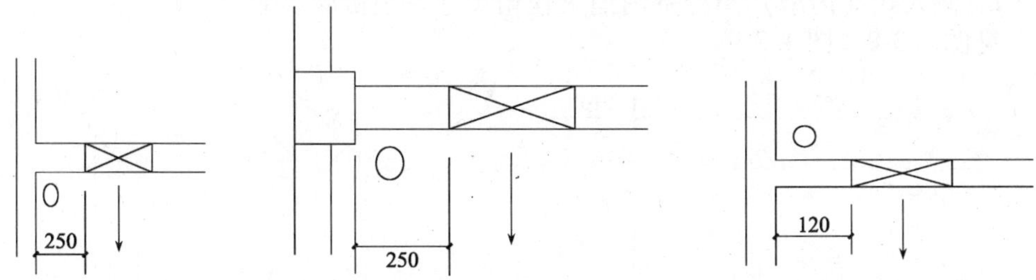

图 4.3-4 平面图上消火栓箱预留洞距端墙或柱边的距离（单位：mm）

② 带手提式灭火器的组合式消火栓箱—消防柜

各种消火栓箱均可与灭火器柜组合成消防柜。其箱体尺寸和留洞尺寸除了比普通单栓消火栓箱尺寸及预留洞尺寸向下增加650mm外，其余尺寸同普通单栓消火栓箱尺寸及预留洞尺寸。

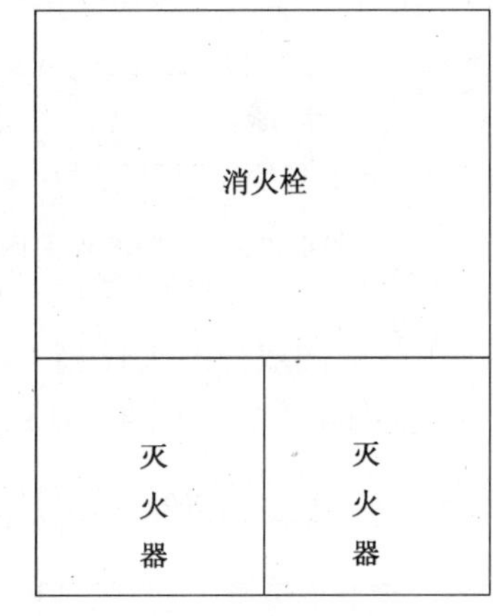

图 4.3-5 组合式消火栓箱

③ 普通单栓（*DN*65）消火栓箱

A. 下入式（甲型、乙型）消火栓箱尺寸及预留洞尺寸

预留洞尺寸一方面考虑砌筑误差，另一方面也要考虑箱底接管的施工操作要求。因此，要比箱子尺寸大一些，见图 4.3-6、图 4.3-7。

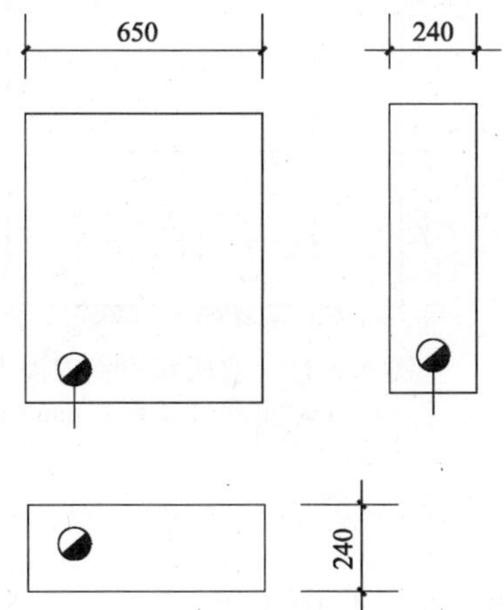

图 4.3-6 甲、乙型单栓室内消火栓箱尺寸图（单位：mm）

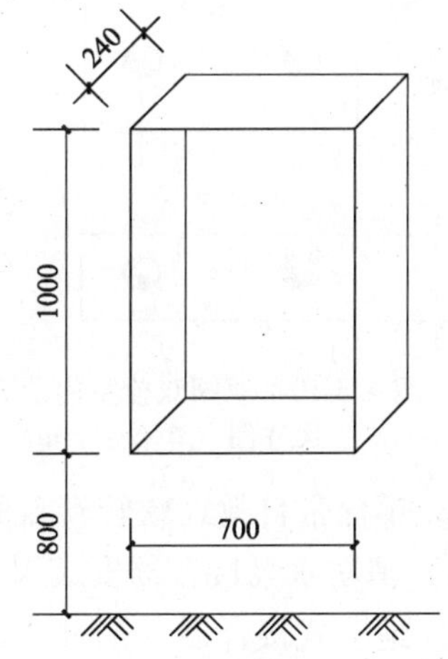

图 4.3-7 甲、乙型单栓室内消火栓箱留洞图（单位：mm）

B. 侧入式（丙型）单栓室内消火栓箱尺寸及预留洞尺寸

见图 4.3-8、图 4.3-9。

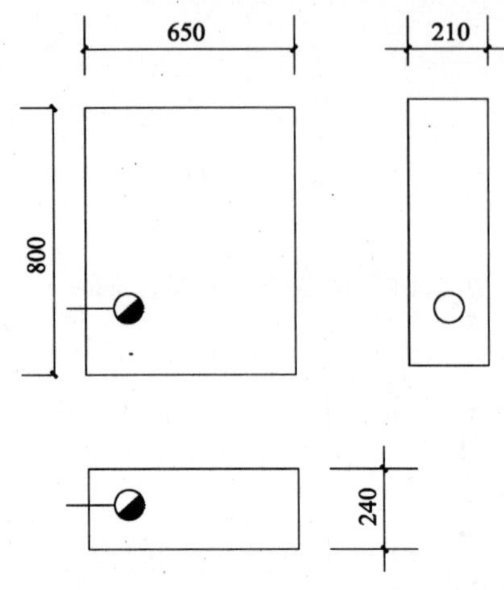

图 4.3-8　丙型单栓室内消火栓箱尺寸图（单位：mm）

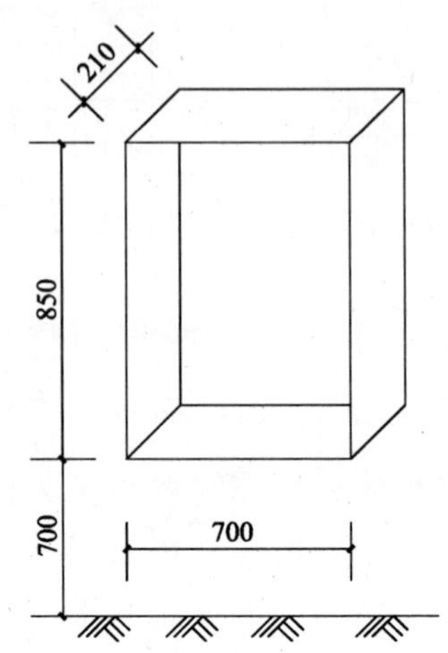

图 4.3-9　丙型单栓室内消火栓箱留洞图（单位：mm）

④ 双阀双栓消火栓箱

见图 4.3-10 ~ 图 4.3-13。

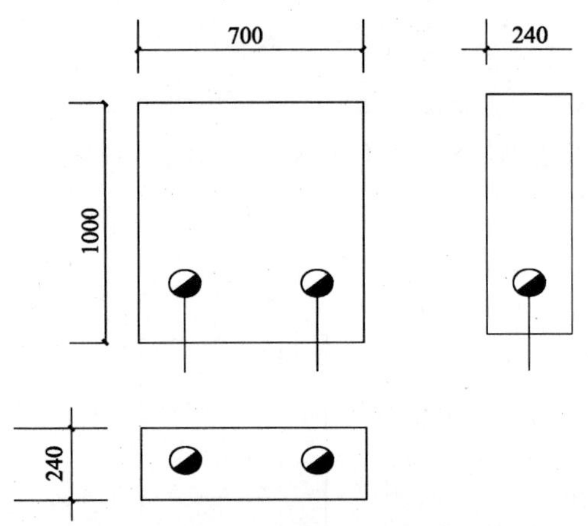

图 4.3-10　双阀双栓室内消火栓箱尺寸图（单位：mm）

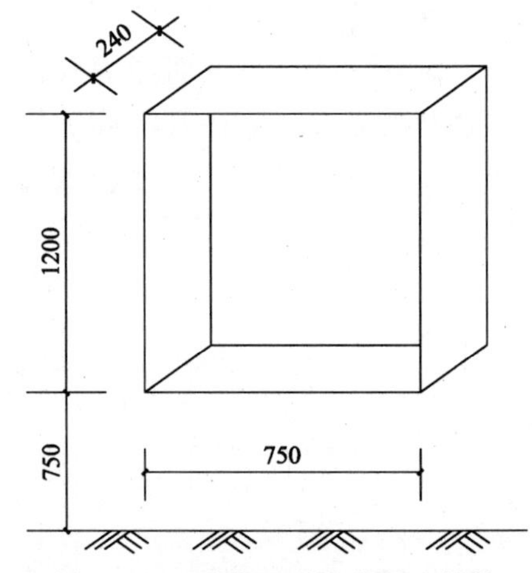

图 4.3-11　双阀双栓室内消火栓箱留洞图（单位：mm）

⑤ 单栓带自救式软管卷盘的消火栓箱

4）消防水泵接合器安装尺寸及接合器井

① 地上式接合器（当井内底深度 $H \leqslant 2.0$m 时）见图 4.3-16：

② 地下式消防水泵接合器井（当井内底深度 $H \leqslant 2.0$m 时）见图 4.3-17：

③ 墙壁式消防水泵接合器最小安装尺寸见图 4.3-18 及表 4.3-14：

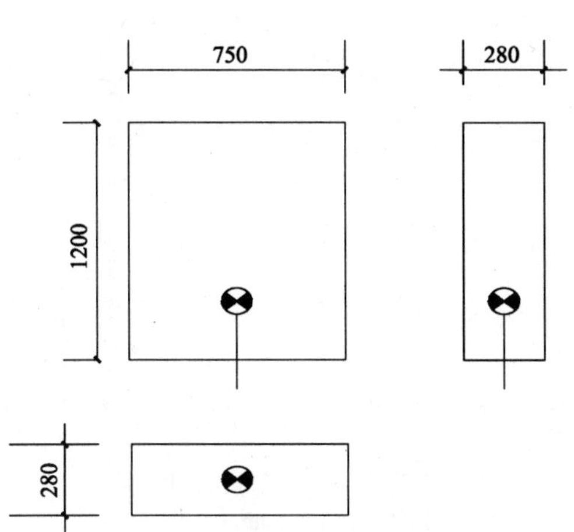

图 4.3-12 双阀双出口栓室内消火栓箱尺寸图（单位：mm）

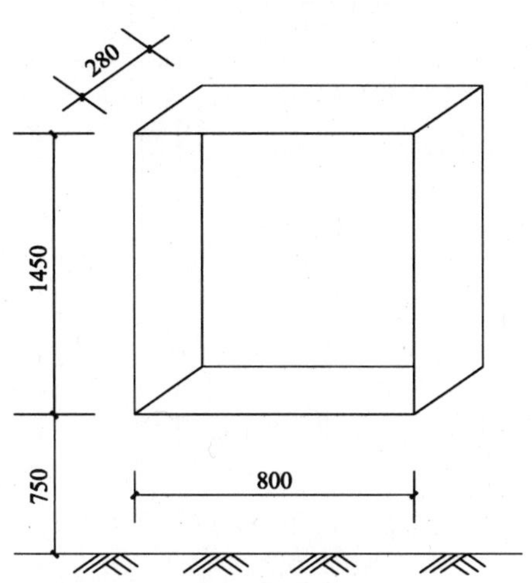

图 4.3-13 双阀双出口栓室内消火栓箱留洞图（单位：mm）

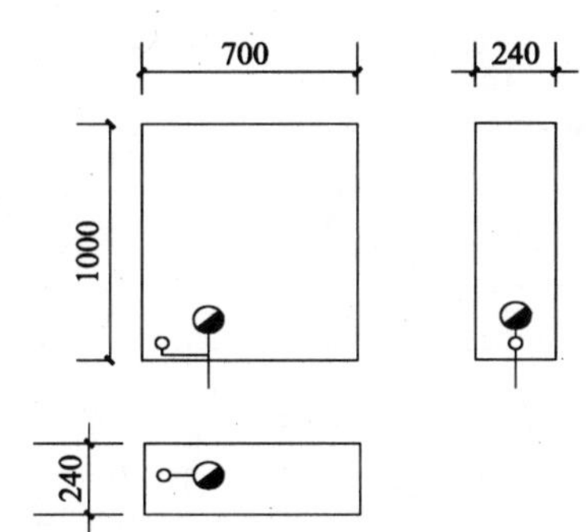

图 4.3-14 单栓带自救式软管卷盘室内消火栓箱尺寸图（单位：mm）

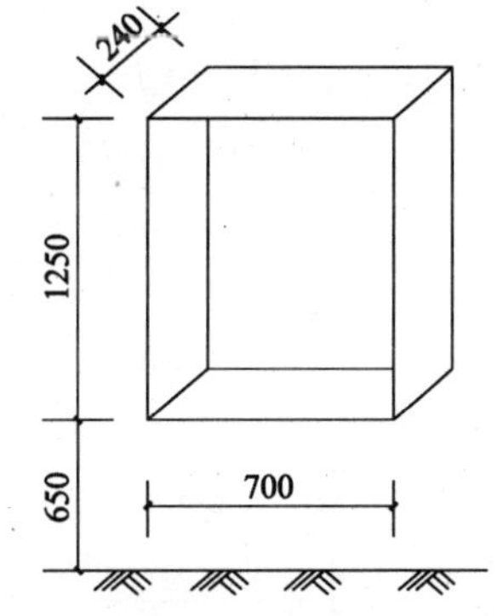

图 4.3-15 单栓带自救式软管卷盘室内消火栓箱留洞图（单位：mm）

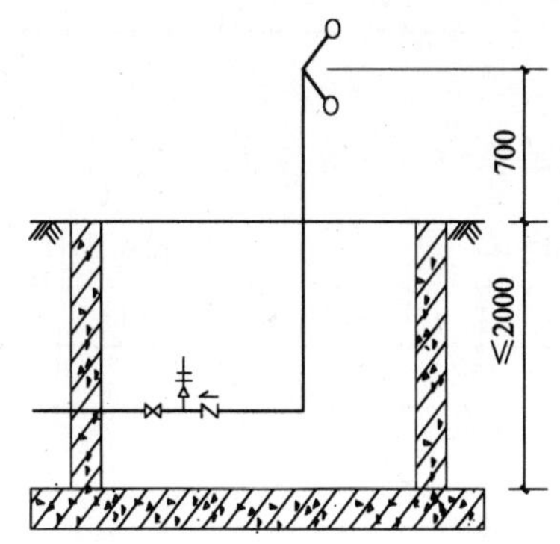

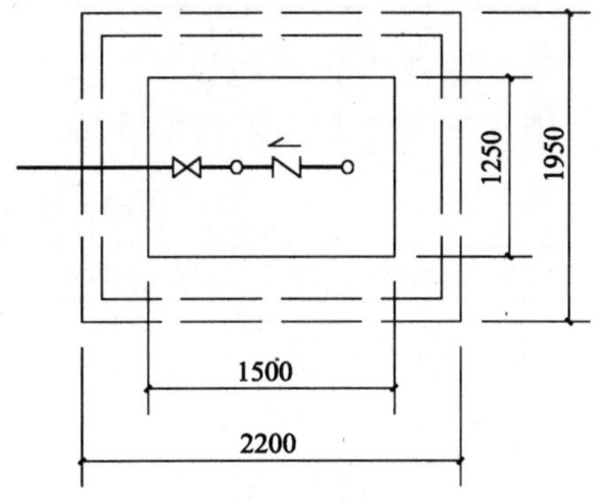

图 4.3-16 地上式消防水泵接合器安装尺寸及接合器井尺寸图（单位：mm）

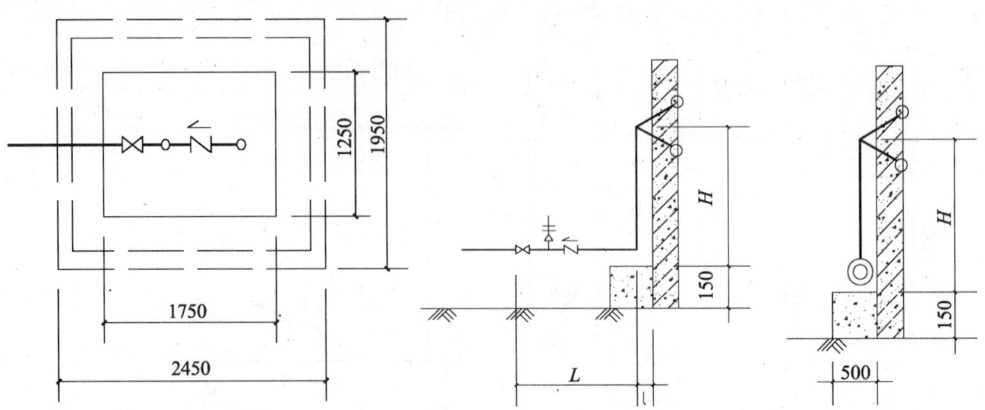

图4.3-17 地下式消防水泵接合器井尺寸图（单位：mm）

图4.3-18 墙壁式消防水泵接合器安装尺寸图（单位：mm）

SQB型消防水泵接合器安装尺寸 **表4.3-14**

接合器形式	管径 *DN*（mm）	*L*（mm）	*l*（mm）	*H*（mm）
A型	100	870	230	1118
	150	1140	260	1465
B型	100	456	230	1118
	150	621	260	1465
C型	100	383	250	1118
	150	440	280	1465
D型	100	385	230	1080
	150	457	260	1120
E型	100	570	320	1182
	150	700	320	1200
F型	100	542	230	1254
	150	727	260	1328

5）消火栓给水系统设计计算用其他参数表

消火栓给水系统设计计算用其他参数表见表4.3-15～表4.3-24。

城镇、居住区室外消防用水量 **表4.3-15**

人数（万人）	同一时间内的火灾次数（次）	一次灭火用水量（L/s）
≤1.0	1	10
≤2.5	1	15
≤5.0	2	25
≤10.0	2	35
≤20.0	2	45
≤30.0	2	55

续表

人数（万人）	同一时间内的火灾次数（次）	一次灭火用水量（L/s）
≤40.0	2	65
≤50.0	3	75
≤60.0	3	85
≤70.0	3	90
≤80.0	3	95
≤100	3	100

多层民用建筑物和工业建筑的室外消火栓用水量　　表 4.3-16

耐火等级	建筑物名称及类别		建筑物体积（m³）					
			≤1500	1500~3000	3001~5000	5001~20000	20001~50000	>50000
			一次性灭火用水量（L/s）					
一级、二级	厂房	甲、乙	10	15	20	25	30	35
		丙	10	15	20	25	30	40
		丁、戊	10	10	10	15	15	20
	库房	甲、乙	15	15	25	25	—	—
		丙	15	15	25	25	35	45
		丁、戊	10	10	10	15	15	20
	民用建筑		10	15	15	20	25	30
三级	厂房或库房	乙、丙	15	20	30	40	45	—
		丁、戊	10	10	15	20	25	35
	民用建筑		10	15	20	25	30	—
四级	丁、戊类厂房或库房		10	15	20	25	—	—
	民用建筑		10	15	20	25	—	—

高层民用建筑室内、外消火栓给水系统的用水量　　表 4.3-17

高层建筑类别	建筑高度（m）	消火栓用水量（L/s）		每根竖管最小流量（L/s）	每支水枪最小流量（L/s）
		室外	室内		
普通住宅	≤50	15	10	10	5
	>50	15	20	10	5
高级住宅 医院 二类建筑的商业楼、展览楼、综合楼、财贸金融楼、电信楼、商住楼、图书馆书库 省级以下的邮政楼、防灾指挥调度楼、广播电视楼、电力调度楼 建筑高度不超过的教学楼和普通的旅馆、办公楼、科研楼、档案楼等	≤50	20	20	10	5
	>50	20	20	15	5

续表

高层建筑类别	建筑高度（m）	消火栓用水量（L/s）		每根竖管最小流量（L/s）	每支水枪最小流量（L/s）
		室外	室内		
高级旅馆	≤50	30	30	15	5
建筑高度超过或每层建筑面积超过的商业楼、展览楼、综合楼、财贸金融楼、电信楼 建筑高度超过或每层建筑面积超过的商住楼 中央和省级（含计划单列市）广播电视楼 网局级和省级（含计划单列市）电力调度楼 省级（含计划单列市）邮政楼、防火指挥调度楼 藏书超过万册的图书馆、书库 重要的办公楼、科研楼、档案楼 建筑高度超过的教学楼和普通的旅馆、办公楼、科研楼、档案楼等	>50	30	40	15	5

注：1. 建筑高度不超过50m，室内消火栓用水量超过20L/s，且设有自动喷水灭火系统的建筑物，其室内、外消防用水量可按本表减少5L/s。
2. 增设的消防软管卷盘，其用水量可不计入消防用水量。

同一时间内的火灾次数表（mH_2O）　　表4.3-18

名　　称	基地面积（hm^2）	同一时间内的火灾次数	备　　注
工　厂	≤	1	按需水量最大的一座建筑物（或堆场、储罐）计算
		2	工厂、居住区各一次
	>100	2	按需水量最大的两座建筑物（或堆场、储罐）计算
仓库和民用建筑	不限	1	按需水量最大的一座建筑物（或堆场、储罐）计算

注：采矿、选矿等工业企业、如各分散基地有单独的消防给水系统时，可分别计算。

建筑物室内消火栓用水量　　表4.3-19

建筑物名称	高度、层数、体积或座位数	消火栓用水量（L/s）	同时使用水枪数量（支）	每支水最小流量（L/s）	每根竖管最小流量（L/s）
厂　房	高度≤24m、体积≤10000m^3	5	2	2.5	5
	高度≤24m、体积>10000m^3	10	2	5	10
	高度>24m至50m	25	5	5	15
	高度>50m	30	6	5	15
科研楼、试验楼	高度≤24m、体积≤10000m^3	10	2	5	10
	高度≤24m、体积>10000m^3	15	3	5	10
库　房	高度≤24m、体积≤5000m^3	5	1	5	5
	高度≤24m、体积>5000m^3	10	2	5	10
	高度>24m至50m	30	6	5	15
	高度>50m	40	8	5	15

续表

建筑物名称	高度、层数、体积或座位数	消火栓用水量（L/s）	同时使用水枪数量（支）	每支水最小流量（L/s）	每根竖管最小流量（L/s）
车站、码头、机场建筑物和展览馆等	5001 ~ 25000m³	10	2	5	10
	25001 ~ 10000m³	15	3	5	10
	＞50000m³	20	4	5	15
商店、病房楼、教学楼等	5001 ~ 10000m³	5	2	2.5	5
	10001 ~ 25000m³	10	2	5	10
	＞25000m³	15	3	5	10
剧院、电影院、俱乐部、礼堂、体育馆等	801 ~ 1200 个	10	2	5	10
	1201 ~ 5000 个	15	3	5	10
	5001 ~ 10000 个	20	4	5	15
	＞10000 个	30	6	5	15
住　宅	7 ~ 9 层	5	2	2.5	5
其他建筑	≥6 层或体积≥10000m³	15	3	5	10
国家级文物保护单位的重点砖木、木结构的古建筑	体积≤10000m³	20	4	5	10
	体积＞10000m³	25	5	5	15

注：1. 丁、戊类高层建筑室内消火栓的用水量可按本表减少 10L/s，同时使用水枪数量可按本表减少 2 支。
2. 增设的消防软管卷盘，其用水量可不计入消防用水量。

汽车库室内、外消火栓用水量　　　表 4.3-20

名　称	车库类别	停车数量或修车位（辆）	室外消火栓用水量（L/s）	室内消火栓用水量（L/s）
汽车库	Ⅰ	＞300	20	10
	Ⅱ	151 ~ 300	20	10
	Ⅲ	51 ~ 150	15	10
	Ⅳ	≤50	10	5
修车库	Ⅰ	＞15	20	10
	Ⅱ	6 ~ 15	20	10
	Ⅲ	3 ~ 5	15	5
	Ⅳ	≤2	10	5
停车场	Ⅰ	＞400	20	—
	Ⅱ	251 ~ 400	20	—
	Ⅲ	101 ~ 250	15	—
	Ⅳ	≤100	10	—

人防工程室内消火栓最小用水量　　　　**表 4.3-21**

工　程　类　别	体积或座位数	同时使用水枪数量（支）	每支水枪最小流量（L/s）	消火栓用水量（L/s）
商场、展览厅、医院、旅馆、公共娱乐场所（电影院、礼堂除外）、小型体育场所	<1500m³	1	5	5
	≥1500m³	2	5	10
丙、丁、戊类生产车间、自行车库	≤2500m³	1	5	5
	>2500m³	2	5	10
丙、丁、戊类物品库房、图书资料档案库	≤3000m³	1	5	5
	>3000m³	2	5	10
餐　厅	不限	1	5	5
电影院、礼堂	≥800 座	2	5	10

注：增设的消防软管卷盘，其用水量可不计入消防用水量。

堆场、储罐的室外消火栓用水量　　　　**表 4.3-22**

名	称	总储量或总容量	消防用水量（L/s）
粮食（t）	圆筒仓土圆囤	30～500	15
		501～5000	25
		5001～20000	40
		20001～40000	45
	席茓囤	30～500	20
		501～5000	35
		5001～20000	50
棉、麻、毛、化纤百货（t）		10～500	20
		501～1000	35
		1001～5000	50
稻草、麦秸、芦苇、等易燃材料（t）		50～500	20
		501～5000	35
		5001～10000	50
		10001～20000	60
木材等可燃材料（m³）		50～500	20
		501～5000	30
		5001～10000	45
		10001～25000	55
煤和焦炭（t）		100～5000	15
		>5000	20

续表

名	称	总储量或总容量	消防用水量（L/s）
可燃气体储藏或储藏区（m^3）	湿式	501～10000	20
		10001～50000	25
		>50000	30
		≤10000	20
		1001～50000	30
		>50000	40

部分室内消火栓规格及性能表 **表 4.3-23**

名	称	型 号	出水口公称通径 *DN*（mm）	工作压力
单阀单出口室内消火栓	普通直角型	SN50	50	1.6MPa
		SN65	65	
	旋转（薄）型	SNZ50	50	
		SNZ65	65	
	减压稳压型	SNW50	50	
		SNW65	65	
	旋转减压稳压型	SNZW50	50	
		SNZW65	65	
双阀双出口室内消火栓		SNSS50	50	
		SNSS65	65	

注：减压稳压消火栓根据进水口压力不同可分三类：Ⅰ型进水口压力为0.40～1.80MPa；Ⅱ型进水口压力为0.40～1.20MPa；Ⅲ型进水口压力为0.40～1.60MPa。出水口压力均为0.25～0.35MPa。

部分室外消火栓规格及性能表 **表 4.3-24**

名 称	型 号	进水管 *DN*（mm）	上出水口公称通径 *DN*（mm）	侧出水口及数目		工作压力（MPa）
				公称通径 *DN*（mm）	水口数目	
SS系列地上式消火栓	SS150-1.6	150	150	65	2	1.6
	SS150-1.0	150	150	65	2	1.0
	SS100-1.6	100	100	65	2	1.6
	SS100-1.0	100	100	65	2	1.0
SX系列地下式消火栓	SX100-1.6	100	100	65	1	1.6
	SX100-1.0	100	100	65	1	1.0
	SX65-1.6	65	—	65	2	1.6
	SX65-1.0	65	—	65	2	1.0

3. 自动喷水灭火系统

自动喷水灭火系统计算是在初步设计阶段已经确定了火灾危险等级、作用面积、喷水强度等基本设计参数，并且平面施工图、系统展开图布置完毕的基础上才能进行。以闭式湿式自动喷水灭火系统为例阐述自动喷水灭火系统的计算步骤与计算方法。

（1）管网水力计算步骤

1）根据喷头的平面布置图，计算出1只喷头的保护面积。1只喷头的保护面积等于同1根配水支管上相邻喷头的间距与相邻配水支管之间距离的乘积。

2）确定作用面积内的喷头数。作用面积内喷头个数的取值不应小于规范规定的作用面积除以1只喷头保护面积所得结果。

3）划定作用面积。作用面积应包含最不利喷头在内，其形状宜为矩形，其长边应平行于配水支管，且其长度不应小于作用面积平方根的1.2倍。

4）第1个喷头的流量可按式（4.3-22）计算：

$$q = IM \tag{4.3-22}$$

式中　q——喷头流量，L/min；

I——喷水强度，L/(min·m^2)；

M——1只喷头的保护面积，m^2。

5）第一个喷头的工作压力可按式（4.3-23）计算：

$$P = 0.1(q/K)^2 \tag{4.3-23}$$

式中　P——喷头工作压力，MPa；

q——喷头流量，L/min；

K——喷头的流量系数，由喷头种类决定，可查喷头样本。

6）沿着配水支管依次计算各喷头的压力、流量、各管段的水头损失、支管总流量。计算管道局部水头损失时，宜优先采用当量长度法计算。某些管件及阀门的当量长度见表4.3-25。湿式报警阀，局部水头损失取0.04MPa，水流指示器的局部水头损失取0.02MPa，雨淋阀的局部水头损失取0.07MPa。

管件及阀门的当量长度（m）　　　**表4.3-25**

名称	管件直径 *DN*（mm）											
	25	32	40	50	70	80	100	125	150	200	250	300
45°弯头	0.3	0.3	0.6	0.6	0.9	0.9	1.2	1.5	2.1	2.7	3.3	4.0
90°弯头	0.6	0.9	1.2	1.5	1.8	2.1	3.1	3.7	4.3	5.5	5.5	8.2
三通或四通	1.5	1.8	2.4	3.1	3.7	4.6	6.1	7.6	9.2	10.7	15.3	18.3
蝶阀	—	—	—	1.8	2.1	3.1	3.7	2.7	3.1	3.7	5.8	6.4
闸阀	—	—	—	0.3	0.3	0.3	0.6	0.6	0.9	1.2	1.5	1.8
止回阀	1.5	2.1	2.7	3.4	4.3	4.9	6.7	8.3	9.8	13.7	16.8	19.8
U形过滤器	12.3	15.4	18.5	24.5	30.8	36.8	49.0	61.2	73.5	98.0	122.5	

续表

名 称	管 件 直 径 *DN*（mm）											
	25	32	40	50	70	80	100	125	150	200	250	300
Y形过滤器	11.2	14.0	16.8	22.4	28.0	33.6	46.2	57.4	68.6	91.0	113.4	
异径接头	32~25	40~32	50~40	70~50	80~70	100~80	125~100	150~125	200~150			
	0.2	0.3	0.3	0.5	0.6	0.8	1.1	1.3	1.6			

7）依次计算作用面积内各喷头、配水管各管段流量、水头损失及各支管流量。如果各配水支管的喷头布置相同（如图4.3-19所示），则其他各支管的流量可按式（4.3-24）计算：

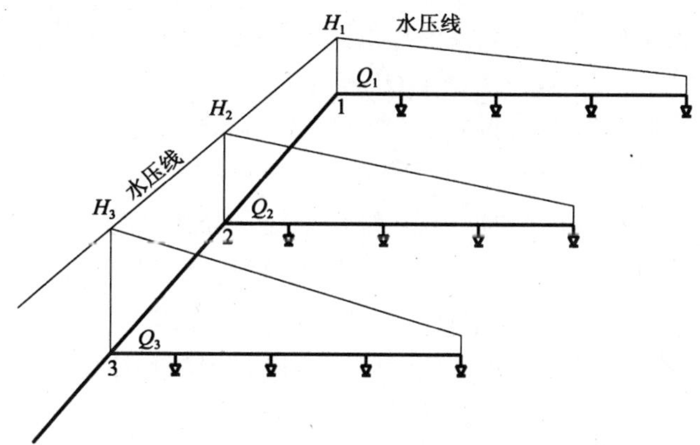

图4.3-19　自动喷水灭火系统计算图

$$Q_i = Q_1 \sqrt{\frac{H_i}{H_1}} \tag{4.3-24}$$

式中　Q_i——第 i 根配水支管的总流量，L/s；

H_1——第1根配水支管入口端的节点水压，MPa；

Q_1——第1根配水支管的总流量，L/s；

H_i——第 i 根配水支管入口端的节点水压，MPa。

8）系统的设计流量应按式（4.3-25）计算：

$$Q_s = \frac{1}{60}\sum_{i=1}^{n} q_i \tag{4.3-25}$$

式中　Q_s——自动喷水灭火系统设计流量，L/s；

q_i——最不利点处作用面积内各喷头的流量，L/s；

n——最不利点处作用面积内的喷头数。

为了使各喷头的流量大致相等，并保证作用面积内任意4只喷头围成范围内的平均喷水强度：轻、中危险级不低于规范规定值的85%；严重危险级和仓库危险级不低于规范规定值，可调整个别管段的管径，以克服剩余压力，使各喷头压力及流量趋于一致。

9）系统设计压力应按式（4.3-26）计算：

$$H_s = H_0 + H_z + \sum h \tag{4.3-26}$$

式中　H_s——自动喷水灭火系统设计压力，mH_2O；

H_0——最不利点作用面积配水干管入口节点压力，mH_2O；

H_z——最不利点作用面积配水干管入口节点到系统给水入口或消防水池最低水位的几何高差，m；

$\sum h$——最不利点作用面积配水干管入口节点到系统给水入口或喷洒水泵吸水口管路的总水头损失，mH_2O，流量则以 Q_s 不变计算。

10）水泵流量及扬程

自动喷水灭火系统水泵流量及扬程的确定原则如式（4.3-27）所示：

$$Q_b \geqslant Q_s, H_b \geqslant H_s \tag{4.3-27}$$

式中　Q_b、H_b——喷洒流量、扬程。

11）减压措施

当报警阀服务于不同楼层时，其系统最低喷头与最高喷头的几何高度差不应大于50m；水力警铃的工作压力不应大于0.05MPa；配水管道的工作压力不应大于1.2MPa。轻、中危险级各配水管入口压力均不宜超过0.4MPa。因此，系统中有些区、段需要减压，需减静压区段可设减压阀，需减动压的区段可设减压孔板或节流管。

① 减压孔板的设置：

A. 减压孔板应设在管径 *DN*≥50mm 的水平管段上，前后管段的长度均不宜小于管段直径的5倍；

B. 孔口直径不应小于设置孔板管段直径的30%，且不应小于20mm；

C. 孔板应采用不锈钢制作；

D. 减压孔板的选择计算同前述消火栓部分。

② 节流管的设置：

A. 节流管的直径宜按上游管段直径的1/2确定；

B. 节流管的长度不宜小于1m；

C. 节流管内的平均流速不应大于20m/s；

D. 节流管的水头损失应按式（4.3-28）计算。

$$H_j = \xi \frac{v^2}{2g} + 0.00107L\frac{v^2}{d^{1.3}} \tag{4.3-28}$$

式中　H_j——节流管的水头损失，mH_2O；

ξ——节流管两端渐缩管与渐扩管的局部阻力系数之和，取0.7；

v——节流管内水的平均流速，m/s；

d——节流管的计算内径，m，取值为：节流管内径减1.0mm；

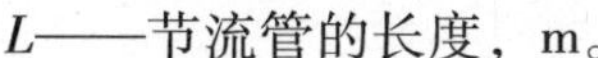

L——节流管的长度，m。

③ 减压阀的设置

A. 减压阀应设在报警阀组入口前，分为可调式减压阀和比例式减压阀，比例式减压阀阀前阀后压力比值一般不大于3：1，可调式减压阀，阀前与阀后的最大压差不应大于0.4MPa，当一级减压不能满足要求时，可串联使用，但不可超过2级；

B. 减压阀入口前应设过滤器，前后设检修阀及压力表；

C. 当连接两个及以上报警阀组时，减压阀应设备用；

D. 垂直安装的减压阀，其流水方向宜向下；

E. 减压阀直径应与管道一致。

4. 热水供应系统

到了施工图阶段，热水供应系统的计算以系统水力和热力计算为主，以水力和热力计算的结果校核设备选型。

（1）配水管网的水力计算

热水配水管网计算的目的是确定各管段的管径并计算其水头损失值。计算的具体步骤如下：

首先，根据热水配水管网的平面及系统图，绘制热水配水管网的计算简图；

其次，计算各管段的设计秒流量。供应热水的卫生器具的热水给水额定流量、当量、最低工作压力和设计秒流量计算公式完全同冷水系统；

再次，根据允许流速值来确定配水管网的管径。热水管道的允许流速可按下表选用，见表4.3-26：

热水管道允许流速 **表4.3-26**

管道公称直径（mm）	$DN15 \sim DN20$	$DN25 \sim DN40$	$DN \geq 50$
允许流速（m/s）	≤0.8	≤1.0	≤1.2

最后，是管道水头损失计算。热水管道的水力计算，应考虑因结垢、腐蚀等因素引起的管道过水断面缩小，应根据所采用的管材选用相应的热水管道水力计算图表或公式，并注意水力计算图表的使用条件，当使用条件与制表条件不符时，应做相应的修正。

1）管道沿程水头损失计算

① 当热水管采用PP-R管时，沿程水头损失按式（4.3-29）计算：

$$H_y = \lambda \frac{Lv^2}{d_j \cdot 2g} \tag{4.3-29}$$

式中 H_y——管道沿程水头损失，m；

λ——摩阻系数；

L——管道长度，m；

d_j——管道计算内径，m；

v——管道内的平均水流速度，m/s；

g——重力加速度，$g=9.81\text{m/s}^2$。

管道沿程水头损失也可按水力计算表并经修正后进行管径确定（见第8.1.4节）。

② 当热水管采用PEX管时，管道水力坡度按下式计算，见式（4.3-30）；也可参见第8.2.5节进行管径确定。

$$i=0.000915\frac{q^{1.774}}{d_j^{4.744}} \tag{4.3-30}$$

式中　i——管道水力坡降，mm/m；

d_j——管道计算内径，m；

q——管道设计流量，m^3/s。

③ 当热水管采用铜管时，可参表8.1-8选用管径，但水力坡降i值应乘以0.76；

④ 当热水管采用薄壁不锈钢管时，可参照表8.1-9选用管径，但水力坡降i值应按表8.1-10进行修正；

⑤ 当热水管采用钢塑复合管时，可参照表8.1-11及表8.1-12确定管径，但水力坡降i值应按表8.1-13表进行修正。

⑥ 当热水管采用铝塑复合管时，可参照图8.2-1确定管径，并计算水力坡降i值。

2）管道总水头损失计算

从管网给水入口到最不利配水点的管道总水头损失按式（4.3-31）计算：

$$\sum H=\sum H_y+\sum H_j \tag{4.3-31}$$

式中　$\sum H$——管道总水头损失，m；

$\sum H_y$——各管道沿程水头损失之和，m；

$\sum H_j$——管道局部水头损失之和，m，一般取沿程水头损失的30%，即$\sum H_j=30\%\sum H_y$。

3）热水系统所需要的供水压力计算

热水系统所需要的供水压按式（4.3-32）计算：

$$H_r=H_z+\sum H+H_1+H_0 \tag{4.3-32}$$

式中　H_r——热水供应系统所需要的供水压力（相当于冷水补水箱底的设置高度），m；

H_z——从给水入口到最不利配水点的几何高差，m；

$\sum H$——配水管道总的水头损失，m；

H_1——水加热设备的水头损失，m；

H_0——最不利配水点卫生器具的最低工作压力，m。

（2）配水管网的热损失计算

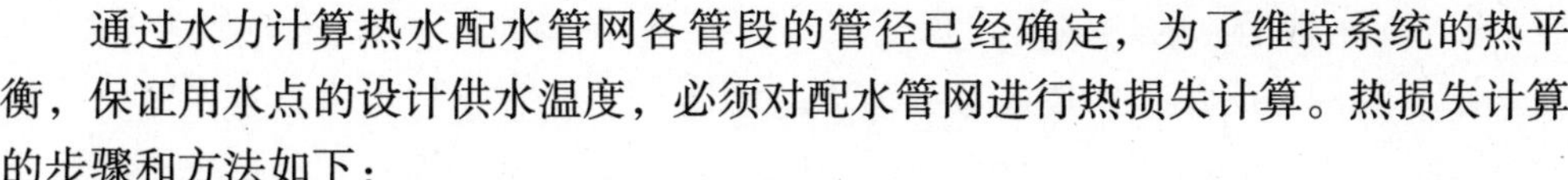

通过水力计算热水配水管网各管段的管径已经确定，为了维持系统的热平衡，保证用水点的设计供水温度，必须对配水管网进行热损失计算。热损失计算的步骤和方法如下：

1）确定系统计算温差 ΔT

根据配水管网的大小，确定配水管网计算管路起点和终点的水温差，一般取 $\Delta T=5\sim10$℃。

2）计算配水管网各管段起点、终点水温

目前计算各管段起、终点水温普遍采用的方法是面积比温降法，见式（4.3-33）、式（4.3-34）：

$$\Delta t=\frac{\Delta T}{F} \tag{4.3-33}$$

$$t_z=t_c-\Delta t\sum f \tag{4.3-34}$$

式中 Δt——配水管网中计算管路的面积比温降，℃/m²；

ΔT——同上；

F——计算管路配水管网的总外表面积，m²；

$\sum f$——计算管段终点以前的配水管网的总外表面积，m²；

t_z——计算管路的终点水温，℃；

t_c——计算管路的起点水温，℃。

3）配水管网各管段的热损失计算

配水管网各管段的热损失按式（4.3-35）计算：

$$W_r=\pi DLK(1-\gamma)\left(\frac{t_c-t_z}{2}-t_k\right) \tag{4.3-35}$$

式中 W_r——计算管段热损失，W；

D——计算管段外径，m；

L——计算管段长度，m；

K——管壁的传热系数，W/m²·℃；

γ——保温系数，无保温时 $\gamma=0$；简单保温时 $\gamma=0.6$；较好保温时 $\gamma=0.7\sim0.8$；

t_k——计算管段周围的空气温度，℃，见表 4.3-27；

t_z、t_c 同上。

管道周围的空气温度 **表 4.3-27**

管道敷设情况	t_k（℃）	管道敷设情况	t_k（℃）
采暖房间内明管敷设	18～20	不采暖的地下室敷设	5～10
采暖房间暗管敷设	30	室内地下管沟内敷设	35
不采暖房间的顶棚内敷设	采用1月份室外平均温度		

4）配水管网总的热损失计算

配水管网总的热损失按式（4.3-36）计算：

$$W_r = \sum_{i=1}^{n} w_i \tag{4.3-36}$$

式中 W_r——配水管网总的热损失，W；

w_i——配水管网计算管段的热损失，W。

5）管网总的循环流量计算

全日循环热水管网总循环流量按式4.3-37计算：

$$Q_x = \frac{W_r}{C\Delta T\rho_r} \tag{4.3-37}$$

式中 Q_x——全日循环热水管网总循环流量，补偿配水管网的热损失，L/s；

W_r——循环配水管网总的热损失，W；

C——水的比热，$C = 4187$J/(kg·℃)；

ΔT——同前。

6）各管段的循环流量计算

理想状态的循环流量分配应该是流经每一计算管段的循环流量，恰好能补充该管段起点之后所有配水管网的热量损失。那么总的循环流量沿着热水配水流动方向，自水加热器出口或热水管网入口起点开始，在每个节点处逐步地向各支管进行分配，每根支管所分配的循环流量，以流入该节点总的循环流量为基础，与该支管起点之后的热损失和该节点相连的上游管段的起点之后的总的热损失之比值成正比。见图4.3-20及式（4.3-38）和式（4.3-39）：

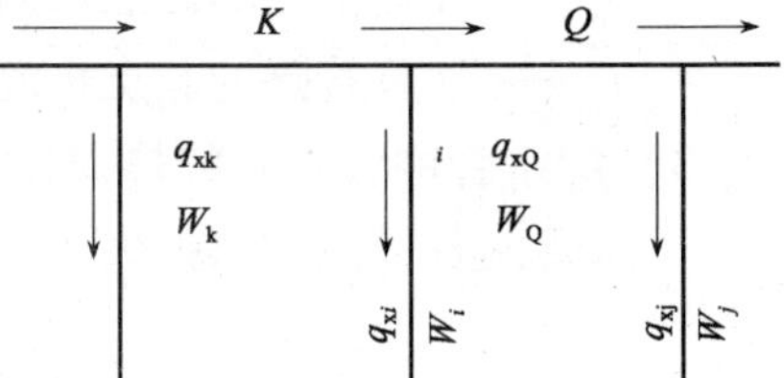

图4.3-20 管段的循环流量计算简图

$$q_{xi} = q_{xk}\frac{W_i}{W_k} \tag{4.3-38}$$

$$q_{xj} = q_{xQ}\frac{W_j}{W_Q} \tag{4.3-39}$$

式中 q_{xi}——支管 i 分配的循环流量，L/s；

q_{xk}——流经 k 管段的循环流量，L/s；

q_{xj}——支管 j 分配的循环流量，L/s；

q_{xQ}——流经 Q 管段（或 Q 管段分配）的循环流量，L/s；

W_i——支管 i 入口节点之后配水管的热损失，W；

W_j——支管 j 入口节点之后配水管的热损失，W；

W_k——k 管段入口起点之后配水管网总的热损失，W；

W_Q——Q 管段入口起点之后配水管网总的热损失，W。

这样计算的循环流量，是按照热损失的多少进行分配的，热损失多的管路分配的循环流量多，但是只有当管网布置成同程或经很好的水力平衡计算才有可能实现，通常情况下，都是通过阀门等手段人工调节到基本平衡。否则，管路短，热损失小，循环阻力小的管路循环流量大；反之，管路长，热损失大，循环阻力大的管路循环流量却小。

（3）热水管网回水计算

1）回水管管径计算

由于回水管网不配水，流经回水管网各管段的流量即为循环流量，因此，回水管网各管段的管径应当按其对应的循环流量经过计算确定。当不需要很精确时，也可按初步设计时的热水管网回水管管径选用表 4.1-3 直接选用。

2）回水管路水力计算

有了回水管网各管段的流量和管径后，即可查相应管材的“热水管道水力计算表”进行水力计算。其沿程水头损失和局部水头损失计算同配水管网。

（4）循环水泵的参数计算

1）循环泵的流量

① 对于全日循环热水管网循环水泵流量：

$$Q_b \geqslant Q_x \tag{4.3-40}$$

式中 Q_b——循环水泵流量，L/s；

Q_x——全日循环热水管网总循环流量，L/s，见式 4.3-37。

② 对于定时供应热水管网循环水泵流量按式（4.3-41）计算：

$$Q_b \geqslant (2 \sim 4) V \tag{4.3-41}$$

式中 Q_b——循环水泵流量，L/s；

2～4——管网系统中的水每小时循环的次数，系统较大时取下限值，反之则取上限值；

V——热水管网系统的水容积（不含水加热设备），L。

2）循环水泵的扬程

$$H_b \geqslant H_p + H_x + H_j \tag{4.3-42}$$

式中 H_b——循环水泵的扬程，kPa；

H_p——循环流量通过配水计算管路的水头损失，kPa；

H_x——循环流量通过回水计算管路的水头损失，kPa；

H_j——循环流量通过水加热器的水头损失，kPa。

对于容积式、半容积式、导流容积式水加热器和加热水箱，H_j 可忽略不计；对于快速式水加热器循环水泵的扬程计算，见式（4.3-43）：

$$H_j = 10\left(\lambda \frac{L}{d_j} + \Sigma \xi\right)\frac{v^2}{2g} \tag{4.3-43}$$

式中 H_j——快速水加热器的水头损失，kPa；

λ——热管沿程水头损失系数；

L——热管流程长度，m；

d_j——热管计算管径，m；

ξ——局部阻力系数，可按表4.3-28选用；

v——热管内水的流速，m/s；

g——重力加速度，m/s^2，取$g=9.81$。

循环水泵的流量及扬程不宜过高，会影响系统运行的稳定性。循环泵宜设备用泵，并交替运行，全日循环的热水系统，其循环泵的启、停是由泵前回水管的温度控制的。

快速式水加热器局部阻力系数ξ值　　　　**表4.3-28**

水加热器类型	局部阻力形式		ξ值
水-水快速式加热器	热媒管道	水室到管束或管束到水室	0.5
		经水室转180°由一管束到另一管束	2.5
	热水管道	与管束垂直进入管间	1.5
		与管束垂直流出管间	1.0
		在管间绕过支承板	0.5
		在管间由一段到另一段	2.5
汽-水快速式加热器	热媒管道	与管束垂直的进口或出口	0.75
		经水室转180°	1.5
	热水管道	与管束垂直进入管间	1.5
		与管束垂直流出管间	1.0

(5) 膨胀水箱及膨胀管计算

对于设有膨胀水箱和膨胀管的开式热水供应系统，还要对膨胀水箱的有效容积、水位及膨胀管的设置高度进行计算。

1) 膨胀水箱的有效容积计算

膨胀水箱的有效容积计算见式(4.3-44)：

$$V_p = 0.0006 V_s \Delta t \tag{4.3-44}$$

式中　V_p——膨胀水箱的有效容积（即系统的膨胀水量），L；

V_s——系统内总的水容量（含全部热水管网及加热贮水容器），L；

Δt——系统内水的最大温差，℃，$\Delta t = t_r - t_l$，其中t_r为水加热器出口设计温度，t_l为冷水计算温度。

2) 膨胀水箱水面的设计高度计算

膨胀水箱水面的设计高度计算，见式(4.3-45)：

$$h = H\left(\frac{\rho_h}{\rho_r} - 1\right) \tag{4.3-45}$$

式中　h——膨胀水箱水面高出系统冷水补给水箱的垂直高度，m；

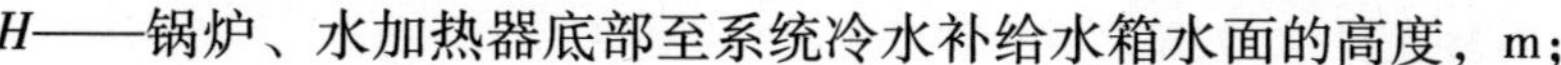

H——锅炉、水加热器底部至系统冷水补给水箱水面的高度，m；

ρ_h——热水回水密度，kg/m^3；

ρ_r——热水供水密度，kg/m^3。

3）膨胀排气管出口设置高度计算

膨胀排气管出口设置高度计算见式（4.3-46）：

$$h_1 = 1.2H\left(\frac{\rho_l}{\rho_r} - 1\right) \tag{4.3-46}$$

式中 h_1——膨胀排气管出口高出冷水箱最高水面的高度，m；

ρ_l——冷水的密度，kg/m^3；

ρ_r、H——同上。

（6）闭式膨胀水罐及泄压阀的计算

1）闭式膨胀罐

对于日用水量大于10m^{3}的闭式热水供应系统，应设闭式膨胀罐，闭式膨胀水罐的总容积应按式（4.3-47）计算：

$$V_p = \frac{(\rho_f - \rho_r)P_2}{(P_2 - P_1)\rho_r} V_s \tag{4.3-47}$$

式中 V_p——膨胀水罐的总容积，m^3；

ρ_f——加热前加热、贮热设备内水的密度，kg/m^3，当只有1台加热设备且定时供应热水的系统，为冷水密度ρ_L；当为多台加热设备循环热水供应系统时，ρ_f为冷水和回水混合后的密度；

ρ_r——热水密度，kg/m^3；

P_1——膨胀罐连接点处管内水压（绝对压力），MPa，为管内工作压力+0.1（MPa）；

P_2——膨胀罐连接点处管内允许的最大压力（绝对压力），MPa，取$P_2 = 1.05P_1$；

V_s——系统内总的水容量，m^3。

膨胀罐的设置位置（指膨胀罐连接点）宜在系统水加热器的冷水进水管或热水回水管上。

2）释压阀

对于日用水量小于10m^{3}的热水供应系统，解决系统水膨胀最简单的办法是在水加热器上设释压阀（安全阀或持压泄压阀）。

释压阀的设定开启压力为比热水供应系统可能的最高水压力高出10%，但不超过0.05MPa。

释压阀的设置位置宜放在水加热器的冷水进水管上。

（7）疏水器计算

1）疏水器的最大排水量计算

疏水器的最大排水量按式（4.3-48）计算：

$$Q = K_0 G \tag{4.3-48}$$

式中 Q——疏水器最大排水量，kg/h；

K_0——附加系数，见表4.3-29；

G——换热设备的最大凝结水量，kg/h，相当于热媒消耗量。

附加系数 K_0 值 **表4.3-29**

名称	附加系数	
	压差 $\Delta P \leqslant 0.2$MPa	压差 $\Delta P \geqslant 0.2$MPa
上开口浮筒式疏水器	3.0	4.0
下开口浮筒式疏水器	2.0	2.5
恒温式疏水器	3.5	4.0
浮球式疏水器	2.5	3.0
喷嘴式疏水器	3.0	3.2
热动力式疏水器	3.0	4.0

2）疏水器进出口压差计算

疏水器进出口压差按式（4.3-49）计算：

$$\Delta P = P_1 - P_2 \tag{4.3-49}$$

式中 ΔP——疏水器进出口压差，MPa；

P_1——疏水器前压力，MPa，（对于加热器等换热设备，$P_1 = 0.7P_z$（P_z为设备进口蒸汽压力））；

P_2——疏水器后压力，MPa；当疏水器后凝结水管不抬高自流排放时，$P_2 = 0$；当疏水器后凝结水管较长，且需要抬高接入闭式凝结水箱时，P_2按式（4.3-50）计算：

$$P_2 = \sum h + 0.01H = P_0 \tag{4.3-50}$$

式中 $\sum h$——疏水器后凝结水管道的压力损失，MPa；

H——疏水器后凝结水抬高的高度，m；

P_0——闭式凝结水箱内的压力，MPa。

疏水器管径应按最大排水量、进出口压差、附加系数三项因素来选择确定。仅用作排除蒸汽管道中冷凝积水用的疏水器可选用 $DN15$、$DN20$。

（8）热水管道伸缩长度计算

热水管道伸缩长度按式（4.3-51）和式（4.3-52）计算：

$$\Delta L = \Delta T L \alpha \tag{4.3-51}$$

$$\Delta T = 0.65\Delta t_s + 0.10\Delta t_g \tag{4.3-52}$$

式中 ΔL——自由管段伸缩长度，m；

ΔT——管段的计算温差，℃；

Δt_s——管道内水的最大温差,℃;

Δt_g——管道外空气的最大温差,℃;

L——自由管段长度，m;

α——线膨胀系数，mm/m·℃；见表4.3-30。

几种不同管材的 α 值（mm/(m·℃)） **表4.3-30**

管材	α	管材	α
PP-R	0.16（0.14~0.18）	薄壁铜管	0.02（0.017~0.018）
PEX	0.15（0.2）	钢管	0.012
PB	0.13	无缝铝合金衬塑管	0.025
ABS	0.10	PVC-C	0.08
PVC-U	0.07	薄壁不锈钢管	0.0166
PAP	0.025		

（9）热水管道计算用其他表格

热水管道系统设计计算所需的其他表格见第8.2节。

5. 排水系统计算

（1）排水管段设计秒流量计算

1）对于住宅、集体宿舍、旅馆、医院、疗养院、幼儿园、养老院、办公楼、商场、会展中心、中小学教学楼等排水管段设计秒流量计算见式（4.3-53）：

$$q_p = 0.12\alpha\sqrt{N_p} + q_{max} \tag{4.3-53}$$

式中 q_p——计算管段排水设计秒流量，L/s;

N_p——计算管段卫生器具排水当量总数；

α——根据建筑物的用途而定的系数，见表4.3-31。

q_{max}——计算管段上最大一个卫生器具的排水额定流量，L/s。

如果用上式计算的 q_p 大于该管段上所有卫生器具排水额定流量累加值时，q_p 取累加值。

根据建筑物用途而定的系数 α 值 **表4.3-31**

建筑物名称	住宅、宾馆、医院、疗养院、幼儿园、养老院的卫生间	集体宿舍、旅馆和其他公共建筑的公共盥洗室和厕所
α	1.5	2.0~2.5

2）对于工业企业生活间、公共浴池、洗衣房、公共餐饮业的厨房、实验室、影剧院、体育场、候车（机、船）室等建筑的生活排水设计秒流量应按式（4.3-54）计算：

$$q_p = \sum q_0 n_0 b \tag{4.3-54}$$

式中 q_p——计算管段排水设计秒流量，L/s;

q_0——同类卫生器具的一个卫生器具额定排水量，L/s；

n_0——同类卫生器具数；

b——卫生器具的同时排水百分数，同给水，但冲洗水箱大便器的 b 取12%。

如果用式（4.3-54）计算的 q_p 小于该管段上一个最大卫生器具的排水额定流量时，q_p 取该最大卫生器具额定排水量。

（2）排水横干管的水力计算

排水横干管的水力计算参见式（4.3-55）和式（4.3-56）。

$$q_p = Wv \tag{4.3-55}$$

$$v = \frac{1}{n}R^{\frac{2}{3}}I^{\frac{1}{2}} \tag{4.3-56}$$

式中　W——水流断面积，m^2；

v——流速，m/s；

R——水力半径，m；

I——水力坡降，可采用排水管道的坡度；

n——粗糙系数，见表4.3-32。

管道粗糙系数 n 值　　**表4.3-32**

管　材	混凝土管、钢筋混凝土管	铸铁管	塑料管	钢　管
n	0.013～0.014	0.013	0.009	0.012

圆管非满流水力半径 R 的计算如下：

当 $h < \frac{D}{2}$ 时，$R = \frac{\theta - \sin\theta \cdot \cos\theta}{2\theta} r$（见图4.3-21）；

当 $h > \frac{D}{2}$ 时，$R = \frac{\pi - \theta + \sin\theta \cdot \cos\theta}{2(\pi - \theta)} r$（见图4.3-22）。

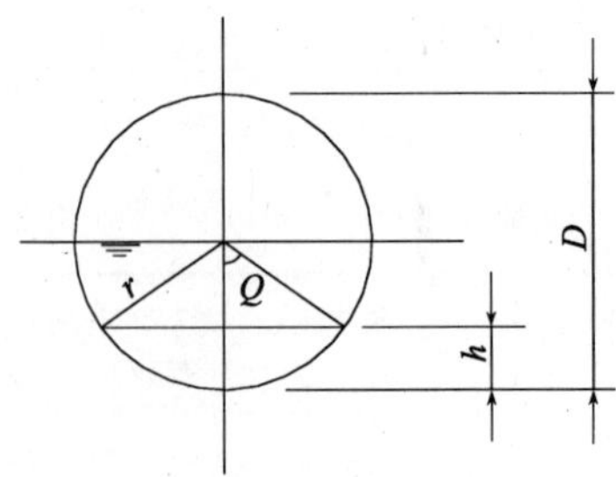

图4.3-21　$h < \frac{D}{2}$ 时水力半径 R 的计算示意图

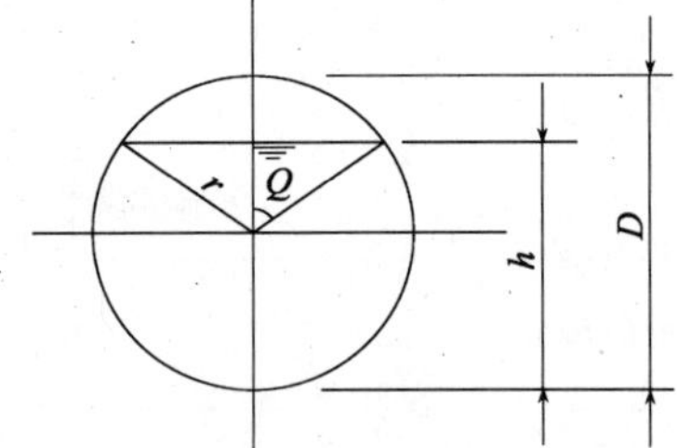

图4.3-22　$h > \frac{D}{2}$ 时水力半径 R 的计算示意图

但是，排水横干管的设计，还必须满足几个基本的水力要素：最小管径、最小设计坡度和最大设计充满度，参考表4.3-33～表4.3-36，铸铁排水管水力计算和塑料排水横管水力计算参见第8.7.1节。

各种排水管（渠）道的自净流速　　表 4.3-33

排水管（渠）道类别	生活污水管道管径（mm）			明渠（沟）	雨水及合流制排水管
	DN<150	*DN*150	*DN*200		
自净流速（m/s）	0.60	0.65	0.70	0.40	0.75

建筑物内生活排水铸铁管道最小坡度和最大设计充满度　　表 4.3-34

管　径（mm）	通　用　坡　度	最　小　坡　度	最大设计充满度
50	0.035	0.025	0.5
75	0.025	0.015	0.5
100	0.020	0.012	0.5
125	0.015	0.010	0.5
150	0.010	0.007	0.6
200	0.008	0.005	0.6

建筑物内生活排水塑料管道最小坡度和最大设计充满度　　表 4.3-35

管　径（mm）	通　用　坡　度	最　小　坡　度	最大设计充满度
110	0.01	0.004	0.5
125	0.01	0.0035	0.5
160	0.01	0.003	0.6
200	0.01	0.003	0.6

注：排水塑料横支管的标准坡度为 0.026。

居住小区室外生活排水管道最小管径、最小设计坡度、最大充满度　　表 4.3-36

管　别	管　　材	最小管径（mm）	最小设计坡度	最大设计充满度
接户管	埋地塑料管	160	0.005	0.50
	混凝土管	150	0.007	
支管	埋地塑料管	160	0.005	
	混凝土管	200	0.004	0.55
干管	埋地塑料管	200	0.004	
	混凝土管	200	0.003	

注：接户管管径不得小于建筑物排出管管径。

（3）排水立管的水力计算

排水立管的最大排水能力取决于通气管的设置情况和立管管径，但立管管径不得小于所连接的横支管管径（参考表 4.3-37～表 4.3-41）。

设有通气管系统的生活排水立管最大排水能力（L/s） 表4.3-37

立管管径（mm）	仅设伸顶通气立管		设有专用通气立管或主通气立管	
	铸铁排水立管	塑料排水立管	铸铁排水立管	塑料排水立管
50	1.0	1.2	—	—
75	2.5	3.0	5.0	—
90	—	3.8	—	—
100	4.5	5.4	9.0	10.0
125	7.0	7.5	14.0	16.0
150	10.0	12.0	25.0	28.0

单立管排水系统的立管最大排水能力（L/s） 表4.3-38

排水立管管径（mm）	混　合　器	塑料螺旋管	旋　流　器
75	—	3.0	—
100	6.0	6.0	7.0
125	9.0	—	10.0
150	13.0	13.0	15.0

不通气的生活排水立管最大排水能力（L/s） 表4.3-39

立管工作高度（m）	立管管径（mm）				
	50	75	100	125	150
≤2	1.00	1.70	3.80	5.00	7.00
3	0.64	1.35	2.40	3.40	5.00
4	0.50	0.92	1.76	2.70	3.50
5	0.40	0.70	1.36	1.90	2.80
6	0.40	0.50	1.00	1.50	2.20
7	0.40	0.50	0.76	1.20	2.00
≥8	0.40	0.50	0.64	1.00	1.40

注：1. 立管工作高度是指最高排水横支管和立管连接点至排出管中心线间的距离；
2. 立管工作高度在表中列出的两个高度值之间时，可用内插法求最大排水能力。

某些排水最小管径的规定 表4.3-40

排　水　情　况	最小管径（mm）
大便器排水	100
建筑物排出管	50
多层住宅厨房立管	75
公共食堂厨房内的污水排水支管	75

续表

排　水　情　况	最小管径（mm）
公共食堂厨房内的污水排水干管	100
医院污物洗涤盆（池）和污水盆（池）的排水管	75
小便槽或连接3个及3个以上小便器的污水管	75
浴池的泄水管	100

淋浴室地漏管径　　表4.3-41

淋浴器个数（个）	地漏管径（mm）
1~2	50
3	75
4~5	100
集水沟排水时，8个淋浴器可设一个地漏	100

（4）通气管的设计与计算

1）通气管的设置原则

① 生活排水立管的顶端有条件时应设置伸顶通气管；

② 生活排水立管所承担的卫生器具排水设计流量超过表4.3-38、表4.3-39和表4.3-40等相应条件下的立管最大排水能力时，应设专用通气立管；

③ 建筑标准要求较高的多层住宅和公共建筑、10层及10层以上高层建筑的生活污水立管宜设专用通气立管；

④ 连接6个及以上大便器的横支管、连接4个及以上卫生器具且长度大于12m的排水横支管应设环形通气管；设有器具通气管或建筑性质重要、使用要求较高时也应设环形通气管；

⑤ 建筑排水管道各层设有环形通气管时，应设置连接各层环形通气管的主通气立管或副通气立管；

⑥ 伸顶通气管不能单独伸出屋面时，可设置汇合通气管。

2）通气管最小管径

① 通气立管长度大于50m时，其管径应与排水立管管径相同；

② 通气立管长度不大于50m时且多根立管公用一根通气立管时，以最大一根排水立管按表4.3-42确定，且不宜小于其余任何一根排水立管管径；

③ 结合通气管的管径不宜小于通气立管管径；

④ 伸顶通气管管径宜与排水立管相同。在最冷月平均气温低于－13℃的地区，应在室内顶棚以下0.3m处将管径放大一级；

⑤ 两根及以上污水立管的通气管汇合连接时，汇合通气管的断面积为最大一根通气管的断面积加其余通气管断面积之和的0.25倍。

通气管最小管径 表 4.3-42

通气管名称	排水管管径（mm）							
	32	40	50	75	90	100	125	150
器具通气管	32	32	32	—	—	50	50	—
环形通气管	—	—	32	40	40	50	50	—
通气立管	—	—	40	50	—	75	100	100

注：表中通气管是指专用通气立管、主通气立管、副通气立管。

（5）排水管道系统布置及敷设

排水管道系统的布置及敷设各项要求参照第 8.8 节执行。

（6）污废水集水池和排水泵

1）污废水集水池

污废水集水池的有效容积不宜小于最大一台水泵 5min 的出水量；当水池作为生活排水调节池时，其有效容积不得超过 6h 生活排水的平均小时流量。

消防电梯井集水池的有效容积不得小于 $2.0m^3$。

集水池底应设大于 0.05 坡向吸水口的坡度。停泵水位应保持让潜污泵电动机被水淹没不小于 1/2。建筑物内一般集水池深为不大于室内地面以下 2.5m。

2）污废水泵

污废水排水泵的流量应按排水设计秒流量确定；当集水池有调节功能时，可按最大小时流量确定。但为了减少管道、阀门被污物堵塞的几率，污水泵进出口管径不宜小于 *DN*80，并且水泵应具有破碎大块污物的功能。废水泵不宜小于 *DN*50。

消防电梯集水池排水泵流量不小于 10L/s。

污废水泵扬程的确定可按式（4.3-57）计算：

$$H = H_0 + H_z + \sum h \tag{4.3-57}$$

式中 H——污废水泵的扬程，mH_2O；

H_0——自由水头，宜取 $H_0 = 2 \sim 3mH_2O$；

H_z——从集水池最低水位到水泵出水管最大高度中心线的几何高差，m；

$\sum h$——水泵吸水管路和出水管路的水头损失之和，m，排水泵进出水管流速不应小于 0.7m/s，并不宜大于 2.0m/s。

（7）化粪池选型计算

化粪池容积是由贮存污水部分和贮存污泥部分二者之和组成，其计算式见式（4.3-58）：

$$V = V_1 + V_2 = \frac{\alpha Nqt}{24 \times 1000} + \frac{\alpha NaT(1-b)km}{1000(1-c)} \tag{4.3-58}$$

式中 V——化粪池有效容积，m^3；

V_1——污水部分的容积，m^3；

V_2——污泥部分的容积，m^3；

N——实际用水单位数（人、床位、座位等）；

α❶——使用卫生器具的人数占总人数的百分比；

q——每人每天污水排水量 L/人，当污、废水合流排放时，同用水量标准；当污、废水分流排放时，取 $q=30$L/人；

t——污水在化粪池中的停留时间，h，宜为 12～24h，可取 16h；医院污水在化粪池内的停留时间不得小于 36h；

a——每人每天的污泥量，L/(人·d)，合流排放取 0.7L/(人·d)，分流排放取 0.4L/(人·d)；

T——污泥清掏周期，d，90～360d，一般取 180d，医院化粪池的清掏周期宜为 1 年；

b、c——分别为新鲜污泥和发酵污泥的含水率，分别为 95% 和 90%；

k——发酵污泥体积缩减系数，宜取 $k=0.8$；

m——清掏后残留的熟污泥量的容积系数，取 m＝1.2。

6. 建筑雨水系统计算

建筑雨水主要是指建筑屋面雨水排水，至于地面雨水的排除属室外部分同市政雨水排水，这里不赘述。

（1）雨水设计流量计算

雨水设计流量应按式 4.3-59 计算：

$$q_y=\frac{q_s\psi F_w}{10000} \tag{4.3-59}$$

式中 q_y——设计雨水流量，L/s；

q_s❷——设计雨水强度，L/(s·hm^2)（hm^2—公顷，1hm^2＝10000m^2）；

ψ——屋面径流系数，取 $\psi=0.9$；

F_w——屋面汇水面积，m^2，应按屋面水平投影面积计算。高出屋面的侧墙应按其最大受雨面正投影面积的 1/2 作为汇水面积加入到屋面汇水面积。

---

❶ 取决于人们在建筑内停留时间，如：
医院、养老院、有住宿的幼儿园，取 $\alpha=100\%$；
住宅、集体宿舍、旅馆、取 $\alpha=70\%$；
工业企业生活间、办公室、教学楼，取 $\alpha=40\%$；
公共食堂、影剧院、体育场和其他类似公建，取 $\alpha=10\%$。

❷ 重力流排水系统根据建筑重要程度一般取重现期 $P\geqslant2$ 年～10 年的 q_s，可查设计手册“我国若干城市暴雨强度公式”并经计算求得。取式中 $t=5$，P 取值见表 4.3-43。

各种汇水区域设计重现期　　表4.3-43

汇水区域名称		设计重现期(a)
屋面	一般性建筑	≥2~5
	重要公共建筑	≥10
室外场地	居住小区	≥1~3
	车站、码头、机场的基地	≥2~5

当屋面被分隔成若干区域的汇水面积时雨水设计流量应分别计算，以确定各区域的雨水斗的配置及管道设计流量。

（2）天沟水力计算

1）天沟水流速度计算

天沟水流速度计算采用式（4.3-60）：

$$v = \frac{1}{n} R^{\frac{2}{3}} I^{\frac{1}{2}} \tag{4.3-60}$$

式中　v——天沟内水流速度，m/s；

R——水力半径，m；

n——天沟的粗糙度，各种材料的 n 值见表4.3-44；

I——水力坡度，I 不宜小于0.003，一般取 I=0.004~0.01。

各种材料的 n 值　　表4.3-44

天沟壁面材料种类	n 值
钢管、石棉水泥管、水泥砂浆光滑水槽	0.012
铸铁管、陶土管、水泥砂浆抹面混凝土水槽	0.012~0.014
混凝土及钢筋混凝土水槽	0.013~0.014
无抹面的混凝土水槽	0.014~0.017
喷浆护面的混凝土水槽	0.016~0.021
表面不整齐的混凝土水槽	0.020
豆砂沥青马蹄脂护面混凝土水槽	0.025
采钢板、铝塑板、不锈钢板水槽	0.012

2）天沟过水断面计算

天沟过水断面面积按式（4.3-61）计算：

$$W = \frac{q_y}{1000v} \tag{4.3-61}$$

式中　W——天沟过水断面面积，m^2；

v——天沟内水流速度，m/s；

q_y——天沟设计雨水流量，L/s。

天沟断面形状有：矩形、梯形；在计算过水断面基础上还应另加100mm的超高；同时，天沟的起端有效深度不宜小于80mm。

(3) 雨水系统水力计算

1) 屋面雨水斗的最大允许泄流量

屋面雨水斗的最大允许泄流量见表4.3-45。

雨水斗的最大允许排水量 **表4.3-45**

雨水斗直径(mm)	75	100	150	200
重力流单斗系统(L/s)	8	16	32	52
重力流多斗系统(L/s)	6	12	26	40

2) 悬吊管的排水能力

单斗系统的悬吊管、连接管、立管、排出管管径与雨水斗相同,其最大排水能力,完全由雨水斗决定;因而,同雨水斗。

多斗系统的最大排水能力与管径及充满度有关,当充满度 $h/D=0.8$ 时流量最大,见表4.3-46及表4.3-47。

多斗系统悬吊管(铸铁管、钢管)的最大排水能力(L/s) **表4.3-46**

管径(mm) 水力坡度(I)	75	100	150	200	250
0.02	3.07	6.63	19.55	42.10	76.33
0.03	3.77	8.12	23.94	51.56	93.50
0.04	4.35	9.38	27.65	59.54	107.96
0.05	4.86	10.49	30.91	66.57	120.19
0.06	5.33	11.49	33.86	72.92	132.22
0.07	5.75	12.41	36.57	78.76	142.82
0.08	6.15	13.26	39.10	84.20	142.82
0.09	6.52	14.07	41.47	84.20	142.82
≥0.10	6.88	14.83	41.47	84.20	142.82

多斗系统悬吊管(塑料管)的最大排水能力(L/s) **表4.3-47**

管径(mm) 壁厚(mm) 水力坡度(I)	90	110	125	160	200	250
	3.2	3.2	3.7	4.7	5.9	7.3
0.02	5.76	10.20	14.30	27.66	50.12	91.02
0.03	7.05	12.49	17.51	33.88	61.38	111.48
0.04	8.14	14.42	20.22	39.12	70.87	128.72
0.05	9.10	16.13	22.61	43.73	79.24	143.92
0.06	9.97	17.67	24.77	47.91	86.80	157.65
0.07	10.77	19.08	26.75	51.75	93.76	170.29
0.08	11.51	20.40	28.60	55.32	100.23	170.29
0.09	12.21	21.64	30.34	58.68	100.23	170.29
≥0.10	12.87	22.81	31.98	58.68	100.23	170.29

3）重力流系统立管的排水能力

重力流系统立管的排水能力见表 4.3-48。

重力流屋面雨水排水立管的泄流量（L/s）　　**表 4.3-48**

铸铁管		塑料管		钢管	
公称直径（mm）	最大泄流量	公称外径×壁厚（mm）	最大泄流量	公称外径×壁厚（mm）	最大泄流量
75	5.46	75×2.3	5.71	108×4	11.77
100	11.77	90×3.2	9.22	133×4	21.34
		110×3.2	15.98		
125	21.34	125×3.2	22.92	159×4.5	34.69
		125×3.7	22.41	168×6	38.52
150	34.69	160×4.0	44.43	219×6	81.90
		160×4.7	43.34		
200	74.72	200×4.9	80.78	245×6	112.28
		200×5.9	78.53		
250	135.47	250×6.2	146.21	273×7	148.87
		200×7.3	142.63		
300	220.29	315×7.7	271.34	325×7	242.49
		315×9.2	264.15		

4）横管的计算

横管的计算见表 4.3-49。

雨水横管（悬吊管和埋地管）的最大设计充满度　　**表 4.3-49**

管道名称	管径（mm）	最大设计充满度
重力流悬吊管	—	0.8
压力流悬吊管	—	1.0
密闭系统埋地管	—	1.0
敞开系统埋地管	≤300	0.5
	350~450	0.65
	≥500	0.80

5）埋地管最大汇水面积计算

埋地管最大汇水面积的确定可参照第 8.7.2 节。

7. 建筑中水系统计算

（1）中水供水系统计算

1）中水用水量计算

中水用水量计算参见式（4.3-62）：

$$Q_z = Q_c + Q_j + Q_L + Q_x + Q_q \tag{4.3-62}$$

式中　Q_z——建筑中水日用水量，m^3/d；

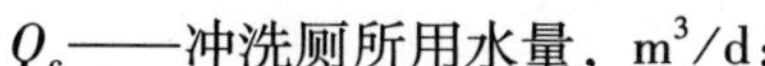

Q_c——冲洗厕所用水量，m^3/d；

Q_j——浇洒广场、道路用水量，m^3/d；

Q_L——绿化用水量，m^3/d；

Q_x——洗刷车辆用水量，m^3/d；

Q_q——其他用水量，m^3/d。

2）中水配水管网的水力计算

计算简图的绘制方法同给水系统，各管段的设计秒流量计算也同给水。

（2）中水原水系统计算

1）以生活排水为原水时，中水原水量计算参见式（4.3-63）：

$$Q_y = \alpha\beta Q_g b \tag{4.3-63}$$

式中 Q_y——中水原水量，m^3/d；

α——最高日用水量折算成平均日给水量的折减系数，一般取 $\alpha=0.67\sim0.91$；

β——按给水量计算排水量的折减系数，一般取 $k=0.8\sim0.9$；

Q_g——建筑物最高日生活用水量，m^3/d，见给水部分；

b——建筑物用水分项给水百分率，可参照表 4.3-50 选取。

2）以建筑分项排水为原水时，中水原水量计算参见式（4.3-64）：

$$Q_y = \sum \alpha\beta b Q_g \tag{4.3-64}$$

式中 Q_y——中水原水量，m^3/d；

α、β——同式（4.3-61）；

Q_g——建筑物最高日生活用水量，m^3/d；

b——建筑物用水分项给水百分率，可参照表 4.3-50 选取。

各类建筑用水分项给水百分数（%） **表 4.3-50**

项　目	住　宅	宾馆、饭店	办公楼、教学楼	公共浴室	餐饮业、营业餐厅
冲厕	21.3 ~ 21	10 ~ 14	60 ~ 66	2 ~ 5	6.7 ~ 5
厨房	20 ~ 19	12.5 ~ 14	—	—	93.3 ~ 95
沐浴	29.3 ~ 32	50 ~ 40	—	98 ~ 95	—
盥洗	6.7 ~ 6.0	12.5 ~ 14	40 ~ 34	—	—
洗衣	22.7 ~ 22	15 ~ 18	—	—	—
总计	100	100	100	100	100

这里要特别注意的是：作为中水水源的水量宜为中水回用水量的 100% ~ 115%，以保证处理设备的安全运行。

3）中水原水收集管网计算

中水收集管网即排水管网，无论是分流制还是合流制，管网的水力计算与生活排水管网相同。

(3) 水量平衡计算

要达到水量平衡，应满足如下关系，见式（4.3-65）：

$$Q_y \geqslant Q_z + Q_0 \tag{4.3-65}$$

式中 Q_y——中水原水量，m^3/d；

Q_z——中水日用水量，m^3/d；

Q_0——中水处理工艺自用水量，m^3/d，一般为（10%～15%）Q_z。

从而可见，应该根据中水的用水量来合理地选择中水原水的收集范围，以达到水量平衡。

(4) 中水系统调节构筑物容积的计算

1）原水调节池

一般因为缺少用水量逐时变化资料，普遍采用经验估算：

连续运行时，按处理水量的35%～50%；间歇运行时，按处理设备运行一个周期的水量。

2）高位水箱

当中水采用水泵—水箱联合供水时，其高位水箱的调节容积不得小于中水系统最大时用水量的50%。

3）中水调节池

连续运行时，可按中水系统日用水量的25%～35%；间歇运行时，按处理设备运行一个周期的处理水量。

(5) 处理设施计算

1）处理设施的处理能力计算参见式（4.3-66）：

$$q = Q_y / t \tag{4.3-66}$$

式中 q——中水处理设施的处理能力，m^3/d；

Q_y——中水原水量，m^3/d，取 $Q_y = (1.10 \sim 1.15) Q_z$（$Q_z$ 为中水日用水量，m^3/d）；

t——中水处理设施每日设计运行时间，h。

2）各主要处理单元或构筑物的设计参数规定

各主要处理单元或构筑物的设计参数规定参见表4.3-51～表4.3-57。

格栅设计参数的规定 **表4.3-51**

格栅设置形式及格栅类型		栅条空隙宽度（mm）	安装倾角	操作平台	
				平台位置（m）	平台宽度（m）
设一道格栅		<10	60°	高出栅前最高水位0.5	不宜小于0.7
设两道格栅	粗格栅	10～20			
	细格栅	2.5			

斜板（管）二次沉淀池设计参数的规定　　表 4.3-52

表面水力负荷（$m^3/(m^2 \cdot h)$）	斜板（管）			水层厚度（m）	出水堰负荷（L/(s·m)）	停留时间（h）	排泥静压（m）
	板（管）间距（孔径）(mm)	板（管）斜长（mm）	倾角				
1～3	>80	1000	60°	上清液 0.5 下部缓冲层 0.8	1.7	1	1.5

气浮池设计参数的规定　　表 4.3-53

进水反应室		接触室	气浮分离室				
反应时间（min）	流速（m/s）	上升流速（mm/s）	有效水深（m）	超高（m）	停留时间（h）	池内水平流速（mm/s）	表面负荷（$m^3/(m^2 \cdot h)$）
10～15	<0.1	10～20	2～2.5	>0.4	≤1	≤10	2～5

气浮池附属设备设计参数的规定　　表 4.3-54

溶气罐				空压机		回流泵
水力停留时间（min）	罐内工作压力（MPa）	罐高（m）	填料高（m）	空气量/回流水量（%）	空气压力（MPa）	回流水量/处理水量（%）
1～4	0.5～0.6	2.5～3.0	1～1.5	5～10	0.5～0.6	10～30

生物接触氧化池设计参数的规定　　表 4.3-55

停留时间（h）	供气量			填料	
	气水比	按 BOD_5 去除量（$m^3/kgBOD_5$）	溶解氧维持量（mg/L）	填料体积（m^3）	填料层高度（m）
优质杂排水≥2； 生活污水≥3	15～20：1	40～80	2.5～3.5	≥25% 池容积或 1～1.8$kgBOD_5/m^3 \cdot d$	≥2.0， 每层≯1.0

活性炭过滤器设计参数的规定　　表 4.3-56

活性炭			接触时间（min）
炭层高度（m）	压力损失（mH_2O）	COD 负荷（kgCOD/kg 炭）	1. 要求出水 COD_{Cr} 为 10～20mg/L 时，10～20min； 2. 要求出水 COD_{Cr} 为 5～10mg/L 时，20～30min； 3. 对于采用物化处理法时，30min
一般≥3.0，常用 4.5～6.0	≤20	0.3～0.8	
反冲洗时间为 10～15min；冲洗用水量为 10%～15% 的产水量			

氧化消毒设施设计参数的规定　　表 4.3-57

加氯量	消毒接触时间	余氯量
5～8mg/L（有效氯）	>30min	0.5～1.0mg/L

8. 游泳池和水上游乐池给水排水系统计算

（1）水量计算

1）泳池和水上游乐池的初次充水量

泳池和水上游乐池的初次充水量计算式如式（4.3-67）：

$$Q_c = V/T \tag{4.3-67}$$

式中　Q_c——泳池和水上游乐池的初次充水量，m^3/h；

V——泳池和水上游乐池的储水容积，m^3，根据池体的几何尺寸计算确定；

T——泳池和水上游乐池的初次充水时间，h，一般取 $T=12\sim24h$。

2）泳池和水上游乐池正常运行时补充水量

泳池和水上游乐池正常运行时补充水量计算公式如式（4.3-68），亦可参照表4.3-58确定。

$$Q_B=\alpha V/t \tag{4.3-68}$$

式中　Q_B——泳池和水上游乐池正常运行时的补充水量，m^3/h；

α——池水损耗系数，可参照表4.3-59选用；

V——池水容积，m^3；

t——循环系统每天的运行时间，h，一般取 $t=24h$。

游泳池、游乐池的补充水量　　表4.3-58

序　号	游泳池、游乐池名称		每日补充水量占泳池水容积的百分数（%）
1	竞赛池 训练池 跳水池	室　内	3~5
		露　天	5~10
2	多功能池 游乐池 公共泳池	室　内	5~10
		露　天	10~15
3	按摩池	公　用	10~15
4	儿童池幼儿戏水池	室　内	不小于15
		露　天	不小于20
5	环流池		10~15
6	家庭游泳池	室　内	3
		露　天	5

注：1. 室内游泳池、水上游乐池的新鲜水最小补充水量应保证一个月内池水全部更新一次。
2. 当地卫生防疫部门有规定时，应按卫生防疫部门的规定执行。

各种游泳池、游乐池的池水损耗系数（α）(%)　　表4.3-59

泳池、游乐池名称	日损耗系数		泳池、游乐池名称	日损耗系数	
竞赛池 训练池 跳水池	室内	3~5	按摩池	公用	10~15
	露天	5~10	儿童池 儿童戏水池	室内	≥15
				露天	≥20
多功能池 游乐池 公共泳池	室内	5~10	环流河	10~15	
	露天	10~15	家庭泳池	室内	3
				露天	5

注：1. 日损耗系数（α）为每日损耗的水量占池水容积的百分数；
2. 室内泳池、游乐池的新鲜水最少补充水量应保证池水每月全部更换一次；
3. 当地卫生防疫部门有规定时，按其规定执行。

3）循环水量

循环水量计算公式如式（4.3-69）：

$$q_x = \frac{\alpha_f V}{t_x} \tag{4.3-69}$$

式中 q_x——泳池或游乐池循环净化流量，m^3/h；

α_f——管道和循环净化设备的水容积附加系数，一般取 $\alpha_f = 1.05 \sim 1.10$；

V——池水容积，m^3；

t_x——池水循环周期，h，可按表4.3-60选用。

（2）补水箱的容积计算

泳池、游乐池在下列情况下应设置补水箱：当循环水泵直接从池底回水口吸水或无平衡水池和均衡水池时。

补水箱的容积应满足：

① 单纯作补水使用时，不宜小于池子的小时补水量；同时，不得小于$2.0m^3$。

② 除补水兼作回收溢流水用途时，按循环流量的5%～10%计算。

（3）均衡水池的容积计算

逆流循环的泳池、游乐池应设均衡水池回收溢流回水，以均衡池子的水量浮动。同时，亦贮存过滤器反冲洗用水量和间接补水之用。

均衡水池的有效容积计算公式如式（4.3-70）、式（4.3-71）：

$$V_j = V_{pb} + V_s + V_{ad} \tag{4.3-70}$$

$$V_{ad} = A_s \cdot t_0 \tag{4.3-71}$$

式中 V_j——均衡水池的有效容积，m^3；

V_{pb}——过滤器反冲洗水量和循环管道系统的水容积之和，m^3；

V_s——循环系统设备，如：毛发捕集器、过滤器、热交换器、混合器等内的水容积，m^3；

V_{ad}——溢流回水附加的水容积，m^3；

A_s——池水表面面积，m^2；

t_0——溢流回水时，溢流水层的厚度，一般取 $t_0 = 0.005 \sim 0.010m$。

泳池和水上游乐池的循环净化周期 **表4.3-60**

序号	池子类别		有效水深（m）	周期（h）	循环次数（次/d）
1	竞赛池、训练池		1.8～2.2	4～5	6～4
	花样泳池		2.5～3.0	5～6	4.8～4
2	跳水池	5m、7.5m、10m跳台	5～6	8	3
		1.0～3.5m跳板	5～6	6～8	4～3
3	跳水、游泳合用池		深水区5～6	6～8	4～3

续表

序号	池子类别		有效水深（m）	周期（h）	循环次数（次/d）
4	儿童池		0.4～0.6	2～4	12～6
5	幼儿戏水池		0.3～0.4	1～2	24～12
6	公共池、露天池		1.0～1.8	3～4	8～6
	教学池		1.4～1.8	5～6	4.8～4
	中小学池		1.2～1.4	4～5	6～4.8
7	俱乐部、宾馆内附设泳池		1.2～1.8	6～8	4～3
8	环流河		0.9～1.0	2～4	12～6
9	造浪池		0～2.0	2	12
10	气泡休闲池		≤1.0	2～4	12～6
11	水力按摩池	公用池	0.6～0.8	0.3～0.5	80～48
		专用池	0.6	1.0	48～24
12	滑道池		1.0～1.10	6	6～4
13	探险池		≤1.0	6	4
14	大、中学校泳池		1.4～1.8	8	4～3
15	家庭泳池		≤1.0	10	2～2.4
16	蹼泳池		2～3	6	6～3

注：1. 池水的循环次数，按每日使用时间与循环周期的比值确定。
2. 未列出之游乐池和游泳池，可根据使用性质及池子有效水深，比照表内有关池子确定。

（4）平衡水池的容积计算

当循环泵直接从池底吸水而因吸水管过长影响水泵吸水高度或循环泵无条件设计成自灌式时，应设平衡水池。

平衡水池的有效容积计算公式如式（4.3-72）：

$$V_H \geqslant V_{pb} + V_s \tag{4.3-72}$$

式中 V_H——平衡水池的有效容积，m^3，V_H 不应小于循环水泵5min的出水量；

V_{pb}——过滤器反冲洗水量和循环管道系统的水容积之和，m^3；

V_s——循环系统设备内的水容积，m^3。

（5）循环净化工艺设备计算

1）毛发捕集器

毛发捕集器连接管直径与循环水泵吸水管直径相同。

毛发捕集器过滤筒网孔的孔眼总面积，不应小于连接管截面积的2.0倍。

2）过滤器

① 循环过滤面积

循环过滤面积计算公式如式（4.3-73）：

$$A_g = \frac{q_x}{V_g} \tag{4.3-73}$$

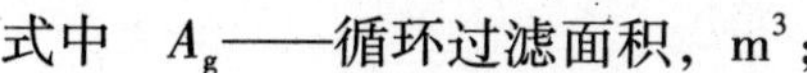

式中 A_g——循环过滤面积，m^3；

q_x——循环流量，m^3/h；

V_g——过滤器的过滤速度，m/h，根据过滤器的类型不同，可分为低速过滤器 $V_g=7.5\sim10m/h$，中速过滤器 $V_g=11\sim30m/h$，高速过滤器 $V_g=31\sim40m/h$，活性炭过滤器的过滤速度宜为 30～35m/h。

② 过滤器的个数

过滤器的个数计算公式如式（4.3-74）：

$$n=A_g/A_0 \tag{4.3-74}$$

式中 n——过滤器的个数，个；

A_g——循环过滤面积，m^2；

A_0——单个过滤器的过滤面积，m^2。

③ 压力过滤器滤料组成和滤速

压力过滤器滤料组成和滤速见表 4.3-61、表 4.3-62。

压力过滤器采用大阻力配水系统的承托层粒径和厚度　　表 4.3-61

层次（自上而下）	材　料	粒　径（mm）	承托层厚度（mm）
1	卵石	2～4	100
2	卵石	4～8	100
3	卵石	8～16	100
4	卵石	16～32	100（从配水系统管顶算起）

压力过滤器滤料组成和过滤速度　　表 4.3-62

<table>
<tr><th rowspan="2">序号</th><th rowspan="2" colspan="2">滤 料 类 型</th><th colspan="3">滤 料 组 成 粒 径（mm）</th><th rowspan="2">过滤速度（m/h）</th><th rowspan="2">备　注</th></tr>
<tr><th>粒径（mm）</th><th>不均匀系数（K_{80}）</th><th>厚度（mm）</th></tr>
<tr><td rowspan="2">1</td><td rowspan="2" colspan="2">单层石英砂</td><td>$D_{max}=0.5$
$D_{max}=1.0$</td><td rowspan="2">≤2.0</td><td rowspan="2">≥700</td><td rowspan="2">10～15</td><td rowspan="2"></td></tr>
<tr><td>$D_{max}=0.6$
$D_{max}=1.2$</td></tr>
<tr><td rowspan="2">2</td><td rowspan="2" colspan="2">单层石英砂</td><td>$D_{max}=0.5$
$D_{max}=8.5$</td><td>≤1.7</td><td>≥700</td><td>15～25</td><td></td></tr>
<tr><td>$D_{max}=0.5$
$D_{max}=0.7$</td><td>≤1.4</td><td>>900</td><td>26～40</td><td>供参考</td></tr>
<tr><td rowspan="2">3</td><td rowspan="2">双层滤料</td><td>无烟煤</td><td>$D_{max}=0.8$
$D_{max}=1.6$</td><td rowspan="2">≤2.0</td><td>300～400</td><td rowspan="2">14～18</td><td rowspan="2"></td></tr>
<tr><td>石英砂</td><td>$D_{max}=0.6$
$D_{max}=1.2$</td><td>300～400</td></tr>
</table>

续表

序号	滤料类型		滤料组成粒径（mm）			过滤速度（m/h）	备注
			粒径（mm）	不均匀系数（K_{80}）	厚度（mm）		
4	多层滤料	沸石	$D_{max}=0.75$ $D_{max}=1.2$	≤1.7	350	20～30	适用于过滤及剩余臭氧吸附过滤一体化系统
		活性炭	$D_{max}=1.2$ $D_{max}=2.0$	≤1.7	600		
		石英砂	$D_{max}=0.8$ $D_{max}=1.2$	≤1.5	400		
5	硅藻土		36～38μm 44～46μm			6～10	此数据为可逆式压力过滤器数据

注：1. 其他滤料如铁矿砂、锰砂、纤维球、瓷砂及纸芯等，可按生产厂商提供的经有关部门认证的数据选用；
2. 滤料的相对密度：石英砂2.6～2.65；无烟煤1.4～1.6。

④ 反冲洗流量及反冲洗用水量计算

过滤器的反冲洗水流量计算公式如式（4.3-75）：

$$q_F = 3.6 n_F A_0 q_f \tag{4.3-75}$$

式中 q_F——反冲洗流量，m^3/h；

n_F——同时反冲洗的过滤器的个数，个；

q_f——过滤器的反冲洗强度，$L/(s \cdot m^2)$，可参照表4.3-63、表4.3-64选用。

反冲洗用水量计算公式见式（4.3-76）：

$$V_F = q_f t_f \tag{4.3-76}$$

式中 V_F——反冲洗用水量，m^3；

q_f——反冲洗流量，m^3/h；

t_f——反冲洗时间，h，可参照表4.3-63、表4.3-64选用。

压力过滤器的反冲洗强度和反冲洗时间 **表4.3-63**

序号	滤料类别	反冲洗强度（$L/(s \cdot m^2)$）	膨胀率（%）	冲洗时间（min）
1	单层石英砂	12～15	40～45	7～5
2	双层滤料	13～16	45～50	8～6
3	三层滤料	16～17	50～55	7～5
4	硅藻土	3～5		2～3

注：1. 设有表面冲洗装置时，取下限值。
2. 采用自来水冲洗时，应根据水温变化，适当调整冲洗强度。
3. 膨胀率数值仅作设计计算之用。

活性炭吸附过滤器反冲洗强度和反冲洗时间 **表 4.3-64**

反冲洗强度（$L/(s \cdot m^2)$）		反冲洗时间（min）		膨胀率（%）
气	水	气	水	
14～16	4～6	3～5	2～3	40～45

注：为保证活性炭吸附能力，宜每年更换 1/3 总厚度的表层活性炭滤料。

(6) 泳池、游乐池加热计算

1) 耗热量计算

① 表面蒸发热损失

表面蒸发热损失计算公式如式（4.3-77）：

$$W_z = \frac{1}{\beta}\rho\gamma(0.0174V_w + 0.0229)(P_b - P_q)A_s\frac{B}{B'} \tag{4.3-77}$$

式中 W_z——泳池、游乐池表面蒸发损失的热量，kJ/h；

β——压力换算系数，取 $\beta = 133.32$Pa，1mmHg = 133.32Pa；

ρ——水的密度，取 $\rho = 1$kg/L；

γ——与池水温度相等的饱和蒸汽的蒸发汽化潜热，kJ/h；

V_w——池水表面上的风速，m/s；室内池 $V_w = 0.2 \sim 0.5$m/s，室外池 $V_w = 2 \sim 3$m/s；

P_b——与池水温度相等的饱和空气的水蒸气分压，Pa；

P_q——泳池、游乐池环境空气的水蒸气分压，Pa；

A_s——池水表面面积，m^2；

B——标准大气压，Pa；

B'——当地大气压，Pa。

② 水面、池体、管道、设备传导热损失

水面、池体、管道、设备传导热损失计算公式见式（4.3-78），其中游泳池水面平均热损失可参考表 4.3-65 确定。

$$W_c = 20\% W_z \tag{4.3-78}$$

式中 W_c——传导热损耗量，kJ/h；

W_z——同式（4.3-75）。

游泳池每平方米面积平均热损失概略值（单位：kJ/h） **表 4.3-65**

气温（℃）	5	10	15	20	25	26	27	28	29	30
露天游泳池	4522	4187	3852	3433	2931	2847	2721	2596	2470	2302
室内游泳池	2345	2177	2010	1842	1507	1465	1382	1340	1256	1172

③ 补充新鲜水加热所需要的热量

补充新鲜水加热所需要的热量计算公式如式（4.3-79）：

$$W_b = \frac{\alpha C V_B (T_d - T_x)\rho}{t_n} \tag{4.3-79}$$

式中 W_b——补充新鲜水加热所需要的热量，kJ/h；

α——热量换算系数，取 $\alpha=4.1868$kJ/kcal；

V_B——日补充水量，L/d，$V_B=1000Q_Bt$，Q_B：补充水流量，m^3/h；

t——循环系统每天运行时间，h；

T_d——池水设计温度,℃；可参照表4.3-66选用；

T_x——补充新鲜水的温度,℃；

t_n——循环系统每天循环加热时间，h；

C——水的比热容，$C=4.1868$kJ/kg·℃；

ρ——水的密度。

游泳池和水上游乐池的池水设计温度 **表4.3-66**

池子类型		池水设计温度（℃）	池水使用温度（℃）
室内池	竞赛游泳池	25~27	26±1
	训练池、跳水池	26~28	27±1
	蹼泳池	≮23	23
	俱乐部、宾馆内附设游泳池	26~28	27±1
	公共游泳池	26~28	27±1
	儿童池、幼儿戏水池	28~30	28±1
	造浪池、环流池、滑道池、休闲池	28~29	28
	按摩池	40	40
室外池	有加热设备	26~28	
	无加热设备	22~23	

2）循环加热设备计算

① 加热设备的热负荷计算

加热设备的选择应结合初次充水热负荷和正常运行耗热量两方面的要求。

初次充水热负荷计算公式见式（4.3-80）：

$$W_j=V(T_d-T_x)C/T+W_t+W_c \tag{4.3-80}$$

式中 W_j——加热设备的热负荷，kJ/h；

V——池水容积，L；

T_d——池水设计温度,℃；

T_x——初次充水温度,℃；

C——水的比热容，$C=4.1868$kJ/kg·℃；

W_t——池体吸热量，kJ/h；

W_c——池体、管道、设备传导热损失，kJ/h。

正常运行时，加热设备热负荷应满足式（4.3-81）：

$$W_j \geqslant W_z+W_c+W_B \tag{4.3-81}$$

式中各符号同前。

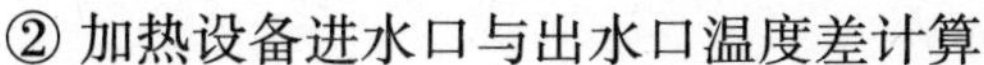

② 加热设备进水口与出水口温度差计算

加热设备进水口与出水口温度差计算公式见式（4.3-82）：

$$\Delta t=\frac{W_z+W_c+W_b}{100\alpha\rho q_x} \tag{4.3-82}$$

式中　Δt——加热设备进水口与出水口温差，℃；

W_z、W_c、W_b——同前述；

α——热量换算系数，$\alpha=4.1868$W；

ρ——水的密度，$\rho=1$；

q_x——池子的循环水量，m^3/h。

（7）消毒计算

1）臭氧消毒

① 臭氧投加量计算公式见式（4.3-83）：

$$W_t=q_0Q/60 \tag{4.3-83}$$

式中　W_t——臭氧投加量，g/min；

q_0——单位投加量，mg/L；一般取 $q_0=0.6\sim1.0$mg/L；

Q——循坏流量，m^3/h。

② 臭氧与水接触反应时间计算公式见式（4.3-84）：

$$q_0t\geqslant1.6 \tag{4.3-84}$$

式中　q_0——单位投加量，mg/L；

t——臭氧与被消毒水的接触反应所需要的时间，min。

2）氯消毒

氯消毒剂的单位投加量，宜按1~3mg/L（有效氯），同时控制池水中余氯量（游离性余氯）0.3~0.6mg/L。因此消毒剂的投加量可按式（4.3-85）计算：

$$W_{Cl}=q_0Q/60 \tag{4.3-85}$$

式中　W_{Cl}——氯消毒剂的投加量，g/min；

q_0——氯消毒剂的单位投加量，g/min；

Q——循环流量，m^3/h。

各种消毒剂类型及投加量亦可参照表4.3-67。

各种消毒剂类型及投加量　　**表4.3-67**

消毒剂类型	臭　氧	次氯酸钠、氯气、氯片或溴片	二（或三）氯异氰脲酸钠
投加量	池水温度<28℃，0.6~0.8mg/L	1~3mg/L（有效氯）	5~10mg/L 溶液配制浓度3~5mg/L
	池水温度≥28℃，1.0mg/L		

注：可逆式硅藻土过滤器氯的投加量可按1.0mg/L设计。

3）紫外线照射消毒

紫外线波长应在254nm；消毒器进水浊度应不大于3度；同时还应辅以氯消毒。

9. 泳池、游乐池循环给水系统计算

(1) 循环给水回水管径计算

循环给水回水管径计算公式如式(4.3-86):

$$d=\sqrt{\frac{4q}{\pi \cdot v}} \tag{4.3-86}$$

式中 d——循环给水回水管道直径,m;

q——循环流量,m^3/s;

v——循环给水回水管道流速,m/s;一般给水 $v \leqslant 1.5$m/s,回水 $v \leqslant 1.0$m/s。

(2) 给水口的数量计算

1) 当给水口为侧壁布置时,给水口的数量计算公式见式(4.3-87):

$$n \geqslant \frac{L}{b_0}=\frac{q}{q_0} \tag{4.3-87}$$

式中 n——循环给水口的个数,个;

L——布置给水口的池壁边长,m;

b_0——给水口的间距,m,一般 $b_0 \leqslant 3.0$m;

q——循环流量,m^3/h;

q_0——单个给水口的流量,m^3/h,见表4.3-68。

给水口出流量调节范围 **表4.3-68**

给水口管径(mm)	流量调节范围(m^3/h)	备 注
40	1.0~5.0	宜用于25m长短池池底给水
50	6.0~9.0	宜用于50m长标准池池底给水
70	10.0~13.0	宜用于25m长短池端壁给水
80	14.0~20.0	宜用于50m长标准池端壁给水

2) 当给水口为池底布置时,给水口的数量计算公式见式(4.3-88):

$$n \geqslant \frac{A}{a}=\frac{q}{q_0} \tag{4.3-88}$$

式中 n、q、q_0——同式(4.3-87);

A——池底水平投影面积,m^2;

a——每个给水口服务面积,m^2,取 $a=7.6\sim8.0m^2$。

(3) 循环回水管管径计算按式(4.3-86)计算,但:

d——循环回水管直径,m;

v——回水管流速,m/s,一般取 $v=0.7\sim1.0$m/s。

其余不变。

（4）循环回水口计算

1）逆流循环溢流槽内回水口的数量计算

逆流循环溢流槽内回水口的数量计算公式见式（4.3-89）、式（4.3-90）：

$$n_1=\frac{1.2q}{q_0'} \tag{4.3-89}$$

$$n_1\geqslant 1.2\frac{q}{V_1A_0} \tag{4.3-90}$$

式中 n_1——逆流循环溢流槽内回水口个数，个，但间距不大于3.0m；

q——循环流量，m^3/s；

V_1——回水口格栅缝隙允许流速，m/s，V_1 不大于0.5m/s；

q_0'——单个回水口的允许回水流量，m^3/s；

A_0——单个回水口格栅缝隙面积，m^2。

2）池底回水口的计算

池底回水口的计算公式如式4.3-91：

$$N\geqslant\frac{q_1}{V_1'A_0'} \tag{4.3-91}$$

式中 N——池底回水口的个数，个；

q_1——池底回水量，m^3/s；顺流循环时，q_1 为循环流量；

V_1'——池底回水口格栅缝隙允许流速，m/s，$V_1'\leqslant 0.2$m/s；

A_0'——单个回水口格栅缝隙面积，m^2；见表4.3-69。

（5）吸污口的计算

标准泳池边长（50m）设3个，短边（25m）设2个，且间距不宜超过20m。

池底回水口规格参数 **表4.3-69**

型　　号	材　质	格栅缝隙面积（m^2）
BJ-HSK-263	316L不锈钢	0.032
BJ-HSK-336	ABS工程塑料	0.049
ZY-HSK-336	PVC工程塑料	0.046
	铜制	0.045
JT-HSK-360	316L不锈钢	0.070
JT-HSK-450	316L不锈钢	0.100
BJ-HSK-490	316L不锈钢	0.110

10. 喷泉水景计算

直流喷头垂直喷射时出流量、喷水高度与水压的关系见第8.9.2节。

直流喷头倾斜喷射时出流量、喷水射程、喷水高度与水压的关系见第8.9.3节。

线性布置的直流喷头（如图4.3-23），其配水管计算公式见式（4.3-92）：

$$1000i=\frac{1000\alpha}{\frac{1}{m+1}+\frac{1}{2N}+\frac{\sqrt{m-1}}{6N^2}}\frac{\Delta h}{L}=K\frac{\Delta h}{L} \tag{4.3-92}$$

式中 Δh——喷头间允许的最大喷水高度差，m；

L——相距最远两喷头间的管段长度，m；

α——供水方式系数，单向供水时 $\alpha=1$，双向供水时 $\alpha=2$；

m——配水流量指数，钢管 $m=2$，塑料管 $m=1.77$；

N——计算管段的喷头数量，个；

K——综合系数，见第8.9.2节。

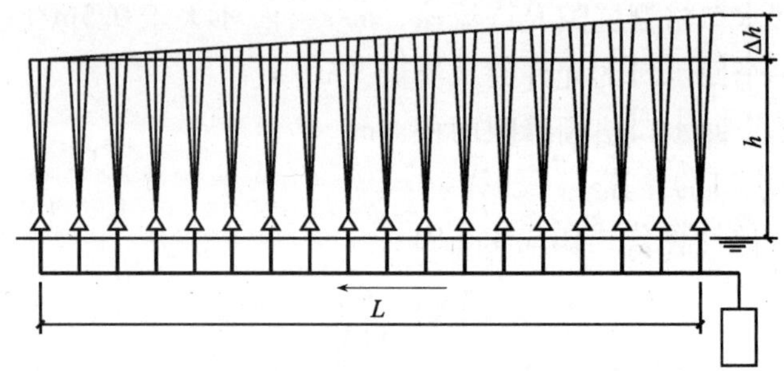

图4.3-23 线性布置的直流喷头

各种构筑物表面溢流形成的跌水瀑布、水帘、水盘、叠流等可按其堰口形式简化为类似的堰进行计算。各种堰流的计算公式见式（4.3-93）、式（4.3-94）：

$$q=K_1H^{\frac{3}{2}} \tag{4.3-93}$$

$$V=K_2H^{\frac{1}{2}} \tag{4.3-94}$$

式中 q——溢流量，$m^3/(h\cdot m)$；

K_1、K_2——与堰形有关的系数，见第8.9.4节；

H——堰上静水头，m。

常用的宽顶堰和薄壁堰的计算见第8.9.4节。

各种孔口和管嘴出流的计算公式见式（4.3-95）、式（4.3-96）：

$$q=K_3H^{\frac{1}{2}} \tag{4.3-95}$$

$$V=K_4H^{\frac{1}{2}} \tag{4.3-96}$$

式中 q——出流量，L/s；

V——出流速度，m/s；

K_3、K_4——与孔口、管嘴直径及形式有关的系数，见第8.9.1节；

H——静水头，m。

孔口和管嘴的计算亦可见第8.9.1节。

水景水池的初次充水与泄空时间取12～48h；补充水量按最大循环流量的1.0%～2.5%计算。

4.3.3 计算结果汇总

1. 给水系统

（1）各分区、各系统或各独立计量系统的设计水量、水压、减压、安全泄压的调定值等系统设计参数。

（2）水泵、水处理设备的性能参数、设备自重和运行重量、基础尺寸等设备参数。

（3）引入管、管道交叉、穿越障碍等控制点管道管径、标高、保温、防露层厚度、管道支吊架间距、管道数量、管道运行重量等有关管道系统的计算数据。

（4）水箱、水池等自重、湿重、上下限、溢流、报警水位计算结果。

（5）水表井、阀门井等构筑物的尺寸位置参数。

（6）仪表、阀门的规格、数量。

2. 消火栓给水系统

（1）建筑物层数、建筑高度、建筑体积或单层建筑面积、建筑功能、类别、耐火等级、可燃物品种类、火灾危险性分类等定性指标。

（2）设计室内、室外消火栓用水量、火灾延续时间、消防水池有效容积及各控制水位标高、各分区系统的设计入口流量、压力、充实水柱长度、水枪射流量、水带长度与保护半径等系统设计参数。

（3）各分区消火栓泵、增压、稳压设施等设备的性能参数；水箱有效容积、尺寸、自重、总重、上限、下限、溢流、报警水位。

（4）减压装置、安全泄压装置的规格、型号、压力调定值。

（5）消火栓、阀门、仪表规格、型号、数量及性能参数。

（6）管材、保温层、防结露层的厚度、管道支吊架间距。

3. 自动喷水灭火系统

（1）火灾危险性分类、设计喷水强度、作用面积、系统设计用水量、火灾延续时间、各分区系统设计供水量及压力、干式系统容积、排气时间等系统设计参数。

（2）各分区系统水泵、空压机、增稳压设备的性能参数。

（3）减压、泄压装置的压力调定值。

（4）报警阀、信号阀、水流指示器、喷头及其他阀门、仪表规格、参数、数量。

（5）管材、管道支吊架间距。

4. 热水供应系统

（1）设计热水用水量、耗热量、热媒耗量、热媒参数、冷水计算温度、水加热设备出口温度、系统最大温度、系统热损耗量、循环流量、循环水头损失、系统总容水量、膨胀水量、各分区系统设计水量、压力等系统设计参数。

（2）水加热器、循环水泵、膨胀水箱或膨胀水罐等设备的性能参数。

（3）减压阀、安全阀的压力调定值。

（4）管材、阀门、仪表规格、数量，保温材料及保温层厚度、管道支吊架间距、管道伸缩量。

5. 排水系统

（1）最高日排水量、最大时排水量、各系统设计排水量等系统设计参数。

（2）管道穿越基础、外墙、与其他管道交叉等处管道的管径、标高、洞眼、套管的规格、尺寸、标高等控制点的相关数据。

（3）集水池（坑）的尺寸、有效容积、上限、下限、溢流、报警水位，及污废水泵的数量、位置、性能参数。

（4）排水检查井、污废水处理构筑物规格、尺寸、数量及标准图号；管道基础或支墩的尺寸、位置及形式。

（5）立管穿墙板及卫生器具给水排水穿楼板预留洞眼的数量、位置及尺寸。

（6）管材、管道规格、数量、支吊架间距、伸缩节的设置、通气帽形式及规格。

（7）水处理工艺流程、工艺参数、原水、处理后出水水质指标、设备、构筑物数量、规格、尺寸及性能参数。

6. 雨水内排水系统

（1）设计排水重现期、暴雨强度、汇水面积、径流系数、汇水量、各局部汇水区域的汇水面积、雨水口或雨水斗型号、规格及数量等总体及各系统设计参数。

（2）管道穿墙、穿基础套管或预留孔洞的尺寸、规格、数量、标高、管道交叉点处的管径及标高。

（3）管道运行荷载、支吊架间距。

（4）雨水检查井等构筑物数量、规格、位置、施工做法等。

7. 中水系统

（1）水量平衡图表、原水、中水水质指标；各中水供水系统设计水量、水压等系统设计参数。

（2）处理工艺流程、工艺参数、设备及构筑物的规格、数量、材质、性能参数。

8. 泳池、游乐池

（1）池子类型、池子容积、尺寸、设计池水温度、冷水计算温度、循环次数或循环周期、循环流量、初次充水流量、补充水流量、热源参数、小时耗热量、排空时间等系统设计参数。

（2）循环处理工艺设备型号、规格、数量及性能参数。

（3）给水口、回水口、泄水口、吸污口的规格、型号、数量。

统计这些结果的目的有以下几个方面：

首先，出图时列材料、设备表要用到一些内容；其次，给其他相关专业提条件也要用到一些内容；再次，设计说明及图纸交底还要用到某些内容；最后，作为设计人员，应该全面掌握你设计的最终成果，更有利于处理工程实施过程中遇到的各种问题。

第5章 设计作图

5.1 建筑给水排水图例与线型

5.1.1 建筑给水排水图例与大小

工程设计是用图纸来表达的，图面质量直接反映出设计质量的优劣，也展示着制图人美学和技术素养。图例的大小、浓淡都会影响图面效果，所以，图例的大小要适中，形状要形象简洁，浓淡要清晰适度。笔者根据 20 多年的经验，建议采用图例如表 5.1-1 所列。

建筑给水排水图例　　表 5.1-1

生活给水管	—— J —— JL-	管道固定支架	
热水给水管	—— RJ —— RL-	管道滑动支架	
热水回水管	—— RH —— RHL-	减压孔板	
中水给水管	—— ZJ —— ZJL-	法兰连接	
热媒给水管	—— RM —— RML-	承插连接	
热媒回水管	—— RMH —— RMH-	管堵	
蒸汽管	—— Z —— ZL-	法兰管堵	
凝结水管	—— N —— NL-	弯折管	
通气管	—— T —— TL-	三通连接	
压力废水管	—— YF —— YFL-	四通连接	
污水管	—— W —— WL-	管道丁字上接	
压力污水管	—— YW —— ZL-	管道丁字下接	
雨水管	—— Y —— YL-	管道交叉	
压力雨水管	—— YY —— YYL-	盲板	

续表 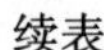

膨胀管	PZ	偏心异径管		
排水明沟	坡向	异径管		
排水暗沟	坡向	乙字管		
波纹管		喇叭口		
防护套管		吸水喇叭口	平面 系统	
地沟管		存水管		
方形伸缩器		正三通		
可曲挠橡胶接头		斜三通		
柔性防水套管		正四通		
		斜四通		
刚性防水套管		浴盆排水件		
管道立管	XL-1 平面 XL-1 系统	大便器排水		
		洗脸盆排水		
塑料管道外径	De	管道外径 X 壁厚	DX δ	
管道内径	d	管道长度	L	
雨水管		消火栓给水管	XH XHL-	
闸阀		自喷给水管	ZP ZPL-	
角阀		雨淋给水管	YL YLL-	
截止阀	DN≥50 DN<50	水幕给水管	SM SML-	
电动阀		水泡给水管	SP SPL-	
减压阀		室外消火栓		
旋塞阀	平面 系统	室内消火栓（单口）	平面 系统	注：白色为开启面
底阀	平面 系统	室内消火栓（双口）	平面 系统	

续表

球阀		水泵接合器	
蝶阀		自动喷洒头（开式）	平面 系统
隔膜阀		自动喷洒头（闭式）	上喷 平面 系统
电磁阀	M	自动喷洒头（闭式）	下喷 平面 系统
止回阀		自动喷洒头（闭式）	上下喷 平面 系统
消声止回阀		侧壁式自动喷洒头	平面 系统
弹簧安全阀		侧壁式喷洒头	平面 系统
平衡锤安全阀		干式报警阀	平面 系统
自动排气阀	平面 系统	湿式报警阀	平面 系统
浮球阀	平面 系统	预作用报警阀	平面 系统
延时自闭冲洗阀		水流指示器	L
疏水阀		水力警铃	
混合水龙头		雨淋阀	平面 系统
		末端测试阀	平面 系统
放水龙头	平面 系统	手提式灭火器	
淋浴喷头	平面 系统	推车式灭火器	
小便槽		雨水口	单口 双口
浴盆混合龙头		阀门井 检查井	
矩形化粪池	HC	水表井	

续表

名称	图例	名称	图例
圆形化粪池	HC	立管检查口	
坡度及坡向	i=0.003	污水出口编号	W n
给水进口编号	J n	雨水出口编号	Y n
集水坑		水表	
水泵	卧式 立式平面 系统	真空表	
潜水泵		清扫口	平面 系统
管道泵		通气帽	成品 铅丝球
立式交换器		雨水斗	YD- 平面 YD- 系统
		排水漏斗	平面 系统
卧式交换器		圆形地漏	平面 系统
快速管式交换器		方形地漏	平面 系统
开水器		自动冲洗水箱	平面 系统
水锤消除器		温度传感器	T
浮球液位器		压力传感器	P
温度计		酸传感器	H
压力表		碱传感器	Na
自动记录压力表		余氯传感器	CI
压力控制器		热水进口编号	RJ n
		热水出口编号	RH n

5.1.2 建筑给水排水制图线型及线宽

工程图纸的层次是由线型、线宽及线条的浓淡来表现的。给水排水专业在图面上要重点表达的是管道，作为图面的第一层次要鲜明突出，第二层次是附配件和设备，要清晰明确，第三层次是标注，要比建筑底图上的标注更鲜明更突出，应当明确表达除建筑专业外的标注。上述三个层次既要相互有明显的层次区别，又不要梯度太大让人觉得突兀生硬。同时，要鲜明于建筑底图。笔者以为在1：100比例的图纸上合适的线型及线宽如表5.1-2。

建筑给水排水制图线型及线宽表　　　　**表5.1-2**

图例名称	线型名称	线型及线宽
压力管道	粗实线	0.5
重力排水管道	粗虚线	1~2　1~2　10~15　10~15　0.5
标注线	细实线	0.2
中心线或轴线	点划线	1~2　1~2　10~15　10~15　0.2
设备装置轮廓线	细实线	0.3

5.2　设　计　作　图

各设计阶段要求出图内容及深度均已在第一篇中详细介绍过了。在这里只是针对作图的原则方法和效果作些经验性的介绍。

5.2.1　方案设计作图

方案设计作图主要是原理图，各系统原理图总体的原则要求：既能够反映建筑物的基本特征，又满足相应规范的要求。作原理图时，必须以已经建立的建筑模型图为基础，管网结构必须反映建筑物的基本特征（如：形体的变化，层数、高度，系统组成、主要组成部分及干管的规格参数、位置，出入户管道埋深等）。各系统原理图的具体要求如下：

（1）给水系统必须体现出入户位置及个数，系统组成、根据业态或功能（水价）不同，要体现出计量表的设置情况，分区情况，防超压、节水、节能措施，排气及检修泄水措施，人防工程的安全防护措施；

（2）排水系统要能反映分区情况及系统组成：高低区、重力排水和压力排水区，通气管的设置，伸顶通气的高度，消防电梯井的排水，必要的清通及温度补偿附件的设置，特殊井（如：水封井）的使用，采用的环保设施。

（3）消火栓系统必须体现出给水入口的根数，分区情况，是什么压力系统，临时高压系统应设备用泵并保证吸水条件，要有消防水泵房的位置、试验泄水及防超压措施，消防水池的有效贮水容积，高位消防水箱的有效贮水容积及其设置

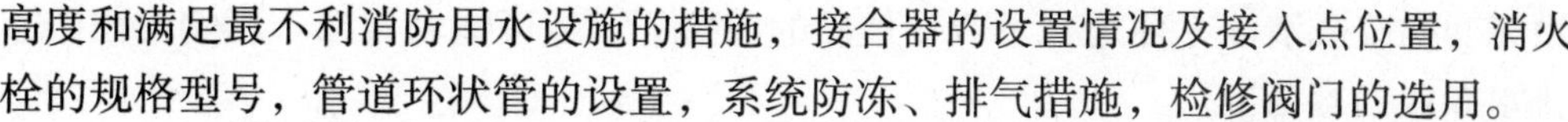

高度和满足最不利消防用水设施的措施，接合器的设置情况及接入点位置，消火栓的规格型号，管道环状管的设置，系统防冻、排气措施，检修阀门的选用。

（4）自动喷水灭火系统必须反映工作压力状态，压力（或报警阀）分区情况，防火分区情况，排气及试验泄水措施，高位消防水箱的接入位置，接合器的设置情况及接入点位置，报警阀、水流指示器的设置情况及喷头的选用，喷头的安装方式。

（5）热水系统要能反映分区情况，与冷水系统的关系，系统形式，热源及热水制备情况，加热设备形式规格参数、位置，系统循环情况，排气、检修及温度补偿措施，温度控制及保证措施。

5.2.2 施工图设计作图与图纸说明

1. 图面设计

（1）平面图的准备

1）建筑平面图的预处理

建筑平面图转给各相关专业时，是按照建筑专业所表达的全部内容和制图规范（包括图层设置，尺寸标注，突出内容，图块的设置等，了解该建筑制图人的习惯，便于对建筑平面图的进一步处理）出图，很多内容和表示方法并不适合给水排水专业出图的需要，因此，在进行给水排水专业图面设计时，应首先对建筑平面进行必要的处理以适合本专业出图要求。收到建筑专业转图后，首先应对建筑平面图进行处理：建筑图形的外围次要尺寸线如果是在同一层，可直接关闭，如不是同一层应手动删除；卫生间细部小尺寸和其他无关本专业的小尺寸也应关闭或删除。同时要特别注意，不能把所有尺寸删除，必须保留某些必要的尺寸（如：轴线、定位、总长及宽等涉及到计算工程量的尺寸）。

① 尺寸标注的处理。一般情况下，除了总尺寸、轴线尺寸和与专业设计有特殊意义的尺寸（比如：能体现规范限定尺寸、管道长度、位置尺寸等）应予以保留以及内、外墙厚度各保留一两处标注外，其余尺寸均可删除。必要时可在电脑上直接测量尺寸。但特别提醒的是，指明房间功能或有特别意义的注明必须保留，比如："客房"，"水井"，"防火卷帘"等，有时对缺少功能标注的房间经确认后，还应补充注明，否则将给设计带来不必要的麻烦。

② 图层的处理。

建筑制图时，设了许多图层，对给水排水专业来说，并无必要，只要保留轴线层，尺寸标注层，卫生器具层和墙线层即可，其余图层均可合并到墙线层。如果图面简单，也可全部归结为标注层和墙线层两个图层。

③ 突出内容，图块的处理。

建筑平面图上以粗实线绘制或以填充方式加重突出的内容及图块会冲淡和弱化给水排水专业要突出的管道、设备，因此必须将其淡化处理，即粗线变细线、填充变稀疏或清淡，使之在不改变性质的前提下，尽可能弱化以不影响突出给水排水专业内容为准。

2）平面图的移位或分割与合并

① 建筑平面图移位

由于给水排水专业在设计作图时通常要在建筑物首层或地下室外轮廓以外表示给水排水构筑物和管道进出口，如果不事先将建筑平面移动到图面的适当位置，会导致由于给水排水进出口及构筑物的加入而使图面重心偏置或没有足够的图面空间布置给水排水出口及构筑物。因此，应事先按照给水排水设计内容在建筑物外所占空间大小及位置，将建筑平面移动，有时还可以采用对建筑轴线外延部分的拉伸与压缩等手段，为布置本专业内容滕出空间。

② 建筑平面图的分割与合并

有的建筑地下室或裙房部分面积很大占据图幅为1号、0号甚至更大，而建筑上部则面积较小，占据图幅为2号、3号，往往为了图幅一致便于装订和图纸管理，对大幅图（特别是0号及以上）进行分割，使其变为便于装订和看图的小号图（1号，2号）；而对小图幅（特别是2号，3号）进行合并，使其变为与地下室或裙房较为统一的图幅，同时也便于看图。

要特别强调的是：小幅图面可以合并，便于作图时平面之间相互对照；大幅图不宜先分割，否则失去了完整性，不便于图面布置和全局的把握，应在制完图后再分割，并且应该在分割线处标注相互接续图纸的编号。

（2）平面图图纸张数的确定

在进行图面设计操作之前，首先要对平面图上表达的全部内容有一个全面把握，也就是说应清楚地知道要在平面图上表达哪几种给水排水系统，然后根据各系统内容的多少进行叠加组合对图纸进行分张，力求以最少的出图张数来完整、清晰地表达设计内容。

1）给水排水专业系统顺序

绝大多数给水排水专业工程技术人员按照工程设计中各系统出现的频率和内容的多少都习惯地把给水排水系统按如下顺序排列：①给水系统（指自来水系统），②排水系统（指污废水系统），③消火栓系统，④自动喷水、水幕系统，⑤热水供应系统，⑥雨水内排水系统，⑦中水供应系统，⑧饮用水供应系统，⑨给水局部处理系统（含泳池、游乐池），⑩污废水局部处理系统（含中水处理）。

2）系统组合与图纸分张

平面图上系统组合与分张的原则是：清晰表达，看图方便，图面内容饱满，尽可能减少出图量（图纸张数）。

于是在实际操作中，常用平面图的系统叠加组合方式（以上述数字序号代表对应的系统如①代表给水系统）及优缺点有如下几种：

① ①+②+③+⑥+⑦组合为一张平面，⑤+⑧为一张平面，⑨+⑩分别以流程图大样图单独出图，这种组合适用于无自动喷洒或水幕系统，而热水系统管道比较复杂，将消防给水合并在给水排水平面图上，这样可以减少出图张数，热水和饮用水单独组合为一张平面，便于清晰表达及看图，而且图面内容也会显得比较饱满。

② ①+②+⑥+⑦为一张平面，③+④、⑤+⑧各为一张平面，⑨+⑩单独出图。这种组合分张适用于有喷洒或水幕系统，同时热水系统比较复杂。将消火栓系统与自动喷洒、水幕系统合并在一张平面上，分类明确，内容饱满，可单独出一套消防给水图纸报送消防建审机关审查，也给看图带来很大方便。

③ ①+②+⑥为一张平面，③+④为一张平面，⑤+⑦+⑧+⑨+⑩为一张平面。适用于⑤、⑦、⑧、⑨、⑩系统简单，管道设备少且分散、互不交叉、不重叠的情况。

总而言之，可以归纳为：当无水幕、喷洒系统时，消火栓系统可以与给水排水组合为一张平面，热水系统比较复杂时可与饮水系统组合为一张平面图，若热水系统复杂管道较多时，可单独出平面，也可与饮用水合出平面；当有水幕、喷洒时，消防给水的各种系统宜组合为一张平面，便于按内容分类，分别出图报送各自主管部门审批。当给水排水，消防给水，热水各系统平面分张后，其余系统如果不复杂且平面布置时相互交叉、重叠较少，不致影响清晰表达时，宜尽量合并以减少出图张数。

(3) 建筑给水排水图层设置与管理

建筑给水排水设计时，宜把给水、排水、雨水、消火栓和喷洒以及灭火器都单独设置图层。各系统的平面图、系统图图层设置如下：

1) 给水

给水图纸的图层设置：立管一层、立管编号设为一层、管线一层、阀门和器具一层。管线一层目的是在修改给水管线的时候，若只是局部修改给水管线，拷贝方便；立管编号一层是为了在给水平面图设计时，平面画好以后最后编号，这样在首层，标准层和顶层之间拷贝编号的时候容易挑选，如果一开始绘制平面时就把编号编好，若是（因为有时候一栋住宅可能某几个单元的关系是相同或者对称）大规模的编号镜像就容易出现纰漏（可能文字错位，也可能与其他文字重叠）。立管一层，可利用对称性和一致性，上下层可直接把立管层打开，拷贝立管上去即可，然后平面相同的部分管道就直接拷贝上去，不同的部分管道就对应立管补画。阀门和器具单独一层其实就是为了便于绘制系统图，如果习惯于只用CAD制图（不用专门软件），在绘制系统图的时候，一般拷贝平面管线进行绘制系统，这样平面图与系统图之间的管线关系一一对应，不容易出错。管径和一般管线在一层。画图阶段，锁定所有图层，画到哪个系统，打开哪个系统，便于绘制和编辑。

2）排水和雨水

排水和雨水图层设置与给水大致相同，管线一层、立管一层、立管编号一层、设备和器具一层，目的一样。

3）消火栓

消火栓平面图绘制时，栓口单独设为一层，其原因是有时消火栓位置要给建筑专业、结构专业（消火栓暗装需要给建筑或结构专业提条件）、电气专业（临时高压消防系统需要电气按钮或其他联动）提位置条件。所以，栓口单独一层，给其他专业提条件时可一次性落到相应的图纸上，且位置准确。其他与给水一致。

4）喷洒

管线与编号在同一层或者分开均可，因为喷洒管线立管集中且不多。把报警阀、水流指示器和信号阀放在同一层，可以方便于给电气专业提条件，理由同消火栓系统。喷头应单独作为一层，为了便于统计每层或者每个防火分区内的喷头数量，这样可控制每个报警阀组所控制的喷头数量在规范允许的范围。（查喷头数量的方法很简单，就是我把除喷头层以外的其他层都关掉，平面图上只剩下喷头然后使用删除命令，这时下方出现的提示删除物体的数量就是所布的喷头数量了，但不要按确认键。前提是每个喷头都是一个块）

最后，还有一个要特别指出的就是：一般都需要在本专业工程设计结束后，给结构专业提留洞条件，我们应把留洞作为单独一层绘制。洞的编号为：D1、D2……，然后对应D1、D2列表说明洞的类型或者防水套管类型、规格、尺寸以及中心标高或是管底标高，这样给结构专业提条件简单明了。

总之，图层设置与管理其实就是要分每一层的类型，并不是图层分得越多、越细越好，因为在楼层间互相拷贝的时候图层多了反倒会增加麻烦，容易漏掉其中的一些应该拷贝的内容。图层设置的原则是：在够用的基础上越少越好，根据个人的需要和绘图习惯设置图层，更加便于管理。

（4）给水排水平面施工图作图

1）作图顺序

正常情况下作图可以按照各种不同顺序进行

① 按楼层顺序作图

按楼层的顺序作图有：自下而上逆序、自上而下顺序、先自上而下到技术层再自下而上到技术层的混合顺序。

笔者认为在正常设计周期情况下，按自上而下的顺序往往是由简到繁，便于建筑功能分区的把握和立管的顺序传递，能够提高设计的时间效率，而到技术层汇合的混合顺序，则便于多人同时进行各自独立完成相应部分，效率高，牵制少，自下而上的逆序最适合边设计边施工的情况，为了配合土建由下而上逐层施工，设计也必须自下而上逐层进行，以便及时提供孔洞、设备基础等的条件和对水池等构筑物、设备间等做出合理及时的调整。

② 按照系统顺序作图

宜先重力流大管道系统，再压力流大管道系统，然后再重力流小管道和压力流小管道，这样便于合理安排管道空间的位置和及时调整建筑层高。

也可以先简单系统，再复杂系统，这样虽然可以提高时间效率，但必然涉及到各系统的综合与设计调整，有时甚至会导致很大变动。

2）管道平面布置原则

管道平面布置原则，应先立管后横干管再支管，先重力后压力，先大管后小管的顺序。在进行管道布置时，最好以普通线画图，但为了使打图时不因加粗线型致使管道之间很密集分不清楚彼此，平行管线与管线之间最好以平行拷贝的方式设置适当距离，一般在 1：1 图上以 120～150 为宜，而管道交叉打断时断开点的间距以 150～200 为宜。

布管时宜沿墙顺柱，横平竖直，压力流管道垂直连接或转弯，重力流管道则以 45°斜三通连接或 45°弯头转弯。

不同系统的管道应在每一段上或长直段的每隔一定距离上用字母或代号表明管道所属系统及管径。

特别要强调的是给水排水管道的布置要在平面和空间位置上避开风管，同时避开变、配电室、主控制室以及管道下方的电气设备和贵重仪器。

管道宜平行敷设，尽量减少交叉，支管可以从水平管的顶部或底部接出。

3）平面图图面表达深度标准

首层平面图、设备间平面大样图的表达深度分别见图 5.2-1、图 5.2-2。

4）大样图

当管道，设备复杂，需要准确清楚地表达设计内容时，需要把图纸比例缩小（比例尺放大）图面放大（一般是局部），在放大了的图面上表达设计内容，从而构成了大样图。并非是建筑专业提供的所有大样图都需要做给水排水专业大样图，而是根据制图需要才作大样图。往往建筑专业提供大样图，是为建筑专业表达需要，而给水排水专业需要作大样图时，也可自行放大建筑图而作为大样图。另外，还有人将正常的平面放大稍作修改作为大样图，这是个错误的概念，结果所有图例和线宽均按比例放大，很不规范。

给水排水专业需要作大样图的通常是水泵间，换热间，水箱间，水处理机房，报警阀间，主管道井，卫生器具较多的公共卫生间等管道设备较多、布置较复杂的房间。

给水排水大样图的常用比例有：1：50，1：30，1：20，1：10，1：5，1：2，1：1，2：1。1：10 以前的比例常用于设备间大样图，1：5 以后常用于管道，设备节点大样图。

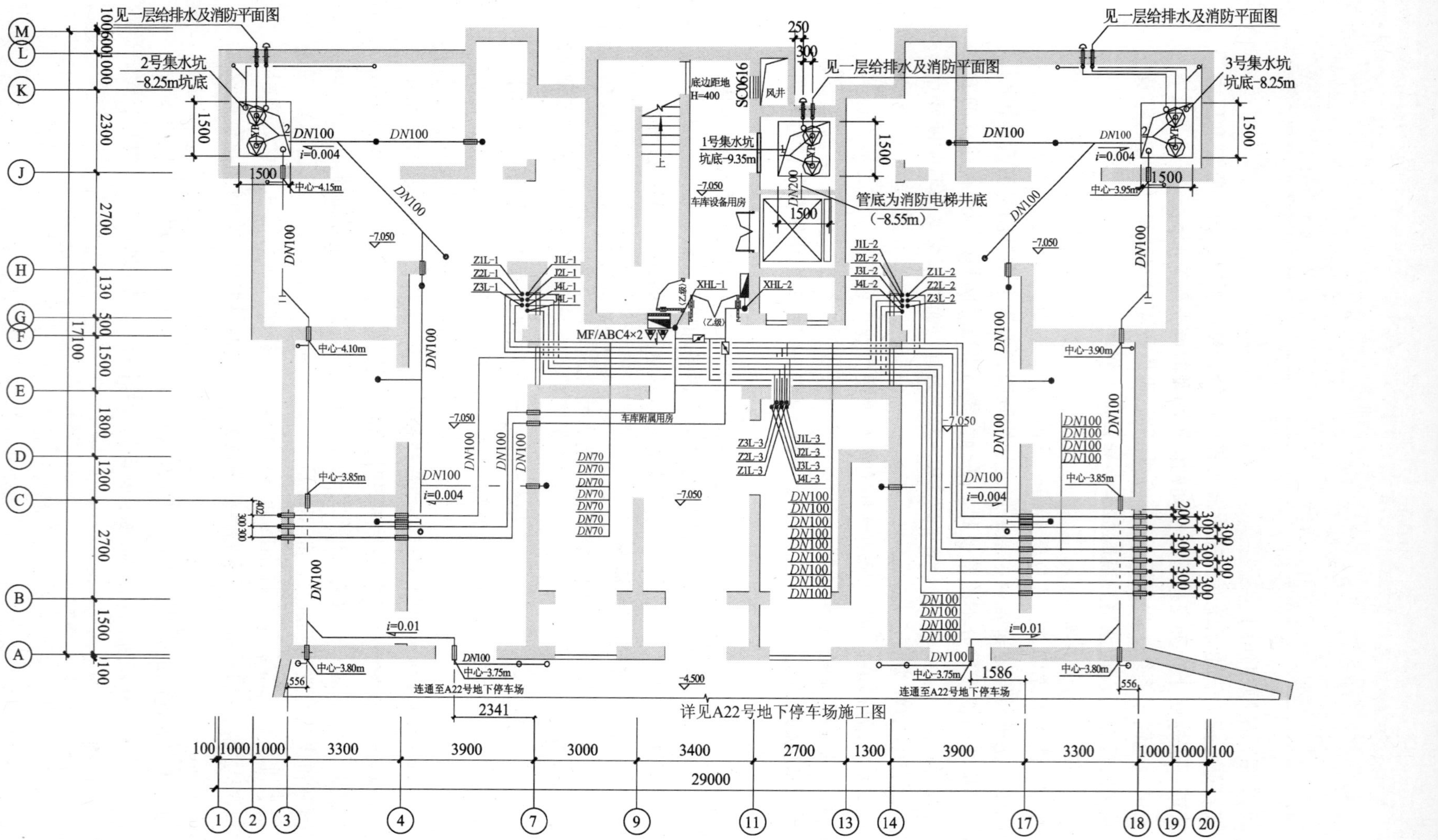

地下车库层给排水及消防平面图1：100

图 5.2-1　地下室给水排水平面布置图

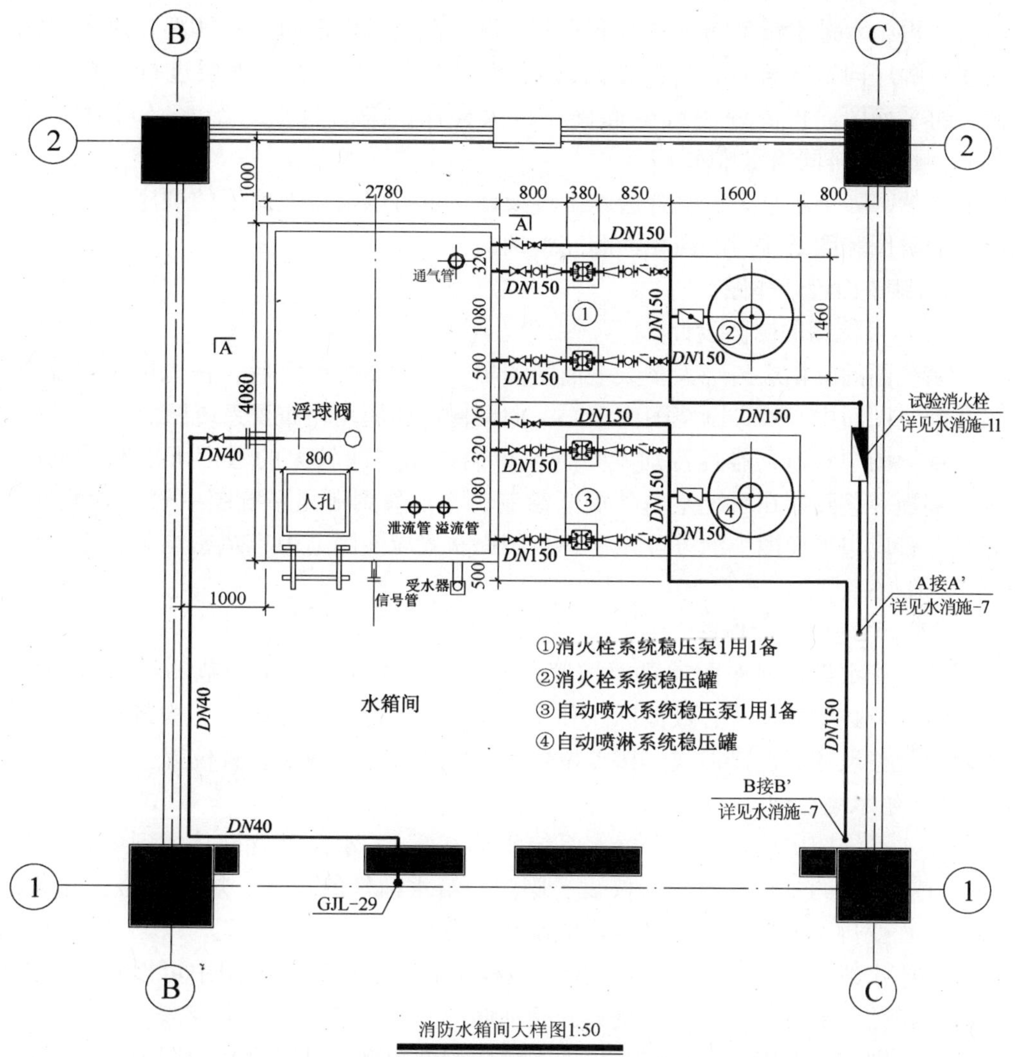

图 5.2-2 消防水箱间给水排水平面图

在建筑给水排水大样图中，设备、装置、管道以及配件等能按比例画出时，应按比例落图，当不能按比例画出（因实物太小）时，仍按正常平面上图例大小绘制，能够基本准确地表达设计意图，并且满足施工要求，除了管道节点大样图外，不宜按大样图的比例放大绘制。

（5）平面图纸顺序编排

平面图分张后，同一层平面图可能有“给水排水平面图”、“消防给水平面图”、“热水、饮用水平面图”、“局部水处理工艺大样图”、“设备间大样图”、“管道（或设备安装）节点大样图”等，为了便于看图和图档管理，要为这些平面图编排基本顺序。通常人们习惯的顺序是：首先，给水排水平面由下而上逐层进行，再给水排水设备间大样由下而上，再节点大样由下而上；其次是热水、饮用水，顺序同给水排水；再次是局部处理，顺序是由下而上逐层进行，先流程图，再平面图，再高程图或剖面图，再大样图；最后是消防给水（可独立序列），顺序编排同给水排水。

当然，如果不是为了配合边施工边设计，也可以按自上而下的顺序编排，并不影响看图和图纸序列的独立性和完整性。

2. 系统图设计作图

（1）系统图的图面设计

系统图的图幅应与绝大多数平面图图幅一致。图幅确定后，首先用对角线交叉法确定图面中心线，围绕图面重心，向两侧或四周均匀布置系统图。

系统图中管道、器具特别密集处或单向占据空间较大的管道可以利用剖移法，剖断并移到所在系统空白处展开绘制，不论移到哪，系统图中管道附配件、器具支管应与平面图中的方位相一致。图面布置应使图上内容疏密均匀，重心中正，不偏不倚。

（2）系统图设计作图

给水排水系统图作图就是要按照轴测图的制图规则，用规范的给水排水图例、线型及必要的尺寸、数据标注和文字说明来表达管道、设备、构筑物的相对位置、规格尺寸、连接形式、接点位置、附配件设置情况及设置位置。

1）给水系统图

给水系统图应该表达整个给水系统水池（箱）、水泵及管网从内到外，从上到下在各楼层的主管、支管、仪表、阀门、给水配件的设置、规格型号、标高、长度直径变化、连接方式、接点位置及相互关系。

由于水池（箱）、水泵间等一般以大样图表示，所以系统图中可以将大样图已表达清楚的部分省略，并在剖断线处注明“见大样图……”等字样。

系统图作图前应先做一些常用的系统图配件图例，可以将平面图上的相应管道及设备等拷贝到系统图界面上，然后利用旋转，平移等命令将平面图改成系统图。

给水系统图作图时可以利用各系统之间对称性和一致性的关系，省略掉一些完全一致或对称的系统或支管。常常会发生管道在投影方向上相互重叠，遮挡，这时，可将重叠或被遮挡的支管或部分切割下来平移到附近不发生遮挡处完整地画出，同时，用剖断线和引出线（最细的实线）将相关的断点连接起来。

给水系统应在入口处注明设计流量、压力、管径、标高系统编号。凡图与图之间、系统与系统之间有相互连接、借用之处，均应相互呼应标注，以便看图。给水系统图实例见图5.2-3。

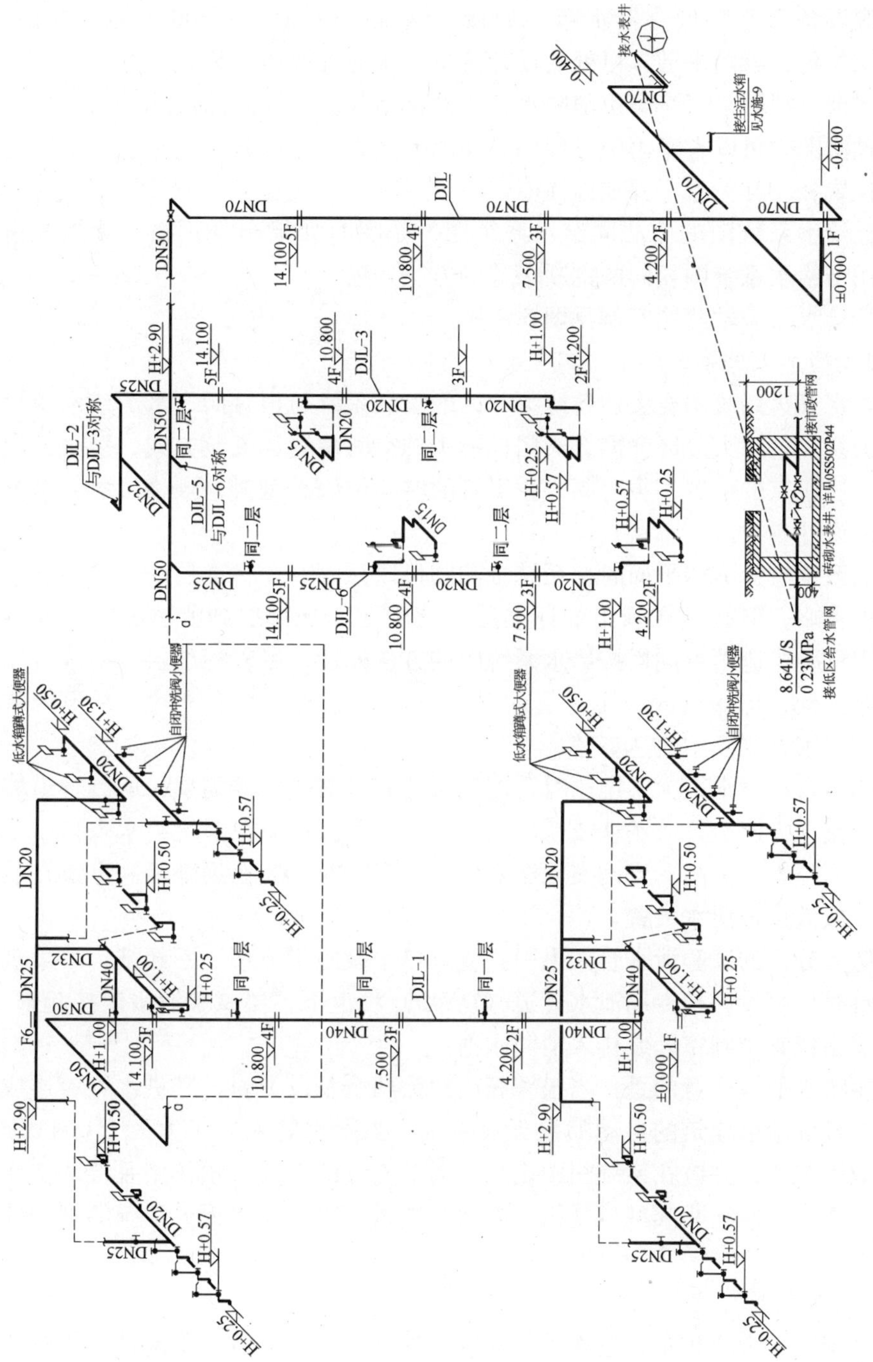

低区生活给水系统图 1:100

图 5.2-3 给水系统图

2）消火栓给水系统图

消火栓给水系统图应该表达消火栓给水管网的布置、阀门、消火栓的配置，水源或水源设备（水泵接合器水箱）的接入情况，管道、设备的型号、规格、尺寸、空间位置，管网水源入口处的设计流量、压力等设计参数。

消防水池、消防泵房、高位消防水箱等设备间常以大样图的形式表达，所以管网系统轴测图中可以省略不画已经用大样图形式表达的部分，但必须表示他们接入点的位置和相互关系，并加以注明。

消火栓给水系统图的作法同给水系统图，作图时如果出现重叠、遮挡等情况，可采用与给水系统图相同的剖断平移的方法处理。

消火栓给水系统轴测图实例见图5.2-4。

3）自动喷水灭火系统图

自动喷水灭火系统图要表达各防火分区的喷洒系统与报警阀、水源或水源设备之间的关系，各防火分区管网，阀门，喷头的空间位置，安装方式，型号，规格，尺寸，连接点的位置，报警阀，主干管的空间位置，型号，规格尺寸，系统水源入口的设计参数。

当喷洒系统有标准层平面时，系统轴测图可以只画一个标准层的系统，其余标准层可以省略，但必须在画出的标准层系统中注明是哪层到哪层的喷洒系统图，当出现重叠、遮挡可同样按给水系统图的方法处理。尽管标准层的系统可以画一而省略其他，但报警阀，主干管的布置及与各分区喷洒系统的关系不能省略，必须在系统轴测图中表达清楚。

在作闭式自动喷水灭火系统图时，由于系统充水时排气的需要，所有管道坡向必须沿水流动方向上升（喷头支管除外），系统最低点应在系统给水入口，尽量避免中途下降管道标高。当确实无法避免中途下降时，应在局部最高点设自动排气装置，最低点设泄水装置。

每个防火分区的试验泄水管如果引到就近排水设施不方便，不经济，不美观或确有困难时，可设一根专用泄水管道（*DN*40）将上下各层试验泄水连接起来，下到首层适当位置排到室外或排入消防水池。

这里要特别值得注意的是：当报警阀组数为两个及以上时，其进水管应连成环状，中、轻危险级建筑的自动喷水灭火系统，当配水管入口压力大于0.4MPa时，宜设减压装置，并应在系统图中表示。需要充气的干式、预作用系统的空压机也应表示清楚，并注明其型号规格，参数及数量。自动喷水灭火系统的轴测图实例见图5.2-5。

4）排水系统图

排水系统图要表达排水管道立管、横管、支管、排水器具、附配件、构筑物及通气系统的空间位置，种类、型号、规格、尺寸、连接方式及连接点的位置，管道坡向、坡度。

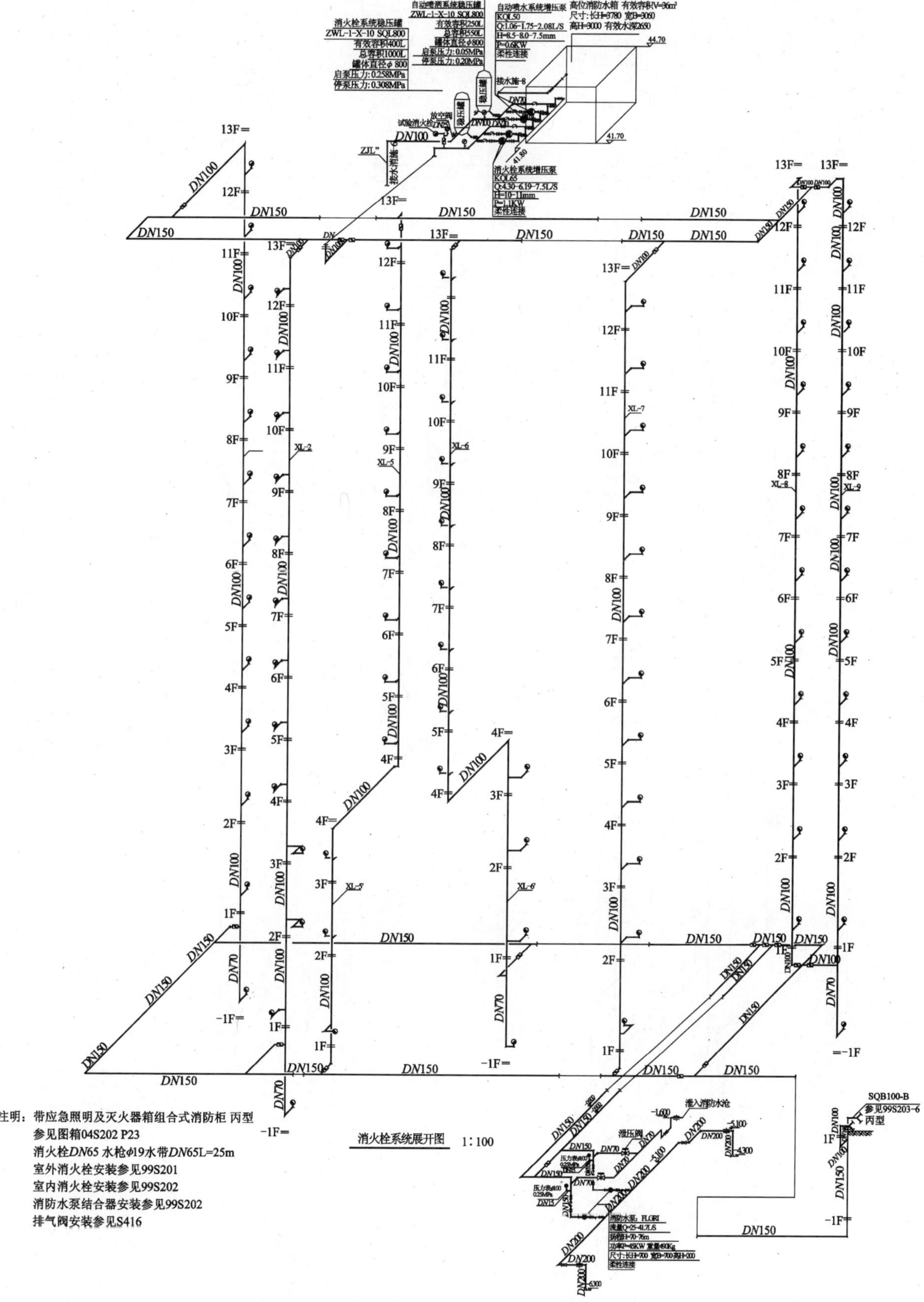

图 5.2-4 消火栓给水系统

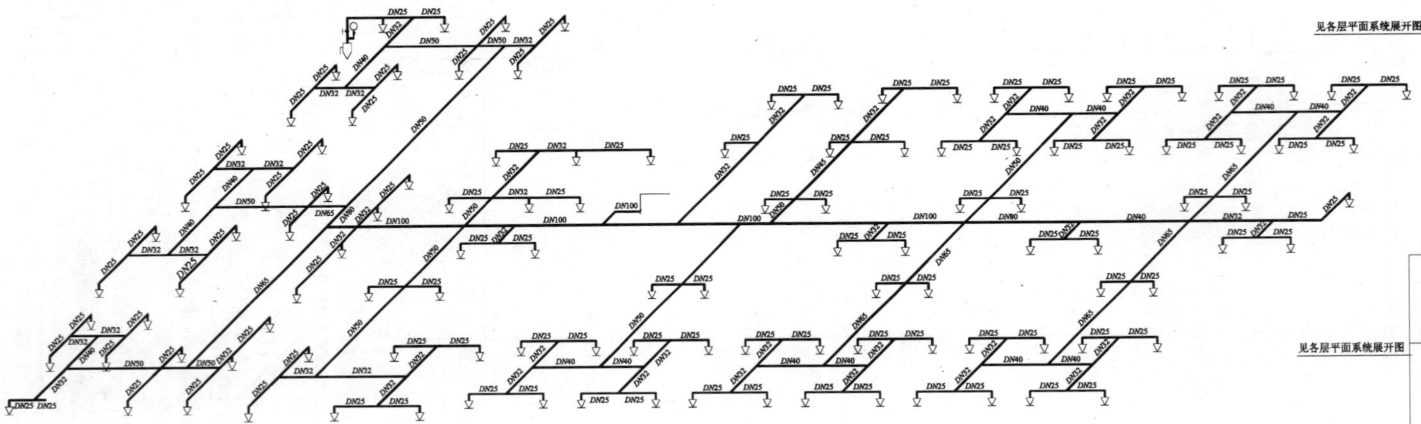

六~八层喷洒系统平面图1:100

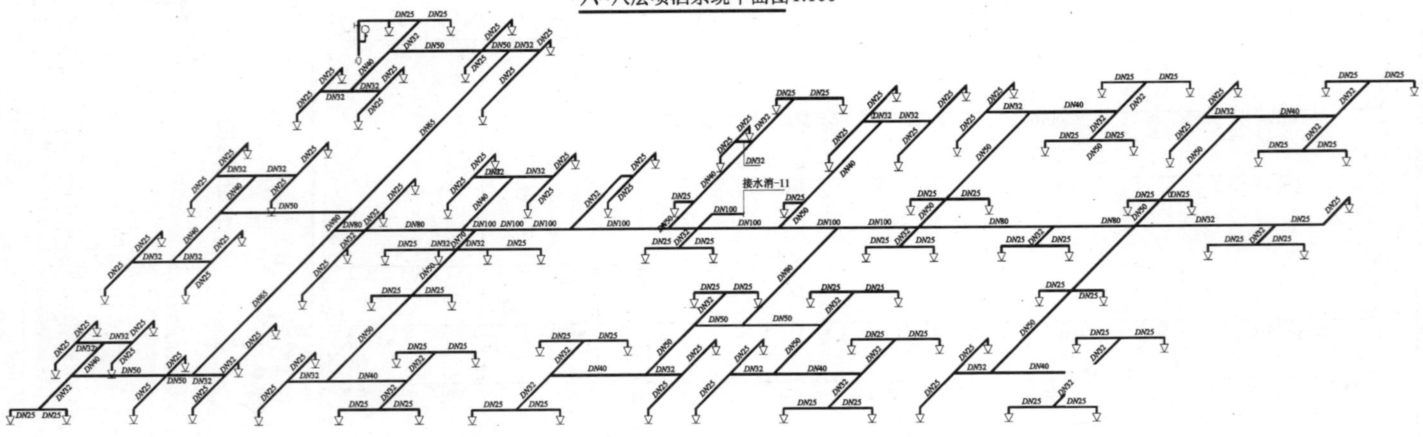

三~五层喷洒系统平面图1:100

见各层平面系统展开图

SQB100-B丙型
参见99S203-6

ZSFZ型湿式报警阀
参见04S206-9

安全阀
工作压力1.4MPa

压力表 ϕ100
0~2.5MPa

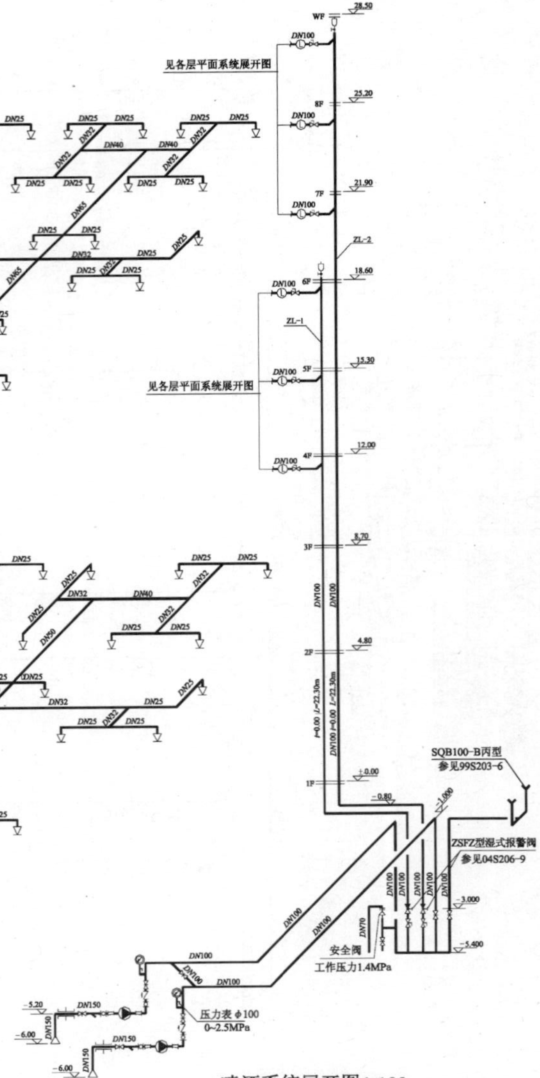

喷洒系统展开图1:100

图 5.2-5　自动喷水灭火系统

作图时可以利用一致性、对称性的制图原则，省略某些支管乃至整个系统，但必须标注清楚哪些因与哪个系统相同或对称而省略，若局部不同应明确表达，以便计算工程量和便于施工掌握。一个排水系统通常应该由最顶端的通气帽到排进室外第一个检查井的全部管道附配件、设备器具、沟、坑及检查井组成。作图时，较困难的往往是无法严格按照轴测图的制图规则定位支管及排水器具，因为，如果严格按轴测规则定位会导致管道长度失真，器具表达不清或作图困难，所以，笔者在多年设计工作中采用简单易行的象限定位法，既可准确表达管道长度及与器具配件间的连接关系，又可形象的表达支管接入的大体方位。

象限定位法（见图5.2-6及图5.2-7）：以立管为中心，平面上以第一象限、第二象限、第三象限、第四象限等四个象限及分界线为基准将支管接入立管的方位大体分为八个，即由四个象限界线及四个象限内的方位组成，图中5～8分别代表处在四个象限内的排水支管接入立管，例如：只要处在象限Ⅰ内就定为方向8，处在象限Ⅱ内就定位方向5，其余类推。作系统图时，支管的接入方位不按轴测定位，而是按象限定位，见图5.2-7。作图时，遇到重叠遮挡的处理方法同前所述。

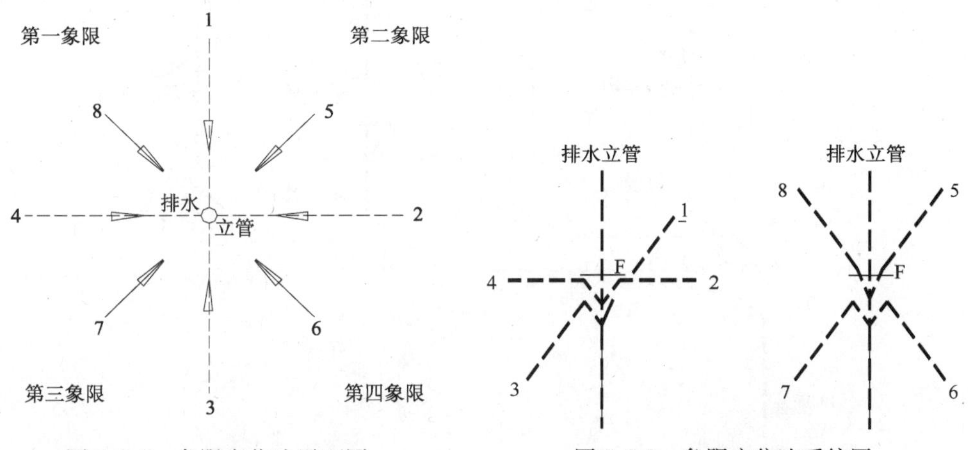

图5.2-6　象限定位法平面图

图5.2-7　象限定位法系统图

排水系统图实例见图5.2-8。

3. 图纸说明与图纸目录

图纸说明与设计总说明不同，前者是指在主要以绘有设计内容的图纸上对本张图的设计内容加以注释或阐明本张图与其他图纸关系等加以说明，而后者则是指在没有设计内容的图纸上对全套设计图纸或整个工程设计图面没有明确表达或不便于表达的方方面面加以补充说明。有些简单的小型工程也有将设计总说明化整位零，分成几个相对独立而完整的部分，分别写在几张与说明内容相对应的图纸上，也构成了图纸说明的情况。

屋面 43.700
13F 40.500
12F 37.200
11F 33.900
10F 30.600
9F 27.300
8F 24.000
7F 20.700
6F 17.400
同顶层
de110
i=0.026
PL-13
RL-14
RL-15
RL-16
RL-B
16.880
16.960
在五层天棚敷设 de125
i=0.010
de125
de160
10.800 4F
7.500 3F
4.200 2F
±0.000 1F
-0.400
L=11.00m
de200
-0.510
-0.800
-1.700
刚性防水套273×8
中心标高：-1.60m
安装参见S312P8-7

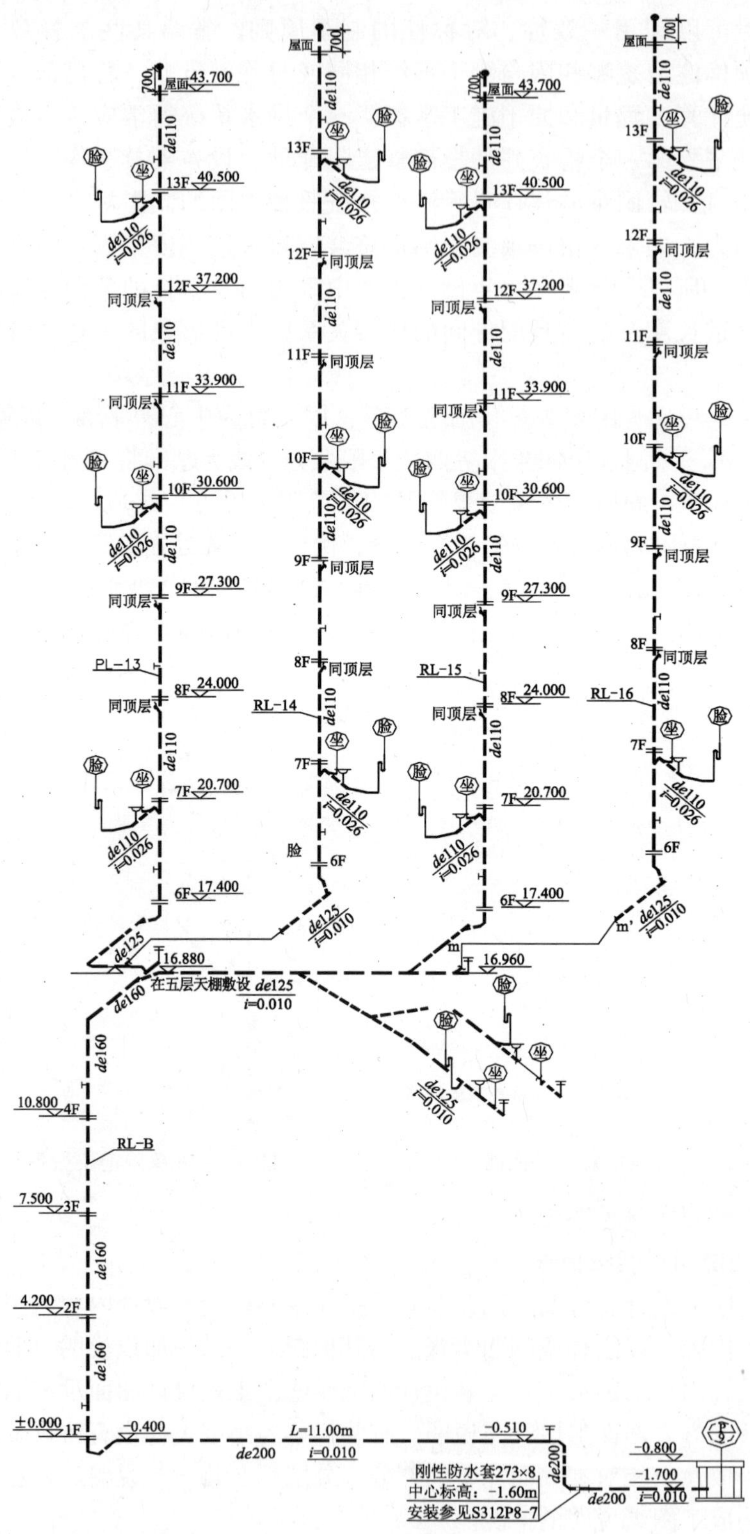

图 5.2-8　排水系统图

图纸说明有其特别之处，在于，作为图面内容的一部分，必须与图面的设计相协调，应该对图面的完整性与美观起到修饰和补充，有时甚至是弥补图面缺陷，而不是破坏图面美观效果。因此，图纸说明的位置，布局，字体，字号及字间距，行间距，要根据图面空白的形状及位置恰当地设计，才能达到理想效果。例如：图面空白为三角形时，说明文字所占区域形状宜采用三角形或梯形；图面空白为多边形或矩形，则说明文字所占区域形状也宜采用多边形或矩形。而且字间距疏密要与图面线条整体疏密相协调。

（1）设计总说明

施工图设计总说明往往与主要材料、设备表、图例合并在一起，形成一张或几张图，图幅与绝大多数图纸一样。特殊情况下，如果因内容太少构不成一张图，偶尔也有将图纸目录与说明合并在一起凑成一张图的。

当消防部分单独出图时，设计总说明也应分成给水排水设计总说明和消防给水设计总说明。

（2）图纸目录

图纸目录通常以A4纸固定的标准格式出图。图纸目录作为全套图纸的汇总统计和介绍，应当全面，有序，简单明了。

作图纸目录前，首先应对图纸进行编号，而编号顺序各设计单位有自己的传统习惯，目前无统一的规定，只要便于了解图纸张数及图名即可，这里介绍几种：

第一种：设计总说明为首张，平面自下而上，平面大样自下而上；系统图，系统大样，引用国标，引用地标，引用市标。

第二种：设计总说明为首张。平面自上而下，平面大样图自上而下；系统图，先压力：给水，热水，中水，消火栓，喷洒，水幕；再重力：先污水，再废水，再雨水，系统大样，引用国标，引用市标。

第三种：设计总说明为首张。系统图，先压力：给水，热水，中水，消火栓，喷洒，水幕；再重力：污废水，雨水，系统大样，平面图自下而上，平面大样，引用国标，引用地标，引用市标。

第四种：设计总说明为首张。系统图，先压力，再重力，系统大样，平面图自上而下，平面大样引用标准。

上述排序方法均可，也都有实例。

另外，当消防给水单独出图时，给水排水部分与消防给水部分各自独立排序，排序方法如上所述。

第6章　相关专业互提条件

6.1　互提条件的时间把握与相互配合

6.1.1　概述

一项工程的完成，无论是设计还是施工，均需要总图、建筑、结构、给水排水采暖通风、电气（对于工业建筑还需要有工艺）等有关专业的互相配合、共同努力来完成。在工程设计的各个阶段，专业间互提条件是设计工作的必要内容。

互提条件是各相关专业之间相互的，而不是单纯指哪一个专业，如果没有相关专业的条件或条件不清楚，往往会造成设计不合理甚至无法进行。

互提条件要及时、准确、全面、合理、可行，以不影响相关专业的进程为标准。

要做到上述要求，应当平时注意培养把握方案设计原则的能力，熟练掌握相关规范的有关规定和量的要求，熟悉各专业的设计步骤，牢牢把握设计工作的进程和互提条件的时机和深度。

6.1.2　互提条件的时间把握

各专业互提条件在时间上分为三个阶段：方案设计阶段、初步设计阶段和施工图设计阶段。只有掌握了各设计阶段的设计深度和内容，才能准确把握互提条件的最佳时机。

1. 方案及初步设计阶段

在建筑专业作图之前，首先将给水排水专业所需要的构筑物、设备间、门窗、竖井、通道大小、位置等影响到建筑方案设计的条件首先提供给建筑专业；

在电气专业做方案之前，应将给水排水专业电气设备的功能、工作原理、控制方案、电机功率、位置、对电源保证率的要求等首先提供给电气专业；

在结构专业进行方案设计之前，应将给水排水专业所有设备、构筑物、容器等的运行荷载、位置、尺寸，有时包括雨水管道的沿线荷载等提供给结构专业。

在暖通专业进行方案设计之前，应将给水排水专业所需要的采暖温度、通风换气次数、冷及热负荷等提供给暖通专业。

有设备、构筑物、容器等的运行荷载、位置、尺寸，有时包括雨水管道的沿线荷载等提供给结构专业。

在总图专业出图之前，将建筑物室外本专业的井、室、坑、池等主要构筑物的位置、尺寸、标高提供给总图专业。

2. 施工图设计阶段

由于条件多而且细，可以分主次，也可按各专业的进度顺序，按层次分期分批向各相关专业提供本专业条件。涉及建筑平面布置，或本专业功能要求的应先提供；涉及检修、安装的小孔、门等后提供。

涉及结构荷载、受力改变、结构尺寸或标高、位置的条件先提，后涉及到管道穿楼板、基础、外墙的小孔洞后提供。

涉及电气容量计算的设备功率、负荷类型应先提供，涉及控制照明、连动报警、指示等具体要求时可后提供。

涉及暖通容量、负荷等先提供，涉及具体操作运行的条件可后提供。

6.2 互提条件的内容与形式及深度

6.2.1 给水排水专业向其他各有关专业索要条件的内容、形式与深度

1. 方案及初步设计阶段

（1）向建筑专业索要条件的内容、形式与深度

1）项目设计任务书（委托书）各主管机关及各市政公用专业公司的批复文件、建筑性质、类别、耐火等级、各种功能或业态分区、面积、服务对象、服务人数、服务时间等文字说明；

2）建筑总平面图、建筑各层平面图、防火分区划分图、工艺平面布置图、车库位置布置图、剖面图；

3）深度要求：

平面图要有轴线编号、尺寸、房间名称、工艺设备布置、各专业机房、风井、管井、卫生间、消防电梯以及其他特殊用途的房间和有用水排水要求的房间；

防火分区划分图要标明各防火分区的范围、防火墙、防火门及防火卷帘的位置种类；

剖面图要标明楼层、层高、室内外地面标高、所有井、沟、坑深度面层及覆土层高度；

总图要有建筑物、建筑物的位置、名称、尺寸、道路及建筑周围地面标高、坡度坡向、指北针、建筑红线及规划设计参数表。

（2）给水排水专业向结构专业索要条件的内容、形式与深度

结构形式、特殊结构形式说明、基础形式、做法；工程地质报告。

各层结构布置图要标明深度、柱和剪力墙的位置及尺寸和标高、沉降缝、伸缩缝的位置、基础剖面图。

（3）给水排水专业向暖通专业索要条件的内容、形式与深度

暖通专业用水点、排水点的位置、水量、水压、水温、水质、给水排水工作制度或控制要求、不采暖房间的位置等文字说明；主、次风管平面图布置；剖面图、节点大样图。

（4）给水排水专业向电气专业索要条件的内容、形式与深度

电气专业用水点、排水点的位置、水量、水压、水质、水温要求、消防方面的要求。

2. 施工图设计阶段给水排水专业向其他各相关专业索要条件的内容形式与深度

（1）给水排水专业向总图专业索要条件的内容、形式与深度

1）规划红线内规划设计指标参数表、原有地形地貌与设计地形地貌描述；

2）总平面图应有规划红线内建筑物、构筑物、道路、场地、绿化等平面位置、尺寸、名称、控制坐标、道路、建筑周围入口及±0.00的绝对高度、风向玫瑰。

（2）给水排水专业向建筑专业索要条件的内容、形式与深度

1）项目设计任务书、总建筑面积、功能或生态划分情况及功能区划面积、服务对象及人数、建筑物的权属划分、建筑类别、耐火等级、火灾种类、吊顶装修情况、特殊要求的房间、部位说明、人防等级等文字性资料。

2）建筑各层平面图应含有指北针（指首层）、轴线编号、尺寸、房间名称、管井、墙体等细部尺寸、防火分区、消防电梯、防火隔断的名称及种类；建筑设备及器具的平面布置及定位尺寸（除各专业机房外）。

3）剖面图应有室内外地面标高、各层层高、地下室所有井、坑底标高、覆土厚度、吊顶标高、门、窗、洞口标高。

4）公共卫生间、公共浴室、公共食堂的厨房管道井等大样图应有梁、柱尺寸位置及用水排水器具定位尺寸。

（3）给水排水专业向结构专业索要条件的内容、形式与深度

1）特殊结构形式注明；

2）各层结构平面布置图、图上应有梁、板、柱、剪力墙位置、尺寸、孔洞尺寸及标高，沉降缝、伸缩缝的位置；

3）基础形式、尺寸、标高；

4）节点尺寸大样图。

（4）给水排水专业向采暖通风专业索要条件的内容、形式与深度

1）采暖室外计算温度、相对温度、平均风速；

2）采暖、通风各设备用房的给水点、排水点的位置、水量、水温、水压、及供水控制要求；

3）主要风管布置平面图并注明位置、风管尺寸，特别是宽度超过1.2m的风管；不采暖房间的位置、名称。

（5）给水排水专业向电气专业索要条件的内容、形式与深度

1）用房的给水排水与消防方面的要求；

2）柴油发电机房、储油箱、油浸电力变压器的外形尺寸、机房平面布置及对给水排水及消防的要求。

6.2.2 给水排水专业向其他相关专业提供条件的内容与深度

1. 方案及初步设计阶段

（1）给水排水专业向总图专业提供条件的内容与深度

1）给水排水专业总平面图。图上应有红线内建筑物，水池、泵房、化粪池、水表井、接合器井、室外消火栓井、隔油池等构筑物位置、尺寸；主要管道的平面布置及管径。

2）给水、排水、热力、消防、雨水、中水等与市政管网接口位置、高程。

（2）给水排水专业向建筑专业提供条件的内容与深度

1）生活水池及泵房、消防水池及泵房、中水处理设备间、泳池循环水处理设备间、换热间、水箱间、报警阀间、污废水池及泵房、管道井等给排水专业设备及附属用房的位置、尺寸、要求；

2）特殊房间覆土、垫层、管沟或管廓做法的要求；屋面雨水斗、天沟尺寸的要求；

3）消火栓、冷却塔的位置。

（3）给水排水专业向结构专业提供条件的内容与深度

1）所有水池、泵坑等给水排水专业构筑物平面位置、尺寸、容积；所有水箱、水罐等容积的平面位置、尺寸自重、湿重；

2）水泵、换热器、冷却塔、水处理设备等给水排水设备自重、湿重及基础尺寸定位、定型尺寸；

3）给水排水设备安装洞、吊装孔的位置、尺寸。

（4）给水排水专业向采暖通风专业提供条件的内容与深度

1）热源入口参数及耗热量；

2）给水排水专业用房对采暖温度、通风换气次数的要求；

3）所有液位控制器、水流指示器、按钮、报警阀、信号阀的位置、数量控

制操作及报警位置；

4）有特殊要求电源或防水要求及管道电伴热的位置及说明。

2. 施工图设计阶段

（1）给水排水专业向总图专业提供条件的内容与深度

1）给水、排水、中水、热力等与市政接口的桩号（位置）、高程；

2）给水排水专业总平面图应该有管道定位尺寸、管径、坡度、坡向（或水流方向）、标高；化粪池、水池、隔油池、水表井、检查井、接合器井等构筑物的定位尺寸、标高。

（2）给水排水专业向建筑专业条件提供条件的内容与深度

1）生活水池及泵房、消防水池及泵房、中水处理设备间、泳池循环水处理设备间、换热间、水箱间、报警阀间、污废水池及泵房、气体灭火钢瓶间、管通井等给水排水专业设备用房的位置、平面布置、尺寸及高度要求；

2）水泵、换热器、水箱、水处理设备、冷却塔等所有给水排水设备的平面位置及做法；所有排水沟、坑、地漏位置、消防栓布置及开洞位置、尺寸，屋面天沟、雨水斗位置、尺寸、溢流的位置及尺寸。

（3）给水排水专业向结构专业提供条件的内容与深度

1）所有水池、坑等构筑物贮水容积、平面布置、尺寸、高度；

2）换热器、冷却塔、水箱、水处理设备、水泵等所有给水排水设备的平面布置、基础定位尺寸、基础尺寸、自重、运行重量；气体钢瓶间荷载；

3）管道穿越基础、地下室外墙、剪力墙、梁、楼板、预留孔洞或预埋套管的尺寸、定位尺寸、规格标高；

4）设备运输、吊装安装用孔洞位置、尺寸、消火栓留洞在结构受力墙上的位置、尺寸标高。

（4）给水排水专业向采暖通风专业提供条件的内容与深度

1）耗热量、热源参数；

2）给水排水专业设备间采暖、通风换气参数要求。

（5）给水排水专业向采暖通风专业提供条件的内容与深度

1）各分区生活给水、中水加压泵的台数、功率、电压、接线盒的位置、工作制度、控制要求；

2）室外消火栓，室内各分区消火栓泵的台数、功率、电压、接线盒的位置、工作制度、控制要求或与消火栓按钮见的关系；

3）各分区喷水泵、水幕泵的台数、功率、接线盒的位置、工作制度、控制要求；

4）各区热水系统循环水泵的台数、功率、接线盒的位置、控制要求；

5）各污水坑、集水池或污水泵房内水泵的台数、功率、接线盒位置、控制要求；

6）消火栓按钮、水流指示器、报警阀、信号阀的位置；

7）水池、水箱、污废水坑的溢流报警、最低水位报警、开泵、停泵水位；

8）水处理设备间的各种污废水提升泵、污泥泵、液位控制仪、鼓风机、其他水处理机械的台数、功率、位置、工作制度、控制要求。

第7章 答疑解惑

7.1 关于多层住宅给水排水设计

7.1.1 多层住宅消防给水

1. 多层住宅是否需要设室外消防给水?

多层住宅的室外消防给水以室外管网上的消火栓或室外公共消防水池为主，当超出市政管网消防设施保护半径时，应设室外消火栓或消防水池。室外消火栓的布置应执行《建筑设计防火规范》GB 50016—2006 第 8.2.8 条。室外消防给水管网应布置成环状，但在建设初期或室外消防用水量不超过 15L/s 时，可布置成枝状。

当符合《建筑设计防火规范》GB 50016—2006 第 8.6.1 条，室外消火栓已不能满足灭火需要，这时应该设室外公共消防水池。室外消防水池的设置条件及设置原则执行《建筑设计防火规范》GB 50016—2006 第 8.6.2 条的规定。

2. 什么情况下多层住宅需要设消防给水（指消火栓系统）?

8 层（含 8 层）及以上的住宅均需设置室内消防给水系统。

3. 消火栓给水应采用什么形式（干式、湿式）?

8 层（含 8 层）及以上的住宅消防给水系统在可能会冻结或设置消火栓箱确有困难时，可设置干式消防竖管并配 DN65 消火栓，而不带消火栓箱。其他情况下，消防给水管道属公共设施，宜设于公共空间内。但因为多层住宅楼梯间不采暖，所以，宜在集中管井内预留足够空间，将消防立管设于其中，并妥善防冻。

若底层为商业网点时，上面住宅消防给水系统可与网点的消防给水系统连成一个系统；若底层为不采暖的库房，则库房部分可独立采用干式系统与住宅系统分开。

4. 住宅消火栓应设在什么位置?

消火栓箱设在楼地面户门间墙上或楼梯缓台处均可。一方面能保证栓口距地面高度便于操作；另一方面，栓箱留洞不至于受到圈梁影响。若设于梯段踏步上，则受圈梁影响不易保证高度，且不便于取用操作。

5. 住宅消火栓及配套件选型?

从规范 GB 50016—2006 表 8.4.1 条可以看到:多层住宅(8~9 层)室内消火栓用水量 5L/s,同时使用水枪数量 2 支,则每支水枪最小水量 2.5L/s。而 8.4.3.7 条又规定水枪充实水柱长度应计算确定,一般不应小于 7m。

同时满足上述条件的应当采用 *DN*50 口径的消火栓和水带,喷嘴 13mm 或 16mm 的水枪,7m 充实水柱时,ϕ16mm 水枪射流量 2.7L/s,而 13mm 水枪射流量只有 1.8L/s;当充实水柱达到 12m 时,ϕ13mm 水枪射流量才能达到 2.6L/s,所需水压为 24m 水柱(除非有剩余压力可利用,否则不宜)。

对于住宅,并非水带越长越好,太长不能全部展开,影响供水能力,应按保护半径计算确定。

由于多层住宅楼梯间多为 240mm 承重墙,建议选用 180mm 厚消火栓箱,最大限度地降低对承重、保温、隔音的影响。

6. 什么时候设屋顶消防水箱?

只有临时高压消防给水系统才设屋顶消防水箱。屋顶消防水箱的设置应满足 GB 50016—2006 8.4.4 条的规定。

7.1.2 多层住宅建筑给水

1. 关于住宅给水的计量?

多层住宅的用水计量一般分散在各家个户,所有需要计量水量的水表,均应设于集中管井(或表井)内,包括:自来水表、中水表、直饮水表(有集中热水供应时还包括热水表),集中表井应朝公共空间开门,便于读表。投资方或专业公司无特别要求一般不设引入管集中计量。各种水表的设计位置及标高除与采暖热量表相互协调外,还应征得专业公司意见或满足专业公司抄表要求。特别值得注意的是,水表的规格是按照设计流量及校核精度计算确定的,并非按每户给水管径的规格确定的。当然,有时地方专业公司有硬性规定,必须执行。

2. 给水管常用的敷设方式与防露方法是什么?

当无地下室时,住宅给水主干管埋地敷设;有地下室时,在地下室顶棚架设;给水立管在集中管井内敷设;户内给水管有架空明设(包括装修隐蔽)和埋地面层内暗设。明设于高标准住宅或对卫生要求高的房间的给水管道,特别是以地下水为水源的给水管道,应采取防结露措施,给水管道常用的防结露措施是 15~20mm 厚的保温处理,埋地敷设的给水管道不需要防结露,但应避开地热管或埋地采暖管道,避免交叉或设在其上层。

3. 关于给水管道如何防冻?

给水主干管或集中管井内的立管,当有冻结可能时,应采取可靠的防冻措施(不宜采用电拌热)。住宅生活给水管道,正常情况下是处于经常流动状态,而且有流动水源的热量补充,甚至可在一定程度上得到采暖房间的热量补充,所以，一般情况下采用保温是可以防冻的。即使考虑到寒季长期无人用水的极端情况，可以经过计算适当增加保温层厚度，选用优质保温材料，严格施工来解决，尽可能不要采用电拌热防冻。如果对金属管道采用电拌热，虽然可获得良好的传热效果，但若水质长期得不到更新，水质会因升温而加速恶化；如果是对化学管材采用电拌热，由于导热性能差，会使化学管材局部长期受到辐射及热作用而加快老化。因而，对化学管材采用电拌热还有待进一步研究。

4. 住宅内部生活给水常用管材有哪些？

除埋地管材必须采用热熔接管材外，其余可采用各种无毒、耐腐蚀、便于施工安装，且适于美观要求的给水管材，如：PP-R管、PP-R稳态管、衬塑钢管、PB管、薄壁不锈钢管，支管还可以采用铝塑复合管。

5. 住宅生活给水常用什么阀门？

为了便于维修和使用可靠，笔者认为除表前应设总阀外，户内总入口管、各卫生间给水管起端也应设检修阀。小于*DN*50的所有检修阀以截止阀为最佳，闸阀次之、球阀的可靠性和耐久性太差。大于*DN*50的所有检修阀以明杆闸阀为最佳。

6. 给水系统是否需要排气？

当最顶层支管的敷设高度低于立管最高点时，立管顶端容易积气，并且不便于通过最顶层支管上的给水附件排出，所以应设排气装置（见图7.1-1）。当最顶层支管的敷设高度不低于立管最高点时，立管顶积气可以通过最顶层支管上的给水附件排出，可不设排气装置。

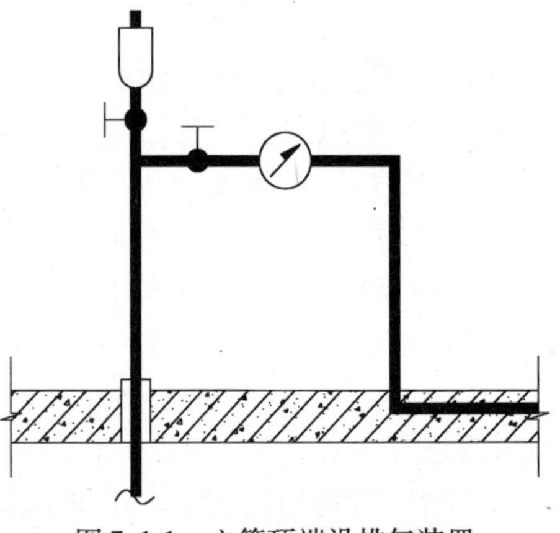

图7.1-1　立管顶端设排气装置

7. 卫生器具及其配件选型对本专业的影响？

通常情况下，卫生器具由建筑专业设计人员根据卫生间设计布局选型。给水排水专业设计人员只是按建筑专业设计人员布置的卫生器具位置和选型确定预留洞眼的位置及尺寸。

即使卫生器具不由本专业设计人员选择，也应该在设计说明中强调，选用节水型卫生器具及其配件（如：6L冲洗水箱、陶瓷膜片水龙头等）。

7.1.3　多层住宅排水

1. 底层是车库、仓库时立管位置及管材如何选择？

由于排水塑料管管径大，管壁薄，在车库或库房内易受撞击破坏，因而应设在墙角、柱脚等较隐蔽处或易于隐蔽保护处，不宜设在直墙面部位；若设在直墙面处不合理或不经济，则应采用耐冲击的金属排水管材，当采用塑料管材时应加

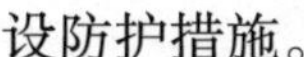

设防护措施。

2. 排水立管的数量？

为了便于清通和维护管理，每户的各排水房间宜单独设排水立管，不宜两家合用（不论多近）。每户内卫生间和厨房宜各自独立设立管，以防粪便污水污染厨房。

3. 底层排水点或立管底端如何处理？

在进行住宅排水管道布置时，一定要满足《建筑给水排水设计规范》GB 50015—2003 第 4.3.12 条之规定，其意在保证底层卫生器具水封不致受立管上部排水跌落到立管底端产生水流冲击和水跃的影响，遭到破坏或倒灌。同时，立管底端必须采取可靠的固定措施，如果立管底端设在地下室，则应在弯头两侧设固定支架；如果立管底端设在土层内，则应在弯头处设混凝土支墩。

4. 排水方向及排水检查井的方位如何确定？

结合化粪池的位置，排出管宜朝着便于检查井和户线设置的方向，宜在建筑物的单侧最多相邻两侧排出，不宜多侧排出。若有个别排出管需穿越卧室、起居室等主要房间埋地敷设时，可将此段埋地管选择为强度高的金属排水管材或接口少的给水铸铁管材，同时，应将管径放大一号，这样可节省外线造价。排水检查井一般可采用砖砌圆形排水检查井，井的位置以避开台阶、坡道入口为宜，距外墙距离应在散水坡以外，并宜沿同一外墙平行直线上，以使得连接检查井的户线少转弯，当外墙不在同一条线上时，可分段平行于外墙线布置（如图 7.1-2 所示）。

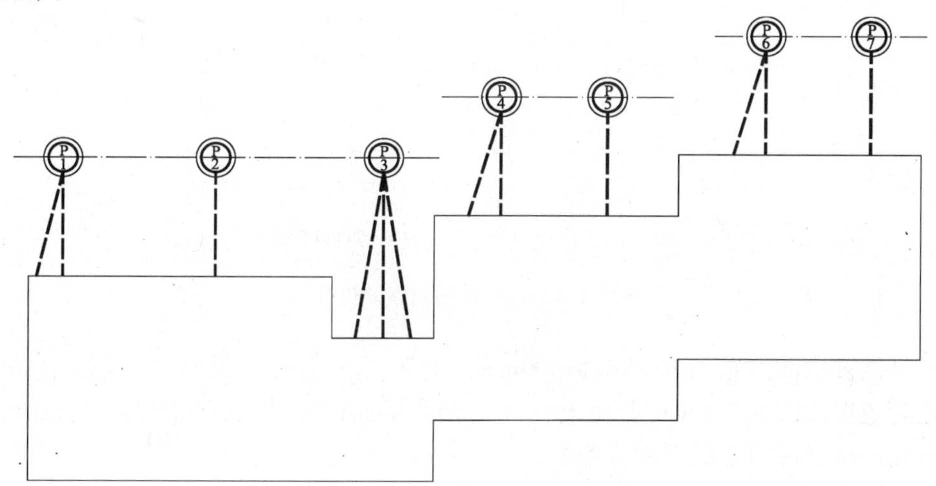

图 7.1-2　排水检查井分段布置

5. 排出管管径及坡度怎样确定？

缺乏经验者往往按计算管径及标准坡度确定排出管，虽然直观感觉 *DN*75、*DN*100 管径似乎足够（与给水管比），而且也有足够的富余量（与所允许负担的

最大排水负荷比较)，但是，当你真正看到使用中的生活污废水管道因污垢或丝状菌在管内壁上生长，而使流水空间只剩下一个小孔时，你便会立即改变观念。根据笔者的经验，多层住宅的厨房废水排出管管径不宜小于 *DN*100（铸铁管)，*De*110（塑料管)，厕所粪便污水排出管管径不宜小于 *DN*150（铸铁管)，*De*160（塑料管)，管道坡度均宜采用2%，最小不宜小于1.5%。

6. 排出管与连接各检查井户线的角度？

室外排水检查井的定位必须考虑户线的水流方向及埋深，如果忽视了这个重要问题，很可能会使系统无法正常运行，导致设计失败！如图7.1-3和图7.1-4分别是正确和错误的设计。

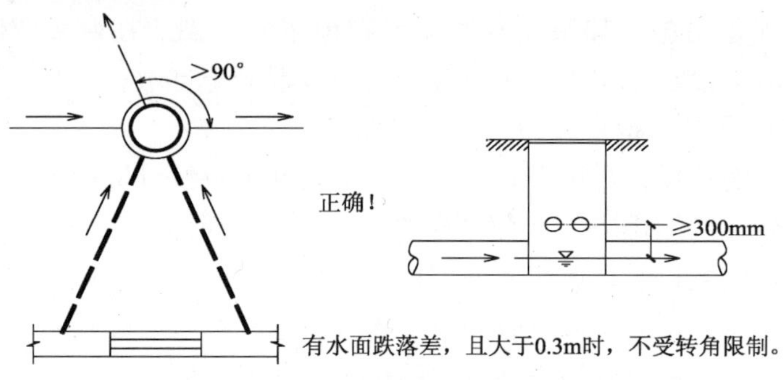

图7.1-3 水流转角正确的设计

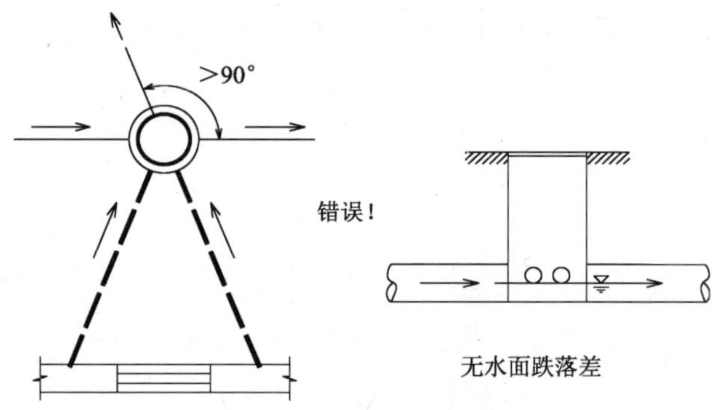

图7.1-4 水流转角错误的设计

虽然有水流跌落（但必须≥300mm）时不受水流转角限制（见图7.1-5），但是管道埋深增加300mm会使土石方工程量增加，导致工期和造价相应加增，只有在经济合理的前提下才可考虑。

7. 关于住宅化粪池

如果是成片开发的住宅小区，在进行规划设计时，应该确定化粪池的个数、大小及位置。那么，单体设计时，水流方向自然明确了。如果，不是成片开发的小区，应先确定化粪池的位置，以明确户线水流方向，确定检查井位置及排出的管角度。

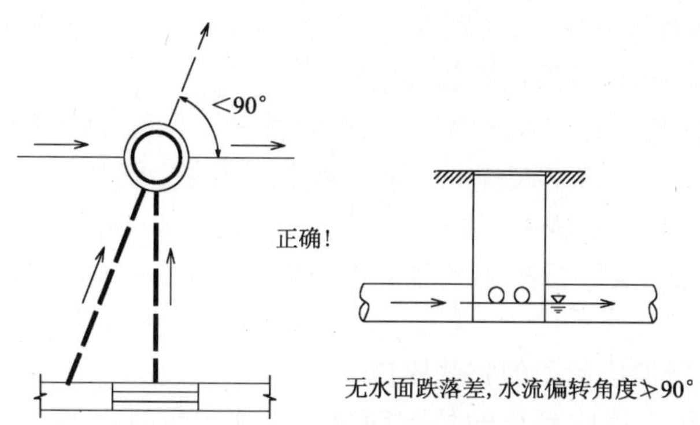

图 7.1-5 无水面跌落差的水流转角限制

要确定化粪池的位置，首先应计算化粪池的尺寸。

化粪池尺寸按公式（7.1-1）、公式（7.1-2）、公式（7.1-3）和公式（7.1-4）计算：

$$V = V_1 + V_2 \tag{7.1-1}$$

$$V_1 = \frac{Nqt}{24 \times 1000} = 0.07\text{m}^3/\text{人} \tag{7.1-2}$$

$$V_2 = \frac{\alpha NT(1-b) \times k \times 1.2}{(1-c) \times 1000} = 0.042\text{m}^3/\text{人} \tag{7.1-3}$$

$$V = 0.112\text{m}^3/\text{人} \tag{7.1-4}$$

式中 V——化粪池有效容积，m^3；

V_1——污废水部分的容积，m^3；

V_2——污泥部分的容积，m^3；

取污废水在池内停留时间为16h；污泥清掏周期为180d，污废水合流。

根据使用人数可直接求出化粪池有效容积，然后从标准图集中选定化粪池型号，从而可查到相应的尺寸。化粪池外壁距建筑物外墙不宜小于5m，并不影响建筑物基础。池外壁距室外给水构筑物外壁不小于30m，宜设于接户管的下游同时便于机动车辆清掏的位置。

7.2 关于高层住宅给水排水

7.2.1 高层住宅给水

1. 关于高层住宅给水的计量？

一般情况下，高层住宅给水的计量同多层住宅。当然，建筑标准高的住宅也可以用电子水表在线读表收费，这种情况下，除了在设水表处给电气专业提相关条件外，对本专业设计没什么特别影响。

2. 给水管道的布置应注意哪些问题？

主干管应尽可能利用公共空间（如：地下室、会所、公共走廊）敷设，各分区支立管宜在分区的技术层或下一层顶棚进入各支立管井。管道井应根据管道根数、种类及表的数量、安装方式，先进行大样设计后才能进行管道定位。至于寒冷地区管道是否需要进行防冻保温，还要结合管井的构造、位置和获得热量补充的情况而定。

3. 住宅给水管道应预留的那些接口？

对于无集中热水供应系统的住宅而言，必须预留热水器、洗衣机水龙头接口。采用DN15阀门、管堵均可，由于电热水器、燃气热水器、太阳能热水器都是用户选择的目标，因此，接口预留应该在厨房、卫生间分别预留，并不会增加太多造价。对于有集中热水供应的住宅，虽不用预留热水器接口，但应该预留洗衣机水龙头接口。

由于公寓给水配置制式及标准是由资方统一考虑（一般情况下全部一致），因此，是否预留需征得甲方意见。

关于高层住宅给水的其他问题可参照多层住宅处理。

4. 关于中水和直饮水的计量

因为住宅用水计量是分户式的，而且自来水表一般设在集中表井内对外开门便于读表，因此，笔者主张：即使直饮水点不在管井附近，中水也只有卫生间有用水点，但是，中水表、直饮水表还应该设在便于读表的集中管井内为宜。

7.2.2　高层住宅的消防给水

1. 高层住宅的室内消火栓如何选择？

一般情况下高层住宅应选择单阀、单出口消火栓，且应保证有两股水枪的充实水柱同时到达每层的任何部位。但是当设2根消防竖管有困难时，可设1根竖管且必须采用双阀双出口消火栓的情况是：

（1）18层及18层以下的单元式住宅；

（2）18层及18层以下，每层不超过8户、建筑面积不超过650m^{2}的塔式住宅。

这里要特别强调的有三点：

第一点，超过18层的住宅不允许采用1根竖管及双阀双出口消火栓；

第二点，双阀双出口消火栓箱的尺寸远大于单阀单出口消火栓，预留洞时要特别注意；

第三点，高层住宅消火栓每支水枪的最小流量为5L/s，宜采用*DN*65的消火栓，ϕ19水枪。

2. 什么情况下设自动灭火系统?

除了《高层民用建筑设计防火规范》GB 50045—1995 第7.6条规定的范围应该设自动灭火系统以外，还有4.1.3条、4.1.5条、5.1.2条、5.1.3条也都规定了设置自动灭火系统的条件。

这里要特别指出两点：

第一点，公寓按公共建筑考虑较为合适；

第二点，住宅、公寓自动喷洒按中危险Ⅰ级考虑，汽车库按中危险Ⅱ级考虑。

3. 建筑群是否可以合用高位消防水箱?

高层建筑群可以合用高位水箱，但必须校核最不利点消火栓处的静水压力。因为，当管路长时，水箱静压会在流动中有一部分损失掉，导致最不利消火栓刚一出水便会水压不足。

4. 高层建筑群可否合用消防水泵接合器?

理论上是完全可以的，但是实际上不宜合用。原因之一是灭火时，消防人员习惯于直奔着火建筑，这时，如果该楼接合器就在附近，有利于迅速发挥灭火效能；原因之二是，当接合器距着火点很远时，因沿程阻力损失增大，完全可能导致用水点的水压不足，灭火效果差。

5. 消防水泵接合器的位置及选型应注意什么?

没有经验的设计者往往只注重理论计算，不注重或不知道确定接合器的位置对于实用有多么重要。首先，接合器必须设在消防车能够接近并便于使用的位置，既不能设在道路中央，也不能妨碍消防车通行；寒冷地区常采用地下式或墙壁式，不结冻地区除前述两种外，在不影响美观及建筑使用功能的情况下还可以采用地上式。同时，接合器距离消防水池取水口的距离宜为15~40m。

6. 消防管道及阀门的布置应注意什么?

消防竖管及阀门应布置在公共空间内，不应占用户内空间。公共空间内的竖管及阀门，应注意美观、隐蔽及不妨碍公共空间的使用。寒冷地区还应结合采暖及封闭情况作好妥善的防冻处理。两处消火栓间距宜大于5m，两根竖管应上下成环。每根立管两端、每根水源供水管及环状管道每隔两根立管，均宜设检修阀门。高位消防水箱出水管上单向阀的两端均应设检修阀门。

7.2.3 高层住宅排水

1. 高层住宅在什么情况下需要设通气管?

首先，伸顶通气管应该设；是否需要设专用通气管，取决于管道材料和立管排水量。在确定是否设置专用通气管之前必须先确定管材（因为铸铁管和塑料管排水能力不同），然后再计算立管排水量，最后在对照《建筑给水排水设计规范》GB 50015—2003 中表4.4.11-1、表4.4.11-2 中仅设伸顶通气管的排水立管最大排水能力，当超过这个最大排水能力时就应设通气立管。从表中可以看出，排水立管管径不应大于 *DN*150。

其次，建筑标准要求较高的多层住宅和公共建筑、10 层及以上高层建筑的生活污水立管宜设专用通气立管。

再次，还有需要设置环形通气管、器具通气管的情况，应按照 GB 50015—2003 中第 4.6.3 条执行。

2. 立管底端排水支管接入时应注意什么？

在进行排水管道布置时，必须首先知道立管底端的位置（排出管或横干管的位置），其次是底端排水支管所在的楼层（从最上层往下数）及支管与立管接入点的位置（可查阅给水排水标准图集 S2），当不能满足 GB 50015—2003 中表 4.3.12 规定时，应该将靠近立管底部排水支管单独排出，若单独排出不经济或不合理时，可按规范 4.3.12 条第 2 款要求连接在排出管或横干管上。

3. 高层建筑排水管材与多层建筑排水管材选择的区别？

（1）污废水管材

由于高层建筑水流落差大，冲击力强，产生的噪声大以及立管长，温度变形量大，再加上建筑的弹性摆动等特殊性，最适合的管道材料是柔性接口机制（离心浇铸）排水铸铁管和柔性连接并具有消音功能的排水塑料管能够较好地解决上述问题。最忌讳的是无消音功能、刚性接口管材。

这里要特别指出的是排出管穿外墙至检查井部分，应采取设水泥套管预留出足够的沉降空间保护管道和防止因建筑沉降导致排出管逆坡（见图 7.2-1）。

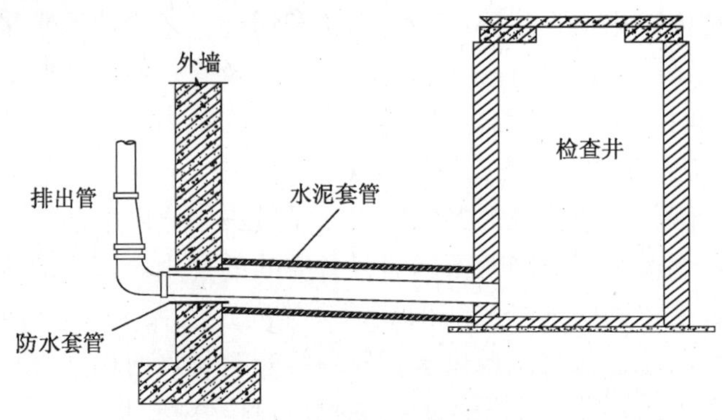

图 7.2-1 排出管穿外墙至检查井

（2）雨水内排水管材

由于建筑立面造型的要求，高层建筑屋面雨水排水通常采用内排水系统，由于灌水试验时要求系统从排出端到雨水斗的几何高度内充满水，也就相当于使用时立管底端堵塞而产生的现象，因此要求雨水排水管材及接口至少能够承受从排出口到雨水斗上沿几何高差的静水压力。因此，较稳妥的处理是采用承压、耐久

性好的钢管、塑料给水管。

高层建筑地下室压力排水管材的选用同雨水，是因为除了要承受压力外，还有与水泵、阀门连接的问题。

4. 消防电梯井排水设计应注意什么?

有的设计人员以为，当能够直接排出室外时，在电梯井底坑内设个 *DN*100 或 *DN*150 的地漏直排到室外检查井即可，但是，要满足《高层民用建筑设计防火规范》GB 50045—1995 第6.3.3.11条要求的不少于10L/s 的排水量，必须进行校核计算才能确定管径及坡度大小，特别是用连通管把电梯井水引到泵坑时，更需要计算确定连通管直径和坡度。

7.3 关于公共建筑给水排水

7.3.1 公共建筑给水排水

1. 公共建筑用水人数如何确定?

公共建筑的使用人数

无论是否有经验，对于给水排水设计人员来说，最困难的是无法确定公共建筑的使用人数，导致无法计算其用水量。而规范、设计手册都没有介绍这方面资料。曾经有人推荐了一个关于公共建筑使用人数的计算表格。在没有准确数据和规范确定的参数之前，可参考使用下列参数表：

1）办公（包括银行）

① 人数计算：12 ~ 14m^2（总面积）/人；5 ~ 7m^2（有效面积）/人。

② 有效面积/总面积：出租办公室：60%；一般办公室：55% ~ 57%；金融银行：50% ~ 55%。

③ 用水量：50 ~ 120L/(d · 人)。

④ 使用时间：8 ~ 12h。

2）商场（商售）

① 顾客人数计算：5 ~ 7m^2（总面积）/人；1 ~ 2m^2（顾客使用面积）/人；有效面积/总面积：55% ~ 60%；顾客使用面积/有效面积：40% ~ 45%。

② 员工人数：2 ~ 4m^2（含货柜使用面积）/人；使用面积/有效面积：55% ~ 60%。

③ 用水量：5 ~ 25L/d · 顾客；100 ~ 200L/d · 员工。

④ 使用时间：8 ~ 12h。

⑤ 洁具使用次数（见表7.3-1）。

洁具使用次数 表7.3-1

洁具类别	使用次数（次/h）	用水量（L/次）
大便器	6~12	13~15
小便器	10~20	4~6
洗脸盆	10~20	7~10
污水盆	3~6	15~25

3）餐营：餐厅面积/厨房面积=1~1.5，参数指标如下（见表7.3-2）。

餐营参数指标 表7.3-2

	A m^2/座	Q L/座次	N 次/座时	T 时/d
西餐厅	1.8~1.4	15~20	0.5~1	6
中餐厅	1.8~1.5	15~20	0.5~1	6
小餐厅	3.3	15~20	0.5	6
快餐	1.3	10	1	12
考虑同时使用系数：0.5				
酒吧、咖啡、茶座	1.2~1.4	5	1~2	12~16
考虑同时使用系数：0.3				
宴会厅（多功能厅）	1.6	20	2人次/座·d	6

4）康乐中心

可参照商场，宜采用下限。

淋浴器：2~3次/h；24~60L/次。

剧场：1.5~2m^2（有效面积）/人；

有效面积/总面积：53%~55%；

不过这里要特别指出的是使用该表时，只是用于估算顾客的人数，而并非实际用水人数。

2. 用水人数及最大日用水量如何计算？

公共建筑的用水人数，可根据建筑的使用人数来确定。

办公楼的使用人数相对固定，所以，用水人数就是办公楼的使用人数；从而可依据用水定额及小时变化系数计算最大日用水量和最大时用水量。

商场、展览馆等公共建筑的用水量是由员工用水量和用水顾客两部分组成，员工人数可按前述面积定额求出，而顾客用水人数可按用水人数及商场、展览馆规模比例确定。小型商店用水人数只占使用人数的1%~5%，小型商场按5%~10%，中型商场按10%~15%，大型商场、展览馆按20%计；也可按卫生器具定额计算最大时用水量。

康乐中心按用水人数只占使用人数的85%计。

7.3.2 公共建筑消防给水

1. 在什么条件下可以不设消防给水？

当办公楼室内没有生产，生活给水管道，室外消防用水取自储水池且体积小于5000m^3 的公共建筑可以不设室内消防给水，但灭火器应按《建筑灭火器配置设计规范》进行配置。其他公共建筑均应设消防给水，当不满足设置消火栓给水条件时，宜设置软管卷盘或轻便消火栓，其用水量按两股卷盘的充实水柱同时到达的射流量计算。

2. 什么情况下应设自动喷水灭火系统？

下列情况下应设自动喷水灭火系统：

（1）特等、甲等或超过1500座其他等级的剧院；

（2）超过2000座的会堂、礼堂；

（3）超过3000座的体育馆；

（4）超过5000人体育场的室内人员休息室与器材间等；

（5）任一层楼建筑面积大于1500m^2 或总建筑面积大于3000m^2 的展览、商店、旅馆建筑，以及医院建筑中同样规模的病房楼、门诊楼、手术部；

（6）设有送回风管道的集中空调系统且总建筑面积大于3000m^2 的办公楼；

（7）设在地下、半地下、地上四层及以上或设在一至三层且任一层建筑面积大于3000m^2 的歌舞、娱乐、放映、游艺场所；

（8）藏书量超过50万册的图书馆；

（9）建筑面积大于500m^2 的地下商店；

（10）一个防火分区最大允许建筑面积超过《建筑设计防火规范》GB 50015—2006 表5.1.7的规定时。

3. 自动喷水灭火系统能否取代室内消火栓系统？

不能！一方面，自动喷水灭火系统是针对初期火灾的自动灭火系统，连续扑救时间（火灾延续）仅为1h，小于建筑可燃物的燃烧时间2~3h；另一方面，自动喷水灭火系统只针对着火点喷水，并无对相邻防火分区或楼层的冷却、隔离作用。

4. 什么情况下采用干式系统？

在寒冷地区的非采暖房间设置有消防给水时，宜采用干式或干湿式系统，以防冻结。但干式系统必须做好充水排气和事后泄空系统的装置。

5. 电伴热在什么条件下采用？

当火灾危险性较大，火灾易造成较大损失，消火栓管网系统较大，充水时间较长且寒冷无采暖的房间，其消火栓给水管网宜采用电伴热，有利于及时扑救火灾。但喷洒系统由于管网分支太多，不宜采用电伴热。

6. 什么时候应设置消防水泵接合器？

自动喷水灭火系统和超过五层的公共建筑、超过四层的厂房（仓库）、高层厂房（仓库）其室内消火栓给水系统应设消防水泵接合器。接合器的数量根据室内消防给水系统的设计用水量计算确定，每个接合器的水量按10～15L/s计算。

7. 什么情况下可以不配置灭火器？

只有普通的多层住宅可以不配置建筑灭火器，其余均应配置建筑灭火器。

8. 排水

(1) 什么情况下设专用通气立管？

1) 10层及以上高层建筑和建筑标准较高的公共建筑的生活污水立管，宜设专用通气立管；

2) 排水管道上设有环形通气管时，应设连接各层环形通气管的主通气立管或副通气立管；

3) 当排水立管的排水量超过《建筑给水排水设计规范》GB 50015—2003表4.4.11-3规定时，应设专用通气立管。

(2) 排水立管最大管径多少合适？

鉴于排水立管所占空间尺寸及转弯时管件所占空间尺寸，排水立管不宜大于*DN*150。

(3) 为什么排水立管与排出管连接点的转弯处应设管道基础或支墩？

主要原因是承受立管排水对连接点处的冲击力；其次是承受立管固定支撑滑动对立管底端的作用力。

(4) 排水管道系统安装完毕如何检验？

1) 生活排水管道的灌水试验与通球试验

需要隐蔽或埋地的排水管道在隐蔽前必须做灌水试验：

灌水高度应不低于层底卫生器具上边缘或底层地面高度，满水15min水面下降后，再灌满观察5min，液面不降，管道接口无渗漏为合格；

排水主立管及水平干管管道均应做通球试验，通球球径不小于排水管管径的1/2，通球率必须达到100%。

2) 室内雨水管道的灌水试验

安装在室内的雨水管道安装完毕应做灌水试验，灌水高度必须达到每个系统最上部的雨水斗，灌满水持续1h，无渗漏为合格。

7.4 关于厂房、库房

7.4.1 关于厂房给水

1. 厂房生产给水与消防给水是分开各自独立设置还是合用系统？

当生产用水对水质没有特别严格的要求且火灾危险性小时，宜合用；既可节

省投资，又能使消防系统内的水质不断更新，防止水质恶化。但是，如果生产用水对水质有着很严格的要求，或火灾危险性大（如：食品、饮料、化工、制药、微电子等生产用水），则应该严格将生产、消防给水系统分开，以免影响水质或灭火效果。

2. 厂房内的给水管道是架空敷设还是埋地敷设?

一般情况下，厂房内的给水管道应架空敷设，一方面可以避免因埋地或管沟敷设导致施工过程中的专业交叉，另一方面便于安装和检修。个别用水点因不便于架空可局部埋地或管沟敷设。有施工经验的人清楚，专业交叉（工种交叉）作业是造成质量隐患、工期延误的主要原因之一。当然，特殊情况下，有管沟可利用时，管沟敷设也是很好的选择。

3. 厂房内给水管材的选择?

由于厂房架空敷设管道，常常要在无墙的柱间跨越，不便于将管道支吊架设置很密，因而刚性很差的塑料管、复合管不宜采用，尤其当易于受到机械冲击导致管道损坏的厂房，更加不宜。而刚性优良的金属管材便成为首选。特别是医药、饮料、食品等厂房除兼顾到管材的刚性外又从美观与卫生角度出发，食品级不锈钢管材被广泛采用。衬塑良好的钢管及管件也可成为另外某些厂房不错的选择。

7.4.2 关于厂房排水

1. 厂房排水如何设置水封?

厂房污废水排放一定要设水封，当然，地漏自身的水封深度浅，存水量少，远远不能保证水封效果，如果污废水中堵塞地漏的杂物很少，可以用地漏排水，应该采用无水封地漏下设存水弯做水封，这样才可以使水封能够长时间保存；如果污废水中杂物较多，易堵塞地漏，宜采用排水沟或管道排水，而排水沟或管道一定要经过水封井再与室外排水管道相连接，才能确保排水管道内的有害气体被封堵在室外。

2. 生产污废水是否应该处理?

凡是不满足《污水综合排放标准》GB 8978—1996 排放要求的生产污废水都必须经过处理达标后排放，这是作为专业技术人员必须知道的，既使你的设计内容不含污废水处理部分或是你的单位没有相应设计资质，但作为设计人员，必须对不达标污废水的处理给予说明。其目的之一是表明你没有漏项，目的之二是提醒资方污废水要达标排放。

3. 厂房排水宜采用什么管材?

厂房排水管材的选择必须结合污废水的水质、水温等理化性质，有针对地选择，比如：铸铁管虽强度高，但不耐酸碱腐蚀；塑料管虽然耐酸碱，但耐温性能差、机械强度低。排水管穿越地沟时接口不应设于地沟内，特别当地面有震动时，宜采用强度高接口少的管材，于是给水管材可优先采用。

4. 厂房屋面雨水排放应注意些什么?

对于小型厂房和独立人字坡厂房，其屋面排水简单，采用有组织排水和无组织排水均可；对于连跨长天沟（天沟长度远大于50m）的大型厂房（一般指屋面汇水面积大于5000），当采用重力排水时，立管多，且埋地横管较长，若采用闭式系统，不易维护保养；若采用开式系统，容易溢水，影响正常生产，这时应考虑虹吸式（压力流）雨水排水系统，可大大减少立管根数，同时将埋地管变成了密闭性能很好的悬吊管，从而克服了重力排水的许多缺陷，屋面越大虹吸式（压力流）雨水排水系统的优势越明显。

5. 厂区排水对检查井及井盖有哪些要求?

有时会涉及到工厂、物流仓库有重型运输车辆通行或停留，这时所采用的排水检查井、井盖都必须满足该使用条件的要求，检查井以钢筋砼为最佳，井盖、雨水篦子等均应采用经过强度校核并满足要求的重型产品。特殊情况下，可能还需要按实际使用条件特别订制非标产品。

7.4.3　关于厂房、库房的消防给水

除了规范 GB 50016—2006 第 8.3.1.5 条规定的厂房、库房可不设室内消防给水外，其他厂房、库房均应该设室内消防给水。

1. 厂房、库房室内消防给水管道如何敷设?

(1) 一般厂房、库房室内消防给水管道以明设为主，便于安装检修，避免交叉作业。但如果明设不经济或不合理时，可采用埋地敷设或管沟敷设。当然，管沟应设于不受生产操作影响，且又便于管道安装检修处。另外，有些情况下，消火栓与消火栓箱设在一起不合理时，可分开设置，消火栓设于适合安装及操作的位置，消火栓箱则设在其附近（不大于5m）便于取用又不妨碍其他功能的位置。

(2) 寒冷地区非采暖的厂房、库房消防给水管道可以采用两种方式解决防冻结问题：

1) 采用干式系统，即：在室外入口不结冻处（埋地或采暖房间）设快开阀门井，井内设快开阀和泄空阀（常开一般为 *DN*15)，快开阀一般为电动（可以手动）蝶阀，防水型。平时快开阀关闭，泄空阀打开，使快开阀后的管道内处于空管（干式）状态，一旦发生火灾，可通过消火栓箱内的启动按钮打开电动阀向管网内充水；此时，能关闭泄空阀最好，若不能关闭，由于 *DN*15 的泻水管泄流量有限，不致对系统的水压和水量造成很大影响。干式系统由于充水和泄水时有呼吸作用，因此，系统最高点必须设自动排气装置，系统最低点必须设泄水装置。

2) 采用湿式系统电拌热防冻，对于火灾危险性大，可燃物多，火灾造成的

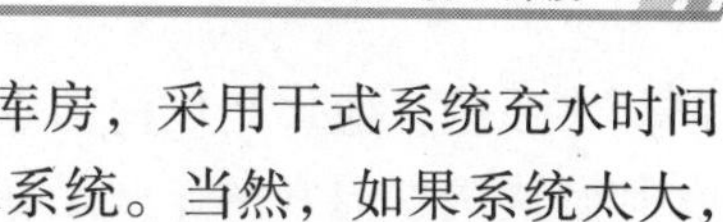

损失大的厂房、库房或管路系统很长的大型厂房、库房，采用干式系统充水时间长，且末端易冻结时，宜采用湿式电拌热消防给水系统。当然，如果系统太大，也可结合建筑放火分区，将系统化整为零，分成若干个小系统后，无论设计成干式、还是湿式电拌热都相对好处理一些。

2. 厂房、库房在什么情况下需要设自动喷水灭火系统？

除了规范 GB 50016—2006 第 8.5.1 条 8.5.8 条规定的需要设自动喷水灭火系统范围以外，还有两种情况也需要设自动喷水灭火系统：一是建筑设计时将防火分区面积扩大而不设防火分隔时，应按 GB 50016—2006 第 3.3.1 条至 3.3.3 条规定及其注解设自动喷水灭火系统；二是厂房、库房的某部分结构（一般是钢屋架）达不到耐火等级，需要冷却保护时，应设自动喷水灭火系统。

所以，给水排水设计专业人员不仅要熟悉规范对本专业的条款，还要熟悉规范其他专业与本专业相关的条款。同时，要与其他相关专业密切沟通，通过对设计项目的全面掌握以避免出现重大设计失误。

3. 厂房、库房的消防给水采用什么管材？

由于热浸镀锌钢管机械强度高，耐火、耐久性能好，施工较为方便，成为室内消防给水的普遍选择，室内局部埋地必须作妥善的防腐处理；当然室内全面埋地时，也可以采用给水铸铁管，只是施工较镀锌钢管不太方便。室外埋地管道宜采用给水铸铁管，出厂就已作好防腐，可直接安装，耐腐蚀性能远优于钢管。

4. 厂房、库房消火栓的平面布置应注意哪些问题？

消火栓的布置应结合厂房、库房的工艺平面布置，尽可能布置在人行通道两侧。不一定非要依墙、靠柱，只要不妨碍生产操作和通行，在能避开撞击破坏前提下，可以靠近柱子或直接从地面上安装消火栓成套设备（含栓、栓箱等）。

没有经验的设计人员，在布置厂房、库房消火栓时，从图纸上看上去一片空旷，毫无障碍，于是以为灭火时消火栓水龙带可以长驱直入，连水带长度折减都不考虑，造成消火栓保护半径过大，有空白点。而实际上，投入使用后，厂房、库房内常常是到处布满了设备、成品、半成品或货物，只有通道上是空的，水带展开时必须要折许多弯，因此，布置消火栓时，必须考虑水带长度折减。

5. 寒冷地区非采暖厂房、库房喷洒系统是否可以采用电拌热防冻？

喷洒系统由于管路长，支管及分叉多，给敷设发热电缆及保温带来很大困难，施工难度大，工期长，而且会使造价增加许多，凡有经验的设计人员不会出此下策，可以采用干式或预作用喷洒系统来解决喷洒系统防冻问题。如果厂房、库房面积大，可以分成若干个小系统，使每个系统的容积和充水时间都在允许范围内。

6. 厂房、库房没有条件设高位消防水箱时怎么办？

现代厂房都倾向于办公（事务所）与厂房合建，不设独立的高大办公楼，因此，多数情况下，没有可设置高位消防水箱的地方，而规范规定：临时高压消防给水系统，应设高位消防水箱。那么，厂房、库房没有件设高位消防水箱时该如何解决呢？通常的作法是在地下泵房或某合适的设备间内设大型气压储水罐，储备10min消防水量（其有效贮水容积按照规范GB 50016—2006第8.4.4.2条规定执行）。灭火时，靠气压将罐内水压出。而单独为喷洒系统贮水的气压水罐，规范允许其有效贮水容积为4只喷头在最低工作压力下的10min用水量。

7.5　关于材料设备

7.5.1　关于管材

1. 给水系统常用管材有哪些?

生活给水系统管材可采用无毒的塑料管、复合管、铜管、不锈钢管、可靠防腐处理的钢管等。普通住宅、办公楼等可采用UPVC、PP-R等普适性的管材，但必须是正规大型企业的产品并且应符合现行的国家标准。而宾馆、高级住宅或其他标准高的建筑宜采用铜管、不锈钢管、PB管等品质优良的管材。选择管材不但要满足设计运行参数，（如工作压力、介质温度、腐蚀性、环境温度等)，同时，必须掌握管道的规格范围、敷设方式、连接方式等几方面知识。比如：铝塑复合管、铜塑复合管只有小规格（不大于*DN*25mm)，只适用于支管，大管径干管必须用其他管材。再比如：地面面层埋设的管道，最适合的管材为PP-R或PP-R稳态管等可热熔接的管材。明设的管道，为了美观宜采用表面光滑、刚度大、温度变形小的管材。

生活热水系统管材可选用工作压力和工作温度不大于产品标准标定的允许工作压力和工作温度，耐热性能好、抗老化、不易结垢的塑料管、复合管材中热水专用管材，埋设选用熔接管材，干管选用刚度大、温度变形小的金属管材。但设备机房内的管道不应采用塑料管。

中水系统管材除塑料管、复合管、衬塑钢管、不锈钢管外，其他耐腐蚀性能良好的给水管材均可用于中水系统，但管道颜色必须与生活给水系统有明显区别，或以表面漆成色环来区别，同时，中水系统不允许接普通水龙头以免误接误用。

直饮水系统管材宜采用洁净、抗菌、耐腐蚀、美观的不锈钢管、复合管、PB管等优良管材。

所有加压系统供水干管应采用刚度大、耐高压的金属管或复合管。

2. 排水系统常用管材有哪些?

多层建筑常可采用UPVC排水塑料管、排水铸铁管。对安静要求高的场所，一采用铸铁管或有消音功能的塑料管。对于可能受到冲击破坏或受荷载作用有可能破坏、对坚固、耐久性有特别要求时，宜采用强度高的铸铁排水管或给水管材。

高层建筑排水，一方面水流落差大，冲击力强，噪声大，压力波动大；另一方面立管长，温度变形量大，且受建筑弹性摆动影响，所以应采用强度高，柔性连接的排水铸铁管或具有消音功能、柔性连接的排水塑料管。不过，由于高层建筑的自沉降作用，排水管埋地部分易受重压，塑料管材难以承受，因此，笔者建议高层建筑特别是高度大、建筑标准高的高层建筑排出管自外墙里皮至检查井段，应采用强度高的排水铸铁管材。

雨水内排水系统管材宜采用强度高、噪声小的管材，多层建筑可以采用排水铸铁管、钢管。高层建筑应采用强度高耐老化的金属压力管材，如钢管、给水铸铁管，至少应采用接口少，接口强度高的柔性接口机制排水铸铁管。

压力排水系统管材一方面在压力状态下工作；另一方面要与水泵、阀门等连接，排水管材很难同时满足这两点要求。因此，应选用给水塑料管或经妥善防腐处理的金属给水管。

污水局部处理或中水处理站所用工艺管道，宜采用塑料给水管。主要是因为质轻便于安装，而且机械强度高、耐腐蚀。

3. 如何选用消防给水管材?

消防给水系统管材应选择强度高、耐火、耐老化的金属管材，通常是选择热浸镀锌钢管，沟槽连接件连接。严格地说，镀锌钢管不允许焊接，但全部螺纹接会使施工变得很复杂，施工难度很大，因此，实际应用中消火栓系统管径大于*DN*70 允许焊接，但焊口处必须妥善防腐处理；而自动喷洒管道，*DN*≤50mm 时，螺纹连接，*DN*≥70mm 时必须采用丝接或沟槽连接件连接。也许随着塑料工业的发展将来会有强度及耐火抗老化性能都优于镀锌钢管的管材可用于消防给水，但目前为止，室内消防给水仍普遍采用热镀锌钢管用作消防给水管材。

7.5.2　关于阀门

阀门的选择：

（1）生活给水系统上的检修阀门，特别是住宅生活给水系统上 *DN*≤32mm 的检修阀门，宜采用密封性能好且有一定调节功能的截止阀，以对水质卫生影响少的不锈钢阀或铜阀或钢衬塑阀为最佳。当管径 *DN*≥40mm 时，管道上的检修阀门以闸阀、蝶阀为宜。

（2）生活给水系统上的减压阀，以球型减压稳压阀为最佳，弹簧可调减压阀次之。无论选择哪种减压阀，均应给出阀前、阀后压力参数，并严格按减压阀节点的规范配置要求设置，如图 7.5-1 所示。

（3）当水箱、水池进水阀不是由专用水泵供水时，宜选用性能可靠的液位控制阀；而当水池（箱）的进水是由专用供水泵供给时，进水管可不设阀门，而设水位自动控制器，控制水泵开停。当水泵供给多个水箱进水时，应在水箱进水管上装设电动阀，由水位监控设备实现自动控制。

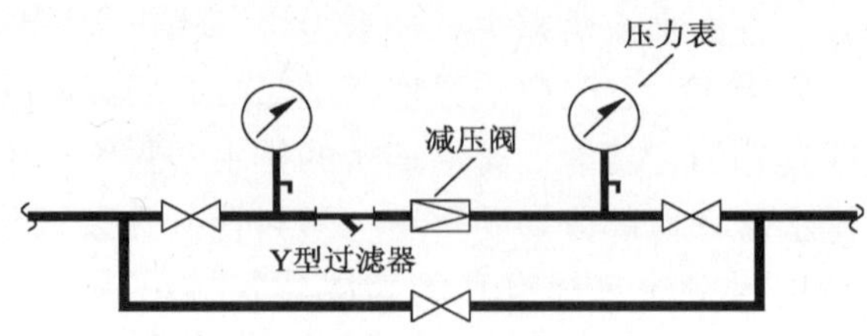

图 7.5-1　生活给水系统减压阀设置

（4）消火栓给水系统上的检修阀门，应选择带有明显启闭标志的阀门（如明杆闸阀、蝶阀）；自动喷洒系统上的检修阀门应采用带有开、关电信号的阀门。消防给水系统上的减压阀门，有减动压的弹簧式减压阀，有减静压的比例式减压阀，也有既减动压又减静压的Y型弹簧薄膜式和JY型活塞式截止减压阀。选用时要明确减压目的，以免选错阀门。同时，阀门的安装有的只能水平安装，有的只能垂直安装，有的既可水平又可垂直安装。

（5）阀门的连接形式：一般情况下，用于给水系统（含热水系统）的阀门，DN≤40mm时可采用螺纹连接，既经济也比较方便安装；当DN≥50mm时，由于安装和拆卸需要大号管扳手，螺纹连接很明显不便于安装和拆卸，因此，宜采用法兰连接或沟槽连接；对于气体管道（含蒸汽），因密封性和维修方便的需要，除DN≤20mm可采用螺纹阀门外，其余宜采用法兰连接截止阀。当然，随着沟槽式阀门及沟槽连接件的发展与普及，沟槽式连接应该是最方便快捷的连接方式。

7.5.3　关于水泵

（1）生活给水泵选择和设置应注意哪些问题?

由于生活用水量变化幅度大，以多台泵并联组合工作较为适合，又由于立式多级泵占地少、噪声小，便于多台组合等特点，通常作为生活给水泵的首选。低转速泵的噪声小，高转速泵的噪声大。目前，生活供水泵普遍采用自动控制，变频调速工作方式。为了防止因真空引水设施的不可靠或人为灌水麻烦且不及时导致供水系统无法正常运行，一般情况下，生活给水泵都设计成自灌式，以提高其可靠性。这里要特别强调的是：水泵调频理论上是0～50Hz可以全程调频，但实验表明，水泵的有效调频范围很小，只有从大约35～50Hz才能有效工作，小于35Hz调频时，水泵几乎无流量和压力显示。所以不要误认为满足设计秒流量的水泵，经过调频便可以满足任何流量扬程变化的需要！卧式泵占地面积大、噪声大，一般情况下，不用于建筑生活给水加压。

（2）消防给水泵选择和设置应注意哪些问题?

从消防给水系统的工作过程来看，消防用水量随着水枪股数或投入灭火的喷头数增加而逐步增加，从理论上尤其适合于多台泵并联组合工作。但是由于投资、运行维护、施工工期等诸多因素限制，同时，消防泵属于偶尔短时间（最长不超过3h）可能工作的水泵，因此，不宜将简单问题复杂化。一般情况下（尤其当水泵功率小于等于90kW时），按各系统设计消防用水量及扬程选1用1备。在火灾初期用水量尚未达到设计水量时，通过安全阀或持压泄压阀将多余水量泄回到消防水池，从而妥善地解决了超量过压问题。

当扬程不是很高且泵房面积足够时，立式泵、卧式泵均可选用。立式泵价格较高，卧式泵价格较便宜。当泵房面积受到限制时，当首选立式泵。但是当立式多级泵高度很大（超过1.8m）时，安装维修难度也很大，应尽可能选用卧式多级泵。

消防水泵应设备用泵，并不意味着每个系统都必须设一台备用泵，只要满足备用泵条件，完全可以共用备用泵，以节省占地和设备投资。

为了保证消防水泵启动的快速、有效，消防泵应设计成自灌式。

关于消防接力泵，规范规定是在消防车供水压力范围内的分区设水泵接合器，超过消防车供水压力的分区规范未提及，那么笔者的理解是可设，可不设。设接合器对于建筑物超出消防车供水压力范围的部分灭火更有利。应该说不设是允许的。只要设了接力泵，就应该作好与消防车供水泵串联工作的控制。

消防水泵等消防设施的电源，应保证当发生火灾而生产、生活电源被切断时，仍能保证消防用电（双电源或双回路自动切换）。

(3) 热水供应系统循环泵选择和设置应注意哪些问题?

经常有人误以为热水系统的循环泵是为热水系统提供供水压力的，这是个概念性错误。无论热水系统是开式系统还是闭式系统，其供水压力来自于其补充水源。而循环泵的工作意义是让系统内的一部分水不断地循环流动，靠加热器不断地循环加热循环水，用循环水的热量补偿管网中无用水时的热损耗，从而保证各用水点随时取得接近设计温度的热水。热水循环其目的是补偿管网系统的热损失，循环泵的流量即为计算的循环流量，其扬程为循环流量加上附加流量沿整个管网循环一周的全部水头损失。附加流量是考虑到循环时，由于部分用水，导致除循环水以外还有一定的水一起流动，管内流速增加，使得循环阻力增大，要使循环水量能够顺利循环，必须克服这部分附加阻力损失。因此，引出了一个附加流量的概念。其实循环流量并不包括这部分附加流量，只是循环泵的扬程必须考虑这部分阻力而已。

(4) 污废水泵选择和设置应注意哪些问题?

一般建筑物地下室污废水不能重力流排出时，都需要用污废水泵抽升至室外。目前，随着潜污泵的普及和发展，这个问题已经变得非常简单，只要在污废水泵坑内设置潜污泵配以相应的电源及控制系统即可。这里要交待的是下面几个值得注意的问题：

首先，尽管地下室无用水点需要排水，但是却有给水排水管道未经特殊防护地穿越地下室房间。因此，地下室应该设集排水设施，以备跑冒、滴漏或排除消防水时的不时之需。

其次，潜污泵的规格选用不应该太理论化，应该结合实际运行经验。对于较清洁的废水泵而言，虽然按计算选泵，但不应该选择出水口径小于 *DN*50 的潜污泵；对于悬浮物多的污水泵而言，首先应计算选泵，但水泵出水口径不应小于 *DN*80。

第三，水泵的工作控制：（除了排水量特别少的情况采用人工控制外）一般情况下，都采用自动控制，一个污废水泵坑设两台泵，二者交互备用，轮换工作，而且当一台泵连续工作超过 3min 坑内水位未下降至一半时，备用泵应一同投入工作。超过警戒上限水位报警，到达下限停泵。

最后，污废水泵的电源，为了防止因生产、生活电源故障或消防时强制切断，导致地下室被水淹没，造成不必要的损失，污废水泵应采用消防电源。若地下室有被溢水淹没的可能或比较潮湿（无良好通风）的情况下，所有配电、控制系统应采取可靠的防水措施。

7.5.4　关于热交换器

热交换器（水加热器）有很多种类型，虽然都是用来加热水，但是，由于其构造及性能特点不同，使得各种换热交换器有着相适应的应用场合和使用条件。

生活热水供应系统宜选择哪种热交换器？

（1）由于生活热水供应系统用水量变化较大和要求水温水压稳定等特点，要求作为热水源泉的热交换器出水无论用水量怎样变化，水温水压都能相对稳定，对于具有一定的蓄热和缓冲能力、水流速度平缓、阻力损失很小的容积式和半容积式热交换器而言，很显然是最佳选择。对于几乎没有贮存蓄热和缓冲能力，靠很大换热面积使水在快速流动过程中被加热的板式、即热式和其他快速式热交换器，如果不设置专用的贮水蓄热容器，要满足在不断变化用水量的情况下水温、水压稳定是相当困难的。既使增加贮热单元，但同时又必须增加内循环设施，使系统复杂程度相对增加。因此，即使有足够的热媒供应和可靠的温度调控装置，快速式换热器也不宜单独用于生活热水供应系统，特别是对水温、水压要求较严格的宾馆等场所。

（2）对于医院生活热水供应系统，对水质卫生要求尤其严格，所以热交换器内必须保持不断地水质更新，不能有死水区。于是导流型容积式、半容积式热交换器就成为最佳选择。因为水质不断更新，避免了水的长期滞留，从而抑制了细菌特别是军团菌的繁殖。

（3）对于恒定流量及水温的热水循环系统，如：泳池、嬉水池、采暖空调等系统的换热器，由于这些系统均有一个共同点是流量几乎恒定，水温基本稳定，没有不断变化的冲击负荷。所以，占地面积小，换热速度快，热效率高的板式、即热式以及其他快速式热交换器就成为优先选择的对象。实际上也被广泛地应用于这些系统。

（4）理论上快速式换热器如果供应以能够满足设计秒流量热水时所需要的热媒，再配以可靠的温度调控装置，可以用于生活热水供应系统。然而，且不说无论多么可靠的温控装置都必须有一个从探测到反应到控制动作的实现过程，不会像电流一样迅速，单单因为秒流量时热媒耗量为最大时流量热媒耗量的几倍而导致投资增加和相关的其他问题就足以让绝大多数专业人士放弃这种选择。

第8章 建筑给水排水工程设计常用备查资料数据

8.1 冷水给水设计计算用图表

8.1.1 住宅给水管段卫生器具给水当量同时出流概率计算式中 $U_0 \sim \alpha_c$ 值对应用表

住宅给水管段卫生器具给水当量同时出流概率计算式中 $U_0 \sim \alpha_c$ 值对应表　　表 8.1-1

U_0（%）	α_c	U_0（%）	α_c
1.0	0.00323	4.0	0.02816
1.5	0.00697	4.5	0.03263
2.0	0.01097	5.0	0.03715
2.5	0.01512	6.0	0.04629
3.0	0.01939	7.0	0.05555
3.5	0.02374	8.0	0.06489

8.1.2 住宅给水管段设计秒流量计算用表

住宅给水管段设计秒流量计算表（U－（%），q－（L/s））

表 8.1-2

U_0	1.0		1.5		2.0		2.5		3.0		3.5		4.0		4.5		5.0		6.0		7.0		8.0	
N_g	U	q	U	q	U	q	U	q	U	q	U	q	U	q	U	q	U	q	U	q	U	q	U	q
1	100.0	0.20	100.0	0.20	100.0	0.20	100.0	0.20	100.0	0.20	100.0	0.20	100.0	0.20	100.0	0.20	100.0	0.20	100.0	0.20	100.0	0.20	100.0	0.20
2	70.94	0.28	71.20	0.28	71.49	0.29	71.78	0.29	72.08	0.29	72.39	0.29	72.70	0.29	73.02	0.29	73.33	0.29	73.98	0.30	74.64	0.30	75.30	0.30
3	58.00	0.35	58.30	0.35	58.62	0.35	58.96	0.35	59.31	0.36	59.66	0.36	60.02	0.36	60.38	0.36	60.75	0.36	61.49	0.37	62.24	0.37	63.00	0.38
4	50.28	0.40	50.60	0.40	50.94	0.41	51.30	0.41	51.66	0.41	52.03	0.42	52.41	0.42	52.80	0.42	53.18	0.43	53.97	0.43	54.76	0.44	55.56	0.44
5	45.01	0.45	45.34	0.45	45.69	0.46	46.06	0.46	46.43	0.46	46.82	0.47	47.21	0.47	47.60	0.48	48.00	0.48	48.80	0.49	49.62	0.50	50.45	0.50
6	41.12	0.49	41.45	0.50	41.81	0.50	42.18	0.51	42.57	0.51	42.96	0.52	43.35	0.52	43.76	0.53	44.16	0.53	44.98	0.54	45.81	0.55	46.65	0.56
7	38.09	0.53	38.43	0.54	38.79	0.54	39.17	0.55	39.56	0.55	39.96	0.56	40.36	0.57	40.76	0.57	41.17	0.58	42.01	0.59	42.85	0.60	43.70	0.61
8	35.65	0.57	35.99	0.58	36.36	0.58	36.74	0.59	37.13	0.59	37.53	0.60	37.94	0.61	38.35	0.61	38.76	0.62	39.60	0.63	40.45	0.65	41.31	0.66
9	33.63	0.61	33.98	0.61	34.35	0.62	34.73	0.63	35.12	0.63	35.53	0.64	35.93	0.55	36.35	0.65	36.76	0.66	37.61	0.68	38.46	0.69	39.33	0.71
10	31.92	0.64	32.27	0.65	32.64	0.65	33.03	0.66	33.42	0.67	33.83	0.68	34.24	0.58	34.65	0.69	35.07	0.70	35.92	0.72	36.78	0.74	37.65	0.75
11	30.45	0.67	30.80	0.68	31.17	0.69	31.56	0.69	31.96	0.70	32.36	0.71	32.77	0.72	33.19	0.73	33.61	0.74	34.46	0.76	35.33	0.78	36.20	0.80
12	29.17	0.70	29.52	0.71	29.89	0.72	30.28	0.73	30.68	0.74	31.09	0.75	31.50	0.76	31.92	0.77	32.34	0.78	33.19	0.80	34.06	0.82	34.93	0.84
13	28.04	0.73	28.39	0.74	28.76	0.75	29.15	0.76	29.55	0.77	29.96	0.78	30.37	0.79	30.79	0.80	31.22	0.81	32.07	0.83	32.94	0.86	33.82	0.88
14	27.03	0.76	27.38	0.77	27.76	0.78	28.15	0.79	28.55	0.80	28.96	0.81	29.37	0.82	29.79	0.83	30.22	0.85	31.07	0.87	31.94	0.89	32.82	0.92
15	26.12	0.78	26.48	0.79	26.85	0.81	27.24	0.82	27.64	0.83	28.05	0.84	28.47	0.85	28.89	0.87	29.32	0.88	30.18	0.91	31.05	0.93	31.93	0.96
16	25.30	0.81	25.66	0.82	26.03	0.83	26.42	0.85	26.83	0.86	27.24	0.87	27.65	0.88	28.08	0.90	28.50	0.91	29.36	0.94	30.23	0.97	31.12	1.00
17	24.56	0.83	24.91	0.85	25.29	0.86	25.68	0.87	26.08	0.89	26.49	0.90	26.91	0.91	27.33	0.93	27.76	0.94	28.62	0.97	29.50	1.00	30.38	1.03
18	23.88	0.86	24.23	0.87	24.61	0.89	25.00	0.90	25.40	0.91	25.81	0.93	26.23	0.94	26.65	0.96	27.08	0.97	27.94	1.01	28.82	1.04	29.70	1.07
19	23.25	0.88	23.60	0.90	23.98	0.91	24.37	0.93	24.77	0.94	25.19	0.96	25.60	0.97	26.03	0.99	26.45	1.01	27.32	1.04	28.19	1.07	29.08	1.10
20	22.67	0.91	23.02	0.92	23.40	0.94	23.79	0.95	24.20	0.97	24.61	0.98	25.03	1.00	25.45	1.02	25.88	1.04	26.74	1.07	27.62	1.10	28.50	1.14

续表 8.1-2

U_0	1.0		1.5		2.0		2.5		3.0		3.5		4.0		4.5		5.0		6.0		7.0		8.0	
N_g	U	q	U	q	U	q	U	q	U	q	U	q	U	q	U	q	U	q	U	q	U	q	U	q
22	21.63	0.95	21.98	0.97	22.36	0.98	22.75	1.00	23.16	1.02	23.57	1.04	23.99	1.06	24.41	1.07	24.84	1.09	25.71	1.13	26.58	1.17	27.47	1.21
24	20.72	0.99	21.07	1.01	21.45	1.03	21.85	1.05	22.25	1.07	22.66	1.09	23.08	1.11	23.51	1.13	23.94	1.15	24.80	1.19	25.68	1.23	26.57	1.28
26	19.92	1.04	20.27	1.05	20.65	1.07	21.05	1.09	21.45	1.12	21.87	1.14	22.29	1.16	22.71	1.18	23.14	1.20	24.01	1.25	24.98	1.29	25.77	1.34
28	19.21	1.08	19.56	1.10	19.94	1.12	20.33	1.14	20.74	1.16	21.15	1.18	21.57	1.21	22.00	1.23	22.43	1.26	23.30	1.30	24.18	1.35	25.06	1.40
30	18.56	1.11	18.92	1.14	19.30	1.16	19.69	1.18	20.10	1.21	20.51	1.23	20.93	1.26	21.36	1.28	21.79	1.31	22.66	1.36	23.54	1.41	24.43	1.47
32	17.99	1.15	18.34	1.17	18.72	1.20	19.12	1.22	19.52	1.25	19.94	1.28	20.36	1.30	20.78	1.33	21.21	1.36	22.08	1.41	22.96	1.47	23.85	1.53
34	17.46	1.19	17.81	1.21	18.19	1.24	18.59	1.26	18.99	1.29	19.41	1.32	19.83	1.35	20.25	1.38	20.68	1.41	21.55	1.47	22.43	1.53	23.32	1.59
36	16.97	1.22	17.33	1.25	17.71	1.28	18.11	1.30	18.51	1.33	18.93	1.36	19.35	1.39	19.77	1.42	20.20	1.45	21.07	1.52	21.95	1.58	22.84	1.64
38	16.53	1.26	16.89	1.28	17.27	1.31	17.66	1.34	18.07	1.37	18.48	1.40	18.90	1.44	19.33	1.47	19.76	1.50	20.63	1.57	21.51	1.63	22.40	1.70
40	16.12	1.29	16.48	1.32	16.86	1.35	17.25	1.38	17.66	1.41	18.07	1.45	18.49	1.48	18.92	1.51	19.35	1.55	20.22	1.62	21.10	1.69	21.99	1.76
42	15.74	1.32	16.09	1.35	16.47	1.38	16.87	1.42	17.28	1.45	17.69	1.49	18.11	1.52	18.54	1.56	18.97	1.59	19.84	1.67	20.72	1.74	21.61	1.82
44	15.38	1.35	15.74	1.39	16.12	1.42	16.52	1.45	16.92	1.49	17.34	1.53	17.76	1.56	18.18	1.60	18.61	1.64	19.48	1.71	20.36	1.79	21.25	1.87
46	15.05	1.38	15.41	1.42	15.79	1.45	16.18	1.49	16.59	1.53	17.00	1.56	17.43	1.60	17.85	1.64	18.28	1.68	19.15	1.76	20.03	1.84	20.92	1.92
48	14.74	1.42	15.10	1.45	15.48	1.49	15.87	1.52	16.28	1.56	16.69	1.60	17.11	1.64	17.54	1.68	17.97	1.73	18.84	1.81	19.72	1.89	20.61	1.98
50	14.45	1.45	14.81	1.48	15.19	1.52	15.58	1.56	15.99	1.60	16.40	1.64	16.82	1.68	17.25	1.73	17.68	1.77	18.55	1.86	19.43	1.94	20.32	2.03
55	13.79	1.52	14.15	1.56	14.53	1.60	14.92	1.64	15.33	1.69	15.74	1.73	16.17	1.78	16.59	1.82	17.02	1.87	17.89	1.97	18.77	2.07	19.66	2.16
60	13.22	1.59	13.57	1.63	13.95	1.67	14.35	1.72	14.76	1.77	15.17	1.82	15.59	1.87	16.02	1.92	16.45	1.97	17.32	2.08	18.20	2.18	19.08	2.29
65	12.71	1.65	13.07	1.70	13.45	1.75	13.84	1.80	14.25	1.85	14.66	1.91	15.08	1.96	15.51	2.02	15.94	2.07	16.81	2.19	17.69	2.30	18.58	2.42
70	12.26	1.72	12.62	1.77	13.00	1.82	13.39	1.87	13.80	1.93	14.21	1.99	14.63	2.05	15.06	2.11	15.49	2.17	16.36	2.29	17.24	2.41	18.13	2.54
75	11.85	1.78	12.21	1.83	12.59	1.89	12.99	1.95	13.39	2.01	13.81	2.07	14.23	2.13	14.65	2.20	15.08	2.26	15.95	2.39	16.83	2.52	17.72	2.66
80	11.49	1.84	11.84	1.89	12.22	1.96	12.62	2.02	13.02	2.08	13.44	2.15	13.86	2.22	14.28	2.29	14.71	2.35	15.58	2.49	16.46	2.63	17.35	2.78

续表 8.1-2

U_0	1.0		1.5		2.0		2.5		3.0		3.5		4.0		4.5		5.0		6.0		7.0		8.0	
N_g	U	q	U	q	U	q	U	q	U	q	U	q	U	q	U	q	U	q	U	q	U	q	U	q
85	11.15	1.90	11.51	1.96	11.89	2.02	12.28	2.09	12.69	2.16	13.10	2.23	13.52	2.30	13.95	2.37	14.38	2.44	15.25	2.59	16.13	2.74	17.02	2.89
90	10.85	1.95	11.20	2.02	11.58	2.09	11.98	2.16	12.38	2.23	12.80	2.30	13.22	2.38	13.64	2.46	14.07	2.53	14.94	2.69	15.82	2.85	16.71	3.01
95	10.57	2.01	10.92	2.08	11.30	2.15	11.70	2.22	12.10	2.30	12.52	2.38	12.94	2.46	13.36	2.54	13.79	2.62	14.66	2.79	15.54	2.95	16.43	3.12
100	10.31	2.06	10.66	2.13	11.04	2.21	11.44	2.29	11.84	2.37	12.26	2.45	12.68	2.54	13.10	2.62	13.53	2.71	14.40	2.88	15.28	3.06	16.17	3.23
110	9.84	2.17	10.20	2.24	10.58	2.33	10.97	2.41	11.38	2.50	11.79	2.59	12.21	5.69	12.63	2.78	13.06	2.87	13.93	3.06	14.81	3.26	15.70	3.45
120	9.44	2.26	9.79	2.35	10.17	2.44	10.56	2.54	10.97	2.63	11.38	2.73	11.80	2.83	12.23	2.93	12.66	3.04	13.52	3.25	14.40	3.46	15.29	3.67
130	9.08	2.36	9.43	2.45	9.81	2.55	10.21	2.65	10.61	2.76	11.02	2.87	11.44	2.98	11.87	3.09	12.30	3.20	13.16	3.42	14.04	3.65	14.93	3.88
140	8.76	2.45	9.11	2.55	9.49	2.66	9.89	2.77	10.29	2.88	10.70	3.00	11.12	3.11	11.55	3.23	11.97	3.35	12.84	3.60	13.72	3.84	14.61	4.09
150	8.47	2.54	8.83	2.65	9.20	2.76	9.60	2.88	10.00	3.00	10.42	3.12	10.83	3.25	11.26	3.38	11.69	3.51	12.55	3.77	13.43	4.03	14.32	4.30
160	8.21	2.63	8.57	2.74	8.94	2.86	9.34	2.99	9.74	3.12	10.16	3.25	10.57	3.38	11.00	3.52	11.43	3.56	12.29	3.93	13.17	4.21	14.06	4.50
170	7.98	2.71	8.33	2.83	8.71	2.96	9.10	3.09	9.51	3.23	9.92	3.37	10.34	3.51	10.76	3.66	11.19	3.30	12.05	4.10	12.93	4.40	13.82	4.70
180	7.76	2.79	8.11	2.92	8.49	3.06	8.89	3.20	9.29	3.34	9.70	3.49	10.12	3.54	10.54	3.80	10.97	3.95	11.84	4.26	12.71	4.58	13.60	4.90
190	7.56	2.87	7.91	3.01	8.29	3.15	8.69	3.30	9.09	3.45	9.50	3.61	9.92	3.77	10.34	3.93	10.77	4.09	11.64	4.42	12.51	4.75	13.40	5.09
200	7.38	2.95	7.73	3.09	8.11	3.24	8.50	3.40	8.91	3.56	9.32	3.73	9.74	3.89	10.16	4.06	10.59	4.23	11.45	4.58	12.33	7.93	13.21	5.28
220	7.05	3.10	7.40	3.26	7.78	3.42	8.17	3.60	8.57	3.77	8.99	3.95	9.40	4.14	9.83	4.32	10.25	4.51	11.12	4.89	11.99	5.28	12.88	5.67
240	6.76	3.25	7.11	3.41	7.49	3.60	7.88	3.78	8.29	3.98	8.70	4.17	9.12	4.38	9.54	4.58	9.96	4.78	10.83	5.20	11.70	5.62	12.59	6.04
260	6.51	3.28	6.86	3.57	7.24	3.76	7.63	3.97	8.03	4.18	8.44	4.39	8.86	4.61	9.28	4.83	9.71	5.05	10.57	5.50	11.45	5.95	12.33	6.41
280	6.28	3.52	6.63	3.72	7.01	3.93	7.40	4.15	7.81	4.37	8.22	4.60	8.63	4.83	9.06	5.07	9.48	5.31	10.34	5.79	11.22	6.28	12.10	6.78
300	6.08	3.65	6.43	3.86	6.81	4.08	7.20	4.32	7.60	4.56	8.01	4.81	8.43	5.06	8.85	5.31	9.28	5.57	10.14	6.08	11.01	6.61	11.89	7.14
320	5.89	3.77	6.25	4.00	6.62	4.24	7.02	4.49	7.42	4.75	7.83	5.01	8.24	5.28	8.67	5.55	9.09	5.82	9.95	6.37	10.83	6.93	11.71	7.49
340	5.73	3.89	6.08	4.13	6.46	4.39	6.85	4.66	7.25	4.93	7.66	5.21	8.08	5.49	8.50	5.78	8.92	6.07	9.78	6.65	10.66	7.25	11.54	7.84

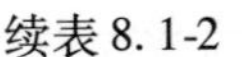

续表 8.1-2

U_0	1.0		1.5		2.0		2.5		3.0		3.5		4.0		4.5		5.0		6.0		7.0		8.0	
N_g	U	q	U	q	U	q	U	q	U	q	U	q	U	q	U	q	U	q	U	q	U	q	U	q
360	5.57	4.01	5.93	4.27	6.30	4.54	6.69	4.82	7.10	5.11	7.51	5.40	7.92	5.70	8.34	6.01	9.77	6.31	9.63	6.93	10.50	7.56	11.38	8.19
380	5.43	4.13	5.79	4.40	6.16	4.68	6.55	4.98	6.95	5.29	7.36	5.60	7.78	5.91	8.20	6.23	8.63	6.56	9.49	7.21	10.36	7.87	11.24	8.54
400	5.30	4.24	5.66	4.52	6.03	4.83	6.42	5.14	9.82	5.46	7.23	5.79	7.65	6.12	8.07	6.46	8.49	6.80	9.35	7.48	10.23	8.18	11.10	8.88
420	5.18	4.35	5.54	4.65	5.91	4.96	6.30	5.29	9.70	5.63	7.11	5.97	7.53	6.32	7.95	6.68	8.37	7.03	9.23	7.76	10.10	8.49	10.98	9.22
440	5.07	4.46	5.42	4.77	5.80	5.10	6.19	5.45	6.59	5.80	7.00	6.16	7.41	6.52	7.83	6.89	8.26	7.27	9.12	8.02	9.99	8.79	10.87	9.56
460	4.97	4.57	5.32	4.89	5.69	5.24	6.08	5.60	6.48	5.97	6.89	6.34	7.31	6.72	7.73	7.11	8.15	7.50	9.01	8.29	9.88	9.09	1076	9.90
480	4.87	4.67	5.22	5.01	5.59	5.37	5.98	5.75	6.39	6.13	6.79	6.52	7.21	6.92	7.63	7.32	8.05	7.73	8.91	8.56	9.78	9.39	10.66	10.23
500	4.78	4.78	5.13	5.13	5.50	5.50	5.89	5.89	6.29	6.29	6.70	6.70	7.12	7.12	7.54	7.54	7.96	7.96	8.82	8.82	9.69	9.69	10.56	10.56
550	4.57	5.02	4.92	5.41	5.29	5.82	5.68	6.25	6.08	6.69	6.49	7.14	6.91	7.60	7.32	8.06	7.75	8.52	8.61	9.47	9.47	10.42	10.35	11.39
600	4.39	5.26	4.74	5.68	5.11	6.13	5.50	6.60	5.90	7.08	6.31	7.57	6.72	8.07	7.14	8.57	7.56	9.08	8.42	10.11	9.29	11.15	10.16	12.20
650	4.23	5.49	4.58	5.95	4.95	6.43	5.34	6.94	5.74	7.46	6.15	7.99	6.56	8.53	6.98	9.07	7.40	9.62	8.26	10.74	9.12	11.86	10.00	13.00
700	4.08	5.72	4.43	6.20	4.81	6.73	5.19	7.27	5.59	7.83	6.00	8.40	6.42	8.98	6.83	9.57	7.26	10.16	8.11	11.36	8.98	12.57	9.85	13.79
750	3.95	5.93	4.30	6.46	4.68	7.02	5.07	7.60	5.46	8.20	5.87	8.81	6.29	9.43	6.70	10.06	7.13	10.69	7.98	11.97	8.85	13.27	9.72	14.58
800	3.84	6.14	4.19	6.70	4.56	7.30	4.95	7.92	5.35	8.56	5.75	9.21	6.17	9.87	6.59	10.54	7.01	11.21	7.86	12.58	8.73	13.96	9.60	15.36
850	3.73	6.34	4.08	6.94	4.45	7.57	4.84	8.23	5.24	8.91	5.65	9.60	6.06	10.30	6.48	11.01	6.90	11.73	7.75	13.18	8.62	14.65	9.49	16.14
900	3.64	6.54	3.98	7.17	4.36	7.84	4.75	8.54	5.14	9.26	5.55	9.99	5.96	10.73	6.38	11.48	6.80	12.24	7.66	13.78	8.52	15.34	9.39	16.91
950	3.55	6.74	3.90	7.40	4.27	8.11	4.66	8.85	5.05	9.60	5.46	10.37	5.87	11.16	6.29	11.95	6.71	12.75	7.56	14.37	8.43	16.01	9.30	17.67
1000	3.46	6.93	3.81	7.63	4.19	8.37	4.57	9.15	4.97	9.94	5.38	10.75	5.79	11.58	6.21	12.41	6.63	13.26	7.48	14.96	8.34	16.69	9.22	18.43
1100	3.32	7.30	3.66	8.06	4.04	8.88	4.42	9.73	4.82	10.61	5.23	11.50	5.64	12.41	6.06	13.32	6.48	14.25	7.33	16.12	8.19	18.02	9.06	19.94
1200	3.09	7.65	3.54	8.49	3.91	9.38	4.29	10.31	4.69	11.26	5.10	12.23	5.51	13.22	5.93	14.22	6.35	15.23	7.20	17.27	8.06	19.34	8.93	21.43
1300	3.07	7.99	3.42	8.90	3.79	9.86	4.18	10.87	4.58	11.90	4.98	12.95	5.39	14.02	5.81	15.11	6.23	16.20	7.08	18.41	7.94	20.65	8.81	22.91

续表 8.1-2

U_0	1.0		1.5		2.0		2.5		3.0		3.5		4.0		4.5		5.0		6.0		7.0		8.0	
N_g	U	q	U	q	U	q	U	q	U	q	U	q	U	q	U	q	U	q	U	q	U	q	U	q
1400	2.97	8.33	3.32	9.30	3.69	10.34	4.08	11.42	4.48	12.53	4.88	13.66	5.29	14.81	5.71	15.98	6.13	17.15	6.98	19.53	7.84	21.95	8.71	24.38
1500	2.88	8.65	3.23	9.69	3.60	10.80	3.99	11.96	4.38	13.15	4.79	14.36	5.20	15.60	5.61	16.84	6.03	18.10	6.88	20.65	7.74	23.23	8.61	25.84
1600	2.80	8.96	3.15	10.07	3.52	11.26	3.90	12.49	4.30	13.76	4.70	15.05	5.11	16.37	5.53	17.70	5.95	19.04	6.80	21.76	7.66	24.51	8.53	27.28
1700	2.73	9.27	3.07	10.45	3.44	11.71	3.83	13.02	4.22	14.36	4.63	15.74	5.04	17.13	5.45	18.54	5.87	19.97	6.72	22.85	7.58	25.77	8.45	28.72
1800	2.66	9.57	3.00	10.81	3.37	12.15	3.76	13.53	4.16	14.96	4.56	16.41	4.97	17.89	5.38	19.38	5.80	20.89	6.65	23.94	7.51	27.03	8.38	30.15
1900	2.59	9.86	2.94	11.17	3.31	12.58	3.70	14.04	4.09	15.55	4.49	17.08	4.90	18.64	5.32	20.21	5.74	21.80	6.59	25.03	7.44	28.29	8.31	31.58
2000	2.54	10.14	2.88	11.53	3.25	13.01	3.64	14.55	4.03	16.13	4.44	17.74	4.85	19.38	5.26	21.04	5.68	22.71	6.53	26.10	7.38	29.53	8.25	33.00
2200	2.43	10.70	2.78	12.22	3.15	13.85	3.53	15.54	3.93	17.28	4.33	19.05	4.74	20.85	5.15	22.67	5.57	24.51	6.42	28.24	7.27	32.01	8.14	35.81
2400	2.34	11.23	2.69	12.89	3.06	14.67	3.44	16.51	3.83	18.41	4.24	20.34	4.65	22.30	5.06	24.29	5.48	26.29	6.32	30.35	7.18	34.46	8.04	38.60
2600	2.26	11.75	2.61	13.55	2.97	15.47	3.36	17.46	3.75	19.52	4.16	21.61	4.56	23.73	4.98	25.88	5.39	28.05	6.24	32.45	7.10	36.89		
2800	2.19	12.26	2.53	14.19	2.90	16.25	3.29	18.40	3.68	20.61	4.08	22.86	4.49	25.15	4.90	27.46	5.32	29.80	6.17	34.52	7.02	39.31	N_g=2500 U=8.0% q=40.00	
3000	2.12	12.75	2.47	14.81	2.84	17.03	3.22	19.33	3.62	21.69	4.02	24.10	4.42	26.55	4.84	29.02	5.25	31.53	6.10	36.59				
3200	2.07	13.22	2.41	15.43	2.78	17.79	3.16	20.24	3.56	22.76	3.96	25.33	4.36	27.94	4.78	30.58	5.19	33.24	6.04	38.64	N_g=2857 U=7.0% q=40.00			
3400	2.01	13.69	2.36	16.03	2.73	18.54	3.11	21.14	3.50	23.81	3.90	26.54	4.31	29.31	4.72	32.12	5.14	34.95						
3600	1.96	14.15	2.13	16.62	2.68	19.27	3.06	22.03	3.45	24.86	3.85	27.75	4.26	30.68	4.67	33.64	5.09	36.64	N_g=3333 U=6.0% q=40.00					
3800	1.92	14.59	2.26	17.21	2.63	20.00	3.01	22.91	3.41	25.90	3.81	28.94	4.22	32.03	4.63	35.16	5.04	38.33						
4000	1.88	15.03	2.22	17.78	2.59	20.72	2.97	23.78	3.37	26.92	3.77	30.13	4.17	33.38	4.58	36.67	5.00	40.00						
4200	1.84	15.46	2.18	18.35	2.55	21.43	2.93	24.62	3.33	27.94	3.73	31.30	4.13	34.72	4.54	38.17								
4400	1.80	15.88	2.15	18.91	2.52	22.14	2.90	25.50	3.29	28.95	3.69	32.47	4.10	36.05	4.51	39.67								

续表 8.1-2

U_0	1.0		1.5		2.0		2.5		3.0		3.5		4.0		4.5		5.0		6.0		7.0		8.0	
N_g	U	q	U	q	U	q	U	q	U	q	U	q	U	q	U	q	U	q	U	q	U	q	U	q
4600	1.77	16.30	2.12	19.46	2.48	22.84	2.86	26.35	3.26	29.96	3.66	33.64	4.06	37.37	N_g = 4444									
4800	1.74	16.71	2.08	20.00	2.45	23.53	2.83	27.19	3.22	30.95	3.62	34.79	4.03	38.69	U = 4.5%									
5000	1.71	17.11	2.05	20.54	2.42	24.21	2.80	28.03	3.19	31.95	3.59	35.94	4.00	40.00	q = 40.00									
5500	1.65	18.10	1.99	21.87	2.35	25.90	2.74	30.09	3.13	34.40	3.53	38.79												
6000	1.59	19.05	1.93	23.16	2.30	27.55	2.68	32.12	3.07	36.82	N_g = 5714													
6500	1.54	19.97	1.88	24.43	2.24	29.18	2.63	34.13	3.02	39.21	U = 3.5%													
7000*	1.49	20.88	1.83	25.67	2.20	30.78	2.58	36.11	3.00	40.00	q = 40.00													
7500	1.45	21.76	1.79	26.88	2.16	32.36	2.54	38.06																
8000	1.41	22.62	1.76	28.08	2.12	33.92	2.50	40.00																
8500	1.38	23.46	1.72	29.26	2.09	35.47																		
9000	1.35	24.29	1.69	30.43	2.06	36.99																		
9500	1.32	25.10	1.66	31.58	2.03	38.50																		
10000	1.29	25.90	1.64	32.72	2.00	40.00																		
11000	1.25	27.46	1.59	34.95																				
12000	1.21	28.97	1.55	37.14																				
13000	1.17	30.45	1.51	39.29																				
14000	1.14	31.89	N_g = 13333																					
15000	1.11	33.31	U = 1.5%																					
16000	1.08	34.69	q = 40.00																					
17000	1.06	36.05																						
18000	1.04	37.39																						
19000	1.02	38.70																						
20000	1.00	40.00																						

注：* 当 U_0 为 3.5 时，N_g 值为 6667。

8.1.3 给水用氯化聚氯乙烯（PVC-C）管水力计算用表

给水管系列 S6.3 冷水管（10℃）水力计算表　　表 8.1-3

流量 q		d_n20		d_n25		d_n32		d_n40		d_n50		d_n63		d_n75	
		d_j0.0160		d_j0.0210		d_j0.0272		d_j0.0340		d_j0.0426		d_j0.0536		d_j0.0638	
m^3/h	L/s	v	i	v	i	v	i	v	i	v	i	v	i	v	i
0.360	0.100	0.50	0.269												
0.396	0.110	0.55	0.319												
0.432	0.120	0.60	0.372												
0.468	0.130	0.65	0.429												
0.504	0.140	0.70	0.489												
0.540	0.150	0.75	0.553												
0.576	0.160	0.80	0.620												
0.612	0.170	0.85	0.691	0.49	0.189										
0.648	0.180	0.90	0.764	0.52	0.209										
0.684	0.190	0.94	0.841	0.55	0.230										
0.720	0.200	0.99	0.922	0.58	0.252										
0.900	0.250	1.24	1.369	0.72	0.374										
1.080	0.300	1.49	1.892	0.87	0.517	1.52	0.150								
1.260	0.350	1.74	2.487	1.01	0.679	0.60	0.197								
1.440	0.400	1.99	3.152	1.15	0.860	0.69	0.250								
1.620	0.450	2.24	3.884	1.30	1.060	0.77	0.308	0.50	0.106						
1.800	0.500	2.49	4.682	1.44	1.278	0.86	0.372	0.55	0.128						
1.980	0.550	2.74	5.545	1.59	1.514	0.95	0.440	0.61	0.152						
2.160	0.600	2.98	6.470	1.73	1.766	1.03	0.514	0.66	0.177						
2.340	0.650	3.23	7.457	1.88	2.036	1.12	0.592	0.72	0.204						
2.520	0.700			2.02	2.322	1.20	0.675	0.77	0.233	0.49	0.079				
2.70	0.750			2.17	2.624	1.29	0.763	0.83	0.263	0.53	0.090				
2.88	0.800			2.31	2.943	1.38	0.856	0.88	0.295	0.56	0.101				
3.06	0.850			2.45	3.277	1.46	0.953	0.94	0.328	0.60	0.112				
3.24	0.900			2.60	3.627	1.55	1.055	0.99	0.363	0.63	0.124				
3.42	0.950			2.74	3.992	1.63	1.161	1.05	0.400	0.67	0.136				
3.60	1.000			2.89	4.372	1.72	1.271	1.10	0.438	0.70	0.149				
3.78	1.050			3.03	4.767	1.81	1.386	1.16	0.478	0.74	0.163				
3.96	1.100					1.89	1.506	1.21	0.519	0.77	0.177	0.49	0.059		
4.14	1.150					1.98	1.629	1.27	0.561	0.81	0.191	0.51	0.064		

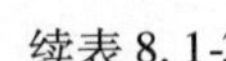
续表 8.1-3

流量 q		d_n32		d_n40		d_n50		d_n63		d_n75		d_n90			
		d_j0.0272		d_j0.0340		d_j0.0426		d_j0.0536		d_j0.0638		d_j0.0766			
m^3/h	L/s	v	i	v	i	v	i	v	i	v	i	v	i	v	i
4.32	1.200	2.07	1.757	1.32	0.606	0.84	0.206	0.53	0.069						
4.50	1.250	2.15	1.889	1.38	0.651	0.88	0.222	0.55	0.074						
4.68	1.300	2.24	2.025	1.43	0.698	0.91	0.238	0.58	0.079						
4.86	1.350	2.32	2.165	1.49	0.746	0.95	0.254	0.60	0.085						
5.04	1.400	2.41	2.310	1.54	0.796	0.98	0.271	0.62	0.091						
5.22	1.450	2.50	2.458	1.60	0.847	1.02	0.289	0.64	0.096						
5.40	1.500	2.58	2.610	1.65	0.900	1.05	0.307	0.66	0.102						
5.58	1.550	2.67	2.767	1.71	0.953	1.09	0.325	0.69	0.109						
5.76	1.600	2.75	2.927	1.76	1.009	1.12	0.344	0.71	0.115	0.50	0.050				
5.94	1.650	2.84	3.091	1.82	1.065	1.16	0.363	0.73	0.121	0.52	0.053				
6.12	1.700	2.93	3.259	1.87	1.123	1.19	0.383	0.75	0.128	0.53	0.056				
6.30	1.750	3.01	3.431	1.93	1.183	1.23	0.403	0.78	0.135	0.55	0.059				
6.48	1.800			1.98	1.243	1.26	0.424	0.80	0.142	0.56	0.062				
6.66	1.850			2.04	1.305	1.30	0.445	0.82	0.149	0.58	0.065				
6.84	1.900			2.09	1.368	1.33	0.466	0.84	0.156	0.59	0.068				
7.02	1.950			2.15	1.433	1.37	0.488	0.86	0.163	0.61	0.071				
7.20	2.000			2.20	1.449	1.40	0.511	0.89	0.171	0.63	0.074				
7.56	2.100			2.31	1.634	1.47	0.557	0.93	0.186	0.66	0.081				
7.92	2.200			2.42	1.775	1.54	0.605	0.97	0.202	0.69	0.088				
8.28	2.300			2.53	1.920	1.61	0.654	1.02	0.219	0.72	0.095	0.50	0.040		
8.64	2.400			2.64	2.071	1.68	0.706	1.06	0.236	0.75	0.103	0.52	0.043		
9.00	2.500			2.75	2.226	1.75	0.759	1.11	0.253	0.78	0.110	0.54	0.046		
9.36	2.600			2.86	2.387	1.82	0.813	1.15	0.272	0.81	0.118	0.56	0.049		
9.72	2.700			2.97	2.552	1.89	0.870	1.20	0.290	0.84	0.126	0.59	0.053		
10.08	2.800			3.08	2.722	1.96	0.928	1.24	0.310	0.88	0.135	0.61	0.056		
10.44	2.900					2.03	0.987	1.29	0.330	0.91	0.144	0.63	0.060		
10.80	3.000					2.10	1.048	1.33	0.350	0.94	0.152	0.65	0.064		
11.16	3.100					2.17	1.111	1.37	0.371	0.97	0.162	0.67	0.068		
11.52	3.200					2.25	1.176	1.42	0.393	1.00	0.171	0.69	0.071		
11.88	3.300					2.32	1.242	1.46	0.415	1.03	0.181	0.72	0.075		
12.24	3.400					2.39	1.309	1.51	0.437	1.06	0.190	0.74	0.080	0.49	0.030

续表 8.1-3

流量 q		d_n50		d_n63		d_n75		d_n90		d_n110		d_n125		d_n140	
		d_j0.0426		d_j0.0536		d_j0.0638		d_j0.0766		d_j0.0938		d_j0.1066		d_j0.1194	
m^3/h	L/s	v	i	v	i	v	i	v	i	v	i	v	i	v	i
12.60	3.500	2.46	1.387	1.55	0.460	1.09	0.200	0.76	0.084	0.51	0.032				
12.96	3.600	2.53	1.449	1.60	0.484	1.13	0.211	0.78	0.088	0.52	0.033				
13.32	3.700	2.60	1.521	1.64	0.508	1.16	0.221	0.80	0.092	0.54	0.035				
13.68	3.800	2.67	1.595	1.68	0.533	1.19	0.232	0.82	0.097	0.55	0.037				
14.04	3.900	2.74	1.670	1.73	0.558	1.22	0.243	0.85	0.101	0.56	0.039				
14.40	4.000	2.81	1.747	1.77	0.583	1.25	0.254	0.87	0.106	0.58	0.040				
14.76	4.100	2.88	1.825	1.82	0.610	1.28	0.265	0.89	0.111	0.59	0.042				
15.12	4.200	2.95	1.904	1.86	0.636	1.31	0.277	0.91	0.116	0.61	0.044				
15.48	4.300	3.02	1.986	1.91	0.663	1.35	0.289	0.93	0.121	0.62	0.046				
15.84	4.400			1.95	0.691	1.38	0.301	0.95	0.126	0.64	0.048				
16.20	4.500			1.99	0.719	1.41	0.313	0.98	0.131	0.65	0.050	0.50	0.027		
16.56	4.600			2.04	0.748	1.44	0.325	1.00	0.136	0.67	0.052	0.52	0.028		
16.92	4.70			2.08	0.777	1.47	0.338	1.02	0.141	0.68	0.054	0.53	0.029		
17.28	4.80			2.13	0.806	1.50	0.351	1.04	0.147	0.69	0.056	0.54	0.030		
17.64	4.90			2.17	0.836	1.53	0.364	1.06	0.152	0.71	0.058	0.55	0.031		
18.00	5.00			2.22	0.867	1.56	0.377	1.08	0.158	0.72	0.060	0.56	0.033		
18.36	5.10			2.26	0.898	1.60	0.391	1.11	0.163	0.74	0.062	0.57	0.034		
18.72	5.20			2.30	0.929	1.63	0.404	1.13	0.169	0.75	0.064	0.58	0.035		
19.08	5.30			2.35	0.961	1.66	0.418	1.15	0.175	0.77	0.066	0.59	0.036		
19.44	5.40			2.39	0.994	1.69	0.433	1.17	0.181	0.78	0.069	0.61	0.037		
19.80	5.50			2.44	1.026	1.72	0.447	1.19	0.187	0.80	0.071	0.62	0.039		
20.16	5.60			2.48	1.060	1.75	0.461	1.22	0.193	0.81	0.073	0.63	0.040	0.50	0.023
20.52	5.70			2.53	1.094	1.78	0.476	1.24	0.199	0.82	0.076	0.64	0.041	0.51	0.024
20.88	5.80			2.57	1.128	1.81	0.491	1.26	0.205	0.84	0.078	0.65	0.042	0.52	0.025
21.24	5.90			2.61	1.163	1.85	0.506	1.28	0.211	0.85	0.080	0.66	0.044	0.53	0.025
21.60	6.00			2.66	1.198	1.88	0.521	1.30	0.218	0.87	0.083	0.67	0.045	0.54	0.026
21.96	6.10			2.70	1.233	1.91	0.537	1.31	0.224	0.88	0.085	0.68	0.046	0.54	0.027
22.32	6.20			2.75	1.269	1.94	0.553	1.35	0.231	0.90	0.088	0.69	0.048	0.55	0.028
22.68	6.30			2.79	1.306	1.97	0.569	1.37	0.237	0.91	0.090	0.71	0.049	0.56	0.029
23.04	6.40			2.84	1.343	2.00	0.585	1.39	0.244	0.93	0.093	0.72	0.050	0.57	0.029
23.40	6.50			2.88	1.380	2.03	0.601	1.41	0.251	0.94	0.095	0.73	0.052	0.58	0.030

续表 8.1-3

流量 q		d_n63		d_n75		d_n90		d_n110		d_n125		d_n140		d_n160	
		d_j0. 0536		d_j0. 0638		d_j0. 0766		d_j0. 0938		d_j0. 1066		d_j0. 1194		d_j0. 1364	
m^3/h	L/s	v	i	v	i	v	i	v	i	v	i	v	i	v	i
23. 76	6. 60	2. 92	1. 418	2. 06	0. 617	1. 43	0. 258	0. 96	0. 098	0. 74	0. 053	0. 59	0. 031		
24. 12	6. 70	2. 97	1. 457	2. 10	0. 634	1. 45	0. 265	0. 97	0. 101	0. 75	0. 055	0. 60	0. 032		
24. 48	6. 80	3. 01	1. 495	2. 13	0. 651	1. 48	0. 272	0. 98	0. 103	0. 76	0. 056	0. 61	0. 033		
24. 84	6. 90			2. 16	0. 668	1. 50	0. 279	1. 00	0. 106	0. 77	0. 058	0. 62	0. 034		
25. 20	7. 00			2. 19	0. 685	1. 52	0. 286	1. 01	0. 109	0. 78	0. 059	0. 63	0. 034		
25. 56	7. 10			2. 22	0. 703	1. 54	0. 294	1. 03	0. 112	1. 80	0. 061	0. 63	0. 035		
25. 92	7. 20			2. 25	0. 720	1. 56	0. 301	1. 04	0. 114	0. 81	0. 062	0. 64	0. 036		
26. 28	7. 30			2. 28	0. 738	1. 58	0. 308	1. 06	0. 117	0. 82	0. 064	0. 65	0. 037	0. 50	0. 020
26. 64	7. 40			2. 31	0. 756	1. 61	0. 316	1. 07	0. 120	0. 83	0. 065	0. 66	0. 038	0. 51	0. 020
27. 00	7. 50			2. 35	0. 775	1. 63	0. 324	1. 09	0. 123	0. 84	0. 067	0. 67	0. 039	0. 51	0. 021
27. 36	7. 60			2. 38	0. 793	1. 65	0. 331	1. 10	0. 126	0. 85	0. 068	0. 68	0. 040	0. 52	0. 021
27. 72	7. 70			2. 41	0. 812	1. 67	0. 339	1. 11	0. 129	0. 86	0. 070	0. 69	0. 041	0. 53	0. 022
28. 08	7. 80			2. 44	0. 830	1. 69	0. 347	1. 13	0. 132	0. 87	0. 072	0. 70	0. 042	0. 53	0. 022
28. 44	7. 90			2. 47	0. 849	1. 71	0. 355	1. 14	0. 135	0. 89	0. 073	0. 71	0. 043	0. 54	0. 023
28. 80	8. 00			2. 50	0. 869	1. 74	0. 363	1. 16	0. 138	0. 90	0. 075	0. 71	0. 044	0. 55	0. 023
29. 16	8. 10			2. 53	0. 888	1. 76	0. 371	1. 17	0. 141	0. 91	0. 077	0. 72	0. 045	0. 55	0. 024
29. 52	8. 20			2. 56	0. 907	1. 78	0. 379	1. 19	0. 144	0. 92	0. 078	0. 73	0. 046	0. 56	0. 024
19. 88	8. 30			2. 60	0. 927	1. 80	0. 387	1. 20	0. 147	0. 93	0. 080	0. 74	0. 047	0. 57	0. 025
30. 24	8. 40			2. 63	0. 947	1. 82	0. 396	1. 22	0. 150	0. 94	0. 082	0. 75	0. 048	0. 57	0. 025
30. 60	8. 50			2. 66	0. 967	1. 84	0. 404	1. 23	0. 154	0. 95	0. 083	0. 76	0. 049	0. 58	0. 026
30. 96	8. 60			2. 69	0. 987	1. 87	0. 413	1. 24	0. 157	0. 96	0. 085	0. 77	0. 050	0. 59	0. 026
31. 32	8. 70			2. 72	1. 008	1. 89	0. 421	1. 26	0. 160	0. 97	0. 087	0. 78	0. 051	0. 60	0. 027
31. 68	8. 80			2. 75	1. 029	1. 91	0. 430	1. 27	0. 163	0. 99	0. 089	0. 79	0. 052	0. 60	0. 027
32. 04	8. 90			2. 78	1. 049	1. 93	0. 438	1. 29	0. 167	1. 00	0. 090	0. 79	0. 053	0. 61	0. 028
32. 40	9. 00			2. 82	1. 070	1. 95	0. 447	1. 30	0. 170	1. 01	0. 092	0. 80	0. 054	0. 62	0. 028
32. 76	9. 10			2. 85	1. 092	1. 97	0. 456	1. 32	0. 173	1. 02	0. 094	0. 81	0. 055	0. 62	0. 029
33. 12	9. 20			2. 88	1. 113	2. 00	0. 465	1. 33	0. 177	1. 03	0. 096	0. 82	0. 056	0. 63	0. 030
33. 48	9. 30			2. 91	1. 135	2. 02	0. 474	1. 35	0. 180	1. 04	0. 098	0. 83	0. 057	0. 64	0. 030
33. 84	9. 40			2. 94	1. 156	2. 04	0. 483	1. 36	0. 184	1. 05	0. 100	0. 84	0. 058	0. 64	0. 031
34. 20	9. 50			2. 97	1. 178	2. 06	0. 492	1. 37	0. 187	1. 06	0. 102	0. 85	0. 059	0. 65	0. 031
34. 56	9. 60			3. 00	1. 200	2. 08	0. 501	1. 39	0. 191	1. 08	0. 104	0. 86	0. 060	0. 66	0. 032

续表 8.1-3

流量 q		d_n90		d_n110		d_n125		d_n140		d_n160					
		d_j0.0766		d_j0.0938		d_j0.1066		d_j0.1194		d_j0.1364					
m^3/h	L/s	v	i	v	i	v	i	v	i	v	i	v	i	v	i
34.92	9.70	2.10	0.511	1.40	0.194	1.09	0.105	0.87	0.061	0.66	0.032				
35.28	9.80	2.13	0.520	1.42	0.198	1.10	0.107	0.88	0.062	0.67	0.033				
35.64	9.90	2.15	0.530	1.43	0.201	1.11	0.109	0.88	0.064	0.68	0.034				
36.00	10.00	2.17	0.539	1.45	0.205	1.12	0.111	0.89	0.065	0.68	0.034				
36.90	10.25	2.22	0.563	1.48	0.214	1.15	0.116	0.92	0.068	0.70	0.036				
37.80	10.50	2.28	0.588	1.52	0.223	1.18	0.121	0.94	0.071	0.72	0.037				
38.70	10.75	2.33	0.613	1.56	0.233	1.20	0.127	0.96	0.074	0.74	0.039				
39.60	11.00	2.39	0.638	1.59	0.243	1.23	0.132	0.98	0.077	0.75	0.041				
40.50	11.25	2.44	0.664	1.63	0.253	1.26	0.137	1.00	0.080	0.77	0.042				
41.40	11.50	2.50	0.691	1.66	0.263	1.29	0.143	1.03	0.083	0.79	0.044				
42.30	11.75	2.55	0.718	1.70	0.273	1.32	0.148	1.05	0.086	0.80	0.046				
43.20	12.00	2.60	0.745	1.74	0.283	1.34	0.154	1.07	0.089	0.82	0.047				
44.10	12.25	2.66	0.773	1.77	0.294	1.37	0.160	1.09	0.093	0.84	0.049				
45.00	12.50	2.71	0.801	1.81	0.304	1.40	0.165	1.12	0.096	0.86	0.051				
45.90	12.75	2.77	0.829	1.85	0.315	1.43	0.171	1.14	0.100	0.87	0.053				
46.80	13.00	2.82	0.859	1.88	0.326	1.46	0.177	0.16	0.103	0.89	0.055				
47.70	13.25	2.88	0.888	1.92	0.338	1.48	0.183	1.18	0.107	0.91	0.057				
48.60	13.50	2.93	0.918	1.95	0.349	1.51	0.190	1.21	0.110	0.92	0.058				
49.50	13.75	2.98	0.948	1.99	0.361	1.54	0.196	1.23	0.114	0.94	0.060				
50.40	14.00	3.04	0.979	2.03	0.372	1.57	0.202	1.25	0.118	0.96	0.062				
51.30	14.25			2.06	0.384	1.60	0.209	1.27	0.121	0.98	0.064				
52.20	14.50			2.10	0.396	1.62	0.215	1.30	0.125	0.99	0.066				
53.10	14.75			2.13	0.408	1.65	0.222	1.32	0.129	1.01	0.068				
54.00	15.00			2.17	0.421	1.68	0.228	1.34	0.133	1.03	0.070				
55.80	15.50			2.24	0.446	1.74	0.242	1.38	0.141	1.06	0.075				
57.60	16.00			2.32	0.472	1.79	0.256	1.43	0.149	1.09	0.079				
59.40	16.50			2.39	0.498	1.85	0.271	1.47	0.157	1.13	0.083				
61.20	17.00			2.46	0.525	1.90	0.285	1.52	0.166	1.16	0.088				
63.00	17.50			2.53	0.553	1.96	0.300	1.56	0.175	1.20	0.093				
64.80	18.00			2.60	0.581	3.02	0.316	1.61	0.184	1.23	0.097				
66.60	18.50			2.68	0.610	2.07	0.331	1.65	0.193	1.27	0.102				

续表 8.1-3

流量 q		d_n110		d_n125		d_n140		d_n160							
		d_j0.0938		d_j0.1066		d_j0.1194		d_j0.1364							
m^3/h	L/s	v	i	v	i	v	i	v	i	v	i	v	i	v	i
68.40	19.00	2.75	0.640	2.13	0.347	1.70	0.202	1.30	0.107						
70.20	19.50	2.82	0.670	2.18	0.364	1.74	0.212	1.33	0.112						
72.00	20.00	2.89	0.701	2.24	0.381	1.79	0.221	1.37	0.117						
73.80	20.50	2.97	0.732	2.30	0.398	1.83	0.231	1.40	0.123						
75.60	21.00	3.04	0.764	2.35	0.415	1.88	0.242	1.44	0.128						
77.40	21.50			2.41	0.433	1.92	0.252	1.47	0.133						
79.20	22.00			2.47	0.451	1.96	0.262	1.51	0.139						
81.00	22.50			2.52	0.469	2.01	0.273	1.54	0.145						
82.80	23.00			2.58	0.488	2.05	0.284	1.57	0.150						
84.60	23.50			2.63	0.507	2.10	0.295	1.61	0.156						
86.40	24.00			2.69	0.526	2.14	0.306	1.64	0.162						
88.20	24.50			2.75	0.546	2.19	0.317	1.68	0.168						
90.00	25.00			2.80	0.565	2.23	0.329	1.71	0.174						
91.80	25.50			2.86	0.586	2.28	0.341	1.75	0.181						
93.60	26.00			2.91	0.606	2.32	0.353	1.78	0.187						
95.40	26.50			2.97	0.627	2.37	0.365	1.81	0.193						
97.20	27.00			3.03	0.648	2.41	0.377	1.85	0.200						
99.00	27.50					2.46	0.390	1.88	0.206						
100.8	28.00					2.50	0.402	1.92	0.213						
102.6	28.50					2.55	0.415	1.95	0.220						
104.4	29.00					2.59	0.428	1.98	0.227						
106.2	29.50					2.63	0.441	2.02	0.234						
108.0	30.00					2.68	0.455	2.05	0.241						
109.8	30.50					2.72	0.468	2.09	0.248						
111.6	31.00					2.77	0.482	2.12	0.255						
113.4	31.50					2.81	0.496	2.16	0.263						

续表 8.1-3

流量 q		d_n110		d_n125		d_n140		d_n160							
		d_j0.0938		d_j0.1066		d_j0.1194		d_j0.1364							
m^3/h	L/s	v	i	v	i	v	i	v	i	v	i	v	i	v	i
115.2	32.00					2.86	0.510	2.19	0.270						
117.0	32.50					2.90	0.524	1.22	0.278						
118.8	33.00					2.95	1.538	2.26	0.285						
120.6	33.50					2.99	0.553	2.29	0.293						
122.4	34.00					3.04	0.568	2.33	0.301						
124.2	34.50							2.36	0.309						
126.0	35.00							2.40	0.317						
127.8	35.50							2.43	0.325						
129.6	36.00							2.46	0.333						
131.4	36.50							1.50	0.341						
133.2	37.00							2.53	0.349						
135.0	37.50							2.57	0.358						
136.8	38.00							2.60	0.366						
138.6	38.50							2.63	0.375						
140.4	39.00							2.67	0.384						
142.2	39.50							2.70	0.392						
144.0	40.00							2.74	0.401						
145.8	40.50							2.77	0.410						
147.6	41.00							2.81	0.419						
149.4	41.50							2.84	0.428						
151.2	42.00							2.87	0.438						
153.0	42.50							2.91	0.447						
154.8	43.00							2.94	0.456						
156.6	43.50							2.98	0.466						
158.4	44.00							3.01	0.475						

注：1. 表中单位 d_n 为 mm，d_j 为 m，i 为 kPa/m，v 为 m/s。
2. 冷水管系列 S6.3 的管材压力等级为 1.6MPa。

给水管系列 S6.3 冷水管（10℃）水力计算表　　　　表 8.1-4

流量 q		d_n20		d_n25		d_n32		d_n40		d_n50		d_n63		d_n75	
		d_j0.0160		d_j0.0204		d_j0.0262		d_j0.0326		d_j0.0408		d_j0.0514		d_j0.0614	
m^3/h	L/s	v	i	v	i	v	i	v	i	v	i	v	i	v	i
0.360	0.10	0.50	0.269												
0.396	0.11	0.55	0.319												
0.432	0.12	0.60	0.372												
0.468	0.13	0.65	0.429												
0.504	0.14	0.70	0.489												
0.540	0.15	0.75	0.553												
0.576	0.16	0.80	0.620	0.49	0.194										
0.612	0.17	0.85	0.691	0.52	0.217										
0.648	0.18	0.90	0.764	0.55	0.240										
0.684	0.19	0.94	0.844	0.58	0.264										
0.720	0.20	0.99	0.922	0.61	0.289										
0.900	0.25	1.24	1.369	0.76	0.429	0.46	0.130								
1.080	0.30	1.49	1.892	0.92	0.593	0.56	0.180								
1.260	0.35	1.74	2.487	1.07	0.780	0.65	0.236								
1.440	0.40	1.99	3.152	1.22	0.988	0.74	0.299	0.48	0.105						
1.620	0.45	2.24	3.884	1.38	1.218	0.83	0.369	0.54	0.130						
1.800	0.50	2.49	4.682	1.53	1.468	0.93	0.445	0.60	0.157						
1.980	0.55	2.74	5.545	1.68	1.738	1.02	0.526	0.66	0.185						
2.160	0.60	2.98	6.470	1.84	2.029	1.11	0.614	0.72	0.216						
2.340	0.65	3.23	7.457	1.99	2.338	1.21	0.708	0.78	0.249	0.50	0.085				
2.520	0.70			2.14	2.667	1.30	0.808	0.84	0.284	0.54	0.097				
2.70	0.75			2.29	3.014	1.39	0.913	0.90	0.322	0.57	0.110				
2.88	0.80			2.45	3.379	1.48	1.023	0.96	0.361	0.61	0.124				
3.06	0.85			2.60	3.763	1.58	1.140	1.02	0.401	0.65	0.138				
3.24	0.90			2.75	4.165	1.67	1.261	1.08	0.444	0.69	0.152				
3.42	0.95			2.91	4.584	1.76	1.388	1.14	0.489	0.73	0.168				
3.60	1.00			3.06	5.021	1.85	1.520	1.20	0.536	0.76	0.184	0.48	0.061		
3.78	1.05					1.95	1.658	1.26	0.584	0.80	0.200	0.51	0.066		
3.96	1.10					2.04	1.801	1.32	0.634	0.84	0.217	0.53	0.072		
4.14	1.15					2.13	1.948	1.38	0.686	0.88	0.235	0.55	0.078		
4.32	1.20					2.23	2.101	1.44	0.740	0.92	0.254	0.58	0.084		

续表 8.1-4

流量 q		d_n32		d_n40		d_n50		d_n63		d_n75		d_n90		d_n110	
		d_j0.0262		d_j0.0326		d_j0.0408		d_j0.0514		d_j0.0614		d_j0.0736		d_j0.0900	
m^3/h	L/s	v	i	v	i	v	i	v	i	v	i	v	i	v	i
4.50	1.25	2.32	2.259	1.50	0.796	0.96	0.273	0.60	0.091						
4.68	1.30	2.41	2.422	1.56	0.853	0.99	0.292	0.63	0.097						
4.86	1.35	2.50	2.589	1.62	0.912	1.03	0.313	0.65	0.104						
5.04	1.40	2.60	2.762	1.68	0.973	1.07	0.333	0.67	0.111						
5.22	1.45	2.69	2.939	1.74	1.035	1.11	0.355	0.70	0.118	0.49	0.050				
5.40	1.50	2.78	3.121	1.80	1.100	1.15	0.377	0.72	0.125	0.51	0.054				
5.58	1.55	2.88	3.308	1.86	1.165	1.19	0.399	0.75	0.133	0.52	0.057				
5.76	1.60	2.97	3.500	1.92	1.233	1.22	0.422	0.77	0.140	0.54	0.060				
5.94	1.65	3.06	3.696	1.98	1.302	1.26	0.446	0.80	0.148	0.56	0.063				
6.12	1.70			2.04	1.373	1.30	0.470	0.82	0.156	0.57	0.067				
6.30	1.75			2.10	1.445	1.34	0.495	0.84	0.164	0.59	0.070				
6.48	1.80			2.16	1.519	1.38	0.521	0.87	0.173	0.61	0.074				
6.66	1.85			2.22	1.595	1.42	0.547	0.89	0.181	0.62	0.078				
6.84	1.90			2.28	1.672	1.45	0.573	0.92	0.190	0.64	0.081				
7.02	1.95			2.34	1.751	1.49	0.600	0.94	0.199	0.66	0.085				
7.20	2.00			2.40	1.832	1.53	0.628	0.96	0.208	0.68	0.089				
7.56	2.10			2.52	1.997	1.61	0.684	1.01	0.227	0.71	0.097	0.49	0.041		
7.92	2.20			2.64	2.169	1.68	0.743	1.06	0.247	0.74	0.106	0.52	0.044		
8.28	2.30			2.76	2.347	1.76	0.804	1.11	0.267	0.78	0.114	0.54	0.048		
8.64	2.40			2.88	2.531	1.84	0.867	1.16	0.288	0.81	0.123	0.56	0.052		
9.00	2.50			3.00	2.721	1.91	0.932	1.20	0.310	0.84	0.132	0.59	0.056		
9.36	2.60					1.99	1.000	1.25	0.332	0.88	0.142	0.61	0.060		
9.72	2.70					2.07	1.069	1.30	0.355	0.91	0.152	0.63	0.064		
10.08	2.80					2.14	1.140	1.35	0.378	0.95	0.162	0.66	0.068		
10.44	2.90					2.22	1.213	1.40	0.403	0.98	0.172	0.68	0.073		
10.80	3.00					2.29	1.288	1.45	0.428	1.01	0.183	0.71	0.077		
11.16	3.10					2.37	1.366	1.49	0.453	1.05	0.194	0.73	0.082		
11.52	3.20					2.45	1.445	1.54	0.480	1.08	0.205	0.75	0.086	0.50	0.033
11.88	3.30					2.52	1.526	1.59	0.507	1.11	0.217	0.78	0.091	0.52	0.035
12.24	3.40					2.60	1.609	1.64	0.534	1.15	0.229	0.80	0.096	0.53	0.037

续表 8.1-4

流量 q		d_n50		d_n63		d_n75		d_n90		d_n110		d_n125		d_n140	
		d_j0.0408		d_j0.0514		d_j0.0614		d_j0.0736		d_j0.0900		d_j0.1022		d_j0.1146	
m^3/h	L/s	v	i	v	i	v	i	v	i	v	i	v	i	v	i
12.60	3.50	2.68	1.694	1.69	0.562	1.18	0.241	0.82	0.101	0.55	0.039				
12.96	3.60	2.75	1.780	1.73	0.591	1.22	0.253	0.85	0.106	0.57	0.041				
13.32	3.70	2.83	1.869	1.78	0.621	1.25	0.266	0.87	0.112	0.58	0.043				
13.68	3.80	2.91	1.960	1.83	0.651	1.28	0.278	0.89	0.117	0.60	0.045				
14.04	3.90	2.98	2.052	1.88	0.681	1.32	0.292	0.92	0.123	0.61	0.047				
14.40	4.00	3.06	2.146	1.93	0.713	1.35	0.305	0.94	0.128	0.63	0.049				
14.76	4.10			1.98	0.745	1.38	0.319	0.96	0.134	0.64	0.051	0.50	0.028		
15.12	4.20			2.02	0.777	1.42	0.333	0.99	0.140	0.66	0.054	0.51	0.029		
15.48	4.30			2.07	0.810	1.45	0.347	1.01	0.146	0.68	0.056	0.52	0.030		
15.84	4.40			2.12	0.844	1.49	0.361	1.03	0.152	0.69	0.058	0.54	0.032		
16.20	4.50			2.17	0.878	1.52	0.376	1.06	0.158	0.71	0.061	0.55	0.033		
16.56	4.60			2.22	0.913	1.55	0.391	1.08	0.165	0.72	0.063	0.56	0.034		
16.92	4.70			2.27	0.949	1.59	0.406	1.10	0.171	0.74	0.065	0.57	0.036		
17.28	4.80			2.31	0.985	1.62	0.421	1.13	0.177	0.75	0.068	0.59	0.037		
17.64	4.90			2.36	1.021	1.65	0.437	1.15	0.184	0.77	0.070	0.60	0.038		
18.00	5.00			2.41	1.059	1.69	0.453	1.18	0.191	0.79	0.073	0.61	0.040		
18.36	5.10			2.46	1.097	1.72	0.469	1.20	0.198	0.80	0.076	0.62	0.041		
18.72	5.20			2.51	1.135	1.76	0.486	1.22	0.204	0.82	0.078	0.63	0.043	0.50	0.025
19.08	5.30			2.55	1.174	1.79	0.502	1.25	0.212	0.83	0.081	0.65	0.044	0.51	0.026
19.44	5.40			2.60	1.214	1.82	0.519	1.27	0.219	0.85	0.084	0.66	0.046	0.52	0.026
19.80	5.50			2.65	1.254	1.86	0.537	1.29	0.226	0.86	0.086	0.67	0.047	0.53	0.027
20.16	5.60			2.70	1.294	1.89	0.554	1.32	0.233	0.88	0.089	0.68	0.049	0.54	0.028
20.52	5.70			2.75	1.336	1.93	0.572	1.34	0.241	0.90	0.092	0.69	0.050	0.55	0.029
20.88	5.80			2.80	1.378	1.96	0.590	1.36	0.148	0.91	0.095	0.71	0.052	0.56	0.030
21.24	5.90			2.84	1.420	1.99	0.608	1.39	0.256	0.93	0.098	0.72	0.053	0.57	0.031
21.60	6.00			2.89	1.463	1.03	0.626	1.41	0.264	0.94	0.101	0.73	0.055	0.58	0.032
21.96	6.10			2.94	1.507	2.06	0.645	1.43	0.271	0.96	0.104	0.74	0.057	0.59	0.033
22.32	6.20			2.99	1.551	2.09	0.664	1.46	0.279	0.97	0.107	0.76	0.058	0.60	0.034
22.68	6.30			3.04	1.595	2.13	0.683	1.48	0.287	0.99	0.110	0.77	0.060	0.61	0.035
23.04	6.40					2.16	0.702	1.50	0.296	1.01	0.113	0.78	0.062	0.62	0.036

续表 8.1-4

流量 q		d_n63		d_n75		d_n90		d_n110		d_n125		d_n140		d_n160	
		d_j0.0514		d_j0.0614		d_j0.0736		d_j0.0900		d_j0.1022		d_j0.1146		d_j0.1308	
m^3/h	L/s	v	i	v	i	v	i	v	i	v	i	v	i	v	i
23.40	6.50	2.20	0.722	1.53	0.304	1.02	0.116	0.79	0.063	0.63	0.037				
23.76	6.60	2.23	0.741	1.55	0.312	1.04	0.119	0.80	0.065	0.64	0.038				
24.12	6.70	2.26	0.762	1.57	0.321	1.05	0.123	0.82	0.067	0.65	0.039	0.50	0.021		
24.48	6.80	2.30	0.782	1.60	0.329	1.07	0.126	0.83	0.069	0.66	0.040	0.51	0.021		
24.84	6.90	2.33	0.802	1.62	0.338	1.08	0.129	0.84	0.070	0.67	0.041	0.51	0.022		
25.20	7.00	2.36	0.823	1.65	0.346	1.10	0.133	0.85	0.072	0.68	0.042	0.52	0.022		
25.56	7.10	2.40	0.844	1.67	0.355	1.12	0.136	0.87	0.074	0.69	0.043	0.53	0.023		
25.92	7.20			2.43	0.865	1.69	0.364	1.13	0.139	0.88	0.076	0.70	0.044	0.54	0.023
26.28	7.30			2.47	0.887	1.72	0.373	1.15	0.143	0.89	0.078	0.71	0.045	0.54	0.024
26.64	7.40			2.50	0.908	1.74	0.382	1.16	0.146	0.90	0.080	0.72	0.046	0.55	0.025
27.00	7.50			2.53	0.930	1.76	0.392	1.18	0.150	0.91	0.082	0.73	0.047	0.56	0.025
27.36	7.60			2.57	0.952	1.79	0.401	1.19	0.153	0.93	0.084	0.74	0.048	0.57	0.026
27.72	7.70			2.60	0.975	1.81	0.410	1.21	0.157	0.94	0.086	0.75	0.050	0.57	0.026
28.08	7.80			2.63	0.997	1.83	0.420	1.23	0.161	0.95	0.088	0.76	0.051	0.58	0.027
28.44	7.90			2.67	1.020	1.86	0.429	1.24	0.164	0.96	0.090	0.77	0.52	0.59	0.028
28.80	8.00			2.70	1.043	1.88	0.439	1.26	0.168	0.98	0.092	0.78	0.053	0.60	0.028
29.16	8.10			2.74	1.066	1.90	0.449	1.27	0.172	0.99	0.094	0.79	0.054	0.60	0.029
29.52	8.20			2.77	1.090	1.93	0.459	1.29	0.176	1.00	0.096	0.79	0.055	0.61	0.029
19.88	8.30			2.80	1.113	1.95	0.469	1.30	0.179	1.01	0.098	0.80	0.057	0.62	0.030
30.24	8.40			2.84	1.137	1.97	0.479	1.32	0.183	1.02	0.100	0.81	0.058	0.63	0.031
30.60	8.50			2.87	1.161	2.00	1.489	1.34	0.187	1.04	0.102	0.82	0.059	0.63	0.031
30.96	8.60			2.90	1.186	2.02	0.499	1.35	0.191	1.05	0.104	0.83	0.060	0.64	0.032
31.32	8.70			2.94	1.210	2.04	1.510	1.37	0.195	1.06	0.106	0.84	0.062	0.65	0.033
31.68	8.80			2.97	1.235	2.07	0.520	1.38	0.199	1.07	0.108	0.85	0.063	0.65	0.033
32.04	8.90					2.09	0.530	1.40	0.203	1.08	0.111	0.86	0.064	0.66	0.034
32.40	9.00					2.12	0.541	1.41	0.207	1.10	0.113	0.87	0.065	0.67	0.035
32.76	9.10							1.43	0.211	1.11	0.115	0.88	0.067	0.68	0.035
33.12	9.20							1.45	0.215	1.12	0.117	0.89	0.068	0.68	0.036
33.48	9.30							1.46	0.220	1.13	0.120	0.90	0.069	0.69	0.037
33.84	9.40							1.48	0.224	1.15	0.122	0.91	0.071	0.70	0.038

续表 8.1-4

流量 q		d_n110		d_n125		d_n140		d_n160							
		d_j0.0900		d_j0.1022		d_j0.1146		d_j0.1308							
m^3/h	L/s	v	i	v	i	v	i	v	i	v	i	v	i	v	i
34.20	9.50	1.49	0.228	1.16	0.124	0.92	0.072	0.71	0.038						
34.56	9.60	1.51	0.232	1.17	0.127	0.93	0.073	0.71	0.039						
34.92	9.70	1.52	0.237	1.18	0.129	0.94	0.075	0.72	0.040						
35.28	9.80	1.54	0.241	1.19	0.131	0.95	0.076	0.73	0.040						
35.64	9.90	1.56	0.245	1.21	0.134	0.96	0.077	0.74	0.041						
36.00	10.00	1.57	0.250	1.22	0.136	0.97	0.079	0.74	0.042						
36.90	10.25	1.61	0.261	1.25	0.142	0.99	0.082	0.76	0.044						
37.80	10.50	1.65	0.272	1.28	0.148	1.02	0.086	0.78	0.046						
38.70	10.75	1.69	0.284	1.31	0.155	1.04	0.090	0.80	0.048						
39.60	11.00	1.73	0.296	1.34	0.161	1.07	0.093	0.82	0.050						
40.50	11.25	1.77	0.308	1.37	0.168	1.09	0.097	0.84	0.052						
41.40	11.50	1.81	0.320	1.40	0.174	1.11	0.101	0.86	0.054						
42.30	11.75	1.85	0.332	1.43	0.181	1.14	0.105	0.87	0.056						
43.20	12.00	1.89	0.345	1.46	0.188	1.16	0.109	0.89	0.058						
44.10	12.25	1.93	0.358	1.49	0.195	1.19	1.113	0.91	0.060						
45.00	12.50	1.96	0.371	1.52	0.202	1.21	0.117	0.93	0.062						
45.90	12.75	2.00	0.384	1.55	0.209	1.24	0.121	0.95	0.064						
46.80	13.00	2.04	0.398	1.58	0.217	1.26	0.125	0.97	0.067						
47.70	13.25	2.08	0.411	1.62	0.224	1.28	0.130	0.99	0.069						
48.60	13.50	2.12	0.425	1.65	0.232	1.31	0.134	1.00	0.071						
49.50	13.75	2.16	0.439	1.68	0.239	1.33	0.139	1.02	0.074						
50.40	14.00	2.20	0.454	1.71	0.247	1.36	0.143	1.04	0.076						
51.30	14.25	2.24	0.468	1.74	0.255	1.38	0.148	1.06	0.079						
52.20	14.50	2.28	0.483	1.77	0.263	1.41	0.152	1.08	0.081						
53.10	14.75	2.32	0.498	1.80	0.271	1.43	0.157	1.10	0.084						
54.00	15.00	2.36	0.513	1.83	0.279	1.45	0.162	1.12	0.086						
55.80	15.50	2.44	0.543	1.89	0.296	1.50	0.171	1.15	0.091						
57.60	16.00	2.52	0.575	1.95	0.313	1.55	0.181	1.19	0.096						
59.40	16.50	2.59	0.607	2.01	0.331	1.60	0.192	1.23	0.102						
61.20	17.00	2.67	0.640	2.07	0.349	1.65	0.202	1.27	0.107						
63.00	17.50	2.75	0.674	2.13	0.367	1.70	0.213	1.30	0.113						
64.80	18.00	2.83	0.708	2.19	0.386	1.75	0.223	1.34	0.119						
66.60	18.50	2.91	0.744	2.26	0.405	1.79	0.235	1.38	0.125						
68.40	19.00	2.99	0.780	2.32	0.425	1.84	0.246	1.41	0.131						
70.20	19.50	3.07	0.816	2.38	0.445	1.89	0.258	1.45	0.137						

续表 8.1-4

流量 q		d_n125		d_n140		d_n160									
		d_j0.1022		d_j0.1146		d_j0.1308									
m³/h	L/s	v	i	v	i	v	i	v	i	v	i	v	i	v	i
72.00	20.00	2.44	0.465	1.94	0.269	1.49	0.143								
73.80	20.50	2.50	0.486	1.99	0.281	1.53	0.150								
75.60	21.00	2.56	0.508	2.04	0.294	1.56	0.156								
77.40	21.50	2.62	0.529	2.08	0.306	1.60	0.163								
79.20	22.00	2.68	0.551	2.13	0.319	1.64	0.170								
81.00	22.50	2.74	0.574	2.18	0.332	1.67	0.177								
82.80	23.00	2.80	0.596	2.23	0.345	1.71	0.184								
84.60	23.50	2.86	0.620	2.28	0.359	1.75	0.191								
86.40	24.00	2.93	0.643	2.33	0.372	1.79	0.198								
88.20	24.50	2.99	0.667	2.38	0.368	1.82	0.205								
90.00	25.00	3.05	0.691	2.42	0.400	1.86	0.213								
91.80	25.50			2.47	0.415	1.90	0.221								
93.60	26.00			2.52	0.429	1.93	0.228								
95.40	26.50			2.57	0.444	1.97	0.236								
97.20	27.00			2.62	0.459	2.01	0.244								
99.00	27.50			2.67	0.474	2.05	0.252								
100.8	28.00			2.71	0.489	2.08	0.260								
102.6	28.50			2.76	0.505	2.12	0.269								
104.4	29.00			2.81	0.521	2.16	0.277								
106.2	29.50			2.86	0.537	2.20	0.286								
108.0	30.00			2.91	0.553	2.23	0.294								
109.8	30.50			2.96	0.570	2.27	0.303								
111.6	31.00			3.01	0.586	2.31	0.312								
113.4	31.50					2.34	0.321								
115.2	32.00					2.38	0.330								
117.0	32.50					2.42	0.339								
118.8	33.00					2.46	0.348								
120.6	33.50					2.49	0.358								
122.4	34.00					2.53	0.367								
124.2	34.50					2.57	0.377								
126.0	35.00					2.60	0.387								
127.8	35.50					2.64	0.397								
129.6	36.00					2.68	0.407								

注：1. 表中单位 d_n 为 mm，d_j 为 m，i 为 kPa/m，v 为 m/s。
2. 冷水管系列 S6.3 的管材压力等级为 1.6MPa。

8.1.4　给水用聚丙烯管（PP-R）水力计算用表

给水聚丙烯冷水管水力计算表　　表 8.1-5

Q		D_e（mm）															
		20		25		32		40		50		63		75		90	
m^3/h	L/s	v	i	v	i	v	i	v	i	v	i	v	i	v	i	v	i
0.090	0.025	0.13	2.665														
0.108	0.030	0.16	3.683														
0.126	0.035	0.19	4.841														
0.144	0.040	0.21	6.135														
0.162	0.045	0.24	7.561	0.14	1.975												
0.180	0.050	0.27	9.115	0.15	2.381												
0.198	0.055	0.30	10.79	0.17	2.820												
0.216	0.060	0.32	12.60	0.18	3.291												
0.236	0.065	0.35	14.52	0.20	3.793												
0.252	0.070	0.38	16.56	0.21	4.326	0.13	1.359										
0.270	0.075	0.40	18.71	0.23	4.889	0.14	1.536										
0.288	0.080	0.43	20.99	0.24	5.482	0.15	1.722										
0.306	0.085	0.46	23.37	0.26	6.104	0.16	1.917										
0.324	0.090	0.48	25.86	0.28	6.756	0.17	2.122										
0.342	0.095	0.51	28.46	0.29	7.436	0.18	2.336										
0.360	0.100	0.54	31.17	0.31	8.144	0.19	2.558										
0.396	0.110	0.59	36.92	0.34	9.644	0.21	3.029	0.13	1.029								
0.432	0.120	0.64	43.08	0.37	11.25	0.23	3.535	0.14	1.201								
0.468	0.130	0.70	49.65	0.40	12.97	0.24	4.074	0.16	1.384								
0.504	0.140	0.75	56.63	0.43	14.79	0.26	4.647	0.17	1.578								
0.540	0.150	0.81	64.00	0.46	16.72	0.28	5.252	0.18	1.784								
0.576	0.160	0.86	71.76	0.49	18.75	0.30	5.889	0.19	2.000								
0.612	0.170	0.91	79.91	0.52	20.88	0.32	6.558	0.20	2.227	0.13	0.763						
0.648	0.180	0.97	88.44	0.55	23.10	0.34	7.257	0.22	2.465	0.14	0.844						
0.684	0.190	1.02	97.34	0.58	25.43	0.36	7.988	0.23	2.713	0.15	0.929						
0.720	0.200	1.07	106.6	0.61	27.85	0.38	8.749	0.24	2.971	0.15	1.018						
0.900	0.250	1.34	158.4	0.76	41.38	0.47	13.00	0.30	4.414	0.19	1.512						
1.080	0.300	1.61	218.9	0.92	57.18	0.57	17.96	0.36	6.100	0.23	2.090	0.14	0.694				
1.260	0.350	1.88	287.7	1.07	75.17	0.66	23.61	0.42	8.018	0.27	2.747	0.17	0.912				
1.440	0.40	2.15	364.6	1.22	95.26	0.75	29.92	0.48	10.16	0.31	3.482	0.19	1.156	0.14	0.502		
1.620	0.45	2.42	449.4	1.38	117.4	0.85	36.88	0.54	12.52	0.34	4.291	0.22	1.425	0.15	0.619		
1.800	0.50	2.68	541.7	1.53	141.5	0.94	44.45	0.60	15.10	0.38	5.172	0.24	1.717	0.17	0.747		
1.980	0.55	2.95	641.4	1.68	167.6	1.04	52.64	0.66	17.88	0.42	6.125	0.27	2.034	0.19	0.884		

续表 8.1-5

Q		D_e (mm)															
		25		32		40		50		63		75		90		110	
m³/h	L/s	v	i	v	i	v	i	v	i	v	i	v	i	v	i	v	i
2.160	0.60	1.84	195.6	1.13	61.43	0.72	20.86	0.46	7.148	0.29	2.373	0.20	1.032				
2.340	0.65	1.99	225.4	1.22	70.80	0.78	24.05	0.50	8.238	0.31	2.735	0.22	1.189				
2.520	0.70	2.14	257.1	1.32	80.75	0.84	27.42	0.54	9.396	0.34	3.119	0.24	1.356	0.16	0.562		
2.700	0.75	2.29	290.5	1.41	91.26	0.90	30.99	0.57	10.62	0.36	3.526	0.25	1.533	0.18	0.635		
2.880	0.80	2.45	325.8	1.51	102.3	0.96	34.75	0.61	11.91	0.39	3.953	0.27	1.718	0.19	0.712		
3.060	0.85	2.6	362.8	1.60	114.0	1.02	38.70	0.65	13.26	0.14	4.402	0.29	1.914	0.20	0.793		
3.240	0.90	2.75	401.5	1.70	126.1	1.08	42.83	0.69	14.67	0.43	4.872	0.31	2.118	0.21	0.878	0.14	0.336
3.420	0.95	2.91	441.9	1.79	138.8	1.14	47.14	0.73	16.15	0.46	5.362	0.32	2.331	0.22	0.966	0.15	0.370
3.600	1.00	3.06	484.0	1.88	152.0	1.20	51.63	0.76	17.69	0.48	5.873	0.34	2.553	0.24	1.058	0.16	0.405
3.780	1.05			1.98	165.8	1.26	56.30	0.80	19.29	0.51	6.404	0.36	2.784	0.25	1.154	0.17	0.442
3.960	1.10			2.07	180.0	1.32	61.14	0.84	20.95	0.53	6.955	0.37	3.023	0.26	1.253	0.17	0.480
4.140	1.15			2.17	194.8	1.38	66.16	0.88	22.67	0.55	7.526	0.39	3.271	0.27	1.356	0.18	0.519
4.320	1.20			2.26	210.1	1.44	71.35	0.92	24.45	0.58	8.116	0.41	3.528	0.28	1.462	0.19	0.560
4.500	1.25			3.35	225.9	1.50	76.71	0.96	26.28	0.60	8.726	0.42	3.793	0.29	1.572	0.20	0.602
4.680	1.30			2.45	242.1	1.56	82.23	0.99	28.18	0.63	9.354	0.44	4.066	0.31	1.685	0.20	0.645
4.860	1.35			2.54	258.9	1.62	87.93	1.03	30.13	0.65	10.00	0.46	4.348	0.32	1.802	0.21	0.690
5.040	1.40			2.64	276.2	1.68	93.79	1.07	32.13	0.67	10.70	0.48	4.638	0.33	1.922	0.22	0.736
5.220	1.45			2.73	293.9	1.74	99.81	1.11	34.20	0.70	11.35	0.49	4.936	0.34	2.046	0.23	0.783
5.400	1.50			2.83	312.1	1.80	106.0	1.15	36.32	0.72	12.06	0.51	5.241	0.35	2.172	0.24	0.831
5.580	1.55			2.92	330.8	1.86	112.3	1.19	38.49	0.75	12.78	0.53	5.555	0.36	2.302	0.24	0.881
5.760	1.60			3.01	350.0	1.92	118.9	1.22	40.72	0.77	13.52	0.54	5.877	0.38	2.436	0.25	0.932
5.940	1.65					1.98	125.5	1.26	43.01	0.8	14.28	0.56	6.207	0.39	2.573	0.26	0.985
6.120	1.70					2.04	132.4	1.30	45.35	0.82	15.06	0.58	6.545	0.40	2.712	0.27	1.038
6.300	1.75					2.10	139.3	1.34	47.74	0.84	15.85	0.59	6.890	0.41	2.856	0.28	1.093
6.480	1.80					2.16	146.5	1.38	50.19	0.87	16.66	0.61	7.243	0.42	3.002	0.28	1.149
6.660	1.85					2.22	153.8	1.42	52.69	0.89	17.49	0.63	7.604	0.43	3.151	0.29	1.206
6.840	1.90					2.28	161.2	1.45	55.24	0.92	18.34	0.65	7.972	0.45	3.304	0.30	1.265
7.020	1.95					2.34	168.8	1.49	57.84	0.94	19.20	0.66	8.348	0.46	3.46	0.31	1.324
7.200	2.00					2.40	176.6	1.53	60.50	0.96	20.09	0.68	8.732	0.47	3.619	0.31	1.385
7.860	2.10					2.52	192.5	1.61	65.97	1.01	21.90	0.71	9.521	0.49	3.946	0.33	1.510
7.920	2.20					2.64	209.1	1.68	71.64	1.06	23.79	0.75	10.34	0.52	4.285	0.35	1.640
8.280	2.30					2.76	226.3	1.76	77.52	1.11	25.74	0.78	11.19	0.54	4.637	0.36	1.775

续表 8.1-5

Q		D_e（mm）															
		40		50		63		75		90		110					
m³/h	L/s	v	i	v	i	v	i	v	i	v	i	v	i	v	i	v	i
8. 640	2. 40	2. 88	244. 0	1. 84	83. 60	1. 16	27. 76	0. 82	12. 07	0. 56	5. 001	0. 38	1. 914				
9. 000	2. 50	3. 00	262. 3	1. 91	89. 88	1. 20	29. 84	0. 85	12. 97	0. 59	5. 376	0. 39	2. 058				
9. 360	2. 60			1. 99	96. 36	1. 25	31. 99	0. 88	13. 91	0. 61	5. 764	0. 41	2. 206				
9. 720	2. 70			2. 07	103. 0	1. 30	34. 21	0. 92	14. 87	0. 63	6. 163	0. 42	2. 359				
10. 08	2. 80			2. 14	109. 9	1. 35	36. 49	0. 95	15. 86	0. 66	6. 574	0. 44	2. 516				
10. 44	2. 90			2. 22	117. 0	1. 40	38. 83	0. 99	16. 88	0. 68	6. 996	0. 46	2. 678				
10. 80	3. 00			2. 29	124. 2	1. 45	41. 24	1. 02	17. 93	0. 71	7. 429	0. 47	2. 844				
11. 16	3. 10			2. 37	131. 6	1. 49	43. 71	1. 05	19. 00	0. 73	7. 874	0. 49	3. 014				
11. 52	3. 20			2. 45	139. 3	1. 54	46. 24	1. 09	20. 10	0. 75	8. 331	0. 50	3. 189				
11. 88	3. 30			2. 52	147. 1	1. 59	48. 83	1. 12	21. 23	0. 78	8. 798	0. 52	3. 367				
12. 24	3. 40			2. 60	155. 1	1. 64	51. 49	1. 16	22. 38	0. 80	9. 277	0. 53	3. 551				
12. 60	3. 50			2. 68	163. 3	1. 69	54. 21	1. 19	23. 56	0. 82	9. 766	0. 55	3. 738				
12. 96	3. 60			2. 75	171. 6	1. 73	56. 99	1. 22	24. 77	0. 85	10. 27	0. 57	3. 930				
13. 32	3. 70			2. 83	180. 2	1. 78	59. 82	1. 26	26. 01	0. 87	10. 78	0. 58	4. 125				
13. 68	3. 80			2. 91	188. 9	1. 83	62. 72	1. 29	27. 27	0. 89	11. 30	0. 60	4. 325				
14. 01	3. 90			2. 98	197. 8	1. 88	65. 68	1. 33	28. 55	0. 92	11. 83	0. 61	4. 529				
14. 40	4. 00			3. 06	206. 9	1. 93	68. 70	1. 36	29. 86	0. 94	12. 38	0. 63	4. 737				
14. 76	4. 10					1. 98	71. 77	1. 39	31. 20	0. 96	12. 93	0. 64	4. 949				
15. 12	4. 20					2. 02	74. 91	1. 43	32. 56	0. 99	13. 50	0. 66	5. 165				
15. 48	4. 30					2. 07	78. 10	1. 46	33. 95	1. 01	14. 07	0. 68	5. 386				
15. 84	4. 40					2. 12	81. 35	1. 50	35. 36	1. 03	14. 66	0. 69	5. 610				
16. 20	4. 50					2. 17	84. 66	1. 53	36. 80	1. 06	15. 25	0. 71	5. 838				
16. 56	4. 60					2. 22	88. 03	1. 56	38. 27	1. 08	15. 86	0. 72	6. 070				
16. 92	4. 70					2. 27	91. 45	1. 60	39. 75	1. 10	16. 48	0. 74	6. 306				
17. 28	4. 80					2. 31	94. 93	1. 63	41. 27	1. 13	17. 10	0. 75	6. 546				
17. 64	4. 90					2. 36	98. 47	1. 67	42. 80	1. 15	17. 74	0. 77	6. 790				
18. 00	5. 00					2. 41	102. 1	1. 70	44. 37	1. 18	18. 39	0. 79	7. 038				
18. 36	5. 10					2. 46	105. 7	1. 73	45. 95	1. 20	19. 05	0. 80	7. 289				
18. 72	5. 20					2. 51	109. 4	1. 77	47. 56	1. 22	19. 71	0. 82	7. 545				
19. 08	5. 30					2. 55	113. 2	1. 80	49. 20	1. 25	20. 39	0. 83	7. 804				

续表 8.1-5

Q		D_e (mm)															
		63		75		90		110									
m³/h	L/s	v	i	v	i	v	i	v	i	v	i	v	i	v	i	v	i
19.44	5.40	2.60	117.0	1.84	50.86	1.27	21.08	0.85	8.067								
19.80	5.50	2.65	120.9	1.87	52.54	1.29	21.77	0.86	8.334								
20.16	5.60	2.70	124.8	1.90	54.24	1.32	22.48	0.88	8.605								
20.52	5.70	2.75	128.8	1.94	55.97	1.34	23.20	0.90	8.879								
20.88	5.80	2.80	132.8	1.97	57.73	1.36	23.93	0.91	9.158								
21.24	5.90	2.84	136.9	2.01	59.51	1.39	24.66	0.93	9.440								
21.60	6.00	2.89	141.0	2.04	61.31	1.41	25.41	0.94	9.725								
21.96	6.10	2.94	145.2	2.07	63.13	1.43	26.17	0.96	10.02								
22.32	6.20	2.99	149.5	2.11	64.98	1.46	26.93	0.97	10.31								
22.68	6.30	3.04	153.8	2.14	66.85	1.48	27.71	0.99	10.61								
23.04	6.40			2.18	68.74	1.50	28.49	1.01	10.91								
23.40	6.50			2.21	70.66	1.53	29.29	1.02	11.21								
23.76	6.60			2.24	72.60	1.55	30.09	1.04	11.52								
24.12	6.70			2.28	74.56	1.57	30.90	1.05	11.83								
24.48	6.80			2.31	76.55	1.60	31.73	1.07	12.14								
24.84	6.90			2.35	78.56	1.62	32.56	1.08	12.46								
25.20	7.00			2.38	80.59	1.65	33.40	1.10	12.78								
25.56	7.10			2.41	82.64	1.67	34.25	1.12	13.11								
25.92	7.20			2.45	84.72	1.69	35.11	1.13	13.44								
26.28	7.30			2.48	86.82	1.72	35.98	1.15	13.77								
26.64	7.40			2.52	88.92	1.74	36.86	1.16	14.11								
27.00	7.50			2.55	91.08	1.76	37.74	1.18	14.45								
27.36	7.60			2.58	93.25	1.79	37.65	1.19	14.79								
27.72	7.70			2.62	95.43	1.81	39.55	1.21	15.14								
28.08	7.80			2.65	97.64	1.83	40.49	1.23	15.49								
28.44	7.90			2.69	99.88	1.86	41.39	1.24	15.84								
28.80	8.00			2.72	102.1	1.88	42.33	1.26	16.20								
29.16	8.10			2.75	104.4	1.90	43.27	1.27	16.56								
29.52	8.20			2.79	106.7	1.93	44.22	1.29	16.93								
29.88	8.30			2.82	109.0	1.95	45.18	1.30	17.29								
30.24	8.40			2.86	111.4	1.97	46.15	1.32	17.67								
30.60	8.50			2.89	113.7	2.00	47.13	1.34	18.04								
30.96	8.60			2.92	116.1	2.02	48.12	1.35	18.42								
31.32	8.70			2.96	118.5	2.04	49.12	1.37	18.80								
31.68	8.80			2.99	120.9	2.07	50.13	1.38	19.19								
32.04	8.90			3.03	123.4	2.09	51.14	1.40	19.57								

续表 8.1-5

Q		D_e（mm）															
		75		90		110											
m^3/h	L/s	v	i	v	i	v	i	v	i	v	i	v	i	v	i	v	i
32.40	9.00	3.06	125.9	2.12	52.16	1.41	19.97										
32.76	9.10	3.09	128.4	2.14	53.20	1.43	20.36										
33.12	9.20	3.13	131.0	2.16	54.24	1.45	20.76										
33.48	9.30	3.16	133.4	2.19	55.29	1.46	21.16										
33.84	9.40			2.21	56.35	1.48	21.57										
34.20	9.50			2.23	57.42	1.49	21.98										
34.56	9.60			2.26	58.49	1.51	22.39										
34.92	9.70			2.28	59.58	1.52	22.80										
35.28	9.80			2.30	60.67	1.54	23.22										
35.64	9.90			2.33	61.77	1.56	23.64										
36.00	10.0			2.35	62.88	1.57	24.07										
36.90	10.3			2.41	65.70	1.61	25.15										
37.80	10.5			2.47	68.57	1.65	26.25										
38.70	10.8			2.53	71.49	1.69	27.36										
39.60	11.0			2.59	74.47	1.73	28.50										
40.50	11.3			2.64	77.50	1.77	29.66										
41.40	11.5			2.70	80.60	1.81	30.84										
42.30	11.8			2.76	83.71	1.85	32.04										
43.20	12.0			2.82	86.90	1.89	33.26										
44.10	12.3			2.88	90.14	1.93	34.50										
45.00	12.5			2.94	93.42	1.97	35.76										
45.90	12.8			3.00	96.76	2.00	37.04										
46.80	13.0			3.06	100.2	2.04	38.34										
47.70	13.3					2.08	39.65										
48.60	13.5					2.12	40.99										
49.50	13.8					2.16	42.35										
50.40	14.0					2.20	43.72										
51.30	14.3					2.24	45.12										
52.20	14.5					2.28	46.53										
53.10	14.8					2.32	47.96										
54.00	15.0					2.36	49.41										

续表 8.1-5

Q		D_e（mm）															
		110															
m^3/h	L/s	v	i	v	i	v	i	v	i	v	i	v	i	v	i	v	i
55.80	15.5	2.44	52.37														
57.60	16.0	2.52	55.41														
59.40	16.5	2.59	58.52														
61.20	17.0	2.67	61.70														
63.00	17.5	2.75	64.96														
64.80	18.0	2.83	68.28														
66.60	18.5	2.91	71.68														

注：1. 表中单位：i 为 kPa/m，v 为 m/s；

2. 注意事项：由于不同的工作水温水的运动黏滞系数 υ 不同，不同公称压力等级管道的计算内径不同；所以，实际计算结果应按照设计工作水温和管道公称压力进行修正；

3. 修正方法：将查得的 i 值 ×K1、K2；将查得的流速 v 值 ×K_3、K_1、K_2、K_3 分别查下表 8.1--6、表 8.1-7。

冷水管温度修正系数 K_1 **表 8.1-6**

冷水水温	10℃	20℃	30℃	40℃
修正系数 K_1	1.061	1	0.949	0.908

冷水管阻力修正系数 K_2、流速修正系数 K_3 **表 8.1-7**

公称压力（MPa）											
*PN*1.0				*PN*1.25				*PN*1.6			
外径×壁厚（mm）	计算内径 d_j（mm）	K_2	K_3	外径×壁厚（mm）	计算内径 d_j（mm）	K_2	K_3	外径×壁厚（mm）	计算内径 d_j（mm）	K_2	K_3
20×2.3	15.4	1	1	20×2.3	15.4	1	1	20×2.3	15.4	1	1
25×2.3	20.4	1	1	25×2.3	20.4	1	1	25×2.8	19.4	1.271	1.106
32×2.4	27.2	0.806	0.914	32×3.0	26.0	1	1	32×3.6	24.8	1.253	1.099
40×3.0	34.0	0.818	0.919	40×3.7	32.6	1	1	40×4.5	31.0	1.271	1.106
50×3.7	42.6	0.814	0.917	50×4.6	40.8	1	1	50×5.6	38.8	1.271	1.106
63×4.7	53.6	0.819	0.919	63×5.8	51.4	1	1	63×7.1	48.8	1.281	1.109
75×5.7	63.6	0.832	0.926	75×6.9	61.2	1	1	75×8.4	58.2	1.271	1.106
90×6.7	76.6	1.826	0.923	90×8.2	73.6	1	1	90×10.1	69.8	1.288	1.112
110×8.1	93.8	0.821	0.921	110×10.0	90	1	1	110×12.3	85.4	1.285	1.111

注：1. 表中压力是指环应力为 PP-R 管 80 系列的对应数值；

2. 表中数值为允许压力。工作压力应将表中对应数值除以 1.25～1.5；.

3. 括号内数值不推荐使用。

8.1.5　给水用铜管水力计算用表

给水铜管沿程水头损失计算表　　　　表 8.1-8

流量 q		*DN*15		*DN*20		*DN*25		*DN*32		*DN*40		*DN*50		*DN*65	
		d_j0. 0136		d_j0. 0202		d_j0. 0262		d_j0. 0326		d_j0. 0328		d_j0. 0380		d_j0. 0640	
(m^3/h)	(L/s)	v	i	v	i	v	i	v	i	v	i	v	i	v	i
0. 252	0. 070	0. 48	0. 33												
0. 270	0. 075	0. 52	0. 37												
0. 288	0. 080	0. 55	0. 42												
0. 306	0. 085	0. 59	0. 47												
0. 324	0. 090	0. 62	0. 52												
0. 342	0. 095	0. 65	0. 57												
0. 360	0. 100	0. 69	0. 63												
0. 396	0. 110	0. 76	0. 75												
0. 432	0. 120	0. 83	0. 88												
0. 468	0. 130	0. 89	1. 03												
0. 504	0. 140	0. 96	1. 18												
0. 540	0. 150	1. 03	1. 34												
0. 576	0. 160	1. 10	1. 51	0. 50	0. 22										
0. 612	0. 170	1. 17	1. 68	0. 53	0. 25										
0. 648	0. 180	1. 24	1. 87	0. 56	0. 27										
0. 684	0. 190	1. 31	2. 07	0. 59	0. 30										
0. 720	0. 200	1. 38	2. 27	0. 62	0. 33										
0. 900	0. 250	1. 72	3. 44	0. 78	0. 50	0. 46	0. 14								
1. 080	0. 300	2. 07	4. 82	0. 94	0. 70	0. 56	0. 20								
1. 260	0. 350			1. 09	0. 93	0. 65	0. 26								
1. 440	0. 400			1. 25	1. 19	0. 74	0. 34	0. 48	0. 12						
1. 620	0. 450			1. 40	1. 49	0. 83	0. 42	0. 54	0. 14						
1. 800	0. 500			1. 56	1. 80	0. 93	0. 51	0. 60	0. 18						
1. 980	0. 550			1. 72	2. 15	1. 02	0. 61	0. 66	0. 21						
2. 160	0. 600			1. 87	2. 53	1. 11	0. 71	0. 72	0. 25	0. 49	0. 10				
2. 340	0. 650			2. 03	2. 93	1. 21	0. 83	0. 78	0. 29	0. 53	0. 11				
2. 520	0. 700					1. 30	0. 95	0. 84	0. 33	0. 57	0. 13				
2. 700	0. 750					1. 39	1. 08	0. 90	0. 37	0. 61	0. 14				
2. 880	0. 800					1. 48	1. 21	0. 96	0. 42	0. 65	0. 16				

续表 8.1-8

流量 q		DN25		DN32		DN40		DN50		DN65				DN80	
		d_j0.0262		d_j0.0326		d_j0.0328		d_j0.0380		d_j0.0640		d_j0.0643		d_j0.0731	
(m^3/h)	(L/s)	v	i	v	i	v	i	v	i	v	i	v	i	v	i
3.060	0.850	1.58	1.36	1.02	0.47	0.69	0.18								
3.240	0.900	1.67	1.51	1.08	0.52	0.73	0.20								
3.420	0.950	1.76	1.67	1.14	0.58	0.77	0.22								
3.600	1.000	1.85	1.83	1.20	0.63	0.81	0.25								
3.780	1.050	1.95	2.01	1.26	0.69	0.85	0.27	0.50	0.07						
3.960	1.100	2.04	2.19	1.32	0.75	0.89	0.29	0.53	0.08						
4.140	1.150			1.38	0.82	0.93	0.32	0.55	0.09						
4.320	1.200			1.44	0.89	0.97	0.34	0.57	0.09						
4.500	1.250			1.50	0.96	1.01	0.37	0.60	0.10						
4.680	1.300			1.56	1.03	1.06	0.40	0.62	0.11						
4.860	1.350			1.62	1.10	1.10	0.43	0.65	0.12						
5.040	1.400			1.68	1.18	1.14	0.46	0.67	0.13						
5.220	1.450			1.74	1.26	1.18	0.49	0.69	0.13						
5.400	1.500			1.80	1.34	1.22	0.52	0.72	0.14						
5.580	1.550			1.86	1.42	1.26	0.55	0.74	0.15						
5.760	1.600			1.92	1.51	1.30	0.59	0.77	0.16	0.50	0.06				
5.940	1.650			1.98	1.60	1.34	0.62	0.79	0.17	0.51	0.06	0.51	0.06		
6.120	1.700			2.04	1.69	1.38	0.65	0.81	0.18	0.53	0.06	0.52	0.06		
6.300	1.750					1.42	0.69	0.84	0.19	0.54	0.07	0.54	0.07		
6.480	1.800					1.46	0.73	0.86	0.20	0.56	0.07	0.55	0.07		
6.660	1.850					1.50	0.77	0.88	0.21	0.58	0.07	0.57	0.07		
6.840	1.900					1.54	0.80	0.91	0.22	0.59	0.08	0.59	0.08		
7.020	1.950					1.58	0.84	0.93	0.23	0.61	0.08	0.60	0.08		
7.200	2.000					1.62	0.88	0.96	0.24	0.62	0.09	0.62	0.08		
7.560	2.100					1.71	0.97	1.00	0.27	0.65	0.09	0.65	0.09	0.50	0.05
7.920	2.200					1.79	1.05	1.05	0.29	0.68	0.10	0.68	0.10	0.52	0.05
8.280	2.300					1.87	1.15	1.10	0.32	0.71	0.11	0.71	0.11	0.55	0.06
8.640	2.400					1.95	1.24	1.15	0.34	0.75	0.12	0.74	0.12	0.57	0.06
9.000	2.500					2.03	1.34	1.20	0.37	0.78	0.13	0.77	0.13	0.60	0.07
9.360	2.600							1.24	0.40	0.81	0.14	0.80	0.14	0.62	0.07

续表 8. 1-8

流量 q		DN50		DN65				DN80				DN100		DN125	
		d_j0. 0380		d_j0. 0640		d_j0. 0643		d_j0. 0731		d_j0. 0850		d_j0. 1050		d_j0. 1280	
(m^3/h)	(L/s)	v	i	v	i	v	i	v	i	v	i	v	i	v	i
9. 720	2. 700	1. 29	0. 42	0. 84	0. 15	0. 83	0. 15	0. 64	0. 08	0. 51	0. 04				
10. 08	2. 800	1. 34	0. 45	0. 87	0. 16	0. 86	0. 16	0. 67	0. 08	0. 53	0. 05				
10. 44	2. 900	1. 39	0. 48	0. 90	0. 17	0. 89	0. 17	0. 69	0. 09	0. 55	0. 05				
10. 80	3. 000	1. 43	0. 52	0. 93	0. 18	0. 92	0. 18	0. 71	0. 09	0. 57	0. 05				
11. 16	3. 100	1. 48	0. 55	0. 96	0. 19	0. 95	0. 19	0. 74	0. 10	0. 59	0. 06				
11. 52	3. 200	1. 53	0. 58	0. 99	0. 20	0. 99	0. 20	0. 76	0. 11	0. 61	0. 06				
11. 88	3. 300	1. 58	0. 62	1. 03	0. 22	1. 02	0. 21	0. 79	0. 11	0. 62	0. 06				
12. 24	3. 400	1. 63	0. 65	1. 06	0. 23	1. 05	0. 22	0. 81	0. 12	0. 64	0. 07				
12. 60	3. 500	1. 67	0. 69	1. 09	0. 24	1. 08	0. 23	0. 83	0. 13	0. 66	0. 07				
12. 96	3. 600	1. 72	0. 72	1. 12	0. 25	1. 11	0. 25	0. 86	0. 13	0. 68	0. 08				
13. 32	3. 700	1. 77	0. 76	1. 15	0. 27	1. 14	0. 26	0. 88	0. 14	0. 70	0. 08				
13. 68	3. 800	1. 82	0. 80	1. 18	0. 28	1. 17	0. 27	0. 91	0. 15	0. 72	0. 08				
14. 04	3. 900	1. 86	0. 84	1. 21	0. 29	1. 20	0. 29	0. 93	0. 15	0. 74	0. 09				
14. 40	4. 000	1. 91	0. 88	1. 24	0. 31	1. 23	0. 30	0. 95	0. 16	0. 76	0. 09				
14. 76	4. 100	1. 96	0. 92	1. 27	0. 32	1. 26	0. 31	0. 98	0. 17	0. 78	0. 10				
15. 12	4. 200			1. 31	0. 34	1. 29	0. 33	1. 00	0. 18	0. 80	0. 10				
15. 48	4. 300			1. 34	0. 35	1. 32	0. 34	1. 02	0. 18	0. 81	0. 11	0. 50	0. 03		
15. 84	4. 400			1. 37	0. 37	1. 36	0. 36	1. 05	0. 19	0. 83	0. 11	0. 51	0. 03		
16. 20	4. 500			1. 40	0. 38	1. 39	0. 37	1. 07	0. 20	0. 85	0. 11	0. 52	0. 03		
16. 56	4. 60			1. 43	0. 40	1. 42	0. 39	1. 10	0. 21	0. 87	0. 12	0. 53	0. 04		
16. 92	4. 70			1. 46	0. 41	1. 45	0. 41	1. 12	0. 22	0. 89	0. 12	0. 54	0. 04		
17. 28	4. 80			1. 49	0. 43	1. 48	0. 42	1. 14	0. 23	0. 91	0. 13	0. 55	0. 04		
17. 64	4. 90			1. 52	0. 45	1. 51	0. 44	1. 17	0. 23	0. 93	0. 13	0. 57	0. 04		
18. 00	5. 00			1. 55	0. 46	1. 55	0. 45	1. 19	0. 24	0. 95	0. 14	0. 58	0. 04		
18. 36	5. 10			1. 59	0. 48	1. 57	0. 47	1. 22	0. 25	0. 97	0. 14	0. 59	0. 04		
18. 72	5. 20			1. 62	0. 50	1. 60	0. 49	1. 24	0. 26	0. 98	0. 15	0. 60	0. 04		
19. 08	5. 30			1. 65	0. 52	1. 63	0. 51	1. 26	0. 27	1. 00	0. 15	0. 61	0. 05		
19. 44	5. 40			1. 68	0. 54	1. 66	0. 52	1. 29	0. 28	1. 02	0. 16	0. 62	0. 05		
19. 80	5. 50			1. 71	0. 55	1. 69	0. 54	1. 31	0. 29	1. 04	0. 17	0. 64	0. 05		
20. 16	5. 60			1. 74	0. 57	1. 72	0. 56	1. 33	0. 30	1. 06	0. 17	0. 65	0. 05		
20. 52	5. 70			1. 77	0. 59	1. 76	0. 58	1. 36	0. 31	1. 08	0. 18	0. 66	0. 05		

续表 8.1-8

流量 q		DN65				DN80				DN100		DN125			
		d_j0.0640		d_j0.0643		d_j0.0731		d_j0.0850		d_j0.1050		d_j0.1280		d_j0.1300	
(m^3/h)	(L/s)	v	i	v	i	v	i	v	i	v	i	v	i	v	i
20.88	5.80	1.80	0.61	1.79	0.60	1.38	0.32	1.10	0.18	0.67	0.05				
21.24	5.90	1.83	0.63	1.82	0.62	1.41	0.33	1.12	0.19	0.68	0.06				
21.60	6.00	1.87	0.65	1.85	0.64	1.43	0.34	1.14	0.19	0.69	0.06				
21.96	6.10	1.90	0.67	1.88	0.66	1.45	0.35	1.16	0.20	0.70	0.06				
22.32	6.20	1.93	0.69	1.91	0.68	1.48	0.36	1.17	0.21	0.72	0.06				
22.68	6.30	1.96	0.71	1.94	0.70	1.50	0.37	1.19	0.21	0.73	0.06				
23.04	6.40	1.99	0.73	1.97	0.72	1.52	0.38	1.21	0.22	0.74	0.07	0.50	0.03		
23.40	6.50	2.02	0.76	2.00	0.74	1.55	0.40	1.23	0.23	0.75	0.07	0.51	0.03		
23.76	6.60			2.03	0.76	1.57	0.41	1.25	0.23	0.76	0.07	0.51	0.03		
24.12	6.70					1.60	0.42	1.27	0.24	0.77	0.07	0.52	0.03	0.50	0.03
24.48	6.80					1.62	0.43	1.29	0.25	0.79	0.07	0.53	0.03	0.51	0.03
24.84	6.90					1.64	0.44	1.31	0.25	0.80	0.08	0.54	0.03	0.52	0.03
25.20	7.00					1.67	0.45	1.33	0.26	0.81	0.08	0.54	0.03	0.53	0.03
25.56	7.10					1.69	0.47	1.34	0.27	0.82	0.08	0.55	0.03	0.53	0.03
25.92	7.20					1.72	0.48	1.36	0.27	0.83	0.08	0.56	0.03	0.54	0.03
26.28	7.30					1.74	0.49	1.38	0.28	0.84	0.08	0.57	0.03	0.55	0.03
26.64	7.40					1.76	0.50	1.40	0.29	0.85	0.09	0.58	0.03	0.56	0.03
27.00	7.50					1.79	0.52	1.42	0.29	0.87	0.09	0.58	0.03	0.57	0.03
27.36	7.60					1.81	0.53	1.44	0.30	0.88	0.09	0.59	0.03	0.57	0.03
27.72	7.70					1.83	0.54	1.46	0.31	0.89	0.09	0.60	0.04	0.58	0.03
28.08	7.80					1.86	0.55	1.48	0.32	0.90	0.09	0.61	0.04	0.59	0.03
28.44	7.90					1.88	0.57	1.50	0.32	0.91	0.10	0.61	0.04	0.60	0.03
28.80	8.00					1.91	0.58	1.51	0.33	0.92	0.10	0.62	0.04	0.60	0.04
29.16	8.10					1.93	0.59	1.53	0.34	0.94	0.10	0.63	0.04	0.61	0.04
29.52	8.20					1.95	0.61	1.55	0.35	0.95	0.10	0.64	0.04	0.62	0.04
29.88	8.30					1.98	0.62	1.57	0.36	0.96	0.11	0.65	0.04	0.63	0.04
30.24	8.40					2.00	0.64	1.59	0.36	0.97	0.11	0.65	0.04	0.63	0.04
30.60	8.50							1.61	0.37	0.98	0.11	0.66	0.04	0.64	0.04
30.96	8.60							1.63	0.38	0.99	0.11	0.67	0.04	0.65	0.04
31.32	8.70							1.65	0.39	1.00	0.12	0.68	0.04	0.66	0.04
31.68	8.80							1.67	0.40	1.02	0.12	0.68	0.05	0.66	0.04

续表 8.1-8

流量 q		DN80				DN100		DN125				DN150			
		d_j0.0731		d_j0.0850		d_j0.1050		d_j0.1280		d_j0.1300		d_j0.1530		d_j0.1550	
(m^3/h)	(L/s)	v	i	v	i	v	i	v	i	v	i	v	i	v	i
32.04	8.90			1.69	0.40	1.03	0.12	0.69	0.05	0.67	0.04				
32.40	9.00			1.70	0.41	1.04	0.12	0.70	0.05	0.68	0.04				
32.76	9.10			1.72	0.42	1.05	0.13	0.71	0.05	0.69	0.04				
33.12	9.20			1.74	0.43	1.06	0.13	0.71	0.05	0.69	0.05	0.50	0.02		
33.48	9.30			1.76	0.44	1.07	0.13	0.72	0.05	0.70	0.05	0.51	0.02		
33.84	9.40			1.78	0.45	1.09	0.13	0.73	0.05	0.71	0.05	0.51	0.02		
34.20	9.50			1.80	0.46	1.10	0.14	0.74	0.05	0.72	0.05	0.52	0.02	0.50	0.02
34.56	9.60			1.82	0.46	1.11	0.14	0.75	0.05	0.72	0.05	0.52	0.02	0.51	0.02
34.92	9.70			1.84	0.47	1.12	0.14	0.75	0.05	0.73	0.05	0.53	0.02	0.51	0.02
35.28	9.80			1.86	0.48	1.13	0.14	0.76	0.06	0.74	0.05	0.53	0.02	0.52	0.02
35.64	9.90			1.87	0.49	1.14	0.15	0.77	0.06	0.75	0.05	0.54	0.02	0.52	0.02
36.00	10.00			1.89	0.50	1.15	0.15	0.78	0.06	0.75	0.05	0.54	0.02	0.53	0.02
36.90	10.25			1.94	0.52	1.18	0.16	0.80	0.06	0.77	0.06	0.56	0.03	0.54	0.02
37.80	10.50			1.99	0.55	1.21	0.16	0.82	0.06	0.79	0.06	0.57	0.03	0.56	0.02
38.70	10.75			2.04	0.57	1.24	0.17	0.84	0.07	0.81	0.06	0.58	0.03	0.57	0.03
39.60	11.00					1.27	0.18	0.85	0.07	0.83	0.06	0.60	0.03	0.58	0.03
40.50	11.25					1.30	0.19	0.87	0.07	0.85	0.07	0.61	0.03	0.60	0.03
41.40	11.50					1.33	0.19	0.89	0.07	0.87	0.07	0.63	0.03	0.61	0.03
42.30	11.75					1.36	0.20	0.91	0.08	0.89	0.07	0.64	0.03	0.62	0.03
43.20	12.00					1.39	0.21	0.93	0.08	0.90	0.07	0.65	0.03	0.64	0.03
44.10	12.25					1.41	0.22	0.95	0.08	0.92	0.08	0.67	0.03	0.65	0.03
45.00	12.50					1.44	0.23	0.97	0.09	0.94	0.08	0.68	0.04	0.66	0.03
45.90	12.75					1.47	0.24	0.99	0.09	0.96	0.08	0.69	0.04	0.68	0.04
46.80	13.00					1.50	0.24	1.01	0.09	0.98	0.09	0.71	0.04	0.69	0.04
47.70	13.25					1.53	0.25	1.03	0.10	1.00	0.09	0.72	0.04	0.70	0.04
48.60	13.50					1.56	0.26	1.05	0.10	1.02	0.09	0.73	0.04	0.72	0.04
49.50	13.75					1.59	0.27	1.07	0.10	1.04	0.10	0.75	0.04	0.73	0.04
50.40	14.00					1.62	0.28	1.09	0.11	1.05	0.10	0.76	0.04	0.74	0.04
51.30	14.25					1.65	0.29	1.11	0.11	1.07	0.10	0.78	0.05	0.76	0.04
52.20	14.50					1.67	0.30	1.13	0.11	1.09	0.11	0.79	0.05	0.77	0.04
53.10	14.75					1.70	0.31	1.15	0.12	1.11	0.11	0.80	0.05	0.78	0.05

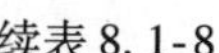

续表 8.1-8

流量 q		DN100		DN125				DN150				DN200			
		d_j0.1050		d_j0.1280		d_j0.1300		d_j0.1530		d_j0.1550		d_j0.2090		d_j0.2110	
(m^3/h)	(L/s)	v	i	v	i	v	i	v	i	v	i	v	i	v	i
54.00	15.00	1.73	0.32	1.17	0.12	1.13	0.11	0.82	0.05	0.79	0.05				
55.80	15.50	1.79	0.34	1.20	0.13	1.17	0.12	0.84	0.05	0.82	0.05				
57.60	16.00	1.85	0.36	1.24	0.14	1.21	0.13	0.87	0.06	0.85	0.05				
59.40	16.50	1.91	0.38	1.28	0.14	1.24	0.13	0.90	0.06	0.87	0.06				
61.20	17.00	1.96	0.40	1.32	0.15	1.28	0.14	0.92	0.06	0.90	0.06	0.50	0.01		
63.00	17.50	2.02	0.42	1.36	0.16	1.32	0.15	0.95	0.07	0.93	0.06	0.51	0.01	0.50	0.01
64.80	18.00			1.40	0.17	1.36	0.16	0.98	0.07	0.95	0.07	0.52	0.02	0.51	0.01
66.60	18.50			1.44	0.18	1.39	0.17	1.01	0.08	0.98	0.07	0.54	0.02	0.53	0.02
68.40	19.00			1.48	0.19	1.43	0.17	1.03	0.08	1.01	0.07	0.55	0.02	0.54	0.02
70.20	19.50			1.52	0.20	1.47	0.18	1.06	0.08	1.03	0.08	0.57	0.02	0.56	0.02
72.00	20.00			1.55	0.21	1.51	0.19	1.09	0.09	1.06	0.08	0.58	0.02	0.57	0.02
73.80	20.50			1.59	0.22	1.54	0.20	1.12	0.09	1.09	0.09	0.60	0.02	0.59	0.02
75.60	21.00			1.63	0.23	1.58	0.21	1.14	0.09	1.11	0.09	0.61	0.02	0.60	0.02
77.40	21.50			1.67	0.24	1.62	0.22	1.17	0.10	1.14	0.09	0.63	0.02	0.61	0.02
79.20	22.00			1.71	0.25	1.66	0.23	1.20	0.10	1.17	0.10	0.64	0.02	0.63	0.02
81.00	22.50			1.75	0.26	1.70	0.24	1.22	0.11	1.19	0.10	0.66	0.02	0.64	0.02
82.80	23.00			1.79	0.27	1.73	0.25	1.25	0.11	1.22	0.11	0.67	0.02	0.66	0.02
84.60	23.50			1.83	0.28	1.77	0.26	1.28	0.12	1.25	0.11	0.68	0.03	0.67	0.02
86.40	24.00			1.87	0.29	1.81	0.27	1.31	0.12	1.27	0.11	0.70	0.03	0.69	0.03
88.20	24.50			1.90	0.30	1.85	0.28	1.33	0.13	1.30	0.12	0.71	0.03	0.70	0.03
90.00	25.00			1.94	0.31	1.88	0.29	1.36	0.13	1.32	0.12	0.73	0.03	0.71	0.03
91.80	25.50			1.98	0.32	1.92	0.30	1.39	0.14	1.35	0.13	0.74	0.03	0.73	0.03
93.60	26.00					1.96	0.31	1.41	0.14	1.38	0.13	0.76	0.03	0.74	0.03
95.40	26.50					2.00	0.32	1.44	0.15	1.40	0.14	0.77	0.03	0.76	0.03
97.20	27.00							1.47	0.15	1.43	0.14	0.79	0.03	0.77	0.03
99.00	27.50							1.50	0.16	1.46	0.15	0.80	0.03	0.79	0.03
100.8	28.00							1.52	0.16	1.48	0.15	0.82	0.04	0.80	0.03
102.6	28.50							1.55	0.17	1.51	0.16	0.83	0.04	0.82	0.03
104.4	29.00							1.58	0.17	1.54	0.16	0.85	0.04	0.83	0.04
106.2	29.50							1.60	0.18	1.56	0.17	0.86	0.04	0.84	0.04
108.0	30.00							1.63	0.18	1.59	0.17	0.87	0.04	0.86	0.04

续表 8.1-8

流量 q		DN150				DN200									
		d_j0.1530		d_j0.1550		d_j0.2090		d_j0.2110							
(m^3/h)	(L/s)	v	i	v	i	v	i	v	i	v	i	v	i	v	i
109.8	30.50	1.66	0.19	1.62	0.18	0.89	0.04	0.87	0.04						
111.6	31.00	1.69	0.19	1.64	0.18	0.90	0.04	0.89	0.04						
113.4	31.50	1.71	0.20	1.67	0.19	0.92	0.04	0.90	0.04						
115.2	32.00	1.74	0.21	1.70	0.19	0.93	0.05	0.92	0.04						
117.0	32.50	1.77	0.21	1.72	0.20	0.95	0.05	0.93	0.04						
118.8	33.00	1.79	0.22	1.75	0.21	0.96	0.05	0.94	0.05						
120.6	33.50	1.82	0.23	1.78	0.21	0.98	0.05	0.96	0.05						
122.4	34.00	1.85	0.23	1.80	0.22	0.99	0.05	0.97	0.05						
124.2	34.50	1.88	0.24	1.83	0.22	1.01	0.05	0.99	0.05						
126.0	35.00	1.90	0.24	1.85	0.23	1.02	0.05	1.00	0.05						
127.8	35.50	1.93	0.25	1.88	0.24	1.03	0.05	1.02	0.05						
129.6	36.00	1.96	0.26	1.91	0.24	1.05	0.06	1.03	0.05						
131.4	36.50	1.99	0.26	1.93	0.25	1.06	0.06	1.04	0.06						
133.2	37.00	2.01	0.27	1.96	0.25	1.08	0.06	1.06	0.06						
135.0	37.50			1.99	0.26	1.09	0.06	1.07	0.06						
136.8	38.00			2.01	0.27	1.11	0.06	1.09	0.06						
138.6	38.50					1.12	0.06	1.10	0.06						
140.4	39.00					1.14	0.07	1.12	0.06						
142.2	39.50					1.15	0.07	1.13	0.06						
144.0	40.00					1.17	0.07	1.14	0.07						
145.8	40.50					1.18	0.07	1.16	0.07						
147.6	41.00					1.20	0.07	1.17	0.07						
149.4	41.50					1.21	0.07	1.19	0.07						
151.2	42.00					1.22	0.07	1.20	0.07						
153.0	42.50					1.24	0.08	1.22	0.07						
154.8	43.00					1.25	0.08	1.23	0.07						
156.6	43.50					1.27	0.08	1.24	0.08						
158.4	44.00					1.28	0.08	1.26	0.08						
160.2	44.50					1.30	0.08	1.27	0.08						
162.0	45.00					1.31	0.09	1.29	0.08						
163.8	45.50					1.33	0.09	1.30	0.08						

续表 8. 1-8

流量 q		DN200				流量 q		DN200			
		d_j0. 2090		d_j0. 2110				d_j0. 2090		d_j0. 2110	
(m^3/h)	(L/s)	v	i	v	i	(m^3/h)	(L/s)	v	i	v	i
165. 6	46. 00	1. 34	0. 09	1. 32	0. 08	210. 6	58. 50	1. 71	0. 14	1. 67	0. 13
167. 4	46. 50	1. 36	0. 09	1. 33	0. 09	212. 4	59. 00	1. 72	0. 14	1. 69	0. 13
169. 2	47. 00	1. 37	0. 09	1. 34	0. 09	214. 2	59. 50	1. 73	0. 14	1. 70	0. 14
171. 0	47. 50	1. 38	0. 09	1. 36	0. 09	216. 0	60. 00	1. 75	0. 14	1. 72	0. 14
172. 8	48. 00	1. 40	0. 10	1. 37	0. 09	217. 8	60. 50	1. 76	0. 15	1. 73	0. 14
174. 6	48. 50	1. 41	0. 10	1. 39	0. 09	219. 6	61. 00	1. 78	0. 15	1. 74	0. 14
176. 4	49. 00	1. 43	0. 10	1. 40	0. 10	221. 4	61. 50	1. 79	0. 15	1. 76	0. 14
178. 2	49. 50	1. 44	0. 10	1. 42	0. 10	223. 2	62. 00	1. 81	0. 15	1. 77	0. 15
180. 0	50. 00	1. 46	0. 10	1. 43	0. 10	225. 0	62. 50	1. 82	0. 16	1. 79	0. 15
181. 8	50. 50	1. 47	0. 11	1. 44	0. 10	226. 8	63. 00	1. 84	0. 16	1. 80	0. 15
183. 6	51. 00	1. 49	0. 11	1. 46	0. 10	228. 6	63. 50	1. 85	0. 16	1. 82	0. 15
185. 4	51. 50	1. 50	0. 11	1. 47	0. 10	230. 4	64. 00	1. 87	0. 16	1. 83	0. 16
187. 2	52. 00	1. 52	0. 11	1. 49	0. 11	232. 2	64. 50	1. 88	0. 17	1. 84	0. 16
189. 0	52. 50	1. 53	0. 11	1. 50	0. 11	234. 0	65. 00	1. 89	0. 17	1. 86	0. 16
190. 8	53. 00	1. 54	0. 12	1. 52	0. 11	235. 8	65. 50	1. 91	0. 17	1. 87	0. 16
192. 6	53. 50	1. 56	0. 12	1. 53	0. 11	237. 6	66. 00	1. 92	0. 17	1. 89	0. 16
194. 4	54. 00	1. 57	0. 12	1. 54	0. 11	239. 4	66. 50	1. 94	0. 18	1. 90	0. 17
196. 2	54. 50	1. 59	0. 12	1. 56	0. 12	241. 2	67. 00	1. 95	0. 18	1. 92	0. 17
198. 0	55. 00	1. 60	0. 12	1. 57	0. 12	243. 0	67. 50	1. 97	0. 18	1. 93	0. 17
199. 8	55. 50	1. 62	0. 13	1. 59	0. 12	244. 8	68. 00	1. 98	0. 18	1. 94	0. 17
201. 6	56. 00	1. 63	0. 13	1. 60	0. 12	246. 6	68. 50	2. 00	0. 19	1. 96	0. 18
203. 4	56. 50	1. 65	0. 13	1. 62	0. 12	248. 4	69. 00	2. 01	0. 19	1. 97	0. 18
205. 2	57. 00	1. 66	0. 13	1. 63	0. 13	250. 2	69. 50			1. 99	0. 18
207. 0	57. 50	1. 68	0. 13	1. 64	0. 13	252. 0	70. 00			2. 00	0. 18
208. 8	58. 00	1. 69	0. 14	1. 66	0. 13						

注：表中单位 d_n 为 mm，d_j 为 m，i 为 kPa/m，v 为 m/s。

8.1.6　给水用薄壁不锈钢管水力计算用表

薄壁不锈钢管水力计算表　　表 8.1-9

流量 q		DN10				DN15				DN20				DN25				DN32				DN40			
		d_j0.0098		d_j0.0104		d_j0.0128		d_j0.0142		d_j0.0188		d_j0.02022		d_j0.0238		d_j0.02658		d_j0.0316		d_j0.033		d_j0.038		d_j0.0403	
m^3/h	L/s	v	i	v	i	v	i	v	i	v	i	v	i	v	i	v	i	v	i	v	i	v	i	v	i
0.234	0.065	0.46	1.40	0.46	1.05																				
0.252	0.070	0.48	1.61	0.48	1.20	0.48	0.44	0.48	0.26																
0.270	0.075	0.52	1.83	0.52	1.37	0.52	0.50	0.52	0.29																
0.288	0.080	0.55	1.54	0.55	2.06	0.55	0.56	0.55	0.33																
0.306	0.085	0.59	2.30	0.59	1.73	0.59	0.63	0.59	0.37																
0.324	0.090	0.62	2.56	0.62	1.92	0.62	0.70	0.62	0.41																
0.342	0.095	0.65	2.83	0.65	2.12	0.65	0.77	0.65	0.45																
0.360	0.100	0.69	3.11	0.69	2.33	0.69	0.85	0.69	0.50																
0.396	0.110	0.76	3.71	0.76	2.78	0.76	1.01	0.76	0.59																
0.432	0.120	0.83	4.36	0.83	3.27	0.83	1.19	0.83	0.70																
0.468	0.130	0.89	5.06	0.89	3.79	0.89	1.34	0.89	0.81																
0.504	0.140	0.96	5.80	0.96	4.34	0.96	1.58	0.96	0.93																
0.540	0.150	1.03	6.59	1.03	4.93	1.03	1.79	1.03	1.05																
0.576	0.160	1.10	7.43	1.10	5.56	1.10	2.02	1.10	1.19	0.50	0.30	0.50	0.22												
0.612	0.170	1.17	8.31	1.17	6.22	1.17	2.26	1.17	1.33	0.53	0.34	0.53	0.24												
0.648	0.180	1.24	9.23	1.24	6.91	1.24	2.51	1.24	1.48	0.56	0.38	0.56	0.27												
0.684	0.190	1.31	10.21	1.31	7.64	1.31	2.78	1.31	1.63	0.59	0.42	0.59	0.30												
0.720	0.200	1.38	11.22	1.38	8.40	1.38	3.06	1.38	1.79	0.62	0.46	0.62	0.33												
0.900	0.250					1.72	4.62	1.72	2.71	0.78	0.69	0.78	0.50	0.46	0.23	0.46	0.13								

续表 8.1-9

沉量 q		DN15				DN20				DN25				DN32				DN40				DN50			
		d_j0.0128		d_j0.0142		d_j0.0188		d_j0.02022		d_j0.0238		d_j0.02658		d_j0.0316		d_j0.033		d_j0.038		d_j0.0403		d_j0.0462		d_j0.059	
m^3/h	L/s	v	i	v	i	v	i	v	i	v	i	v	i	v	i	v	i	v	i	v	i	v	i	v	i
1.080	0.300	2.07	6.47	2.07	3.80	0.94	0.97	0.94	0.70	0.56	0.32	0.56	0.18												
1.260	0.350					1.09	1.29	1.09	0.93	0.65	0.42	0.65	0.25												
1.440	0.400					1.25	1.65	1.25	1.19	0.74	0.54	0.74	0.31	0.48	0.14	0.48	0.11								
1.620	0.450					1.40	2.05	1.40	1.48	0.83	0.67	0.83	0.39	0.54	0.17	0.54	0.14								
1.800	0.500					1.56	2.49	1.56	1.80	0.93	0.81	0.93	0.47	0.60	0.20	0.60	0.17								
1.980	0.550					1.72	2.97	1.72	2.14	1.02	0.97	1.02	0.57	0.66	0.24	0.66	0.20								
2.160	0.600					1.87	3.49	1.87	2.52	1.11	1.14	1.11	0.66	0.72	0.29	0.72	0.23	0.49	0.12	0.49	0.09				
2.340	0.650					2.03	4.04	2.03	2.92	1.21	1.32	1.21	0.77	0.78	0.33	0.78	0.27	0.53	0.14	0.53	0.10				
2.520	0.700									1.30	1.51	1.30	0.88	0.84	0.38	0.84	0.31	0.57	0.15	0.57	0.12				
2.700	0.750									1.39	1.72	1.39	1.00	0.90	0.43	0.90	0.35	0.61	0.18	0.61	0.13				
2.880	0.800									1.48	1.94	1.48	1.13	0.96	0.49	0.96	0.39	0.65	0.20	0.65	0.15				
3.060	0.850									1.58	2.17	1.58	1.27	1.02	0.54	1.02	0.44	0.69	0.22	0.69	0.17				
3.240	0.900									1.67	2.41	1.67	1.41	1.08	0.61	1.08	0.49	0.73	0.25	0.73	0.19				
3.420	0.950									1.76	2.66	1.76	1.55	1.14	0.67	1.14	0.54	0.77	0.20	0.77	0.27				
3.600	1.000									1.85	2.93	1.85	1.71	1.20	0.74	1.20	0.60	0.81	0.30	0.81	0.23	0.48	0.12	0.48	0.04
3.780	1.050									1.95	3.20	1.95	1.87	1.26	0.81	1.26	0.65	0.85	0.33	0.85	0.25	0.50	0.13	0.50	0.04
3.960	1.100									2.04	3.49	2.04	2.04	1.32	0.88	1.32	0.71	0.89	0.36	0.89	0.27	0.53	0.14	0.53	0.04
4.140	1.150													1.38	0.95	1.38	0.77	0.93	0.39	0.93	0.29	0.55	0.15	0.55	0.05
4.320	1.200													1.44	1.03	1.44	0.84	0.97	0.42	0.97	0.32	0.57	0.16	0.57	0.05
4.500	1.250													1.50	1.11	1.50	0.90	1.01	0.45	1.01	0.34	0.60	0.17	0.60	0.05
4.680	1.300													1.56	1.20	1.56	0.97	1.06	0.49	1.06	0.37	0.62	0.19	0.62	0.06

续表 8.1-9

流量 q		DN32				DN40				DN50				DN65				DN80				DN100			
		d_j0.0316		d_j0.033		d_j0.038		d_j0.0403		d_j0.0462		d_j0.059		d_j0.0646		d_j0.0731		d_j0.0731		d_j0.0849		d_j0.099		d_j0.104	
m^3/h	L/s	v	i	v	i	v	i	v	i	v	i	v	i	v	i	v	i	v	i	v	i	v	i	v	i
4.860	1.350	1.62	1.28	1.62	1.04	1.10	0.52	1.10	0.39	0.65	0.20	0.65	0.06												
5.040	1.400	1.68	1.37	1.68	1.11	1.14	0.56	1.14	0.42	0.67	0.22	0.67	0.07												
5.220	1.450	1.74	1.46	1.74	1.19	1.18	0.60	1.18	0.45	0.69	0.23	0.69	0.07												
5.400	1.500	1.80	1.56	1.80	1.26	1.22	0.63	1.22	0.48	0.72	0.25	0.72	0.07												
5.580	1.550	1.86	1.66	1.86	1.34	1.26	0.67	1.26	0.51	0.74	0.26	0.74	0.08												
5.760	1.600	1.92	1.76	1.92	1.42	1.30	0.72	1.30	0.54	0.77	0.28	0.77	0.08	0.50	0.05	0.50	0.03								
5.940	1.650	1.98	1.86	1.98	1.51	1.34	0.76	1.34	0.57	0.79	0.29	0.79	0.09	0.51	0.06	0.51	0.03								
6.120	1.700	2.04	1.96	2.04	1.60	1.38	0.80	1.38	0.60	0.81	0.31	0.81	0.09	0.53	0.06	0.53	0.03								
6.300	1.750					1.42	0.84	1.42	0.63	0.84	0.33	0.84	0.10	0.54	0.06	0.54	0.03								
6.480	1.800					1.46	0.89	1.46	0.67	0.86	0.34	0.86	0.10	0.56	0.07	0.56	0.04								
6.660	1.850					1.50	0.94	1.50	0.70	0.88	0.36	0.88	0.11	0.58	0.07	0.58	0.04								
6.840	1.900					1.54	0.98	1.54	0.74	0.91	0.38	0.91	0.12	0.59	0.07	0.59	0.04								
7.020	1.950					1.58	1.03	1.58	0.77	0.93	0.40	0.93	0.12	0.61	0.08	0.61	0.04								
7.200	2.000					1.62	1.08	1.62	0.81	0.96	0.42	0.96	0.13	0.62	0.08	0.62	0.04								
7.560	2.100					1.71	1.18	1.71	0.89	1.00	0.46	1.00	0.14	0.65	0.09	0.65	0.05	0.50	0.05	0.50	0.02				
7.920	2.200					1.79	1.29	1.79	0.97	1.05	0.50	1.05	0.15	0.68	0.10	0.68	0.05	0.52	0.05	0.52	0.03				
8.280	2.300					1.87	1.40	1.87	1.05	1.10	0.54	1.10	0.16	0.71	0.11	0.71	0.06	0.55	0.06	0.55	0.03				
8.640	2.400					1.95	1.51	1.95	1.14	1.15	0.58	1.15	0.18	0.75	0.11	0.75	0.06	0.57	0.06	0.57	0.03				
9.000	2.500					2.03	1.63	2.03	1.23	1.20	0.63	1.20	0.19	0.78	0.12	0.78	0.07	0.60	0.07	0.60	0.03				
9.360	2.600									1.24	0.68	1.24	0.21	0.81	0.13	0.81	0.07	0.62	0.07	0.62	0.04				

续表 8.1-9

流量 q		DN50				DN65				DN80				DN100			
		d_j0.0462		d_j0.059		d_j0.0646		d_j0.0731		d_j0.0731		d_j0.0849		d_j0.099		d_j0.104	
m³/h	L/s	v	i	v	i	v	i	v	i	v	i	v	i	v	i	v	i
9.720	2.700	1.29	0.73	1.29	0.22	0.84	0.14	0.84	0.08	0.64	0.08	0.64	0.04				
10.08	2.800	1.34	0.78	1.34	0.24	0.87	0.15	0.87	0.08	0.67	0.08	0.67	0.04				
10.44	2.900	1.39	0.83	1.39	0.25	0.90	0.16	0.90	0.09	0.69	0.09	0.69	0.04				
10.80	3.000	1.43	0.88	1.43	0.27	0.93	0.17	0.93	0.09	0.71	0.09	0.71	0.05				
11.16	3.100	1.48	0.94	1.48	0.29	0.96	0.18	0.96	0.10	0.74	0.10	0.74	0.05				
11.52	3.200	1.53	1.00	1.53	0.30	0.99	0.19	0.99	0.11	0.76	0.11	0.76	0.05				
11.88	3.300	1.58	1.05	1.58	0.32	1.03	0.21	1.03	0.11	0.79	0.11	0.79	0.05				
12.24	3.400	1.63	1.11	1.63	0.34	1.06	0.22	1.06	0.12	0.81	0.12	0.81	0.06				
12.60	3.500	1.67	1.18	1.67	0.36	1.09	0.23	1.09	0.13	0.83	0.13	0.83	0.06				
12.96	3.600	1.72	1.24	1.72	0.38	1.12	0.24	1.12	0.13	0.86	0.13	0.86	0.06				
13.32	3.700	1.77	1.30	1.77	0.40	1.15	0.25	1.15	0.14	0.88	0.14	0.88	0.07				
13.68	3.800	1.82	1.37	1.82	0.42	1.18	0.27	1.18	0.15	0.91	0.15	0.91	0.07				
14.04	3.900	1.86	1.44	1.86	0.44	1.21	0.28	1.21	0.15	0.93	0.15	0.93	0.07				
14.40	4.000	1.91	1.50	1.91	0.46	1.24	0.29	1.24	0.16	0.95	0.16	0.95	0.08				
14.76	4.100	1.96	1.57	1.96	0.48	1.27	0.31	1.27	0.17	0.98	0.17	0.98	0.08				
15.12	4.200	2.01	1.65	2.01	0.50	1.31	0.32	1.31	0.18	1.00	0.18	1.00	0.09				
15.48	4.300	1.34	0.18	1.34	0.34	1.34	0.34	1.34	0.18	1.02	0.18	1.02	0.09				
15.84	4.400	1.37	0.19	1.37	0.35	1.37	0.35	1.37	0.19	1.05	0.19	1.05	0.09				
16.20	4.50	1.40	0.20	1.40	0.37	1.40	0.37	1.40	0.20	1.07	0.20	1.07	0.10				
16.56	4.60	1.43	0.21	1.43	0.38	1.43	0.38	1.43	0.21	1.10	0.21	1.10	0.10				
16.92	4.70					1.46	0.40	1.46	0.22	1.12	0.22	1.12	0.10				
17.28	4.80					1.49	0.41	1.49	0.23	1.14	0.23	1.14	0.11				
17.64	4.90					1.52	0.43	1.52	0.23	1.17	0.23	1.17	0.11				
18.00	5.00					1.55	0.44	1.55	0.24	1.19	0.24	1.19	0.12				
18.36	5.10					1.59	0.46	1.59	0.25	1.22	0.25	1.22	0.12				
18.72	5.20					1.62	0.48	1.62	0.26	1.24	0.26	1.24	0.13				
19.08	5.30					1.65	0.49	1.65	0.27	1.26	0.27	1.26	0.13				
19.44	5.40					1.68	0.51	1.68	0.28	1.29	0.28	1.29	0.14				
19.80	5.50					1.71	0.53	1.71	0.29	1.31	0.29	1.31	0.14				
20.16	5.60					1.74	0.55	1.74	0.30	1.33	0.30	1.33	0.14				
20.52	5.70					1.77	0.57	1.77	0.31	1.36	0.31	1.36	0.15				

续表 8.1-9

流量 q		DN65				DN80				DN100				DN125			
		d_j0.0646		d_j0.0731		d_j0.0731		d_j0.0849		d_j0.099		d_j0.104		d_j0.129			
m^3/h	L/s	v	i	v	i	v	i	v	i	v	i	v	i	v	i	v	i
20.88	5.80	1.80	0.58	1.80	0.32	1.38	0.32	1.38	0.15								
21.24	5.90	1.83	0.60	1.83	0.33	1.41	0.33	1.41	0.16								
21.60	6.00	1.87	0.62	1.87	0.34	1.43	0.34	1.43	0.16								
21.96	6.10	1.90	0.64	1.90	0.35	1.45	0.35	1.45	0.17								
22.32	6.20	1.93	0.66	1.93	0.36	1.48	0.36	1.48	0.17								
22.68	6.30	1.96	0.68	1.96	0.37	1.50	0.37	1.50	0.18								
23.04	6.40	1.99	0.70	1.99	0.38	1.52	0.38	1.52	0.19								
23.40	6.50	2.02	0.72	2.02	0.40	1.55	0.40	1.55	0.19								
23.76	6.60					1.57	0.41	1.57	0.20								
24.12	6.70					1.60	0.42	1.60	0.20								
24.48	6.80					1.62	0.43	1.62	0.21								
24.84	6.90					1.64	0.44	1.64	0.21								
25.20	7.00					1.67	0.45	1.67	0.22								
25.56	7.10					1.69	0.47	1.69	0.22								
25.92	7.20					1.72	0.48	1.72	0.23								
26.28	7.30					1.74	0.49	1.74	0.24								
26.64	7.40					1.76	0.50	1.76	0.24								
27.00	7.50					1.79	0.52	1.79	0.25								
27.36	7.60					1.81	0.53	1.81	0.25								
27.72	7.70					1.83	0.54	1.83	0.26								
28.08	7.80					1.86	0.55	1.86	0.27								
28.44	7.90					1.88	0.57	1.88	0.27								
28.80	8.00					1.91	0.58	1.91	0.28								
29.16	8.10					1.93	0.59	1.93	0.29								
29.52	8.20					1.95	0.61	1.95	0.29								
29.88	8.30					1.98	0.62	1.98	0.30								
30.24	8.40					2.00	0.64	2.00	0.31								
30.60	8.50																

续表 8.1-9

流量 q		DN100				DN125		DN150									
		d_j0.099		d_j0.104		d_j0.129		d_j0.153		d_j0.156							
m^3/h	L/s	v	i	v	i	v	i	v	i	v	i	v	i	v	i	v	i
30.96	8.60																
31.32	8.70																
31.68	8.80																
32.76	9.10	1.05	0.17	1.05	0.13	0.71	0.05										
33.12	9.20	1.06	0.17	1.06	0.14	0.71	0.05	0.50	0.02	0.50	0.02						
33.48	9.30	1.07	0.18	1.07	0.14	0.72	0.05	0.51	0.02	0.51	0.02						
33.84	9.40	1.09	0.18	1.09	0.14	0.73	0.05	0.51	0.02	0.51	0.023						
34.20	9.50	1.10	0.18	1.10	0.14	0.74	0.05	0.52	0.02	0.52	0.02						
34.56	9.60	1.11	0.19	1.11	0.15	0.75	0.05	0.52	0.02	0.52	0.023						
34.92	9.70	1.12	0.19	1.12	0.15	0.75	0.05	0.53	0.02	0.53	0.02						
35.28	9.80	1.13	0.19	1.13	0.15	0.76	0.05	0.53	0.02	0.53	0.02						
35.64	9.90	1.14	0.20	1.14	0.15	0.77	0.05	0.54	0.02	0.54	0.02						
36.00	10.00	1.15	0.20	1.15	0.16	0.78	0.06	0.54	0.02	0.54	0.02						
36.90	10.25	1.18	0.20	1.18	0.16	0.80	0.06	0.56	0.03	0.56	0.02						
37.80	10.50	1.21	0.22	1.21	0.17	0.82	0.06	0.57	0.03	0.57	0.02						
38.70	10.75	1.24	0.23	1.24	0.18	0.84	0.06	0.58	0.03	0.58	0.03						
39.60	11.00	1.27	0.24	1.27	0.19	0.85	0.07	0.60	0.03	0.60	0.03						
40.50	11.25	1.30	0.25	1.30	0.20	0.87	0.07	0.61	0.03	0.61	0.03						
41.40	11.50	1.33	0.26	1.33	0.20	0.89	0.07	0.63	0.03	0.63	0.03						
42.30	11.75	1.36	0.27	1.36	0.21	0.91	0.07	0.64	0.03	0.64	0.03						
43.20	12.00	1.39	0.28	1.39	0.22	0.93	0.08	0.65	0.03	0.65	0.03						
44.10	12.25	1.41	0.29	1.41	0.23	0.95	0.08	0.67	0.03	0.67	0.03						
45.00	12.50	1.44	0.30	1.44	0.24	0.97	0.08	0.68	0.04	0.68	0.03						
45.90	12.75	1.47	0.31	1.47	0.25	0.99	0.09	0.69	0.04	0.69	0.03						
46.80	13.00	1.50	0.33	1.50	0.26	1.01	0.09	0.71	0.04	0.71	0.04						
47.70	13.25	1.53	0.34	1.53	0.27	1.03	0.09	0.72	0.04	0.72	0.04						
48.60	13.50	1.56	0.35	1.56	0.27	1.05	0.10	0.73	0.04	0.73	0.04						

续表 8.1-9

流量 q		DN100				DN125		DN150									
		d_j0.099		d_j0.104		d_j0.129		d_j0.153		d_j0.156							
m^3/h	L/s	v	i	v	i	v	i	v	i	v	i	v	i	v	i	v	i
49.50	13.75	1.59	0.36	1.59	0.28	1.07	0.10	0.75	0.04	0.75	0.04						
50.40	14.00	1.62	0.37	1.62	0.29	1.09	0.10	0.76	0.05	0.76	0.04						
51.30	14.25	1.65	0.39	1.65	0.30	1.11	0.10	0.78	0.05	0.78	0.04						
52.20	14.50	1.67	0.40	1.67	0.31	1.13	0.11	0.79	0.05	0.79	0.04						
53.10	14.75	1.70	0.41	1.70	0.32	1.15	0.11	0.80	0.05	0.80	0.04						
54.00	15.00	1.73	0.42	1.73	0.33	1.17	0.12	0.82	0.05	0.82	0.05						
55.80	15.50	1.79	0.45	1.79	0.35	1.20	0.12	0.84	0.05	0.84	0.05						
57.60	16.00	1.85	0.48	1.85	0.38	1.24	0.13	0.87	0.06	0.87	0.05						
59.40	16.50	1.91	0.51	1.91	0.40	1.28	0.14	0.90	0.06	0.90	0.06						
61.20	17.00	1.96	0.53	1.96	0.42	1.32	0.15	0.92	0.06	0.92	0.06						
63.00	17.50	2.02	0.56	2.02	0.44	1.36	0.16	0.95	0.07	0.95	0.06						
64.80	18.00					1.40	0.16	0.98	0.07	0.98	0.06						
66.60	18.50					1.44	0.17	1.01	0.08	1.01	0.07						
68.40	19.00					1.48	0.18	1.03	0.08	1.03	0.07						
70.20	19.50					1.52	0.19	1.06	0.08	1.16	0.08						
72.00	20.00					1.55	0.20	1.09	009	1.09	0.08						
73.80	20.50					1.59	0.21	1.12	0.09	1.12	0.08						
75.60	21.00					1.63	0.22	1.14	0.09	1.14	0.09						
77.40	21.50					1.67	0.23	1.17	0.10	1.17	0.09						
79.20	22.00					1.71	0.24	1.20	0.10	1.20	0.09						
81.00	22.50					1.75	0.25	1.22	0.11	1.22	0.10						
82.80	23.00					1.79	0.26	1.25	0.11	1.25	0.10						
84.60	23.50					1.83	0.27	1.28	0.12	1.28	0.11						
88.20	24.00					1.87	0.28	1.31	0.13	1.31	0.11						
90.00	24.50					1.90	0.29	1.33	0.13	1.33	0.11						
91.80	25.00					1.94	0.30	1.36	0.13	1.36	0.12						
93.60	25.50					1.98	0.31	1.39	0.14	1.39	0.12						
93.60	26.00					2.02	0.32	1.41	0.14	1.41	0.13						

续表 8.1-9

流量 q		DN150															
		d_j0.153		d_j0.156													
m³/h	L/s	v	i	v	i	v	i	v	i	v	i	v	i	v	i	v	i
95.40	26.50	1.44	0.15	1.44	0.13												
97.20	27.00	1.47	0.15	1.47	0.14												
99.00	27.50	1.50	0.16	1.50	0.14												
100.8	28.00	1.52	0.16	1.52	0.15												
102.6	28.50	1.55	0.17	1.55	0.15												
104.4	29.00	1.58	0.17	1.58	0.16												
106.2	29.50	1.60	0.18	1.60	0.16												
108.0	30.00	1.63	0.18	1.63	0.17												
109.8	30.50	1.66	0.19	1.66	0.17												
111.6	31.00	1.69	0.19	1.69	0.18												
113.4	31.50	1.71	0.20	1.71	0.18												
115.2	32.00	1.74	0.21	1.74	0.19												
117.0	32.50	1.77	0.21	1.77	0.19												
118.8	33.00	1.79	0.22	1.79	0.20												
120.6	33.50	1.82	0.23	1.82	0.20												
122.4	34.00	1.85	0.23	1.85	0.21												
124.2	34.50	1.88	0.24	1.88	0.22												
126.0	35.00	1.90	0.24	1.90	0.22												
127.8	35.50	1.93	0.25	1.93	0.23												
129.6	36.00	1.96	0.26	1.96	0.23												
131.4	36.50	1.99	0.26	1.99	0.24												
133.2	37.00	2.01	0.27	2.01	0.25												

注：1. 表中单位 d_n 为 mm，d_j 为 m，i 为 kPa/m，v 为 m/s。
2. 本表为冷水水力计算表，用于热水，表中水头损失值应乘0.76。

薄壁不锈钢管水头损失温度修正系数 **表 8.1-10**

水温（℃）	10	20	30	40	50	60	70	80	90	95
修正系数	1.0	0.94	0.90	0.86	0.82	0.79	0.77	0.75	0.73	0.72

8.1.7　给水用钢塑复合管水力计算用表

衬塑钢管水力计算表　　表 8.1-11

流量 q		DN15		DN20		DN25		DN32		DN40		DN50		DN65	
		d_j0.0128		d_j0.0183		d_j0.0240		d_j0.0328		d_j0.0380		d_j0.0500		d_j0.0650	
m^3/h	L/s	v	i	v	i	v	i	v	i	v	i	v	i	v	i
0.234	0.065	0.51	0.345												
0..252	0.070	0.54	0.393												
0.270	0.075	0.58	0.444												
0.288	0.080	0.62	0.498												
0.306	0.085	0.66	0.554												
0.324	0.090	0.70	0.614												
0.342	0.095	0.74	0.675												
0.360	0.100	0.78	0.740												
0.396	0.11	0.85	0.876												
0.432	0.12	0.93	1.022												
0.468	0.13	1.01	1.178	0.49	0.214										
0.504	0.14	1.09	1.344	0.53	0.224										
0.540	0.15	1.17	1.519	0.57	0.276										
0.576	0.16	1.24	1.703	0.61	0.309										
0.612	0.17	1.32	1.896	0.65	0.344										
0.648	0.18	1.40	2.099	0.68	0.381										
0.684	0.19	1.48	2.310	0.72	0.419										
0.72	0.20	1.55	2.530	0.76	0.459										
0.90	0.25	1.94	3.759	0.95	0.682	0.55	0.187								
1.08	0.30	2.33	5.194	1.14	0.943	0.66	0.258								
1.26	0.35	2.72	6.828	1.33	1.239	0.77	0.340								
1.44	0.40	3.11	8.653	1.52	1.570	0.88	0.430								
1.62	0.45			1.71	1.935	0.99	0.530	0.53	0.119						
1.80	0.50			1.90	2.333	1.11	0.639	0.59	0.144						
1.98	0.55			2.09	2.763	1.22	0.757	0.65	0.170						
2.16	0.60			2.28	3.224	1.33	0.884	0.71	0.199	0.53	0.099				
2.34	0.65			2.47	3.716	1.44	1.018	0.77	0.229	0.57	0.114				
2.52	0.70			2.66	4.238	1.55	1.161	0.83	0.261	0.62	0.129				
2.70	0.75			2.85	4.790	1.66	1.313	0.89	0.295	0.66	0.146				
2.88	0.80			3.04	5.371	1.77	1.472	0.95	0.331	0.71	0.164				

续表 8.1-11

流量 q		DN25		DN32		DN40		DN50		DN65		DN80		DN100	
		d_j0.0240		d_j0.0328		d_j0.0380		d_j0.0500		d_j0.0650		d_j0.0765		d_j0.1020	
m^3/h	L/s	v	i	v	i	v	i	v	i	v	i	v	i	v	i
3.06	0.85	1.88	1.639	1.01	0.369	0.75	0.183								
3.24	0.90	1.99	1.814	1.07	0.408	0.79	0.202								
3.42	0.95	2.10	1.996	1.12	0.449	0.84	0.223								
3.60	1.00	2.21	2.187	1.18	0.492	0.88	0.244	0.51	0.066						
3.78	1.05	2.32	2.384	1.24	0.537	0.93	0.266	0.53	0.072						
3.96	1.10	2.43	2.589	1.30	0.583	0.97	0.289	0.56	0.078						
4.14	1.15	2.54	2.802	1.36	0.631	1.01	0.312	0.59	0.084						
4.32	1.20	2.65	3.022	1.42	0.680	1.06	0.337	0.61	0.091						
4.50	1.25	2.76	3.249	1.48	0.731	1.10	0.362	0.64	0.098						
4.68	1.30	2.87	3.483	1.54	0.784	1.15	0.388	0.66	0.105						
4.86	1.35	2.98	3.724	1.60	0.838	1.19	0.415	0.69	0.112						
5.04	1.40	3.09	3.972	1.66	0.894	1.23	0.443	0.71	0.119						
5.22	1.45			1.72	0.951	1.28	0.471	0.74	0.127						
5.40	1.50			1.78	1.010	1.32	0.501	0.76	0.135						
5.58	1.55			1.83	1.071	1.37	0.530	0.79	0.143						
5.76	1.60			1.89	1.133	1.41	0.561	0.81	0.151						
5.94	1.65			1.95	1.197	1.45	0.593	0.84	0.160	0.50	0.046				
6.12	1.70			2.01	1.262	1.50	0.625	0.87	0.169	0.51	0.048				
6.30	1.75			2.07	1.328	1.54	0.658	0.89	0.177	0.53	0.051				
6.48	1.80			2.13	1.396	1.59	0.692	0.92	0.187	0.54	0.053				
6.66	1.85			2.19	1.466	1.63	0.726	0.94	0.196	0.56	0.056				
6.84	1.90			2.25	1.537	1.68	0.761	0.97	0.205	0.57	0.059				
6.30	1.75			2.07	1.328	1.54	0.658	0.89	0.177	0.53	0.051				
6.48	1.80			2.13	1.396	1.59	0.692	0.92	0.187	0.54	0.053				
6.66	1.85			2.19	1.466	1.63	0.726	0.94	0.196	0.56	0.056				
6.84	1.90			2.25	1.537	1.68	0.761	0.97	0.205	0.57	0.059				
7.02	1.95			2.31	1.609	1.72	0.797	0.99	0.215	0.59	0.061				
7.20	2.00			2.37	1.683	1.76	0.834	1.02	0.225	0.60	0.064				
7.56	2.10			2.49	1.835	1.85	0.909	1.07	0.245	0.63	0.070				
7.92	2.20			2.60	1.993	1.94	0.987	1.12	0.266	0.66	0.076				
8.28	2.30			2.72	2.157	2.03	1.068	1.17	0.288	0.69	0.082				

续表 8. 1-11

流量 q		DN32		DN40		DN50		DN65		DN80		DN100		DN125	
		d_j0. 0328		d_j0. 0380		d_j0. 0500		d_j0. 0650		d_j0. 0765		d_j0. 1020		d_j0. 1280	
m^3/h	L/s	v	i	v	i	v	i	v	i	v	i	v	i	v	i
8. 64	2. 40	2. 84	2. 326	2. 12	1. 152	1. 22	0. 311	0. 72	0. 089						
9. 00	2. 50	2. 96	2. 501	2. 20	1. 239	1. 27	0. 334	0. 75	0. 096						
9. 36	2. 60	3. 08	2. 681	2. 29	1. 328	1. 32	0. 358	0. 78	0. 102						
9. 72	2. 70			2. 38	1. 420	1. 38	0. 383	0. 81	0. 109						
10. 08	2. 80			2. 47	1. 515	1. 43	0. 409	0. 84	0. 117						
10. 44	2. 90			2. 56	1. 612	1. 48	0. 435	0. 87	0. 124						
10. 80	3. 00			2. 65	1. 712	1. 53	0. 462	0. 90	0. 132						
11. 16	3. 10			2. 73	1. 814	1. 58	0. 489	0. 93	0. 140						
11. 52	3. 20			2. 82	1. 919	1. 63	0. 518	0. 96	0. 148						
11. 88	3. 30			2. 91	2. 027	1. 68	0. 547	0. 99	0. 156						
12. 24	3. 40			3. 00	2. 137	1. 73	0. 577	1. 02	0. 165						
12. 60	3. 50					1. 78	0. 607	1. 05	0. 173						
12. 96	3. 60					1. 83	0. 638	1. 08	0. 182						
13. 32	3. 70					1. 88	0. 670	1. 12	0. 191						
13. 68	3. 80					1. 94	0. 702	1. 15	0. 201						
14. 04	3. 90					1. 99	0. 735	1. 18	0. 210						
14. 40	4. 00					2. 04	0. 769	1. 21	0. 220						
14. 76	4. 10					2. 09	0. 804	1. 24	0. 230	0. 89	0. 106	0. 50	0. 027		
15. 12	4. 20					2. 14	0. 839	1. 27	0. 240	0. 91	0. 110	0. 51	0. 028		
15. 48	4. 30					2. 19	0. 875	1. 30	0. 250	0. 94	0. 115	0. 53	0. 029		
15. 84	4. 40					2. 24	0. 911	1. 33	0. 260	0. 96	0. 120	0. 54	0. 030		
16. 20	4. 50					2. 29	0. 948	1. 36	0. 271	0. 98	0. 124	0. 55	0. 032		
16. 56	4. 60					2. 34	0. 986	1. 39	0. 282	1. 00	0. 129	0. 56	0. 033		
16. 92	4. 70					2. 39	1. 024	1. 42	0. 293	1. 02	0. 134	0. 58	0. 034		
17. 28	4. 80					2. 44	1. 063	1. 45	0. 304	1. 04	0. 140	0. 59	0. 035		
17. 64	4. 90					2. 50	0. 103	1. 48	0. 315	1. 07	0. 145	0. 60	0. 037		
18. 00	5. 00					2. 55	1. 143	1. 51	0. 327	1. 09	0. 150	0. 61	0. 038		
18. 36	5. 10					2. 60	1. 184	1. 54	0. 338	1. 11	0. 155	0. 62	0. 039		
18. 72	5. 20					2. 65	1. 225	1. 57	0. 350	1. 13	0. 161	0. 64	0. 041		
19. 08	5. 30					2. 70	1. 267	1. 60	0. 362	1. 15	0. 166	0. 65	0. 042		
19. 44	5. 40					2. 75	1. 310	1. 63	0. 374	1. 17	0. 172	0. 66	0. 044		

续表 8.1-11

流量 q		DN50		DN65		DN80		DN100		DN125		DN150			
		d_j0.0500		d_j0.0650		d_j0.0765		d_j0.1020		d_j0.1280		d_j0.1510			
m^3/h	L/s	v	i	v	i	v	i	v	i	v	i	v	i	v	i
19.80	5.50	2.80	1.353	1.66	0.387	1.20	0.178	0.67	0.045						
20.16	5.60	2.85	1.397	1.69	0.399	1.22	0.183	0.69	0.046						
20.52	5.70	2.90	1.442	1.72	0.412	1.24	0.189	0.70	0.048						
20.88	5.80	2.95	1.487	1.75	0.425	1.26	0.195	0.71	0.049						
21.24	5.90	3.00	1.533	1.78	0.438	1.28	0.201	0.72	0.051						
21.60	6.00			1.81	0.451	1.31	0.207	0.73	0.053						
21.96	6.10			1.84	0.465	1.33	0.214	0.75	0.054						
22.32	6.20			1.87	0.478	1.35	0.220	0.76	0.056						
22.68	6.30			1.90	0.492	1.37	0.226	0.77	0.057						
23.04	6.40			1.93	0.506	1.39	0.233	0.78	0.059	0.50	0.020				
23.40	6.50			1.96	0.520	1.41	0.239	0.80	0.061	0.51	0.020				
23.76	6.60			1.99	0.534	1.44	0.246	0.81	0.062	0.51	0.021				
24.12	6.70			2.02	0.549	1.46	0.252	0.82	0.064	0.52	0.022				
24.48	6.80			2.05	0.564	1.48	0.259	0.83	0.066	0.53	0.022				
24.84	6.90			2.08	0.578	1.50	0.266	0.84	0.067	0.54	0.023				
25.20	7.00			2.11	0.593	1.52	0.273	0.86	0.069	0.54	0.023				
25.56	7.10			2.14	0.608	1.54	0.280	0.87	0.071	0.55	0.024				
25.92	7.20			2.17	0.624	1.57	0.287	0.88	0.073	0.56	0.025				
26.28	7.30			2.20	0.639	1.59	0.294	0.89	0.074	0.57	0.025				
26.64	7.40			2.23	0.655	1.61	0.301	0.91	0.076	0.58	0.026				
27.00	7.50			2.26	0.671	1.63	0.308	0.92	0.078	0.58	0.026				
27.36	7.60			2.29	0.686	1.65	0.315	0.93	0.080	0.59	0.027				
27.72	7.70			2.32	0.703	1.68	0.323	0.94	0.082	0.60	0.028				
28.08	7.80			2.35	0.719	1.70	0.330	0.95	0.084	0.61	0.028				
28.44	7.90			2.38	0.735	1.72	0.338	0.97	0.086	0.61	0.029				
28.80	8.00			2.41	0.752	1.74	0.345	0.98	0.087	0.62	0.030				
29.16	8.10			2.44	0.769	1.76	0.353	0.99	0.089	0.63	0.030				
29.52	8.20			2.47	0.786	1.78	0.361	1.00	0.091	0.64	0.031				
29.88	8.30			2.50	0.803	1.81	0.369	1.02	0.093	0.65	0.032				
30.24	8.40			2.53	0.820	1.83	0.377	1.03	0.095	0.65	0.032				
30.60	8.50			2.56	0.837	1.85	0.385	1.04	0.097	0.66	0.033				

续表 8.1-11

流量 q		DN65		DN80		DN100		DN125		DN150					
		d_j0.0650		d_j0.0765		d_j0.1020		d_j0.1280		d_j0.1510					
m^3/h	L/s	v	i	v	i	v	i	v	i	v	i	v	i	v	i
30.96	8.60	2.59	0.855	1.87	0.393	1.05	0.099	0.67	0.034						
31.32	8.70	2.62	0.873	1.89	0.401	1.06	0.102	0.68	0.034						
31.68	8.80	2.65	0.890	1.91	0.409	1.08	1.104	0.68	0.035						
32.04	8.90	2.68	0.908	1.94	0.417	1.09	0.106	0.69	0.036	0.50	0.016				
32.40	9.00	2.71	0.927	1.96	0.426	1.10	0.108	0.70	0.036	0.50	0.017				
32.76	9.10	2.74	0.945	1.98	0.434	1.11	0.110	0.71	0.037	0.51	0.017				
33.12	9.20	2.77	0.963	2.00	0.443	1.13	0.112	0.71	0.038	0.51	0.017				
33.48	9.30	2.80	0.982	2.02	0.451	1.14	0.114	0.72	0.039	0.52	0.018				
33.84	9.40	2.83	1.001	2.05	0.460	1.15	0.116	0.73	0.039	0.52	0.018				
34.20	9.50	2.86	1.020	2.07	0.469	1.16	0.119	0.74	0.040	0.53	0.018				
34.56	9.60	2.89	1.039	2.09	0.477	1.17	0.121	0.75	0.041	0.54	0.019				
34.92	9.70	2.92	1.058	2.11	0.486	1.19	0.123	0.75	0.042	0.54	0.019				
35.28	9.80	2.95	1.078	2.13	0.495	1.20	0.125	0.76	0.042	0.55	0.019				
35.64	9.90	2.98	1.097	2.15	0.504	1.21	0.128	0.77	0.043	0.55	0.020				
36.00	10.00	3.01	1.117	2.18	0.513	1.22	0.130	0.78	0.044	0.56	0.020				
36.90	10.25			2.23	0.536	1.25	0.136	0.80	0.046	0.57	0.021				
37.80	10.50			2.28	0.560	1.28	0.142	0.82	0.048	0.59	0.022				
38.70	10.75			2.34	0.583	1.32	0.148	0.84	0.050	0.60	0.023				
39.60	11.00			2.39	0.608	1.35	0.154	0.85	0.052	0.61	0.024				
40.50	11.25			2.45	0.632	1.38	0.160	0.87	0.054	0.63	0.025				
41.40	11.50			2.50	0.658	1.41	0.167	0.89	0.056	0.64	0.026				
42.30	11.75			2.56	0.683	1.44	0.173	0.91	0.059	0.66	0.027				
43.20	12.00			2.61	0.709	1.47	0.180	0.93	0.061	0.67	0.028				
44.10	12.25			2.67	0.736	1.50	0.186	0.95	0.063	0.68	0.029				
45.00	12.50			2.72	0.762	1.53	0.193	0.97	0.065	0.70	0.030				
45.90	12.75			2.77	0.790	1.56	0.200	0.99	0.068	0.71	0.031				
46.80	13.00			2.83	0.817	1.59	0.207	1.01	0.070	0.73	0.032				
47.70	13.25			2.88	0.846	1.62	0.214	1.03	0.072	0.74	0.033				
48.60	13.50			2.94	0.874	1.65	0.221	1.05	0.075	0.75	0.034				
49.50	13.75			2.99	0.903	1.68	0.229	1.07	0.077	0.77	0.035				
50.40	14.00			3.05	0.932	1.71	0.236	1.09	0.080	0.78	0.036				

续表 8.1-11

流量 q		DN100		DN125		DN150									
		d_j0.1020		d_j0.1280		d_j0.1510									
m^3/h	L/s	v	i	v	i	v	i	v	i	v	i	v	i	v	i
51.30	14.25	1.74	0.244	1.11	0.082	0.80	0.037								
52.20	14.50	1.77	0.251	1.13	0.085	0.81	0.039								
53.10	14.75	1.81	0.259	1.15	0.088	0.82	0.040								
54.00	15.00	1.84	0.267	1.17	0.090	0.84	0.041								
55.80	15.50	1.90	0.283	1.20	0.096	0.87	0.043								
57.60	16.00	1.96	0.299	1.24	0.101	0.89	0.046								
59.40	16.50	2.02	0.316	1.28	0.107	0.92	0.049								
61.20	17.00	2.08	0.333	1.32	0.113	0.95	0.051								
63.00	17.50	2.14	0.351	1.36	0.119	0.98	0.054								
64.80	18.00	2.20	0.369	1.40	0.125	1.01	0.057								
66.60	18.50	2.26	0.387	1.44	0.131	1.03	0.059								
68.40	19.00	2.33	0.406	1.48	0.137	1.06	0.062								
70.20	19.50	2.39	0.425	1.52	0.144	1.09	0.065								
72.00	20.00	2.45	0.445	1.55	0.150	1.12	0.068								
73.80	20.50	2.51	0.464	1.59	0.157	1.14	0.071								
75.60	21.00	2.57	0.485	1.63	0.164	1.17	0.074								
77.40	21.50	2.63	0.505	1.67	0.171	1.20	0.078								
79.20	22.00	2.69	0.526	1.71	0.178	1.23	0.081								
81.00	22.50	2.75	0.548	1.75	0.185	1.26	0.084								
82.80	23.00	2.81	0.570	1.79	0.193	1.28	0.088								
84.60	23.50	2.88	0.592	1.83	0.200	1.31	0.091								
86.40	24.00	2.94	0.614	1.87	0.208	1.34	0.094								
88.20	24.50	3.00	0.637	1.90	0.216	1.37	0.098								
90.00	25.00	3.06	0.660	1.94	0.223	1.40	0.101								
91.80	25.50			1.98	0.231	1.42	0.105								
93.60	26.00			2.02	0.239	1.45	0.109								
95.40	26.50			2.06	0.248	1.48	0.113								
97.20	27.00			2.10	0.256	1.51	0.116								
99.00	27.50			2.14	0.265	1.54	0.120								
100.8	28.00			2.18	0.273	1.56	0.124								
102.6	28.50			2.21	0.282	1.59	0.128								

续表 8.1-11

流量 q		$DN125$		$DN150$											
		d_j0.1280		d_j0.1510											
m^3/h	L/s	v	i	v	i	v	i	v	i	v	i	v	i	v	i
104.4	29.00	2.25	0.291	1.62	0.132										
106.2	29.50	2.29	0.300	1.65	0.136										
108.0	30.00	2.33	0.309	1.68	0.140										
109.8	30.50	2.37	0.318	1.70	0.144										
111.6	31.00	2.41	0.327	1.73	0.149										
113.4	31.50	2.45	0.337	1.76	0.153										
115.2	32.00	2.49	0.346	1.79	0.157										
117.0	32.50	2.53	0.356	1.81	0.162										
118.8	33.00	2.56	0.366	1.84	0.166										
120.6	33.50	2.60	0.375	1.87	0.171										
122.4	34.00	2.64	0.385	1.90	0.175										
124.2	34.50	2.68	0.396	1.93	0.180										
126.0	35.00	2.72	0.406	1.95	0.184										
127.8	35.50	2.76	0.416	1.98	0.189										
129.6	36.00	2.80	0.427	2.01	0.194										
131.4	36.50	2.84	0.437	2.04	0.199										
133.2	37.00	2.88	0.448	2.07	0.203										
135.0	37.50	2.91	0.459	2.09	0.208										
136.8	38.00	2.95	0.469	2.12	0.213										
138.6	38.50	2.99	0.481	2.15	0.218										
140.4	39.00	3.03	0.492	2.18	0.223										
142.2	39.50	3.07	0.503	2.21	0.228										
144.0	40.00	3.11	0.514	2.23	0.234										
145.8	40.50	3.15	0.526	2.26	0.239										
147.6	41.00	3.19	0.537	2.29	0.244										
149.4	41.50	3.23	0.549	2.32	0.249										
151.2	42.00	3.26	0.561	2.35	0.255										
153.0	42.50			2.37	0.260										
154.8	43.00			2.40	0.266										

注：表中单位 d_n 为 mm，d_j 为 m，i 为 kPa/m，v 为 m/s。

内涂塑钢管水力计算表　　表 8.1-12

流量 q		DN15		DN20		DN25		DN32		DN40		DN50		DN65	
		d_j0.0148		d_j0.0233		d_j0.0260		d_j0.0348		d_j0.0400		d_j0.0520		d_j0.0670	
m^3/h	L/s	v	i	v	i	v	i	v	i	v	i	v	i	v	i
0.306	0.085	0.49	0.277												
0.324	0.090	0.52	0.307												
0.342	0.095	0.55	0.338												
0.360	0.100	0.58	0.370												
0.396	0.11	0.64	0.438												
0.432	0.12	0.70	0.511												
0.468	0.13	0.76	0.589												
0.504	0.14	0.81	0.672												
0.540	0.15	0.87	0.759												
0.576	0.16	0.93	0.852	0.49	0.188										
0.612	0.17	0.99	0.948	0.53	0.210										
0.648	0.18	1.05	1.049	0.56	0.232										
0.684	0.19	1.10	1.155	0.59	0.256										
0.72	0.20	1.16	1.265	0.62	0.280										
0.90	0.25	1.45	1.879	0.77	0.416	0.47	0.128								
1.08	0.30	1.74	2.597	0.93	0.575	0.57	0.176								
1.26	0.35	2.03	3.414	1.08	0.755	0.66	0.232								
1.44	0.40	2.33	4.326	1.24	0.957	0.75	0.294								
1.62	0.45	2.62	5.332	1.39	1.180	0.85	0.362	0.47	0.090						
1.80	0.50	2.91	6.428	1.54	1.422	0.94	0.436	0.53	0.108						
1.98	0.55	3.20	7.612	1.70	1.684	1.04	0.517	0.58	0.128						
2.16	0.60			1.85	1.965	1.13	0.603	0.63	0.150	0.48	0.077				
2.34	0.65			2.01	2.265	1.22	0.695	0.68	0.173	0.52	0.089				
2.52	0.70			2.16	2.583	1.32	0.793	0.74	0.197	0.56	0.101				
2.70	0.75			2.32	2.919	1.41	0.896	0.79	0.223	0.60	0.115				
2.88	0.80			2.47	3.273	1.51	1.004	0.84	0.250	0.64	0.128				
3.06	0.85			2.63	3.645	1.60	1.118	0.89	0.278	0.68	0.143				
3.24	0.90			2.78	4.034	1.70	1.238	0.95	0.308	0.72	0.158				
3.42	0.95			2.94	4.440	1.79	1.362	1.00	0.339	0.76	0.174				
3.60	1.00			3.09	4.863	1.88	1.492	1.05	0.371	0.80	0.191				
3.78	1.05					1.98	1.627	1.10	0.405	0.49	0.059	0.49	0.059		

续表 8.1-12

流量 q		DN25		DN32		DN40		DN50		DN65		DN80			
		d_j0.0260		d_j0.0348		d_j0.0400		d_j0.0520		d_j0.0670		d_j0.0795			
m^3/h	L/s	v	i	v	i	v	i	v	i	v	i	v	i	v	i
3.96	1.10	2.07	1.767	1.16	0.439	0.52	0.065	0.52	0.065						
4.14	1.15	2.17	1.912	1.21	0.475	0.54	0.070	0.54	0.070						
4.32	1.20	2.26	2.062	1.26	0.513	0.57	0.075	0.57	0.075						
4.50	1.25	2.35	2.217	1.31	0.551	0.59	0.081	0.59	0.081						
4.68	1.30	2.45	2.377	1.37	0.591	0.61	0.087	0.61	0.087						
4.86	1.35	2.54	2.541	1.42	0.632	0.64	0.093	0.64	0.093						
5.04	1.40	2.64	2.711	1.47	0.674	0.66	0.099	0.66	0.099						
5.22	1.45	2.73	2.885	1.52	0.717	0.68	0.105	0.68	0.105						
5.40	1.50	2.83	3.063	1.58	0.762	0.71	0.112	0.71	0.112						
5.58	1.55	2.92	3.247	1.63	0.807	0.73	0.119	0.73	0.119						
5.76	1.60	3.01	3.435	1.68	0.854	0.75	0.126	0.75	0.126						
5.94	1.65			1.73	0.902	0.78	0.133	0.78	0.133						
6.12	1.70			1.79	0.951	0.80	0.140	0.80	0.140						
6.30	1.75			1.84	1.001	1.39	0.515	0.82	0.147	0.50	0.044				
6.48	1.80			1.89	1.053	1.43	0.541	0.85	0.155	0.51	0.046				
6.66	1.85			1.95	1.105	1.47	0.568	0.87	0.162	0.52	0.048				
6.84	1.90			2.00	1.159	1.51	0.596	0.89	0.170	0.54	0.051				
7.02	1.95			2.05	1.213	1.55	0.624	0.92	0.178	0.55	0.053				
7.20	2.00			2.10	1.269	1.59	0.653	0.94	0.187	0.57	0.056				
7.56	2.10			2.21	1.384	1.67	0.712	0.99	0.203	0.60	0.061				
7.92	2.20			2.31	1.503	1.75	0.773	1.04	0.221	0.62	0.066				
8.28	2.30			2.42	1.626	1.83	0.836	1.08	0.239	0.65	0.071				
8.64	2.40			2.52	1.753	1.91	0.902	1.13	0.258	0.68	0.077				
9.00	2.50			2.63	1.885	1.99	0.970	1.18	0.277	0.71	0.083	0.50	0.037		
9.36	2.60			2.73	2.021	2.07	1.040	1.22	0.297	0.74	0.089	0.52	0.039		
9.72	2.70			2.84	2.161	2.15	1.112	1.27	0.318	0.77	0.095	0.54	0.042		
10.08	2.80			2.94	2.305	2.23	1.186	1.32	0.339	0.79	0.101	0.56	0.045		
10.44	2.90			3.05	2.453	2.31	1.262	1.37	0.361	0.82	0.108	0.58	0.048		
10.80	3.00					2.39	1.340	1.41	0.383	0.85	0.114	0.60	0.050		
11.16	3.10					2.47	1.420	1.46	0.406	0.88	0.121	0.62	0.053		
11.52	3.20					2.55	1.502	1.51	0.429	0.91	0.128	0.64	0.057		

续表 8.1-12

流量 q		DN40		DN50		DN65		DN80		DN100		DN125		DN150	
		d_j0.0400		d_j0.0520		d_j0.0670		d_j0.0795		d_j0.1050		d_j0.1310		d_j0.1550	
m^3/h	L/s	v	i	v	i	v	i	v	i	v	i	v	i	v	i
11.88	3.30	2.63	1.587	1.55	0.453	0.94	0.135	0.66	0.060						
12.24	3.40	2.71	1.673	1.60	0.478	0.96	0.143	0.68	0.063						
12.60	3.50	2.79	1.761	1.65	0.503	0.99	0.150	0.71	0.066						
12.96	3.60	2.86	1.852	1.70	0.529	1.02	0.158	0.73	0.070						
13.32	3.70	2.94	1.944	1.74	0.556	1.05	0.166	0.75	0.073						
13.68	3.80	3.02	2.038	1.79	0.582	1.08	0.174	0.77	0.077						
14.04	3.90			1.84	0.610	1.11	0.182	0.79	0.080						
14.40	4.00			1.88	0.638	1.13	0.190	0.81	0.084						
14.76	4.10			1.93	0.666	1.16	0.199	0.83	0.088						
15.12	4.20			1.98	0.696	1.19	0.207	0.85	0.092	0.49	0.024				
15.48	4.30			2.02	0.725	1.22	0.216	0.87	0.096	0.50	0.025				
15.84	4.40			2.07	0.755	1.25	0.225	0.89	0.100	0.51	0.026				
16.20	4.50			2.12	0.786	1.28	0.234	0.91	0.104	0.52	0.027				
16.56	4.60			2.17	0.817	1.30	0.244	0.93	0.108	0.53	0.029				
16.92	4.70			2.21	0.849	1.33	0.253	0.95	0.112	0.54	0.030				
17.28	4.80			2.26	0.882	1.36	0.263	0.97	0.116	0.55	0.031				
17.64	4.90			2.31	0.914	1.39	0.273	0.99	0.120	0.57	0.032				
18.00	5.00			2.35	0.948	1.42	0.283	1.01	0.125	0.58	0.033				
18.36	5.10			2.40	0.982	1.45	0.293	1.03	0.129	0.59	0.034				
18.72	5.20			2.45	1.016	1.47	0.303	1.05	0.134	0.60	0.035				
19.08	5.30			2.50	1.051	1.50	0.313	1.07	0.138	0.61	0.037				
19.44	5.40			2.54	1.086	1.53	0.324	1.09	0.143	0.62	0.038				
19.80	5.50			2.59	1.122	1.56	0.335	1.11	0.148	0.64	0.039				
20.16	5.60			2.64	1.159	1.59	0.346	1.13	0.153	0.65	0.040				
20.52	5.70			2.68	1.196	1.62	0.357	1.15	0.158	0.66	0.042				
20.88	5.80			2.73	1.233	1.65	0.368	1.17	0.163	0.67	0.043				
21.24	5.90			2.78	1.271	1.67	0.379	1.19	0.168	0.68	0.044				
21.60	6.00			2.83	1.310	1.70	0.391	1.21	0.173	0.69	0.046				
21.96	6.10			2.87	1.349	1.73	0.402	1.23	0.178	0.70	0.047				
22.32	6.20			2.92	1.388	1.76	0.414	1.25	0.183	0.72	0.048				
22.68	6.30			2.97	1.428	1.79	0.426	1.27	0.188	0.73	0.050				

续表 8. 1-12

流量 q		DN50		DN65		DN80		DN100		DN125		DN150			
		d_j0. 0520		d_j0. 0670		d_j0. 0795		d_j0. 1050		d_j0. 1310		d_j0. 1550			
m^3/h	L/s	v	i	v	i	v	i	v	i	v	i	v	i	v	i
23. 04	6. 40	3. 01	1. 468	1. 82	0. 438	1. 29	0. 194	0. 74	0. 051						
23. 40	6. 50			1. 84	0. 450	1. 31	0. 199	0. 75	0. 053						
23. 76	6. 60			1. 87	0. 462	1. 33	0. 204	0. 76	0. 054						
24. 12	6. 70			1. 90	0. 475	1. 35	0. 210	0. 77	0. 056	0. 50	0. 019				
24. 48	6. 80			1. 93	0. 488	1. 37	0. 215	0. 79	0. 057	0. 50	0. 020				
24. 84	6. 90			1. 96	0. 500	1. 39	0. 221	0. 80	0. 059	0. 51	0. 020				
25. 20	7. 00			1. 99	0. 513	1. 41	0. 227	0. 81	0. 060	0. 52	0. 021				
25. 56	7. 10			2. 01	0. 526	1. 43	0. 233	0. 82	0. 062	0. 53	0. 021				
25. 92	7. 20			2. 04	0. 540	1. 45	0. 238	0. 83	0. 063	0. 53	0. 022				
26. 28	7. 30			2. 07	0. 553	1. 47	0. 244	0. 84	0. 065	0. 54	0. 023				
26. 64	7. 40			2. 10	0. 567	1. 49	0. 250	0. 85	0. 066	0. 55	0. 023				
27. 00	7. 50			2. 13	0. 580	1. 51	0. 256	0. 87	0. 068	0. 56	0. 024				
27. 36	7. 60			2. 16	0. 594	1. 53	0. 262	0. 88	0. 070	0. 56	0. 024				
27. 72	7. 70			2. 18	0. 608	1. 55	0. 269	0. 89	0. 071	0. 57	0. 025				
28. 08	7. 80			2. 21	0. 622	1. 57	0. 275	0. 90	0. 073	0. 58	0. 025				
28. 44	7. 90			2. 24	0. 636	1. 59	0. 281	0. 91	0. 074	0. 59	0. 026				
28. 80	8. 00			2. 27	0. 651	1. 61	0. 287	0. 92	0. 076	0. 59	0. 026				
29. 16	8. 10			2. 30	0. 665	1. 63	0. 294	0. 94	0. 078	0. 60	0. 027				
29. 52	8. 20			2. 33	0. 680	1. 65	0. 300	0. 95	0. 080	0. 61	0. 028				
29. 88	8. 30			2. 35	0. 694	1. 67	0. 307	0. 96	0. 081	0. 62	0. 028				
30. 24	8. 40			2. 38	0. 709	1. 69	0. 313	0. 97	0. 083	0. 62	0. 029				
30. 60	8. 50			2. 41	0. 724	1. 71	0. 320	0. 98	0. 085	0. 63	0. 030				
30. 96	8. 60			2. 44	0. 740	1. 73	0. 327	0. 99	0. 087	0. 64	0. 030				
31. 32	8. 70			2. 47	0. 755	1. 75	0. 334	1. 00	0. 088	0. 65	0. 031				
31. 68	8. 80			2. 50	0. 770	1. 77	0. 340	1. 02	0. 090	0. 65	0. 031				
32. 04	8. 90			2. 52	0. 786	1. 79	0. 347	1. 03	0. 092	0. 66	0. 032				
32. 40	9. 00			2. 55	0. 802	1. 81	0. 354	1. 04	0. 094	0. 67	0. 033				
32. 76	9. 10			2. 58	0. 818	1. 83	0. 361	1. 05	0. 096	0. 68	0. 033				
33. 12	9. 20			2. 61	0. 834	1. 85	0. 368	1. 06	0. 098	0. 68	0. 034				
33. 48	9. 30			2. 64	0. 850	1. 87	0. 376	1. 07	0. 100	0. 69	0. 035				
33. 84	9. 40			2. 67	0. 866	1. 89	0. 383	1. 09	0. 101	0. 70	0. 035	0. 50	0. 016		

续表 8.1-12

流量 q		DN65		DN80		DN100		DN125		DN150					
		d_j0.0670		d_j0.0795		d_j0.1050		d_j0.1310		d_j0.1550					
m^3/h	L/s	v	i	v	i	v	i	v	i	v	i	v	i	v	i
34.20	9.50	2.69	0.882	1.91	0.390	1.10	0.103	0.70	0.036	0.50	0.016				
34.56	9.60	2.72	0.899	1.93	0.397	1.11	0.105	0.71	0.037	0.51	0.016				
34.92	9.70	2.75	0.916	1.95	0.405	1.12	0.107	0.72	0.037	0.51	0.017				
35.28	9.80	2.78	0.933	1.97	0.412	1.13	0.109	0.73	0.038	0.52	0.017				
35.64	9.90	2.81	0.949	1.99	0.420	1.14	0.111	0.73	0.039	0.52	0.017				
36.00	10.00	2.84	0.967	2.01	0.427	1.15	0.113	0.74	0.039	0.53	0.018				
36.90	10.25	2.91	1.010	2.06	0.446	1.18	0.118	0.76	0.041	0.54	0.018				
37.80	10.50	2.98	1.054	2.12	0.466	1.21	0.123	0.78	0.043	0.56	0.019				
38.70	10.75	3.05	1.099	2.17	0.486	1.24	0.129	0.80	0.045	0.57	0.020				
39.60	11.00			2.22	0.506	1.27	0.134	0.82	0.047	0.58	0.021				
40.50	11.25			2.27	0.526	1.30	0.139	0.83	0.049	0.60	0.022				
41.40	11.50			2.32	0.547	1.33	0.145	0.85	0.050	0.61	0.023				
42.30	11.75			2.37	0.569	1.36	0.151	0.87	0.052	0.62	0.023				
43.20	12.00			2.42	0.590	1.39	0.156	0.89	0.054	0.64	0.024				
44.10	12.25			2.47	0.612	1.41	0.162	0.91	0.056	0.65	0.025				
45.00	12.50			2.52	0.635	1.44	0.168	0.93	0.058	0.66	0.026				
45.90	12.75			2.57	0.657	1.47	0.174	0.95	0.061	0.68	0.027				
46.80	13.00			2.62	0.680	1.50	0.180	0.96	0.063	0.69	0.028				
47.70	13.25			2.67	0.704	1.53	0.186	0.98	0.065	0.70	0.029				
48.60	13.50			2.72	0.727	1.56	0.193	1.00	0.067	0.72	0.030				
49.50	13.75			2.77	0.751	1.59	0.199	1.02	0.069	0.73	0.031				
50.40	14.00			2.82	0.776	1.62	0.206	1.04	0.071	0.74	0.032				
51.30	14.25			2.87	0.801	1.65	0.212	1.06	0.074	0.76	0.033				
52.20	14.50			2.92	0.826	1.67	0.219	1.08	0.076	0.77	0.034				
53.10	14.75			2.97	0.851	1.70	0.226	1.09	0.078	0.78	0.035				
54.00	15.00			3.02	0.877	1.73	0.232	1.11	0.079	0.79	0.036				
55.80	15.50					1.79	0.246	1.15	0.086	0.82	0.038				
57.60	16.00					1.85	0.261	1.19	0.091	0.85	0.041				
59.40	16.50					1.91	0.275	1.22	0.096	0.87	0.043				

续表 8.1-12

流量 q		DN100		DN125		DN150									
		d_j0.1050		d_j0.1310		d_j0.1550									
m^3/h	L/s	v	i	v	i	v	i	v	i	v	i	v	i	v	i
61.20	17.00	1.96	0.290	1.26	0.101	0.90	0.045								
63.00	17.50	2.02	0.305	1.30	0.106	0.93	0.048								
64.80	18.00	2.08	0.321	1.34	0.112	0.95	0.050								
66.60	18.50	2.14	0.337	1.37	0.117	0.98	0.053								
68.40	19.00	2.19	0.353	1.41	0.123	1.01	0.055								
70.20	19.50	2.25	0.370	1.45	0.129	1.03	0.058								
72.00	20.00	2.31	0.387	1.48	0.135	1.06	0.060								
73.80	20.50	2.37	0.404	1.52	0.141	1.09	0.063								
75.60	21.00	2.43	0.422	1.56	0.147	1.11	0.066								
77.40	21.50	2.48	0.440	1.60	0.153	1.14	0.069								
79.20	22.00	2.54	0.458	1.63	0.159	1.17	0.071								
81.00	22.50	2.60	0.477	1.67	0.166	1.19	0.074								
82.80	23.00	2.66	0.496	1.71	0.172	1.22	0.077								
84.60	23.50	2.71	0.515	1.74	0.179	1.25	0.080								
86.40	24.00	2.77	0.535	1.78	0.186	1.27	0.083								
88.20	24.50	2.83	0.555	1.82	0.193	1.30	0.086								
90.00	25.00	2.89	0.575	1.85	0.200	1.32	0.090								
91.80	25.50	2.94	0.596	1.89	0.207	1.35	0.093								
93.60	26.00	3.00	0.616	1.93	0.214	1.38	0.096								
95.40	26.50	3.06	0.638	1.97	0.222	1.40	0.099								
97.20	27.00			2.00	0.229	1.43	0.103								
99.00	27.50			2.04	0.237	1.46	0.106								
100.8	28.00			2.08	0.245	1.48	0.110								
102.6	28.50			2.11	0.252	1.51	0.113								
104.4	29.00			2.15	0.260	1.54	0.117								
106.2	29.50			2.19	0.268	1.56	0.120								
100.0	30.00			2.23	0.276	1.59	0.124								
109.8	30.50			2.26	0.285	1.62	0.127								
111.6	31.00			2.30	0.293	1.64	0.131								

续表 8.1-12

流量 q		$DN125$		$DN150$											
		d_j0.1310		d_j0.1550											
m^3/h	L/s	v	i	v	i	v	i	v	i	v	i	v	i	v	i
113.4	31.50	2.34	0.301	1.67	0.135										
115.2	32.00	2.37	0.310	1.70	0.139										
117.0	32.50	2.41	0.319	1.72	0.143										
118.8	33.00	2.45	0.327	1.75	0.147										
120.6	33.50	2.49	0.336	1.78	0.151										
122.4	34.00	2.52	0.345	1.80	0.155										
124.2	34.50	2.56	0.354	1.83	0.159										
126.0	35.00	2.60	0.363	1.85	0.163										
127.8	35.50	2.63	0.373	1.88	0.167										
129.6	36.00	2.67	0.382	1.91	0.171										
131.4	36.50	2.71	0.391	1.93	0.175										
133.2	37.00	2.75	0.401	1.96	0.180										
135.0	37.50	2.78	0.411	1.99	0.184										
136.8	38.00	2.82	0.420	2.01	0.188										
138.6	38.50	2.86	0.430	2.04	0.193										
140.4	39.00	2.89	0.440	2.07	0.197										
142.2	39.50	2.93	0.450	2.09	0.202										
144.0	40.00	2.97	0.460	2.12	0.206										
162.0	45.00	3.34	0.567	2.38	0.254										
180.0	50.00			2.65	0.306										
198.0	55.00			2.91	0.363										
216.0	60.00			3.18	0.423										

注：表中单位 d_n 为 mm，d_j 为 m，i 为 kPa/m，v 为 m/s。

水头损失温度计算修正系数 **表 8.1-13**

水温（°C）	10	20	30	40	50	60	70	80	90	95
修正系数	1.0	0.94	0.90	0.86	0.82	0.79	0.77	0.75	0.73	0.72

8.1.8 给水用硬质聚乙烯管水力计算用图

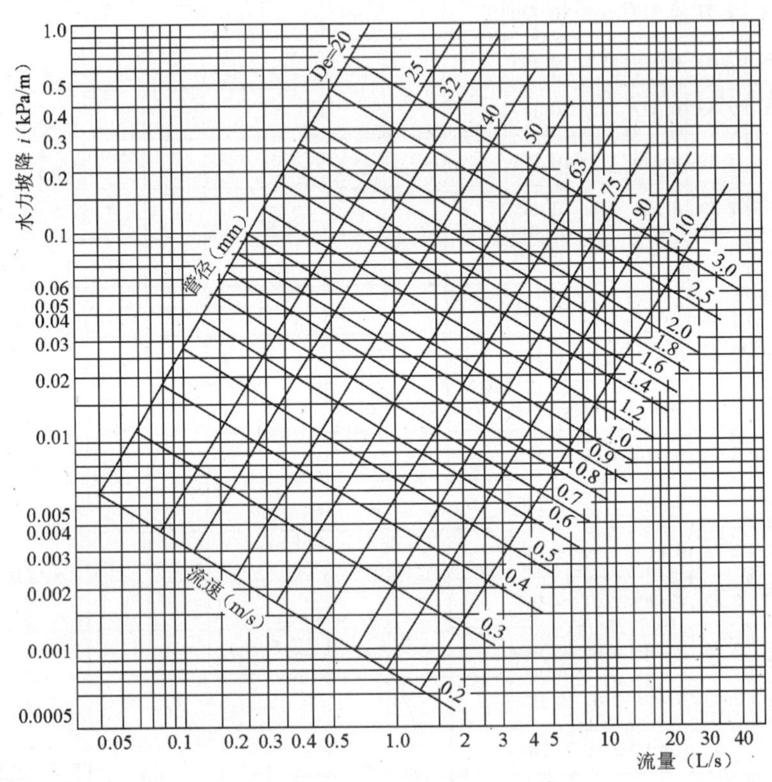

图 8.1-1　硬质聚乙烯管水力计算图

8.1.9 给水用铝塑复合管水力计算用图

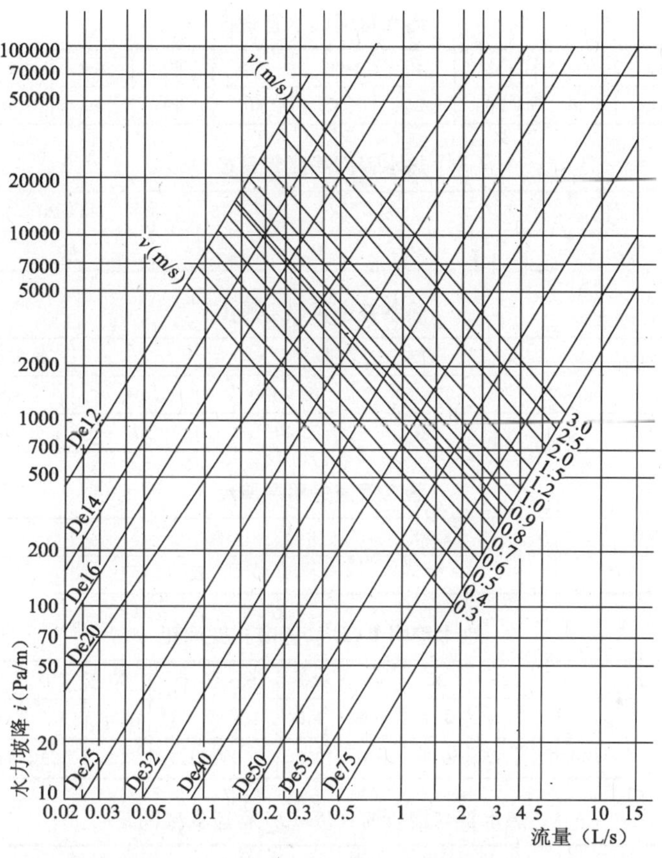

8.1-2 铝塑复合冷水管水力计算图（水温：10℃，介质：水）

8.2　热水给水设计计算用图表

8.2.1　确定热水管网系统回水管及膨胀管管径、管道保温层厚度及其支架间距用表

热水管网回水管管径　　表8.2-1

热水供水管径（mm）	20～25	32	40	50	70	80	100	125	150	200
热水回水管径（mm）	20	20	25	32	40	40	50	70	80	100

热水管网膨胀管管径　　表8.2-2

水加热器的传热面积（m^2）	<10	10～15	15～20	>20
膨胀管的最小管径（mm）	25	32	40	50

热水管道保温层厚度　　表8.2-3

管径（*DN*）	热水供、回水管				热媒水、蒸汽凝结水管	
	15～20	25～50	65～100	>100	≤50	>50
保温层厚度（mm）	20	30	40	50	40	50

蒸汽管道保温层厚度　　表8.2-4

管径（*DN*）	≤40	50～65	≥80
保温层厚度（mm）	50	60	70

热水管网PVC-C管道支架间距　　表8.2-5

公称外径*De*（mm）	20	25	32	40	50	63	75	90	110	125	140	160
立管（m）	1.0	1.1	1.2	1.4	1.6	1.8	2.1	2.4	2.7	3.0	3.4	3.8
水平管（m）	0.6	0.65	0.7	0.8	0.9	1.0	1.1	1.2	1.2	1.3	1.4	1.5

热水管网聚丙烯（PP-R）管道支架间距　　表8.2-6

公称外径*De*（mm）	20	25	32	40	50	63	75	90	110
立管（m）	0.5	0.6	0.7	0.8	0.9	1.0	1.1	1.2	1.5
水平管（m）	0.9	1.0	1.2	1.4	1.6	1.7	1.7	1.8	2.0

热水管网交联聚乙烯（PEX）管道支架间距　　表8.2-7

公称外径*De*（mm）	20	25	32	40	50	63
立管（m）	0.8	0.9	1.0	1.3	1.6	1.8
水平管（m）	0.3	0.35	0.4	0.5	0.6	0.7

热水管网聚丁烯（PB）管道支架间距　　表8.2-8

公称外径*De*（mm）	20	25	32	40	50	63	75	90	110
立管（m）	0.6	0.7	0.8	1.0	1.2	1.4	1.6	1.8	2.0
水平管（m）	0.8	0.9	1.0	1.3	1.6	1.8	2.1	2.3	2.6

8.2.2 热水用氯化聚氯乙烯（PVC-C）管水力计算用表

热水管系列 S5 热水（60℃）水力计算表 **表 8.2-9**

流量 q		d_n20		d_n25		d_n32		d_n40		d_n50		d_n63		d_n75	
		d_j0.0160		d_j0.0204		d_j0.0262		d_j0.0326		d_j0.0408		d_j0.0514		d_j0.0614	
m^3/h	L/s	v	i	v	i	v	i	v	i	v	i	v	i	v	i
0.360	0.100	0.50	0.215												
0.396	0.110	0.55	0.255												
0.432	0.120	0.60	0.298												
0.468	0.130	0.65	0.343												
0.504	0.140	0.70	0.391												
0.540	0.150	0.75	0.442												
0.576	0.160	0.80	0.496	0.49	0.155										
0.612	0.170	0.85	0.552	0.52	0.173										
0.648	0.180	0.90	0.611	0.55	0.192										
0.684	0.190	0.94	0.672	0.58	0.211										
0.720	0.200	0.99	0.736	0.61	0.231										
0.900	0.250	1.24	1.094	0.76	0.343	0.46	0.104								
1.08	0.300	1.49	1.512	0.92	0.474	0.56	0.144								
1.26	0.350	1.74	1.987	1.07	0.623	0.65	0.189								
1.44	0.400	1.99	2.518	1.22	0.790	0.74	0.239	0.48	0.084						
1.62	0.450	2.24	3.103	1.38	0.973	0.83	0.295	0.54	0.104						
1.80	0.500	2.49	3.741	1.53	1.173	0.93	0.355	0.60	0.125						
1.98	0.550	2.74	4.431	1.68	1.389	1.02	0.421	0.66	0.148						
2.16	0.600	2.98	5.170	1.84	1.621	1.11	0.491	0.72	0.173						
2.34	0.650	3.23	5.959	1.99	1.868	1.21	0.566	0.78	0.199	0.50	0.068				
2.52	0.700			2.14	2.131	1.30	0.645	0.84	0.227	0.54	0.078				
2.70	0.750			2.29	2.408	1.39	0.729	0.90	0.257	0.57	0.088				
2.88	0.800			2.45	2.700	1.48	0.818	0.96	0.288	0.61	0.099				
3.06	0.850			2.60	3.007	1.58	0.911	1.02	0.321	0.65	0.110				
3.24	0.900			2.75	3.328	1.67	1.008	1.08	0.355	0.69	0.122				
3.42	0.950			2.91	3.663	1.76	1.109	1.14	0.391	0.73	0.134				
3.60	1.00			3.06	4.012	1.85	1.215	1.20	0.428	0.76	0.147	0.48	0.049		
3.78	1.05					1.95	1.325	1.26	0.467	0.80	0.160	0.51	0.053		
3.96	1.10					2.04	1.439	1.32	0.507	0.84	0.174	0.53	0.058		
4.14	1.15					2.13	1.557	1.38	0.548	0.88	0.188	0.55	0.062		
4.32	1.20					2.23	1.679	1.44	0.591	0.92	0.203	0.58	0.067		

续表 8.2-9

流量 q		d_n32		d_n40		d_n50		d_n63		d_n75		d_n90		d_n110	
		$d_j0.0262$		$d_j0.0326$		$d_j0.0408$		$d_j0.0514$		$d_j0.0614$		$d_j0.0736$		$d_j0.0900$	
m^3/h	L/s	v	i	v	i	v	i	v	i	v	i	v	i	v	i
4.50	1.25	2.32	1.805	1.50	0.636	0.96	0.218	0.60	0.072						
4.68	1.30	2.41	1.935	1.56	0.682	0.99	0.234	0.62	0.078						
4.86	1.35	2.50	2.069	1.62	0.729	1.03	0.250	0.63	0.083						
5.04	1.40	2.60	2.207	1.68	0.777	1.07	0.266	0.65	0.088						
5.22	1.45	2.69	2.349	1.74	0.827	1.11	0.283	0.67	0.094	0.49	0.040				
5.40	1.50	2.78	3.494	1.80	0.879	1.15	0.301	0.70	0.100	0.51	0.043				
5.58	1.55	2.88	2.644	1.86	0.931	1.15	0.319	0.72	0.106	0.52	0.045				
5.76	1.60	2.97	2.797	1.92	0.985	1.22	0.338	0.75	0.112	0.54	0.048				
5.94	1.65	3.06	2.954	1.98	1.040	1.26	0.356	0.80	0.118	0.56	0.051				
6.12	1.70			2.04	1.097	1.30	0.376	0.82	0.125	0.57	0.053				
6.30	1.75			2.10	1.155	1.34	0.396	0.84	0.131	0.59	0.056				
6.48	1.80			2.16	1.214	1.38	0.416	0.87	0.138	0.61	0.059				
6.66	1.85			2.22	1.275	1.42	0.437	0.89	0.145	0.62	0.062				
6.84	1.90			2.28	1.336	1.45	0.458	0.92	0.152	0.64	0.065				
7.02	1.95			2.34	1.399	1.49	0.479	0.94	0.159	0.66	0.068				
7.20	2.00			2.40	1.464	1.53	0.501	0.96	0.166	0.68	0.071				
7.56	2.10			2.52	1.596	1.61	0.547	1.01	0.182	0.71	0.078	0.49	0.033		
7.92	2.20			2.64	1.733	1.68	0.594	1.06	0.197	0.74	0.084	0.52	0.036		
8.28	2.30			2.76	1.876	1.76	0.643	1.11	0.213	0.78	0.091	0.54	0.038		
8.64	2.40			2.88	2.023	1.84	0.693	1.16	0.230	0.81	0.098	0.56	0.041		
9.00	2.50			3.00	2.175	1.91	0.745	1.20	0.247	0.84	0.106	0.59	0.045		
9.36	2.60					1.99	0.799	1.25	0.265	0.88	0.113	0.61	0.048		
9.72	2.70					2.07	0.854	1.30	0.284	0.91	0.121	0.63	0.051		
10.08	2.80					2.14	0.911	1.35	0.302	0.95	0.129	0.66	0.054		
10.44	2.90					2.22	0.969	1.40	0.322	0.98	0.138	0.68	0.058		
10.80	3.00					2.29	1.030	1.45	0.342	1.01	0.146	0.71	0.062		
11.16	3.10					2.37	1.091	1.49	0.362	1.05	0.155	0.73	0.065	0.49	0.025
11.52	3.20					2.45	1.154	1.54	0.383	1.08	0.164	0.75	0.069	0.50	0.026
11.88	3.30					2.52	1.219	1.59	0.405	1.11	0.173	0.78	0.073	0.52	0.028
12.24	3.40					2.60	1.285	1.64	0.427	1.15	0.183	0.80	0.077	0.53	0.029
12.60	3.50					2.68	1.353	1.69	0.449	1.18	0.192	0.82	0.081	0.55	0.031

续表 8.2-9

流量 q		d_n50		d_n63		d_n75		d_n90		d_n110		d_n125		d_n140	
		d_j0.0408		d_j0.0514		d_j0.0614		d_j0.0736		d_j0.0900		d_j0.1022		d_j0.1146	
m^3/h	L/s	v	i	v	i	v	i	v	i	v	i	v	i	v	i
12.96	3.60	2.75	1.423	1.73	0.472	1.22	0.202	0.85	0.085	0.57	0.033				
13.32	3.70	2.83	1.494	1.78	0.496	1.25	0.212	0.87	0.089	0.58	0.034				
13.68	3.80	2.91	1.566	1.83	0.520	1.28	0.223	0.89	0.094	0.60	0.036				
14.04	3.90	2.98	1.640	1.88	0.544	1.32	0.233	0.92	0.098	0.61	0.038				
14.40	4.00	3.06	1.715	1.93	0.569	1.35	0.244	0.94	0.103	0.63	0.039				
14.76	4.10			1.98	0.595	1.38	0.255	0.96	0.107	0.64	0.041	0.50	0.022		
15.12	4.20			2.02	0.621	1.42	0.266	0.99	0.112	0.66	0.043	0.51	0.023		
15.48	4.30			2.07	0.647	1.45	0.277	1.01	0.117	0.68	0.045	0.52	0.024		
15.84	4.40			2.12	0.674	1.49	0.289	1.03	0.121	0.69	0.046	0.54	0.025		
16.20	4.50			2.17	0.702	1.52	0.300	1.06	0.126	0.71	0.048	0.55	0.026		
16.56	4.60			2.22	0.730	1.55	0.312	1.08	0.131	0.72	0.050	0.56	0.027		
16.92	4.70			2.27	0.758	1.59	0.324	1.10	0.137	0.74	0.052	0.57	0.028		
17.28	4.80			2.31	0.787	1.62	0.337	1.13	0.142	0.75	0.054	0.59	0.030		
17.64	4.90			2.36	0.816	1.65	0.349	1.15	0.147	0.77	0.056	0.60	0.031		
18.00	5.00			2.41	0.846	1.69	0.362	1.18	0.152	0.79	0.058	0.61	0.032		
18.36	5.10			2.46	0.876	1.72	0.375	1.20	0.158	0.80	0.060	0.62	0.033		
18.72	5.20			2.51	0.907	1.76	0.388	1.22	0.163	0.82	0.063	0.63	0.034	0.50	
19.08	5.30			2.55	0.938	1.79	0.401	1.25	0.169	0.83	0.065	0.65	0.035	0.51	
19.44	5.40			2.60	0.970	1.82	0.415	1.27	0.175	0.85	0.067	0.66	0.036	0.52	
19.80	5.50			2.65	1.002	1.86	0.429	1.29	0.180	0.86	0.069	0.67	0.038	0.53	0.020
20.16	5.60			2.70	1.034	1.89	0.443	1.32	0.186	0.88	0.071	0.68	0.039	0.54	0.020
20.52	5.70			2.75	1.067	1.93	0.457	1.34	0.192	0.90	0.074	0.69	0.040	0.55	0.023
20.88	5.80			2.80	1.101	1.96	0.471	1.36	0.198	0.91	0.076	0.71	0.041	0.56	0.024
21.24	5.90			2.84	1.135	1.99	0.486	1.39	0.204	0.93	0.078	0.72	0.043	0.57	0.025
21.60	6.00			2.89	1.169	2.03	0.500	1.41	0.211	0.94	0.081	0.73	0.044	0.58	0.025
21.96	6.10			2.94	1.204	2.06	0.515	1.43	0.217	0.96	0.083	0.74	0.045	0.59	0.026
22.32	6.20			2.99	1.239	2.09	0.530	1.46	0.223	0.97	0.085	0.76	0.047	0.60	0.027
22.68	6.30			3.04	1.275	2.13	0.546	1.48	0.230	0.99	0.088	0.77	0.048	0.61	0.028
23.04	6.40					2.16	0.561	1.50	0.236	1.01	0.090	0.78	0.049	0.62	0.029
23.40	6.50					2.20	0.577	1.53	0.243	1.02	0.093	0.79	0.051	0.63	0.029
23.76	6.60					2.23	0.592	1.55	0.249	1.04	0.095	0.80	0.052	0.64	0.030

续表 8.2-9

流量 q		d_n75		d_n90		d_n110		d_n125		d_n140		d_n160			
		d_j0.0614		d_j0.0736		d_j0.0900		d_j0.1022		d_j0.1146		d_j0.1308			
m^3/h	L/s	v	i	v	i	v	i	v	i	v	i	v	i	v	i
24.12	6.70	2.26	0.608	1.57	0.256	1.05	0.098	0.82	0.053	0.65	0.031	0.50			
24.48	6.80	2.30	0.625	1.60	0.263	1.07	0.101	0.83	0.055	0.66	0.032	0.51			
24.84	6.90	2.33	0.641	1.62	0.270	1.08	0.103	0.84	0.056	0.67	0.033	0.51			
25.20	7.00	2.36	0.658	1.65	0.277	1.10	0.106	0.85	0.058	0.68	0.033	0.52			
25.56	7.10	2.40	0.674	1.67	0.284	1.12	0.109	0.87	0.059	0.69	0.034	0.53			
25.92	7.20	2.43	0.691	1.69	0.291	1.13	0.111	0.88	0.061	0.70	0.035	0.54	0.016		
26.28	7.30	2.43	0.708	1.72	0.298	1.15	0.114	0.89	0.062	0.71	0.036	0.54	0.017		
26.64	7.40	2.50	0.726	1.74	0.306	1.16	0.117	0.90	0.064	0.72	0.037	0.55	0.017		
27.00	7.50	2.53	0.743	1.76	0.313	1.18	0.120	0.91	0.065	0.73	0.038	0.56	0.018		
27.36	7.60	2.57	0.761	1.79	0.320	1.19	0.123	0.93	0.067	0.74	0.039	0.57	0.018		
27.72	7.70	2.60	0.779	1.81	0.328	1.21	0.125	0.94	0.068	0.75	0.040	0.57	0.019		
28.08	7.80	2.63	0.797	1.83	0.335	1.23	0.128	0.95	0.070	0.76	0.041	0.58	0.019		
28.44	7.90	2.67	0.815	1.86	0.343	1.24	0.131	0.96	0.072	0.77	0.041	0.59	0.020		
28.80	8.00	2.70	0.833	1.88	0.351	1.26	0.134	0.98	0.073	0.78	0.042	0.60	0.020		
29.16	8.10	2.74	0.852	1.90	0.359	1.27	0.137	0.99	0.075	0.79	0.043	0.60	0.021		
29.52	8.20	2.77	0.871	1.93	0.367	1.29	0.140	1.00	0.076	0.79	0.044	0.61	0.021		
19.88	8.30	2.80	0.890	1.95	0.375	1.30	0.143	1.01	0.078	0.80	0.045	0.62	0.022		
30.24	8.40	2.84	0.909	1.97	0.383	1.32	0.146	1.02	0.080	0.81	0.046	0.63	0.022		
30.60	8.50	2.87	0.928	2.00	0.391	1.34	0.150	1.04	0.082	0.82	0.047	0.63	0.025		
30.96	8.60	2.90	0.948	2.02	0.399	1.35	0.153	1.05	0.083	0.83	0.048	0.64	0.026		
31.32	8.70	2.94	0.967	2.04	0.407	1.37	0.156	1.06	0.085	0.84	0.049	0.65	0.026		
31.68	8.80	2.97	0.987	2.07	0.415	1.38	0.159	1.07	0.087	0.85	0.050	0.65	0.027		
32.04	8.90			2.09	0.424	1.40	0.162	1.08	0.088	0.86	0.051	0.66	0.027		
32.40	9.00			2.12	0.432	1.41	0.165	1.10	0.090	0.87	0.052	0.67	0.028		
32.76	9.10			2.14	0.441	1.43	0.169	1.11	0.082	0.88	0.053	0.68	0.028		
33.12	9.20			2.16	0.450	1.45	0.172	1.12	0.094	0.89	0.054	0.68	0.029		
33.48	9.30			2.19	0.458	1.46	0.175	1.13	0.096	0.90	0.055	0.69	0.029		
33.84	9.40			2.21	0.467	1.48	0.179	1.15	0.097	0.91	0.056	0.70	0.030		
34.20	9.50			2.23	0.476	1.49	0.182	1.16	0.099	0.92	0.057	0.71	0.031		
34.56	9.60			2.26	0.485	1.51	0.186	1.17	0.101	0.93	0.059	0.71	0.031		
34.92	9.70			2.28	0.494	1.52	0.189	1.18	0.103	0.94	0.060	0.72	0.032		
35.28	9.80			2.30	0.503	1.54	0.192	1.19	0.105	0.95	0.061	0.73	0.032		
35.64	9.90			2.33	0.512	1.56	0.196	1.21	0.107	0.96	0.062	0.74	0.033		
36.00	10.00			2.35	0.521	1.57	0.200	1.22	0.109	0.97	0.063	0.74	0.033		
36.90	10.25			2.41	0.545	1.61	0.208	1.25	0.114	0.99	0.066	0.76	0.035		
37.80	10.50			2.47	0.568	1.65	0.218	1.28	0.119	1.02	0.069	0.78	0.037		

续表 8.2-9

流量 q		d_n90		d_n110		d_n125		d_n140		d_n160					
		d_j0.0736		d_j0.0900		d_j0.1022		d_j0.1146		d_j0.1308					
m³/h	L/s	v	i	v	i	v	i	v	i	v	i	v	i	v	i
38.70	10.75	2.53	0.593	1.69	0.227	1.31	0.124	1.04	0.072	0.80	0.038				
39.60	11.00	2.59	0.617	1.73	0.236	1.34	0.129	1.07	0.075	0.82	0.040				
40.50	11.25	2.64	0.642	1.77	0.246	1.37	0.134	1.09	0.078	0.84	0.041				
41.40	11.50	2.70	0.668	1.81	0.256	1.40	0.139	1.11	0.081	0.86	0.043				
42.30	11.75	2.76	0.694	1.85	0.266	1.43	0.145	1.14	0.084	0.87	0.045				
43.20	12.00	2.82	0.720	1.89	0.276	1.46	0.150	1.16	0.087	0.89	0.046				
44.10	12.25	2.88	0.747	1.93	0.286	1.49	0.156	1.19	0.090	0.91	0.048				
45.00	12.50	2.94	0.774	1.96	0.296	1.52	0.162	1.21	0.094	0.93	0.050				
45.90	12.75	3.00	0.802	2.00	0.307	1.55	0.167	1.24	0.097	0.95	0.052				
46.80	13.00			2.04	0.318	1.58	0.173	1.26	0.100	0.97	0.053				
47.70	13.25			2.08	0.329	1.62	0.179	1.28	0.104	0.99	0.055				
48.60	13.50			2.12	0.340	1.65	0.185	1.31	0.107	1.00	0.057				
49.50	13.75			2.16	0.351	1.68	0.191	1.33	0.111	1.02	0.059				
50.40	14.00			2.20	0.362	1.71	0.198	1.36	0.114	1.04	0.061				
51.30	14.25			2.24	0.374	1.74	0.204	1.38	0.118	1.06	0.063				
52.20	14.50			2.28	0.386	1.77	0.210	1.41	0.122	1.08	0.065				
53.10	14.75			2.32	0.398	1.80	0.217	1.43	0.125	1.10	0.067				
54.00	15.00			2.36	0.410	1.83	0.223	1.45	0.129	1.12	0.069				
55.80	15.50			2.44	0.434	1.89	0.237	1.50	0.137	1.15	0.073				
57.60	16.00			2.52	0.459	1.95	0.250	1.55	0.145	1.19	0.077				
59.40	16.50			2.59	0.485	2.01	0.264	1.60	0.153	1.23	0.081				
61.20	17.00			2.67	0.511	2.07	0.279	1.65	0.161	1.27	0.086				
63.00	17.50			2.75	0.538	2.13	0.293	1.70	0.170	1.30	0.090				
64.80	18.00			2.83	0.566	2.19	0.308	1.75	0.179	1.34	0.095				
66.60	18.50			2.91	0.594	2.26	0.324	1.79	0.187	1.38	0.100				
68.40	19.00			2.99	0.623	2.32	0.340	1.84	0.197	1.41	0.105				
70.20	19.50			3.07	0.652	2.38	0.356	1.89	0.206	1.45	0.109				
72.00	20.00					2.44	0.372	1.94	0.215	1.49	0.115				
73.80	20.50					2.50	0.389	1.99	0.225	1.53	0.120				
75.60	21.00					2.56	0.406	2.04	0.235	1.56	0.125				
77.40	21.50					2.62	0.423	2.08	0.245	1.60	0.130				
79.20	22.00					2.68	0.440	2.13	0.255	1.64	0.136				
81.00	22.50					2.74	0.458	2.18	0.265	1.67	0.141				
82.80	23.00					2.80	0.477	2.23	0.276	1.71	0.147				
84.60	23.50					2.86	0.495	2.28	0.287	1.75	0.152				
86.40	24.00					2.93	0.514	2.33	0.297	1.79	0.158				

续表 8. 2-9

流量 q		d_n125		d_n140		d_n160									
		d_j0. 1022		d_j0. 1146		d_j0. 1308									
m^3/h	L/s	v	i	v	i	v	i	v	i	v	i	v	i	v	i
88. 20	24. 50	2. 99	0. 533	2. 38	0. 309	1. 82	0. 164								
90. 00	25. 00	3. 05	0. 533	2. 42	0. 320	1. 86	0. 170								
91. 80	25. 50			2. 47	0. 331	1. 90	0. 176								
93. 60	26. 00			2. 52	0. 343	1. 93	0. 182								
95. 40	26. 50			2. 57	0. 355	1. 97	0. 189								
97. 20	27. 00			2. 62	0. 367	2. 01	0. 195								
99. 00	27. 50			2. 67	0. 379	2. 05	0. 201								
100. 8	28. 00			2. 71	0. 391	2. 08	0. 208								
102. 6	28. 50			2. 76	0. 404	2. 12	0. 215								
104. 4	29. 00			2. 81	0. 416	2. 16	0. 221								
106. 2	29. 50			2. 86	0. 429	2. 20	0. 228								
108. 0	30. 00			2. 91	0. 442	2. 23	0. 235								
109. 8	30. 50			2. 96	0. 455	2. 27	0. 242								
111. 6	31. 00			3. 01	0. 468	2. 31	0. 249								
113. 4	31. 50					2. 34	0. 256								
115. 2	32. 00					2. 38	0. 264								
117. 0	32. 50					2. 42	0. 271								
118. 8	33. 00					2. 46	0. 278								
120. 6	33. 50					2. 49	0. 286								
122. 4	34. 00					2. 53	0. 294								
124. 2	34. 50					2. 57	0. 301								
126. 0	35. 00					2. 60	0. 309								
127. 8	35. 50					2. 64	0. 317								
129. 6	36. 00					2. 68	0. 325								
131. 4	36. 50					2. 72	0. 333								
133. 2	37. 00					2. 75	0. 341								
135. 0	37. 50					2. 79	0. 349								
136. 8	38. 00					2. 83	0. 358								
138. 6	38. 50					2. 87	0. 366								
140. 4	39. 00					2. 90	0. 374								
142. 2	39. 50					2. 94	0. 383								
144. 0	40. 00					2. 98	0. 392								
145. 8	40. 50					3. 01	0. 400								

注：1. 表中单位 d_n 为 mm，d_j 为 m，i 为 kPa/m，v 为 m/s。
　　2. 热水管系列 S5 的管材压力等级为 2. 0MPa。

热水管系列 S4 热水（60℃）水力计算表　　　　表 8.2-10

流量 q		d_n20		d_n25		d_n32		d_n40		d_n50		d_n63		d_n75	
		d_j0.0154		d_j0.0194		d_j0.0248		d_j0.0310		d_j0.0388		d_j0.0488		d_j0.0582	
m^3/h	L/s	v	i	v	i	v	i	v	i	v	i	v	i	v	i
0.324	0.09	0.48	0.214												
0.342	0.095	0.51	0.236												
0.360	0.10	0.54	0.258												
0.396	0.11	0.59	0.306												
0.432	0.12	0.64	0.357												
0.468	0.13	0.70	0.412												
0.504	0.14	0.75	0.469	0.47	0.156										
0.540	0.15	0.81	0.530	0.51	0.176										
0.576	0.16	0.86	0.595	0.54	0.198										
0.612	0.17	0.91	0.662	0.58	0.220										
0.648	0.18	0.97	0.733	0.61	0.243										
0.684	0.19	1.02	0.807	0.64	0.268										
0.720	0.20	1.07	0.884	0.68	0.293										
0.900	0.25	1.34	1.313	0.85	0.436	0.52	0.135								
1.080	0.30	1.61	1.814	1.01	0.603	0.62	0.187								
1.260	0.35	1.88	2.385	1.18	0.792	0.72	0.245								
1.440	0.40	2.15	3.022	1.35	1.004	0.83	0.311	0.53	0.107						
1.620	0.45	2.42	3.725	1.52	1.237	0.93	0.383	0.60	0.132						
1.800	0.50	2.68	4.490	1.69	1.491	1.04	0.462	0.66	0.159						
1.980	0.55	2.95	5.317	1.86	1.766	1.14	0.547	0.73	0.188	0.47	0.065				
2.160	0.60	3.22	6.205	2.03	2.061	1.24	0.638	0.79	0.220	0.51	0.075				
2.340	0.65			2.20	2.375	1.35	0.735	0.86	0.253	0.55	0.087				
2.520	0.70			2.37	2.709	1.45	0.839	0.93	0.289	0.59	0.099				
2.70	0.75			2.54	3.061	1.55	0.948	0.99	0.327	0.63	0.112				
2.88	0.80			2.71	3.433	1.66	1.063	1.06	0.366	0.68	0.125				
3.06	0.85			2.88	3.822	1.76	1.184	1.13	0.408	0.72	0.140				
3.24	0.90			3.04	4.230	1.86	1.310	1.19	0.451	0.76	0.155	0.48	0.052		
3.42	0.95					1.97	1.442	1.26	0.497	0.80	0.170	0.51	0.057		
3.60	1.00					2.07	1.579	1.32	0.544	0.85	0.186	0.53	0.062		
3.78	1.05					2.17	1.722	1.39	0.593	0.89	0.203	0.56	0.068		
3.96	1.10					2.28	1.870	1.46	0.644	0.93	0.221	0.59	0.074		
4.14	1.15					2.38	2.023	1.52	0.697	0.97	0.239	0.61	0.080		
4.32	1.20					2.48	2.182	1.59	0.752	1.01	0.258	0.64	0.086		

续表 8.2-10

流量 q		d_n32		d_n40		d_n50		d_n63		d_n75		d_n90		d_n110	
		d_j0.0248		d_j0.0310		d_j0.0388		d_j0.0488		d_j0.0582		d_j0.0698		d_j0.0854	
m^3/h	L/s	v	i	v	i	v	i	v	i	v	i	v	i	v	i
4.50	1.25	2.59	2.346	1.66	0.808	1.06	0.277	0.67	0.093						
4.68	1.30	2.69	2.515	1.72	0.867	1.10	0.297	0.70	0.099	0.49	0.043				
4.86	1.35	2.79	2.689	1.79	0.927	1.14	0.317	0.72	0.106	0.51	0.046				
5.04	1.40	2.90	2.868	1.85	0.989	1.18	0.339	0.75	0.113	0.53	0.049				
5.22	1.45	3.00	3.053	1.92	1.052	1.23	0.360	0.78	0.121	0.55	0.052				
5.40	1.50			1.99	1.117	1.27	0.383	0.80	0.128	0.56	0.055				
5.58	1.55			2.05	1.184	1.31	0.406	0.83	0.136	0.58	0.059				
5.76	1.60			2.12	1.253	1.35	0.429	0.86	0.144	0.60	0.062				
5.94	1.65			2.19	1.323	1.40	0.453	0.88	0.152	0.62	0.065				
6.12	1.70			2.25	1.395	1.44	0.478	0.91	0.160	0.64	0.069				
6.30	1.75			2.32	1.469	1.48	0.503	0.94	0.168	0.66	0.073				
6.48	1.80			2.38	1.544	1.52	0.529	0.96	0.177	0.68	0.076				
6.66	1.85			2.45	1.621	1.56	0.555	0.99	0.186	0.70	0.080	0.48	0.034		
6.84	1.90			2.52	1.699	1.61	0.582	1.02	0.195	0.71	0.084	0.50	0.035		
7.02	1.95			2.58	1.779	1.65	0.609	1.04	0.204	0.73	0.088	0.51	0.037		
7.20	2.00			2.65	1.861	1.69	0.637	1.07	0.213	0.75	0.092	0.52	0.039		
7.56	2.10			2.78	2.029	1.78	0.695	1.12	0.233	0.79	0.100	0.55	0.042		
7.92	2.20			2.91	2.204	1.86	0.755	1.18	0.253	0.83	0.109	0.57	0.046		
8.28	2.30			3.05	2.385	1.95	0.817	1.23	0.273	0.86	0.118	0.60	0.050		
8.64	2.40					2.03	0.881	1.28	0.295	0.90	0.127	0.63	0.053		
9.00	2.50					2.11	0.947	1.34	0.317	0.94	0.137	0.65	0.057		
9.36	2.60					2.20	1.015	1.39	0.340	0.98	0.147	0.68	0.062		
9.72	2.70					2.28	1.086	1.44	0.363	1.01	0.157	0.71	0.066		
10.08	2.80					2.37	1.158	1.50	0.387	1.05	0.167	0.73	0.070	0.49	0.027
10.44	2.90					2.45	1.232	1.55	0.412	1.09	0.178	0.76	0.075	0.51	0.029
10.80	3.00					2.54	1.309	1.60	0.438	1.13	0.189	0.78	0.079	0.52	0.030
11.16	3.10					2.62	1.387	1.66	0.464	1.17	0.200	0.81	0.084	0.54	0.032
11.52	3.20					2.71	1.467	1.71	0.491	1.20	0.212	0.84	0.089	0.56	0.034
11.88	3.30					2.79	1.550	1.76	0.519	1.24	0.224	0.86	0.094	0.58	0.036
12.24	3.40					2.88	1.634	1.82	0.547	1.28	0.236	0.89	0.099	0.59	0.038
12.60	3.50					2.96	1.720	1.87	0.576	1.32	0.248	0.91	0.104	0.61	0.040
12.96	3.60					3.04	1.808	1.92	0.605	1.35	0.261	0.94	0.110	0.63	0.042

续表 8.2-10

流量 q		d_n63		d_n75		d_n90		d_n110		d_n125		d_n140		d_n160	
		d_j0.0488		d_j0.0582		d_j0.0698		d_j0.0854		d_j0.0970		d_j0.1086		d_j0.1242	
m^3/h	L/s	v	i	v	i	v	i	v	i	v	i	v	i	v	i
13.32	3.70	1.98	0.635	1.39	0.274	0.97	0.115	0.65	0.044	0.50	0.024				
13.68	3.80	2.03	0.666	1.43	0.287	0.99	0.121	0.66	0.046	0.51	0.025				
14.04	3.90	2.09	0.698	1.47	0.301	1.02	0.126	0.68	0.048	0.53	0.026				
14.40	4.00	2.14	0.730	1.50	0.315	1.05	0.132	0.70	0.050	0.54	0.027				
14.76	4.10	2.19	0.762	1.54	0.329	1.07	0.138	0.72	0.053	0.55	0.029				
15.12	4.20	2.25	0.796	1.58	0.343	1.10	0.144	0.73	0.055	0.57	0.030				
15.48	4.30	2.30	0.829	1.62	0.358	1.12	0.150	0.75	0.057	0.58	0.031				
15.84	4.40	2.35	0.864	1.65	0.373	1.15	0.156	0.77	0.060	0.60	0.033				
16.20	4.50	2.41	0.899	1.69	0.388	1.18	0.163	0.79	0.062	0.61	0.034				
16.56	4.60	2.46	0.935	1.73	0.403	1.20	0.169	0.80	0.065	0.62	0.035	0.50	0.021		
16.92	4.70	2.51	0.971	1.77	0.419	1.23	0.176	0.82	0.067	0.64	0.037	0.51	0.021		
17.28	4.80	2.57	1.008	1.80	0.435	1.25	0.183	0.84	0.070	0.65	0.038	0.52	0.022		
17.64	4.90	2.62	1.046	1.84	0.451	1.28	0.189	0.86	0.072	0.66	0.039	0.53	0.023		
18.00	5.00	2.67	1.084	1.88	0.467	1.31	0.196	0.87	0.075	0.68	0.041	0.54	0.024		
18.36	5.10	2.73	1.123	1.92	0.484	1.33	0.203	0.89	0.078	0.69	0.042	0.55	0.025		
18.72	5.20	2.78	1.162	1.95	0.501	1.36	0.210	0.91	0.080	0.70	0.044	0.56	0.026		
19.08	5.30	2.83	1.202	1.99	0.518	1.39	0.218	0.93	0.083	0.72	0.045	0.57	0.026		
19.44	5.40	2.89	1.242	2.03	0.536	1.41	0.225	0.94	0.086	0.73	0.047	0.58	0.027		
19.80	5.50	2.94	1.284	2.07	0.554	1.44	0.232	0.96	0.089	0.74	0.048	0.59	0.028		
20.16	5.60	2.99	1.325	2.11	0.572	1.46	0.240	0.98	0.092	0.76	0.050	0.60	0.029		
20.52	5.70	3.05	1.367	2.14	0.590	1.49	0.248	1.00	0.095	0.77	0.051	0.62	0.030		
20.88	5.80			2.18	0.608	1.52	0.255	1.01	0.098	0.78	0.053	0.63	0.031		
21.24	5.90			2.22	0.627	1.54	0.263	1.03	0.101	0.80	0.055	0.64	0.032		
21.60	6.00			2.26	0.646	1.57	0.271	1.05	0.104	0.81	0.056	0.65	0.033		
21.96	6.10			2.29	0.665	1.59	0.279	1.06	0.107	0.83	0.058	0.66	0.034	0.50	0.018
22.32	6.20			2.33	0.685	1.62	0.288	1.08	0.110	0.84	0.060	0.67	0.035	0.51	0.018
22.68	6.30			2.37	0.704	1.65	0.296	1.10	0.113	0.85	0.061	0.68	0.036	0.52	0.019
23.04	6.40			2.41	0.724	1.67	0.304	1.12	0.116	0.87	0.063	0.69	0.037	0.53	0.019
23.40	6.50			2.44	0.745	1.70	0.313	1.13	0.119	0.88	0.065	0.70	0.038	0.54	0.020
23.76	6.60			2.48	0.765	1.72	0.321	1.15	0.123	0.89	0.067	0.71	0.039	0.54	0.021
24.12	6.70			2.52	0.786	1.75	0.330	1.17	0.126	0.91	0.069	0.72	0.040	0.55	0.021
24.48	6.80			2.56	0.807	1.78	0.339	1.19	0.129	0.92	0.070	0.73	0.041	0.56	0.022

续表 8.2-10

流量 q		d_n63		d_n75		d_n90		d_n110		d_n125		d_n140		d_n160	
		d_j0.0488		d_j0.0582		d_j0.0698		d_j0.0854		d_j0.0970		d_j0.1086		d_j0.1242	
m^3/h	L/s	v	i	v	i	v	i	v	i	v	i	v	i	v	i
24.84	6.90			2.59	0.828	1.80	0.348	1.20	0.133	0.93	0.072	0.74	0.042	0.57	0.022
25.20	7.00			2.63	0.849	1.83	0.357	1.22	0.136	0.95	0.074	0.76	0.043	0.58	0.023
25.56	7.10			2.67	0.871	1.86	0.366	1.24	0.140	0.96	0.076	0.77	0.044	0.59	0.023
25.92	7.20			2.71	0.893	1.88	0.375	1.26	0.143	0.97	0.078	0.78	0.045	0.59	0.024
26.28	7.30			2.74	0.915	1.91	0.384	1.27	0.147	0.99	0.080	0.79	0.047	0.60	0.025
26.64	7.40			2.78	0.937	1.93	0.394	1.29	0.150	1.00	0.082	0.80	0.048	0.61	0.025
27.00	7.50			2.82	0.960	1.96	0.403	1.31	0.154	1.01	0.084	0.81	0.049	0.62	0.026
27.36	7.60			2.86	0.983	1.99	0.413	1.33	0.158	1.03	0.086	0.82	0.050	0.63	0.026
27.72	7.70			2.89	1.006	2.01	0.422	1.34	0.161	1.04	0.088	0.83	0.051	0.64	0.027
28.08	7.80			2.93	1.029	2.04	0.432	1.36	0.165	1.06	0.090	0.84	0.052	0.64	0.028
28.44	7.90			2.97	1.052	2.06	0.442	1.38	0.169	1.07	0.092	0.85	0.054	0.65	0.028
28.80	8.00			3.01	1.076	2.09	0.452	1.40	0.173	1.08	0.094	0.86	0.055	0.66	0.029
29.16	8.10					2.12	0.462	1.41	0.176	1.10	0.096	0.87	0.056	0.67	0.030
29.52	8.20					2.14	0.472	1.43	0.180	1.11	0.098	0.89	0.057	0.68	0.030
29.88	8.30					2.17	0.482	1.45	0.184	1.12	0.100	0.90	0.058	0.69	0.031
30.24	8.40					2.20	0.493	1.47	0.188	1.14	0.102	0.91	0.060	0.69	0.031
30.60	8.50					2.22	0.503	1.48	0.192	1.15	0.105	0.92	0.061	0.70	0.032
30.96	8.60					2.25	0.514	1.50	0.196	1.16	0.107	0.93	0.062	0.71	0.033
31.32	8.70					2.27	0.524	1.52	0.200	1.18	0.109	0.94	0.064	0.72	0.033
31.68	8.80					2.30	0.535	1.54	0.204	1.19	0.111	0.95	0.065	0.73	0.034
32.04	8.90					2.33	0.546	1.55	0.208	1.20	0.113	0.96	0.066	0.73	0.035
32.40	9.00					2.35	0.557	1.57	0.213	1.22	0.116	0.97	0.067	0.74	0.036
32.76	9.10					2.38	0.568	1.59	0.217	1.23	0.118	0.98	0.069	0.75	0.036
33.12	9.20					2.40	0.576	1.61	0.221	1.24	0.120	0.99	0.070	0.76	0.037
33.48	9.30					2.43	0.590	1.62	0.225	1.26	0.123	1.00	0.072	0.77	0.038
33.84	9.40					2.46	0.602	1.64	0.230	1.27	0.125	1.01	0.073	0.78	0.038
34.20	9.50					2.48	0.613	1.66	0.234	1.29	0.127	1.03	0.074	0.78	0.039
34.56	9.60					2.51	0.624	1.68	0.238	1.30	0.130	1.04	0.076	0.79	0.040
34.92	9.70					2.53	0.636	1.69	0.243	1.31	0.132	1.05	0.077	0.80	0.041
35.28	9.80					2.56	0.648	1.71	0.247	1.33	0.135	1.06	0.079	0.81	0.041
35.64	9.90					2.59	0.659	1.73	0.252	1.34	0.137	1.07	0.080	0.82	0.042
36.00	10.00					2.61	0.671	1.75	0.256	1.35	0.140	1.08	0.081	0.83	0.043

续表 8.2-10

流量 q		d_n90		d_n110		d_n125		d_n140		d_n160					
		d_j0.0698		d_j0.0854		d_j0.0970		d_j0.1086		d_j0.1242					
m^3/h	L/s	v	i	v	i	v	i	v	i	v	i	v	i	v	i
36.90	10.25	2.68	0.701	1.79	0.268	1.39	0.146	1.11	0.085	0.85	0.045				
37.80	10.50	2.74	0.732	1.83	0.279	1.42	0.152	1.13	0.089	0.87	0.047				
38.70	10.75	2.81	0.763	1.88	0.291	1.45	0.159	1.16	0.093	0.89	0.049				
39.60	11.00	2.87	0.795	1.92	0.304	1.49	0.165	1.19	0.096	0.91	0.051				
40.50	11.25	2.94	0.827	1.96	0.316	1.52	0.172	1.21	0.100	0.93	0.053				
41.40	11.50	3.01	0.860	2.01	0.328	1.56	0.179	1.24	0.104	0.95	0.055				
42.30	11.75			2.05	0.341	1.59	0.186	1.27	0.108	0.97	0.057				
43.20	12.00			2.09	0.354	1.62	0.193	1.30	0.112	0.99	0.059				
44.10	12.25			2.14	0.367	1.66	0.200	1.32	0.117	1.01	0.061				
45.00	12.50			2.18	0.381	1.69	0.207	1.35	0.121	1.03	0.064				
45.90	12.75			2.23	0.394	1.73	0.215	1.38	0.125	1.05	0.066				
46.80	13.00			2.27	0.408	1.76	0.222	1.40	0.130	1.07	0.068				
47.70	13.25			2.31	0.422	1.79	0.230	1.43	0.134	1.09	0.071				
48.60	13.50			2.36	0.436	1.83	0.238	1.46	0.139	1.11	0.073				
49.50	13.75			2.40	0.451	1.86	0.245	1.48	0.143	1.13	0.075				
50.40	14.00			2.44	0.466	1.89	0.253	1.51	0.148	1.16	0.078				
51.30	14.25			2.49	0.480	1.93	0.262	1.54	0.153	1.18	0.080				
52.20	14.50			2.53	0.495	1.96	0.270	1.57	0.157	1.20	0.083				
53.10	14.75			2.58	0.511	2.00	0.278	1.59	0.162	1.22	0.085				
54.00	15.00			2.62	0.526	2.03	0.286	1.62	0.167	1.24	0.088				
55.80	15.50			2.71	0.558	2.10	0.304	1.67	0.177	1.28	0.093				
57.60	16.00			2.79	0.590	2.17	0.321	1.73	0.187	1.32	0.099				
59.40	16.50			2.88	0.623	2.23	0.339	1.78	0.198	1.36	0.104				
61.20	17.00			2.97	0.657	2.30	0.358	1.84	0.209	1.40	0.110				
63.00	17.50			3.06	0.692	2.37	0.377	1.89	0.220	1.44	0.116				
64.80	18.00					2.44	0.396	1.94	0.231	1.49	0.122				
66.60	18.50					2.50	0.416	2.00	0.242	1.53	0.128				
68.40	19.00					2.57	0.436	2.05	0.254	1.57	0.134				
70.20	19.50					2.64	0.456	2.11	0.266	1.61	0.140				
72.00	20.00					2.71	0.477	2.16	0.278	1.65	0.147				
73.80	20.50					2.77	0.499	2.21	0.291	1.69	0.153				
75.60	21.00					2.84	0.520	2.27	0.303	1.73	0.160				

续表 8.2-10

流量 q		d_n125		d_n140		d_n160									
		d_j0.0970		d_j0.1086		d_j0.1242									
m^3/h	L/s	v	i	v	i	v	i	v	i	v	i	v	i	v	i
77.40	21.50	2.91	0.543	2.32	0.316	1.77	0.167								
79.20	22.00	2.98	0.565	2.38	0.330	1.82	0.174								
81.00	22.50	3.04	0.588	2.43	0.343	1.86	0.181								
82.80	23.00			2.48	0.357	1.90	0.188								
84.60	23.50			2.54	0.370	1.94	0.195								
86.40	24.00			2.59	0.385	1.98	0.203								
88.20	24.50			2.64	0.399	2.02	0.210								
90.00	25.00			2.70	0.413	2.06	0.218								
91.80	25.50			2.75	0.428	2.10	0.226								
93.60	26.00			2.81	0.443	2.15	0.234								
95.40	26.50			2.86	0.458	2.19	0.242								
97.20	27.00			2.91	0.474	2.23	0.250								
99.00	27.50			2.97	0.490	2.27	0.258								
100.8	28.00			3.02	0.506	2.31	0.266								
102.6	28.50					2.35	0.275								
104.4	29.00					2.39	0.283								
106.2	29.50					2.43	0.292								
108.0	30.00					2.48	0.301								
109.8	30.50					2.52	0.310								
111.6	31.00					2.56	0.319								
113.4	31.50					2.60	0.328								
115.2	32.00					2.64	0.338								
117.0	32.50					2.68	0.347								
118.8	33.00					2.72	0.356								
120.6	33.50					2.77	0.366								
122.4	34.00					2.81	0.376								
124.2	34.50					2.85	0.386								
126.0	35.00					2.89	0.396								
127.8	35.50					2.93	0.406								
129.6	36.00					2.97	0.416								
131.4	36.50					3.01	0.426								

注：1. 表中单位 d_n 为 mm，d_j 为 m，i 为 kPa/m，v 为 m/s。
2. 热水管系列 S4 的管材压力等级为 2．5MPa。

8.2.3 热水用聚丙烯管（PP-R）水力计算用表

聚丙烯管水力计算表　　　　表 8.2-11

Q		D_e（mm）															
		20		25		32		40		50		63		75		90	
m^3/h	L/s	v	i	v	i	v	i	v	i	v	i	v	i	v	i	v	i
0.090	0.025	0.18	4.534														
0.108	0.030	0.22	6.266	0.14	2.098												
0.126	0.035	0.26	8.237	0.16	2.758												
0.144	0.040	0.29	10.44	0.18	3.495												
0.162	0.045	0.33	12.86	0.21	4.307	0.13	1.340										
0.180	0.050	0.37	15.51	0.23	5.192	0.14	1.615										
0.198	0.055	0.40	18.36	0.25	6.149	0.16	1.913										
0.216	0.060	0.44	21.43	0.28	7.175	0.17	2.232										
0.236	0.065	0.47	24.70	0.30	8.270	0.18	2.573										
0.252	0.070	0.51	28.17	0.32	9.432	0.20	2.934										
0.270	0.075	0.55	31.84	0.35	10.66	0.21	3.316	0.13	1.122								
0.288	0.080	0.58	35.70	0.37	11.95	0.23	3.718	0.14	1.259								
0.306	0.085	0.62	39.75	0.39	13.31	0.24	4.140	0.15	1.402								
0.324	0.090	0.66	43.94	0.42	14.73	0.25	4.582	0.16	1.551								
0.342	0.095	0.69	48.42	0.44	16.21	0.27	5.044	0.17	1.707								
0.360	0.10	0.73	53.04	0.46	17.76	0.28	5.524	0.18	1.870								
0.396	0.11	0.80	62.81	0.51	21.03	0.31	6.542	0.20	2.214								
0.432	0.12	0.88	73.29	0.55	24.54	0.34	7.634	0.22	2.584	0.14	0.897						
0.468	0.13	0.95	84.47	0.60	28.28	0.37	8.798	0.23	2.978	0.15	1.034						
0.504	0.14	1.02	96.34	0.65	32.26	0.40	10.03	0.25	3.397	0.16	1.179						
0.540	0.15	1.10	108.9	0.69	36.46	0.42	11.34	0.27	3.839	0.17	1.332						
0.576	0.16	1.17	122.1	0.74	40.88	0.45	12.72	0.29	4.304	0.18	1.494						
0.612	0.17	1.24	136.0	0.79	45.52	0.48	14.16	0.31	4.793	0.20	1.664						
0.648	0.18	1.32	150.5	0.83	50.38	0.51	15.67	0.32	5.305	0.21	1.841	0.13	0.599				
0.684	0.19	1.39	165.6	0.88	55.45	0.54	17.25	0.34	5.839	0.22	2.027	0.14	0.660				
0.720	0.20	1.46	181.4	0.92	60.73	0.57	18.89	0.36	6.395	0.23	2.220	0.14	0.722				
0.900	0.25	1.83	269.5	1.16	90.23	0.71	28.07	0.45	9.501	0.29	3.298	0.18	1.073				
1.080	0.30	2.19	372.4	1.39	124.7	0.85	38.79	0.54	13.13	0.35	4.557	0.22	1.483	0.15	0.645		
1.260	0.35	2.56	489.5	1.62	163.9	0.99	50.99	0.63	17.26	0.40	5.990	0.25	1.950	0.18	0.848		
1.440	0.40	2.92	620.3	1.85	207.7	1.13	64.51	0.72	21.87	0.46	7.592	0.29	2.471	0.20	1.075	0.14	0.450

续表 8.2-11

Q		D_e（mm）															
		25		32		40		50		63		75		90		110	
m³/h	L/s	v	i	v	i	v	i	v	i	v	i	v	i	v	i	v	i
1.620	0.45	2.08	256.0	1.27	79.63	0.81	26.95	0.52	9.356	0.32	3.045	0.23	1.325	0.16	0.555		
1.800	0.50	2.31	308.6	1.42	95.99	0.90	32.49	0.58	11.28	0.36	3.671	0.25	1.597	0.18	0.669		
1.980	0.55	2.54	365.4	1.56	113.7	0.99	38.48	0.64	13.26	0.40	4.347	0.28	1.891	0.19	0.792		
2.160	0.60	2.77	426.4	1.70	132.6	1.08	44.90	0.69	15.59	0.43	5.073	0.31	2.207	0.21	0.924	0.14	0.353
2.340	0.65	3.00	491.5	1.84	152.9	1.17	51.75	0.75	17.96	0.47	5.847	0.33	2.543	0.23	1.065	0.15	0.407
2.520	0.70			1.98	174.4	1.26	59.02	0.81	20.49	0.51	6.668	0.36	2.901	0.25	1.215	0.17	0.464
2.700	0.75			2.12	197.1	1.35	66.71	0.87	23.15	0.54	7.536	0.38	3.278	0.27	1.373	0.18	0.524
2.880	0.80			2.27	221.0	1.44	74.80	0.92	25.96	0.58	8.450	0.41	3.676	0.28	1.539	0.19	0.588
3.060	0.85			2.41	246.1	1.53	83.29	0.98	28.91	0.61	9.410	0.43	4.094	0.30	1.714	0.20	0.655
3.240	0.90			2.55	272.3	1.62	92.18	1.04	31.97	0.65	10.41	0.46	5.430	0.32	1.897	0.21	0.725
3.420	0.95			2.69	299.7	1.71	101.5	1.10	35.22	0.69	11.46	0.48	4.986	0.34	2.088	0.22	0.798
3.600	1.00			2.83	328.3	1.80	111.1	1.16	38.57	0.72	12.55	0.51	5.461	0.35	2.287	0.24	0.874
3.780	1.05			2.97	358.0	1.89	121.2	1.21	42.06	0.76	13.69	0.53	5.955	0.37	2.494	0.25	0.953
3.960	1.10			3.12	388.8	1.98	131.6	1.27	45.68	0.79	14.87	0.56	6.468	0.39	2.708	0.26	1.035
4.140	1.15					2.07	142.4	1.33	49.43	0.83	16.09	0.59	6.998	0.41	2.931	0.27	1.120
4.320	1.20					2.16	153.6	1.39	53.30	0.87	17.35	0.61	7.547	0.42	3.161	0.28	1.207
4.500	1.25					2.25	165.1	1.44	57.31	0.90	18.65	0.64	8.114	0.44	3.398	0.30	1.298
4.680	1.30					2.34	177.0	1.50	61.43	0.94	20.00	0.66	8.698	0.46	3.643	0.31	1.392
4.860	1.35					2.43	189.2	1.56	65.69	0.97	21.38	0.69	9.301	0.48	3.895	0.32	1.488
5.040	1.40					2.52	201.9	1.62	70.07	1.01	22.81	0.71	9.921	0.50	4.155	0.33	1.587
5.220	1.45					2.61	214.8	1.67	74.57	1.05	24.27	0.74	10.56	0.51	4.421	0.34	1.689
5.400	1.50					2.70	228.1	1.73	79.19	1.08	25.77	0.76	11.21	0.53	4.695	0.35	1.794
5.580	1.55					2.79	241.8	1.79	83.93	1.12	27.32	0.79	11.88	0.55	4.977	0.37	1.901
5.760	1.60					2.88	255.8	1.85	88.79	1.15	28.90	0.81	12.57	0.57	5.265	0.38	2.011
5.940	1.65					2.97	270.2	1.91	93.78	1.19	30.52	0.84	13.28	0.58	5.560	0.39	2.124
6.120	1.70					3.06	284.9	1.96	98.88	1.23	32.18	0.87	14.00	0.60	5.863	0.40	2.240
6.300	1.75							2.02	104.1	1.26	33.88	0.89	14.74	0.62	6.172	0.41	2.358
6.480	1.80							2.08	109.4	1.30	35.62	0.92	15.49	0.64	6.489	0.43	2.479
6.660	1.85							2.14	114.9	1.34	37.39	0.94	16.27	0.65	6.812	0.44	2.602
6.840	1.90							2.19	120.4	1.37	39.20	0.97	17.05	0.67	7.142	0.45	2.728
7.020	1.95							2.25	126.1	1.41	41.05	0.99	17.86	0.69	7.479	0.46	2.857

续表 8.2-11

Q		D_e (mm)															
		50		63		75		90		110							
m³/h	L/s	v	i	v	i	v	i	v	i	v	i	v	i	v	i	v	i
7.200	2.00	2.31	131.9	1.44	42.94	1.02	18.68	0.71	7.822	0.47	2.988						
7.860	2.10	2.43	143.8	1.52	46.82	1.07	20.37	0.74	8.529	0.50	3.258						
7.920	2.20	2.54	156.2	1.59	50.85	1.12	22.12	0.78	9.263	0.52	3.538						
8.280	2.30	2.66	169.0	1.66	55.02	1.17	23.93	0.81	10.02	0.54	3.829						
8.640	2.40	2.77	182.3	1.73	59.33	1.22	25.81	0.85	10.81	0.57	4.129						
9.000	2.50	2.89	196.0	1.80	63.79	1.27	27.75	0.88	11.62	0.59	4.439						
9.360	2.60	3.00	210.1	1.88	68.39	1.32	29.75	0.92	12.46	0.61	4.759						
9.720	2.70			1.95	73.12	1.38	31.81	0.95	13.32	0.64	5.089						
10.08	2.80			2.02	77.99	1.43	33.93	0.99	14.21	0.66	5.428						
10.44	2.90			2.09	83.00	1.48	36.11	1.03	15.12	0.69	5.776						
10.80	3.00			2.17	88.15	1.53	38.35	1.06	16.06	0.71	6.134						
11.16	3.10			2.24	93.43	1.58	40.64	1.10	17.02	0.73	6.502						
11.52	3.20			2.31	98.84	1.63	43.00	1.13	18.01	0.76	6.878						
11.88	3.30			2.38	104.4	1.68	45.41	1.17	19.02	0.78	7.264						
12.24	3.40			2.45	110.1	1.73	47.88	1.20	20.05	0.80	7.659						
12.60	3.50			2.53	115.9	1.78	50.41	1.24	21.11	0.83	8.064						
12.96	3.60			2.60	121.8	1.83	52.99	1.27	22.19	0.85	8.477						
13.32	3.70			2.67	127.9	1.88	55.63	1.31	23.30	0.87	8.899						
13.68	3.80			2.74	134.1	1.94	58.32	1.34	24.43	0.90	9.330						
14.01	3.90			2.81	140.4	1.99	61.07	1.38	25.58	0.92	9.770						
14.40	4.00			2.89	146.8	2.04	63.88	1.41	26.75	0.95	10.22						
14.76	4.10			2.96	153.4	2.09	66.74	1.45	27.95	0.97	10.68						
15.12	4.20			3.03	160.1	2.14	69.66	1.49	29.17	0.99	11.14						
15.48	4.30					2.19	72.62	1.52	30.41	1.02	11.62						
15.84	4.40					2.24	75.65	1.56	31.68	1.04	12.10						
16.20	4.50					2.29	78.72	1.59	32.97	1.06	12.59						
16.56	4.60					2.34	81.85	1.63	34.28	1.09	13.09						
16.92	4.70					2.39	85.04	1.66	35.61	1.11	13.60						
17.28	4.80					2.44	88.27	1.70	36.97	1.13	14.12						
17.64	4.90					2.50	91.56	1.73	38.34	1.16	14.65						
18.00	5.00					2.55	94.90	1.77	39.74	1.18	15.18						

续表 8.2-11

Q		D_e (mm)															
		75		90		110											
m^3/h	L/s	v	i	v	i	v	i	v	i	v	i	v	i	v	i	v	i
18.36	5.10	2.60	98.30	1.80	41.17	1.21	15.73										
18.72	5.20	2.65	101.7	1.84	42.61	1.23	16.28										
19.08	5.30	2.70	105.2	1.87	44.07	1.25	16.84										
19.44	5.40	2.75	108.8	1.91	45.56	1.28	17.40										
19.80	5.50	2.80	112.4	1.95	47.07	1.30	17.98										
20.16	5.60	2.85	116.0	1.98	48.59	1.32	18.56										
20.52	5.70	2.90	119.7	2.02	50.14	1.35	19.16										
20.88	5.80	2.95	123.5	2.05	51.72	1.37	19.76										
21.24	5.90	3.00	127.3	2.09	53.31	1.39	20.36										
21.60	6.00	3.06	131.1	2.12	54.92	1.42	20.98										
21.96	6.10			2.16	56.56	1.44	21.60										
22.32	6.20			2.19	58.21	1.47	22.24										
22.68	6.30			2.32	59.89	1.49	22.88										
23.04	6.40			2.26	61.58	1.51	23.52										
23.40	6.50			2.30	63.30	1.54	24.18										
23.76	6.60			2.33	65.04	1.56	24.84										
24.12	6.70			2.37	66.80	1.58	25.52										
24.48	6.80			2.41	68.58	1.61	26.20										
24.84	6.90			2.44	70.37	1.63	26.88										
25.20	7.00			2.48	72.19	1.65	27.58										
25.56	7.10			2.51	74.03	1.68	28.28										
25.92	7.20			2.55	75.89	1.70	28.99										
26.28	7.30			2.58	77.77	1.73	29.71										
26.64	7.40			2.62	79.67	1.75	30.44										
27.00	7.50			2.65	81.59	1.77	31.17										
27.36	7.60			2.69	83.53	1.80	31.91										
27.72	7.70			2.72	85.49	1.82	32.66										
28.08	7.80			2.76	87.47	1.84	33.41										
28.44	7.90			2.79	89.47	1.87	34.18										
28.80	8.00			2.83	91.49	1.89	34.95										
29.16	8.10			2.86	93.53	1.91	35.73										

续表 8.2-11

Q		D_e（mm）															
		90		110													
m³/h	L/s	v	i	v	i	v	i	v	i	v	i	v	i	v	i	v	i
29.52	8.20	2.90	95.59	1.94	36.51												
29.88	8.30	2.94	97.67	1.96	37.31												
30.24	8.40	2.97	99.76	1.99	38.11												
30.60	8.50	3.01	101.9	2.01	39.92												
30.96	8.60	3.04	104.0	2.03	39.73												
31.32	8.70	3.08	106.2	2.06	40.56												
31.68	8.80	3.11	108.3	2.08	41.39												
32.04	8.90			2.10	42.23												
32.40	9.00			2.13	43.07												
32.76	9.10			2.15	43.92												
33.12	9.20			2.17	44.78												
33.48	9.30			2.20	45.65												
33.84	9.40			2.22	46.53												
34.20	9.50			2.25	47.41												
34.56	9.60			2.27	48.30												
34.92	9.70			2.29	49.19												
35.28	9.80			2.32	50.10												
35.64	9.90			2.34	51.01												
36.00	10.00			2.36	51.92												
36.90	10.25			2.42	54.25												
37.70	10.50			2.48	56.62												
38.70	10.75			2.54	59.03												
39.60	11.00			2.60	61.49												
40.50	11.25			2.66	63.99												
41.40	11.50			2.72	66.53												
42.30	11.75			2.78	69.12												
43.20	12.00			2.84	71.75												
44.10	12.25			2.90	74.42												
45.00	12.50			2.95	77.14												
45.90	12.75			3.01	79.90												

注：1. 表中单位：i 为 kPa/m，v 为 m/s；

2. 表中条件：t = 70℃，υ = 0.0041cm²/s，公称压力 2.5MPa。

8.2.4　热水用铝塑复合管水力计算用图

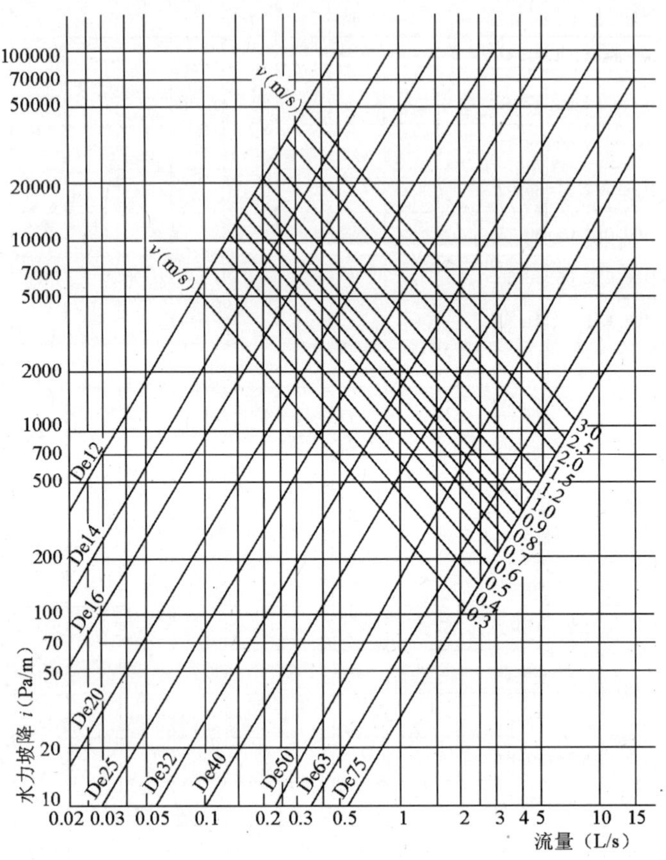

图 8.2-1　铝塑复合管热水管水力计算图（水温：65℃，介质：水）

8.2.5 热水用交联聚乙烯（PEX）管水力计算用图表

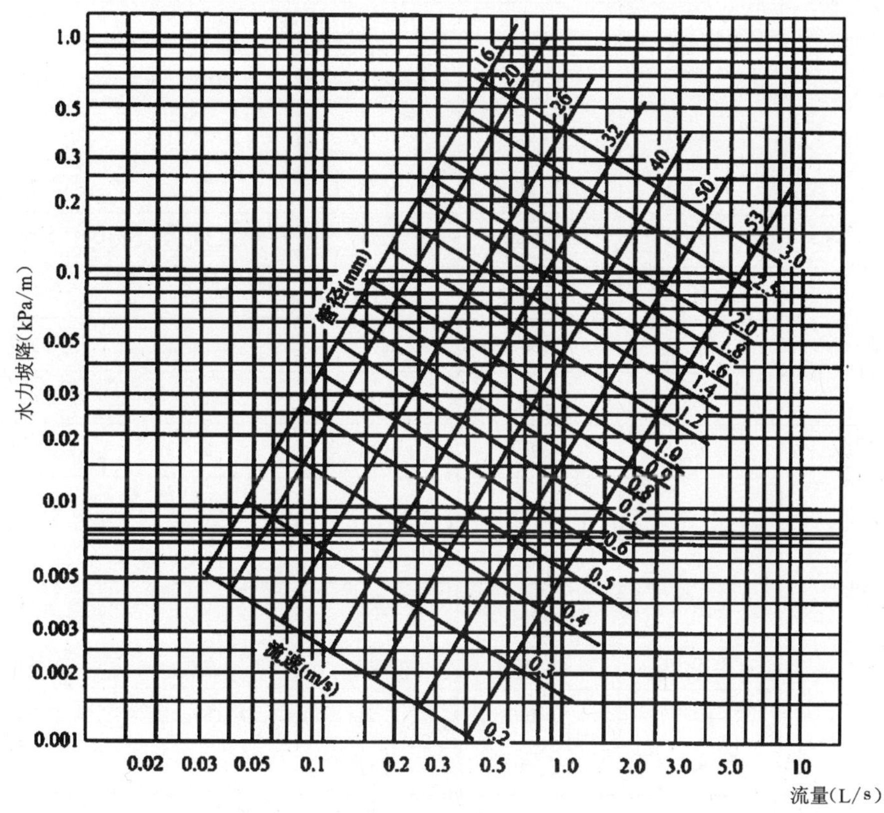

图 8.2-2 交联聚乙烯热水管水力计算图（水温：60℃，介质：水）

交联聚乙烯管水头损失温度修正系数表 **表 8.1-12**

水温（℃）	10	20	30	40	50	60	70	80	90	95
修正系数	1.23	1.18	1.12	1.08	1.03	1.00	0.98	0.96	0.93	0.90

交联聚乙烯管使用温度与允许工作压力及使用寿命表　　表 8.1-13

工作条件		管外径/壁厚（SDR）			
		13.6	11	9	•7.3
温度（℃）	使用年限（年）	相应压力等级（MPa）			
		0.60	1.25	1.60	2.00
10	1	1.42	1.79	2.25	2.83
	5	1.39	1.76	2.21	2.78
	10	1.38	1.74	2.19	2.76
	25	1.37	1.72	2.17	2.73
	50	1.36	1.71	2.15	2.71
	100	1.35	1.70	2.14	2.69
20	1	1.26	1.58	1.99	2.51
	5	1.23	1.55	1.96	2.46
	10	1.22	1.54	1.94	2.44
	25	1.21	1.52	1.92	2.42
	50	1.20	1.51	1.91	2.40
	100	1.19	1.50	1.89	2.38
30	1	1.12	1.41	1.77	2.23
	5	1.00	1.38	1.74	2.19
	10	1.09	1.37	1.72	2.17
	25	1.07	1.35	1.71	2.15
	50	1.07	1.34	1.69	2.13
	100	1.06	1.33	1.68	2.11
40	1	0.99	1.25	1.58	1.99
	5	0.97	1.23	1.55	1.95
	10	0.96	1.22	1.53	1.93
	25	0.95	1.20	1.51	1.91
	50	0.95	1.19	1.50	1.89
	100	0.94	1.18	1.49	1.88

续表 8.2-13

工作条件		管外径/壁厚（SDR）			
		13.6	11	9	7.3
温度（℃）	使用年限（年）	相应压力等级（MPa）			
		0.60	1.25	1.60	2.00
50	1	0.89	1.12	1.41	1.77
	5	0.87	1.10	1.38	1.74
	10	0.86	1.09	1.37	1.72
	25	0.85	1.07	1.35	1.70
	50	0.85	1.07	1.34	1.69
	100	0.84	1.06	1.33	1.67
60	1	0.79	1.00	1.26	1.58
	5	0.78	0.98	1.23	1.55
	10	0.77	0.97	1.22	1.54
	25	0.76	0.96	1.21	1.52
	50	0.75	0.95	1.20	1.51
70	1	0.71	0.89	1.13	1.42
	5	0.70	0.88	1.10	1.39
	10	0.69	0.87	1.09	1.38
	25	0.68	0.86	1.08	1.36
	50	0.67	0.85	1.07	1.35
80	1	0.64	0.80	1.01	1.27
	5	0.63	0.79	0.99	1.24
	10	0.62	0.78	0.98	1.23
	25	0.61	0.77	0.97	1.22
	50	0.61	0.76	0.96	1.21
90	1	0.57	0.72	0.91	1.14
	5	0.56	0.71	0.89	1.12
	10	0.55	0.70	0.88	1.11
	25	0.55	0.69	0.87	1.10
95	1	0.54	0.68	0.86	1.08
	5	0.53	0.67	0.84	1.06
	10	0.53	0.66	0.83	1.05
	25	0.52	0.66	0.82	1.04

8.3 氯化聚氯乙烯（PVC-C）冷、热水管管材、管件、阀门规格及水力计算参数用表

管材规格尺寸表（mm）　　表 8.3-1

公称外径（d_n）	管材不圆度最大值	管系数（s）/公称壁厚		
		6.3	5	4
20	1.2	2.0	2.0	2.3
25	1.2	2.0	2.3	2.8
32	1.3	2.4	2.9	3.6
40	1.4	3.0	3.7	4.5
50	1.4	3.7	4.6	5.6
63	1.5	4.7	5.8	7.1
75	1.6	5.6	6.8	8.4
90	1.8	6.7	8.2	10.1
110	2.2	8.1	10.0	12.3
125	2.5	9.2	11.4	14.0
140	2.8	10.3	12.7	15.7
160	3.2	11.8	14.6	17.9

注：与管系列 S6.3、S5、S4 相对应的管材压力等级分别为 1.6MPa、2.0MPa、2.5MPa。

管件和阀的局部阻力折算管长表　　表 8.3-2

公称外径 d_n（mm）	折算管长（m）							
	90°弯头	45°弯头	三通（分流）	三通（直流）	闸阀	球阀	角阀	单向阀
20	0.75	0.45	1.2	0.24	0.15	6.0	3.6	1.6
25	0.9	0.54	1.5	0.27	0.18	7.5	4.5	2.0
32	1.2	0.72	1.8	0.36	0.24	10.5	5.4	2.5
40	1.5	0.9	2.1	0.45	0.30	13.5	6.6	3.1
50	2.1	1.2	3.0	0.60	0.39	16.5	8.4	4.0
63	2.4	1.5	3.6	0.75	0.48	19.5	10.2	4.6
75	3.0	1.8	4.5	0.90	0.63	24.0	12.0	5.7
90	3.5	2.1	5.4	1.05	0.70	30.0	14.3	6.6
110	4.2	2.4	6.3	1.20	0.81	37.5	16.5	7.6
125	5.1	3.0	7.5	1.50	0.99	42.0	21.0	10.0
140	6.0	3.6	9.0	1.80	1.20	49.5	24.0	12.0
160	6.8	4.0	10.2	2.00	1.30	55.0	26.0	14.0

8.4 给水聚丙烯管不同温度及使用寿命下的允许压力用表

给水聚丙烯管不同温度及使用寿命下允许压力　　表 8.4-1

使用温度 ℃	使用寿命 （年）	公称压力（MPa）					
		1.0	1.25	1.6	2.0	2.5	3.2
20	1	1.43	1.96	2.27	2.86	3.60	4.53
	5	1.35	1.70	2.14	2.69	3.39	4.26
	10	1.31	1.65	2.08	2.62	3.30	4.15
	25	1.27	1.59	2.01	2.53	3.18	4.01
	50	1.23	1.53	1.96	2.46	3.10	3.90
40	1	1.04	1.30	1.64	2.07	2.60	3.26
	5	0.97	1.22	1.54	1.93	2.43	3.06
	10	0.94	1.18	1.49	1.88	2.36	2.97
	25	0.91	1.14	1.43	1.81	2.27	2.86
	50	0.88	1.11	1.39	1.76	2.21	2.78
60	1	0.74	0.93	1.17	1.47	1.86	2.34
	5	0.69	0.87	1.09	1.37	1.73	2.17
	10	0.67	0.84	1.05	1.33	1.67	2.10
	25	0.64	0.80	1.01	1.28	1.61	2.02
	50	0.62	0.78	0.98	1.23	1.55	1.96
70	1	0.62	0.78	0.98	1.24	1.56	1.96
	5	0.58	0.73	0.91	1.15	1.45	1.82
	10	0.56	0.70	0.88	1.11	1.40	1.76
	25	0.49	0.61	0.77	0.97	1.22	1.54
	50	0.41	0.52	0.65	0.82	1.03	1.30
80	1	0.52	0.66	0.83	1.04	1.31	1.65
	5	0.48	0.61	0.76	0.96	1.21	1.52
	10	0.39	0.49	0.62	0.78	0.98	1.23
	25	0.31	0.39	0.50	0.62	0.79	0.99
95	1	0.37	0.47	0.59	0.74	0.93	1.17
	5	0.25	0.31	0.40	0.50	0.63	0.79
	(10)	(0.21)	(0.27)	(0.34)	(0.42)	(0.53)	(0.67)

注：括号中数据不推荐使用。

8.5　给水管道布置与敷设用表

8.5.1　管道中心距和管中心至墙面距离（钢管）用表

非保温层管道与非保温管道中心距（mm）　　表 8.5-1

管径（*DN*）	25	32	40	50	70	80	100	125	150	200	250	300	管中心至墙面
25	135												110
32	165	165											120
40	165	175	175										130
50	180	180	190	190									130
70	195	195	205	205	215								140
80	210	210	210	220	230	240							150
100	220	220	230	230	240	250	260						160
125	235	245	245	255	255	265	275	295					180
150	255	255	265	265	275	285	295	305	325				190
200	270	270	270	280	290	300	310	320	330	360			220
250	305	305	315	315	325	335	345	355	375	395	425		250
300	340	340	360	360	360	370	380	390	400	430	460	480	280

保温管道与非保温管道中心距（mm）　　表 8.5-2

保温层厚度	管径（*DN*）	25	32	40	50	70	80	100	125	150	200	250	300	管中心至墙面
35	25	170												145
50		185												160
35	32	200	200											155
55		220	220											175
35	40	200	210	210										165
55		220	230	230										185
35	50	215	215	225	225									165
60		240	240	250	250									190
35	70	230	230	240	240	250								175
65		260	260	270	270	280								205
35	80	245	245	245	255	265	275							185
70		280	280	280	290	300	310							220
40	100	260	260	270	270	280	290	300						200
75		295	295	305	305	315	325	335						235
45	125	280	290	290	300	300	310	320	340					225
80		315	325	325	335	335	345	355	375					260
45	150	300	300	310	310	320	330	340	350	370				235

续表 8.5-2

保温层厚度	管径 (DN)	25	32	40	50	70	80	100	125	150	200	250	300	管中心至墙面
85	150	340	340	350	350	360	370	380	390	410				275
50	200	320	320	320	330	340	350	360	370	380	410			270
90		360	360	360	370	380	390	400	410	420	450			310
55	250	360	360	370	370	380	390	400	410	430	450	480		305
100		405	405	415	415	425	435	445	455	475	495	525		350
60	300	400	400	420	420	420	430	440	450	460	490	520	540	340
105		445	445	465	465	465	475	485	495	505	535	565	585	385

保温管道与保温管道中心距（mm） **表 8.5-3**

保温层厚度	管径 (DN)	25	32	40	50	70	80	100	125	150	200	250	300	管中心至墙面
35	25	205												145
50		225												160
35	32	235	235											155
55		275	275											175
35	40	235	245	240										165
55		275	285	285										185
35	50	250	250	260	260									165
60		300	300	310	310									190
35	70	265	265	275	275	285								175
65		325	325	335	335	345								205
35	80	280	280	280	290	300	310							185
70		350	350	350	360	370	380							220
40	100	300	300	310	310	320	330	340						200
75		370	370	380	380	390	400	410						235
45	125	325	335	335	345	345	355	365	385					225
80		395	405	405	415	415	425	435	455					260
45	150	345	345	355	355	365	375	385	395	415				235
85		425	425	435	435	445	455	465	475	495				275
50	200	370	370	370	380	390	400	410	420	430	460			270
90		450	450	450	460	470	480	490	500	510	540			310
55	250	415	415	425	425	435	445	455	465	485	505	535		305
100		505	505	515	515	525	535	545	555	575	595	635		350
60	300	460	460	480	480	480	490	500	510	520	550	580	600	340
105		550	550	570	570	580	580	590	600	610	640	670	690	385

注：1. 保温材料为泡沫混凝土。

2. 表内上面数字适用于管道中介质温度 <100°C；下面数字适用于 100～200°C。

3. 管道安装方式：室内或通行及半通行地沟内架空安装。

8.5.2　管沟中的管道中心距用表

管沟中管道中心距（mm）　　表 8.5-4

Dg	25 ~ 40		50 ~ 70	80	100 ~ 125	150	200	250	300
保温	*B*	400	500	500	600	600	700	800	750
	H	400	450	500	500	650	700	800	800
非保温	*B*	300	300	300	400	400	500	500	600
	H	300	300	350	350	400	450	500	550
D_1	25 ~ 40	50	70	80	100 ~ 125	150	200	250	300
D_2	25 ~ 40	32 ~ 50	40 ~ 70	50 ~ 80	70 ~ 125	100 ~ 150	125 ~ 200	125 ~ 200	150 ~ 250
B	600	600	700	700	800	900	1000	1100	1200
H	400	450	450	500	550	650	700	750	800
a	140	140	150	150	160	180	220	220	250
b	250	250	310	310	360	420	500	500	550
c	210	210	240	240	270	300	380	380	400

续表 8.5-4

D_1	25~40	50	70	80	100	125	150	200	250	300
D_2	25~40	32~50	40~70	50~80	80~100	80~150	80~150	100~150	125~200	150~200
D_3										
B	900	900	1000	1000	1100	1300	1300	1400	1700	700
H	400	450	450	500	550	550	650	700	750	800
a	140	140	140	140	160	170	180	180	220	220
b	245	245	245	270	305	340	365	365	455	455
c	305	305	305	350	385	420	455	505	625	625
d	210	210	210	240	250	370	300	350	400	400
Dg	25~40	50	70	80	100	125	150	200	250	
B	800	900				1000		1100	1200	
H	1200	1200				1200		1200	1300	
a	150	180				200		240	270	
b	70	90				120		130	130	
c	580	630				680		730	800	
d	710	520				470		380	410	
e	180	290				330		390	450	
f	310	390				400		430	440	

8.5.3　暗装铜管管中心至墙面距离、柱面最大距离用表

暗装铜管管中心线至墙面、柱面最大距离（mm）　　表 8.5-5

公称直径 *DN*	非保温管	保温管	公称直径 *DN*	非保温管	保温管
15	90	130	65	130	175
20	95	135	80	145	185
25	100	140	100	155	195
32	110	150	125	170	210
40	115	155	150	180	225
50	120	160	200	210	260

8.6　自动喷水灭火系统设计计算用图表

8.6.1　不同建筑类型自动喷水灭火系统设计参数

民用建筑和工业厂房自动喷水灭火系统设计参数　　表 8.6-1

火灾危险等级		净空高度（m）	喷水强度（L/(min·m)^2）	作用面积（m^2）
轻危险级		≤	4	
中危险级	Ⅰ级		6	
	Ⅱ级		8	
严重危险级	Ⅰ级		12	
	Ⅱ级		16	

注：系统最不利点处喷头的工作压力不应低于 0．05MPa

非仓库类高大净空场所自动喷水灭火系统设计基本参数　　表 8.6-2

适　用　场　所	净空高度（m）	喷水强度（L/min·m^2）	作用面积（m^2）	喷头选型	喷头最大间距（m）
中庭、影剧院、音乐厅、单一功能体育馆	8～12	6	260	*K*＝80	3
会展中心、多功能体育馆自选商场	8～12	12	300	*K*＝115	3

注：1. 喷头溅水盘与顶板的距离应符合有关规定；
　　2. 最大储物高度超过 3.5m 的自选商场应按 16L/(min·m^2)确定喷水强度；
　　3. 表中“～”两侧数据，左侧为“大于”，右侧为“不大于”。

堆垛储物仓库自动喷水灭火系统设计基本参数　　表8.6-3

火灾危险等级	储物高度（m）	喷水强度（L/(min·m²)）	作用面积（m²）	持续喷水时间（h）
仓库危险等级Ⅰ级	3.0～3.5	8	160	1.0
	3.5～4.5	8	200	1.5
	4.5～6.0	10		
	6.0～7.5	14		
仓库危险等级Ⅱ级	3.0～3.5	10	200	2.0
	3.5～4.5	12		
	4.5～6.0	16		
	6.0～7.5	22		

注：本表适用于室内最大净空高度不超过9.0m的仓库。

单、双排货架储物仓库自动喷水灭火系统设计基本参数　　表8.6-4

火灾危险等级	储物高度（m）	喷水强度（L/(min·m²)）	作用面积（m²）	持续喷水时间（h）
仓库危险等级Ⅰ级	3.0～3.5	8	200	1.5
	3.5～4.5	12		
	4.5～6.0	18		
仓库危险等级Ⅱ级	3.0～3.5	12	240	1.5
	3.5～4.5	15	280	2.0

多排货架储物仓库自动喷水灭火系统设计基本参数　　表8.6-5

火灾危险等级	储物高度（m）	喷水强度（L/(min·m²)）	作用面积（m²）	持续喷水时间（h）
仓库危险等级Ⅰ级	3.5～4.5	12	200	1.5
	4.5～6.0	18		
	6.0～7.5	12+1J		
仓库危险等级Ⅱ级	3.0～3.5	12	200	1.5
	3.5～4.5	18		2.0
	4.5～6.0	12+1J		
	6.0～7.5	12+2J		

注：表中字母“J”表示货架内喷头，“J”前数字表示货架内喷头的层数。

分类堆垛的Ⅲ级仓库自动喷水灭火系统设计基本参数　　　　表 8.6-6

<table>
<tr><th rowspan="2">最大储物高度
(m)</th><th rowspan="2">最大净空高度
(m)</th><th colspan="4">喷水强度(L/(min·m²))</th></tr>
<tr><th>A</th><th>B</th><th>C</th><th>D</th></tr>
<tr><td>1.5</td><td>7.5</td><td colspan="4">8.0</td></tr>
<tr><td rowspan="3">3.5</td><td>4.5</td><td>16.0</td><td>16.0</td><td>12.0</td><td>12.0</td></tr>
<tr><td>6.0</td><td>24.5</td><td>22.0</td><td>20.5</td><td>16.5</td></tr>
<tr><td>9.5</td><td>32.5</td><td>28.5</td><td>24.5</td><td>18.5</td></tr>
<tr><td rowspan="2">4.5</td><td>6.0</td><td>20.5</td><td>18.5</td><td>16.5</td><td>12.0</td></tr>
<tr><td>7.5</td><td>32.5</td><td>28.5</td><td>24.5</td><td>18.5</td></tr>
<tr><td rowspan="2">6.0</td><td>7.5</td><td>24.5</td><td>22.5</td><td>18.5</td><td>14.5</td></tr>
<tr><td>9.0</td><td>36.5</td><td>34.5</td><td>28.5</td><td>22.5</td></tr>
<tr><td>7.5</td><td>9.0</td><td>30.5</td><td>28.5</td><td>22.5</td><td>18.5</td></tr>
</table>

注：1. A—袋装与无包装的发泡塑料橡胶；B—箱装的发泡塑料橡胶；C—箱装与袋装的不发泡塑料橡胶；D—无包装的不发泡塑料橡胶。
2. 作用面积不应小于 240m^2。

8.6.2　早期抑制快速响应喷头系统设计参数

仓库采用早期抑制快速响应喷头系统设计基本参数　　　　表 8.6-7

<table>
<tr><th>储物类别</th><th>最大净空高度
(m)</th><th>最大储物高度
(m)</th><th>喷头流量系数
K</th><th>喷头最大间距
(m)</th><th>作用面积内开放的喷头数
(只)</th><th>喷头最低工作压力
(MPa)</th></tr>
<tr><td rowspan="7">Ⅰ级、Ⅱ级、沥青制品、箱装不发泡塑料</td><td rowspan="2">9.0</td><td rowspan="2">7.5</td><td>200</td><td rowspan="2">3.7</td><td rowspan="2">12</td><td>0.35</td></tr>
<tr><td>360</td><td>0.10</td></tr>
<tr><td rowspan="2">10.5</td><td rowspan="2">9.0</td><td>200</td><td rowspan="5">3.0</td><td rowspan="2">12</td><td>0.50</td></tr>
<tr><td>360</td><td>0.15</td></tr>
<tr><td rowspan="2">12.0</td><td rowspan="2">10.5</td><td>200</td><td rowspan="2">12</td><td>0.50</td></tr>
<tr><td>360</td><td>0.20</td></tr>
<tr><td>13.5</td><td>12.0</td><td>360</td><td>12</td><td>0.30</td></tr>
<tr><td rowspan="6">袋装不发泡塑料</td><td rowspan="2">9.0</td><td rowspan="2">7.5</td><td>200</td><td rowspan="4">3.7</td><td rowspan="2">12</td><td>0.35</td></tr>
<tr><td>240</td><td>0.25</td></tr>
<tr><td rowspan="2">9.5</td><td rowspan="2">7.5</td><td>200</td><td rowspan="2">12</td><td>0.40</td></tr>
<tr><td>240</td><td>0.30</td></tr>
<tr><td rowspan="2">12.0</td><td rowspan="2">10.5</td><td>200</td><td rowspan="2">3.0</td><td rowspan="2">12</td><td>0.50</td></tr>
<tr><td>240</td><td>0.35</td></tr>
<tr><td rowspan="3">箱装的发泡塑料</td><td>9.0</td><td>7.5</td><td>200</td><td rowspan="3">3.7</td><td>12</td><td>0.35</td></tr>
<tr><td rowspan="2">9.5</td><td rowspan="2">7.5</td><td>200</td><td rowspan="2">12</td><td>0.40</td></tr>
<tr><td>240</td><td>0.30</td></tr>
</table>

注：早期抑制快速响应喷头系统在最大高度保护范围内，如有货架应为通透性层板。

8.7　排水设计计算用图表

8.7.1　不同材质排水横管水力计算用表

铸铁材质排水横管水力计算表　　**表 8.7-1**

坡　度	h/D=0.5								h/D=0.6			
	DN50		DN75		DN100		DN125		DN150		DN200	
	Q	v	Q	v	Q	v	Q	v	Q	v	Q	v
0.005											15.35	0.80
0.006											16.90	0.88
0.007									8.46	0.78	18.20	0.95
0.008									9.04	0.83	19.40	1.10
0.009									9.56	0.89	20.60	1.07
0.010							4.97	0.81	10.10	0.94	21.70	1.13
0.012					2.90	0.72	5.44	0.89	11.10	1.02	23.80	1.24
0.015			1.48	0.67	3.23	0.81	6.08	0.99	12.40	1.14	26.60	1.39
0.020			1.70	0.77	3.72	0.93	7.02	1.15	14.30	1.32	30.70	1.60
0.025	0.65	0.66	1.90	0.86	4.17	1.05	7.85	1.28	16.00	1.47	35.30	1.79
0.026	0.66	0.67	1.94	0.88	4.25	1.07	8.03	1.31	16.33	1.50	36.09	1.83
0.030	0.71	0.72	2.08	0.94	4.55	1.14	8.60	1.39	17.50	1.62	37.70	1.96
0.035	0.77	0.78	2.26	1.02	4.94	1.24	9.29	1.51	18.90	1.75	40.60	2.12
0.040	0.81	0.83	2.40	1.09	5.26	1.32	9.93	1.62	20.20	1.87	43.50	2.27
0.045	0.87	0.89	2.56	1.16	5.60	1.40	10.52	1.71	21.50	1.98	46.10	2.40
0.050	0.91	0.93	2.60	1.23	5.88	1.48	11.10	1.89	22.60	2.09	48.50	2.53
0.060	1.00	1.02	2.94	1.33	6.45	1.62	12.14	1.98	24.80	2.29	53.20	2.77
0.070	1.08	1.10	3.18	1.42	6.97	1.75	13.15	2.14	26.80	2.47	57.50	3.00
0.080	1.18	1.16	3.35	1.52	7.50	1.87	14.05	2.28	30.40	2.73	65.40	3.32

注：Q—排水流量，L/s；v—流速，m/s；De—铸铁排水管公称直径，mm。

塑料材质排水横管水力计算表（n=0.009）　　**表 8.7-2**

坡　度	h/D=0.5											
	De50		De75		De90		De110		De125		De160	
	Q	v	Q	v	Q	v	Q	v	Q	v	Q	v
0.0010											4.84	0.43
0.0015											5.93	0.52
0.0020									2.63	0.48	6.85	0.60
0.0025							2.05	0.49	2.94	0.53	7.65	0.67
0.0030					1.27	0.46	2.25	0.53	3.22	0.58	8.39	0.74

续表 8.7-2

坡度	h/D=0.5											
	De50		De75		De90		De110		De125		De160	
	Q	v	Q	v	Q	v	Q	v	Q	v	Q	v
0.0035					1.37	0.50	2.43	0.58	3.48	0.63	9.06	0.80
0.0040					1.46	0.53	2.59	0.61	3.72	0.67	9.68	0.85
0.0045					1.55	0.56	2.75	0.65	3.94	0.71	10.27	0.90
0.0050			1.03	0.53	1.64	0.60	2.90	0.69	4.16	0.75	10.82	0.95
0.0060			1.13	0.58	1.79	0.65	3.18	0.75	4.55	0.82	11.86	1.04
0.0070	0.39	0.47	1.22	0.63	1.94	0.71	3.43	0.81	4.92	0.89	12.81	1.13
0.0080	0.42	0.51	1.31	0.67	2.07	0.75	3.67	0.87	5.26	0.95	13.69	1.20
0.0090	0.45	0.54	1.39	0.71	2.19	0.80	3.89	0.92	5.58	1.01	14.52	1.28
0.0100	0.47	0.57	1.46	0.75	2.31	0.84	4.10	0.97	5.88	1.06	15.31	1.35
0.0120	0.52	0.63	1.60	0.82	2.53	0.92	4.49	1.07	6.44	1.17	16.77	1.48
0.0150	0.58	0.70	1.79	0.92	2.83	1.03	5.02	1.19	7.20	1.30	18.75	1.65
0.0200	0.67	0.81	2.07	1.06	3.27	1.19	5.80	1.38	8.31	1.50	21.65	1.90
0.0250	0.74	0.89	2.31	1.19	3.66	1.33	6.48	1.54	9.30	1.68	24.21	2.13
0.0260	0.76	0.91	2.35	1.21	3.74	1.36	6.56	1.56	9.47	1.71	24.66	2.17
0.0300	0.81	0.97	2.53	1.30	4.01	1.46	7.10	1.68	10.18	1.84	26.52	2.33
0.0350	0.88	1.06	2.74	1.41	4.33	1.59	7.67	1.82	11.00	1.99	28.64	2.52
0.0400	0.94	1.13	2.93	1.51	4.63	1.69	8.20	1.95	11.76	2.13	30.62	2.69
0.0450	1.00	1.20	3.10	1.59	4.91	1.79	8.70	2.06	12.47	2.26	32.47	2.86
0.0500	1.05	1.26	3.27	1.68	5.17	1.88	9.17	2.18	13.15	2.38	34.23	3.01
0.0600	1.15	1.38	3.58	1.84	5.67	2.07	10.04	2.38	14.40	2.61	37.50	3.30

注：Q—排水流量，L/s；v—流速，m/s；De—塑料排水管公称直径（mm）。

8.7.2　排水埋地管最大汇水面积

满流埋地管时最大汇水面积（m^2）　　表 8.7-3

水力坡度 \ 管径（mm）	100	150	200	250	300	350	400	450	500	600
0.0010	55	161	347	629	1022	1542	2202	3014	3992	6491
0.0015	66	197	425	770	1252	1888	2696	3691	4889	7949
0.0020	77	228	490	889	1446	2181	3113	4262	5645	9179
0.0025	86	254	548	994	1616	2438	3481	4765	6311	10263
0.0030	95	179	601	1089	1771	2671	3813	5220	6914	11242
0.0035	102	301	648	1176	1912	2885	4118	5638	7467	12143
0.0040	109	322	693	1257	2044	3084	4403	6028	7983	12981
0.0045	116	342	735	1333	2168	3271	4670	6393	8467	13769
0.0050	122	360	775	1406	2286	3448	4923	6739	8925	14514

续表 8.7-3

水力坡度＼管径（mm）	100	150	200	250	300	350	400	450	500	600
0.0055	128	377	813	1474	2397	3616	5163	7068	9361	15222
0.0060	134	394	849	1540	2504	3777	5393	7382	9777	15899
0.0065	139	410	884	1603	2606	3931	5613	7684	10176	16548
0.0070	144	426	917	1663	2705	4080	5825	7974	10561	17173
0.0075	149	441	949	1721	2799	4223	6029	8354	10931	17775
0.0080	154	455	981	1778	2891	4361	6227	8525	11290	18359
0.0085	159	469	1011	1833	2980	4495	6418	8787	11637	1893
0.0090	164	483	1040	1886	3067	4626	6605	9042	11975	19472
0.010	173	509	1096	1988	3233	4876	6962	9531	12623	20526
0.011	181	534	1150	2085	3390	5114	7302	9996	13239	21527
0.012	189	558	1201	2178	3541	5341	7626	10440	13827	22485
0.013	197	580	1250	2267	3686	5560	7938	10867	14392	23403
0.014	204	602	1297	2352	3825	5769	8237	11277	14935	24286
0.015	211	624	1343	2435	3959	5972	8526	11673	15495	25139
0.016	218	644	1387	2515	4086	6168	8806	12055	15966	25963
0.017	225	664	1430	2592	4215	6358	9077	12426	16458	26762
0.018	232	683	1471	2669	4337	6542	9340	12787	16935	27538
0.019	238	702	1511	2740	4456	6721	9596	13137	17399	28292
0.020	244	720	1551	2811	4572	6896	9845	13478	17851	29027
0.021	250	738	1589	2881	4684	7066	10089	13811	18292	29744
0.022	256	755	1626	2949	4795	7232	10326	14136	18722	30444
0.023	262	772	1663	3015	4902	7395	10558	14454	19143	31128
0.024	267	789	1699	3080	5008	7554	10785	14765	19555	31798
0.025	273	805	1734	3143	5112	7710	11008	15069	19958	32454
0.026	278	821	1768	3205	5212	7862	11225	15368	20353	33096
0.027	284	837	1802	3266	5312	8012	11439	15661	20741	33727
0.028	289	852	1835	3326	5409	8159	11649	19948	21121	34346
0.029	294	867	1867	3385	5505	8304	11855	16230	21495	34954
0.030	299	882	1899	3443	5599	8446	12058	16508	21863	35551
0.031	304	896	1930	3500	5692	8585	12257	16780	22224	36139
0.032	309	911	1961	3556	5783	8723	12454	17049	22580	36717
0.033	314	925	1991	3611	5872	8858	12647	17313	22930	37286

续表 8.7-3

管径（mm） 水力坡度	100	150	200	250	300	350	400	450	500	600
0.034	318	939	2022	3666	5961	8991	12837	17574	23275	37847
0.035	323	952	2051	3719	6048	9122	13024	17830	23615	38400
0.036	328	966	2080	3772	6133	9215	13209	18083	23950	38944
0.037	332	979	2109	3824	6218	9379	13391	18333	24280	39482
0.038	336	992	2137	3875	6301	9505	13571	18579	24606	40012
0.039	340	1005	2165	3926	6384	9630	13748	18822	24927	40535
0.040	345	1018	2193	3976	6465	9752	13924	19061	25245	41051
0.042	353	1043	2245	4074	6625	9993	14267	19532	25868	42065
0.044	362	1068	2300	4170	6781	10228	14603	19992	26477	43055
0.046	370	1092	2352	4264	6933	10458	14931	20441	27072	44022
0.048	378	1115	2402	4355	7082	10683	15252	20881	27655	44969
0.050	386	1138	2451	4445	7228	10903	15567	21311	28225	45896
0.055	405	1194	2571	4662	7581	11435	16327	22351	29602	48136
0.060	423	1247	2685	4869	7918	11944	17053	23345	30919	50277
0.065	440	1298	2795	5068	8241	12432	17749	24298	32181	52330
0.070	457	1347	2900	5259	8552	12900	18419	25216	33396	54305
0.075	473	1394	3003	5444	8853	13354	19065	26100	34568	56211
0.080	488	1440	3101	5622	9143	13792	19691	26957	35702	58055

注：本表降雨强度按100mm/h，选用时应按当地降雨强度进行校核；管道粗糙系数取0.014。

非满流埋地管时最大汇水面积(m^2)　　**表 8.7-4**

充满度	0.50						0.65			0.80	
管径(mm) 水力坡度	75	100	150	200	250	300	350	400	450	500	600
0.0010	13	27	81	174	315	512	1165	1663	2277	3902	6346
0.0015	15	33	98	212	385	626	1472	2037	2789	4779	7772
0.0020	18	39	114	245	445	723	1648	2352	3220	5519	8974
0.0025	20	43	127	274	497	809	1842	2630	3600	6170	10034
0.0030	22	47	140	300	545	886	2018	2881	3944	6759	10991
0.0035	24	51	150	325	588	957	2180	3112	4260	7300	11872
0.0040	25	55	161	345	629	1023	2330	3327	4554	7805	12692
0.0045	27	57	171	368	667	1085	2471	3529	4830	8298	13461
0.0050	28	61	180	388	703	1144	2605	3719	5092	8726	14190

续表 8.7-4

充满度 / 管径(mm) / 水力坡度	0.50						0.65			0.80	
	75	100	150	200	250	300	350	400	450	500	600
0.0055	30	64	189	407	738	1200	2732	3900	5340	9152	14882
0.0060	31	67	197	423	771	1253	2854	4074	5578	9559	15544
0.0065	32	69	205	442	802	1304	2970	4241	5809	9949	16178
0.0070	33	72	213	459	832	1353	3084	4401	6025	10325	16789
0.0075	35	74	220	475	861	1400	3190	4555	6236	10687	17379
0.0080	36	77	228	491	890	1447	3295	4705	6441	11038	17949
0.0085	37	79	235	506	917	1491	3397	4850	6639	11377	18501
0.0090	38	82	242	520	944	1535	3495	4990	6832	11707	19037
0.010	40	86	255	549	995	1618	3684	5260	7201	12341	20067
0.011	42	91	267	575	1043	1697	3964	5517	7553	12943	21047
0.012	44	95	279	601	1090	1772	4036	5762	7888	13519	21983
0.013	46	99	290	626	1134	1844	4200	5997	8210	14070	22880
0.014	47	102	301	649	1177	1914	4359	6224	8520	14602	23744
0.015	49	106	312	672	1218	1981	4512	6442	8820	15114	24577
0.016	51	109	322	694	1258	2046	4660	6654	9109	15610	25383
0.017	52	113	332	715	1297	2109	4804	6858	9389	16090	26164
0.018	54	116	342	736	1335	2170	4943	7057	9661	16557	26923
0.019	55	119	351	756	1371	2230	5078	7250	9926	17010	27661
0.020	57	122	360	776	1407	2288	5210	7439	10184	17452	28379
0.021	58	125	369	795	1442	2344	5339	7623	10435	17883	29080
0.022	59	128	378	814	1475	2399	5465	7802	10681	18304	29765
0.023	61	131	386	832	1509	2453	5587	7977	10921	18715	30433
0.024	62	134	395	850	1541	2506	5708	8149	11156	19118	31088
0.025	63	137	403	867	1573	2558	5825	8317	11386	19512	31729
0.026	64	139	411	885	1604	2608	5941	8482	11611	19900	32357

续表8.7-4

充满度 / 管径(mm) / 水力坡度	0.50						0.65			0.80	
	75	100	150	200	250	300	350	400	450	500	600
0.027	66	142	419	902	1635	2658	6054	8643	11833	20278	32974
0.028	67	145	426	918	1665	2707	6165	8802	12050	20650	33579
0.029	68	147	434	934	1694	2755	6274	8958	12263	21015	34173
0.030	69	150	441	950	1723	2802	6381	9111	12473	21375	34757
0.031	70	152	449	966	1751	2848	6487	9261	12679	21728	35332
0.032	72	155	456	981	1779	2894	6591	9410	12882	22076	35897
0.033	73	157	463	997	1807	2938	6693	9555	13081	22418	36454
0.034	74	159	470	1012	1834	2983	6793	9699	13278	22755	37002
0.035	75	162	477	1026	1861	3026	6893	9841	13472	23087	37542
0.036	76	164	483	1040	1887	3069	6990	9980	13663	23415	38075
0.037	77	166	490	1055	1913	3111	7087	10118	13852	23783	38600
0.038	78	168	497	1070	1939	3153	7182	10254	14038	24056	39118
0.039	79	171	503	1083	1965	3195	7276	10388	14221	24370	39630
0.040	80	173	510	1097	1990	3253	7368	10520	14402	24681	40134
0.042	82	177	522	1124	2039	3315	7550	10780	14758	25291	41126
0.044	84	181	534	1151	2087	3393	7728	11034	15105	25886	42093
0.046	86	185	546	1177	2133	3470	7902	11282	15445	26468	43039
0.048	88	189	558	1202	2179	3544	8072	11542	15777	27037	43965
0.050	90	193	570	1227	2224	3617	8238	11762	16102	27594	44872
0.055	94	202	597	1287	2333	3793	8640	12336	16888	28941	47062
0.060	98	212	624	1344	2437	3962	9024	12884	17639	30228	49154
0.065	102	220	650	1399	2536	4124	9393	13410	18359	31462	51161
0.070	106	228	674	1451	2632	4280	9747	13917	19052	32650	53093
0.075	110	236	698	1502	2724	4430	10090	14405	19721	33796	54956
0.080	113	244	720	1552	2813	4575	10420	14878	20368	34904	56758

注：本表降雨强度按100mm/h，选用时应按当地降雨强度进行校核；管道粗糙系数取0.014。

8.8 排水管道布置与敷设用表

8.8.1 横支管与立管边接、清扫口和检查井及间接排水口设置用表

最低横支管与立管连接处至立管管底处垂直距离　　表 8.8-1

立管连接卫生器具的层数	≤4	5～6	7～12	13～19	≥20
垂直距离（m）	0.45	0.75	1.20	3.00	6.00

排水立管或排出管上清扫口至室外检查井中心最大长度　　表 8.8-2

管径（mm）	50	75	100	>100
最大长度（m）	10	12	15	20

排水横管直线段上检查口或清扫口之间最大距离　　表 8.8-3

管道直径（mm）	清扫设备种类	距离（m）	
		生活污水	生活废水
	检查口	12	15
	清扫口	8	10
	检查口	15	20
	清扫口	10	15
200	检查口	20	25

间接排水口最小空气间隙　　表 8.8-4

间接排水管管径（mm）	≤25	32～50	>50
排水口最小空气间隙（mm）	50	100	150

8.8.2 排水管埋设深度及固定间距用表

厂房内排水管的最小埋设深度　　表 8.8-5

管　材	地面至管顶的距离（m）	
	水泥、混凝土、沥青混凝土、菱苦土地面	红砖、素土务实、木砖地面
排水铸铁管	0.4	0.7
混凝土管	0.5	0.7
排水塑料管	0.6	1.0

塑料排水管管道固定最大间距　　表 8.8-6

管径（mm）	40	50	75	90	110	125	160
立管（m）	—	1.2	1.5	2.0	2.0	2.0	2.0
横管（m）	0.40	0.50	0.75	0.90	1.10	1.25	1.60

金属排水管固定件最大间距　　　**表 8.8-7**

横管（m）	2.0
立管（m）	3.0

注：楼层高度不大于4m 时，可安装一个固定件，立管底部弯管处设支墩或承重支吊架。

8.9　水景水力计算用表

8.9.1　直线外管嘴的出流量和出口流速用表

直线外管嘴的出流量（L/s）和出口流速（m/s）　　　**表 8.9-1**

H（m）	孔口或管嘴直径 d（mm）									出口流速 v（m/s）
	5	8	10	15	20	25	32	40	50	
0.1	0.023	0.060	0.090	0.20	0.36	0.56	0.92	1.44	2.25	1.15
0.2	0.032	0.082	0.13	0.29	0.51	0.80	1.31	2.04	3.19	1.26
0.3	0.039	0.10	0.16	0.35	0.63	0.98	1.60	2.50	3.91	1.99
0.4	0.045	0.12	0.18	0.41	0.72	1.13	1.85	2.89	4.51	2.29
0.5	0.050	0.13	0.20	0.45	0.81	1.26	2.07	3.23	5.04	2.57
0.6	0.55	0.14	0.22	0.50	0.88	1.38	2.26	3.54	5.53	2.82
0.7	0.60	0.15	0.24	0.53	0.96	1.49	2.45	3.82	5.97	3.04
0.8	0.64	0.16	0.26	0.57	1.02	1.59	2.61	4.08	6.38	3.25
0.9	0.68	0.17	0.27	0.61	1.08	1.69	2.77	4.33	6.77	3.45
1.0	0.71	0.18	0.29	0.64	1.14	1.78	2.92	4.56	7.13	3.63
1.2	0.78	0.20	0.31	0.70	1.25	1.95	3.20	5.00	7.81	3.98
1.4	0.85	0.22	0.34	0.76	1.35	2.11	3.46	5.40	8.44	4.30
1.6	0.90	0.23	0.36	0.81	1.44	2.26	3.70	5.77	9.02	4.59
1.8	0.96	0.25	0.38	0.86	1.53	2.39	3.92	6.13	9.57	4.87
2.0	0.10	0.26	0.40	0.91	1.61	2.52	4.13	6.45	10.09	5.14
2.5	0.11	0.29	0.45	1.06	1.80	2.82	4.62	7.22	11.28	5.74
3.0	0.12	0.32	0.49	1.11	1.98	3.09	5.06	7.91	12.35	6.29
3.5	0.13	0.34	0.53	1.20	2.14	3.34	5.47	8.54	13.34	6.80
4.0	0.14	0.37	0.57	1.28	2.28	3.57	5.84	9.13	14.26	7.26
4.5	0.15	0.39	0.61	1.36	2.42	3.78	6.20	9.68	15.13	7.70
5.0	0.16	0.41	0.64	1.44	2.55	3.99	6.53	10.21	15.95	8.12

注：1. 计算公式为

$$q = K_3\sqrt{H} = 0.00258d^2\sqrt{H}$$

$$v = K_4\sqrt{H} = 3.632\sqrt{H}$$

2. 其他形式的孔口和管嘴的出流量和流速，可将表中查出的数值乘以系数得到。孔口直径乘1.20，收缩外管嘴直径乘1.15，直线由管嘴直径乘0.62。

8.9.2 直流喷头的垂直喷射计算用表

直流喷头垂直喷射计算 （H(m)/q(m^3/h)）　　表 8.9-2(a)(h=3～40m，d=1～65mm)

d \ h	3	4	5	6	8	10	12	14	16	18	20	22	24	26	28	30	32	34	36	38	40
1	1.09	1.07	1.05	1.04	1.03	1.02	1.02	1.02	1.02	1.01	1.01	1.01	1.01	1.01	1.01	1.01	1.01	1.01	1.01	1.01	1.01
	0.12	0.21	0.32	0.46	0.81	1.27	1.82	2.48	3.05	11.56	5.04	6.10	7.24	8.51	9.86	11.32	12.87	14.52	16.28	18.14	20.10
2	2.40	2.29	2.22	2.18	2.13	2.10	2.08	2.07	2.06	2.05	2.05	2.04	2.04	2.03	2.03	2.03	2.03	2.02	2.02	2.02	2.02
	0.17	0.30	0.47	0.67	1.17	1.82	2.61	3.53	4.35	5.82	7.17	8.66	10.30	12.07	14.00	16.06	18.25	20.61	23.08	25.71	28.48
3	4.00	3.69	3.53	3.43	3.31	3.24	3.19	3.16	3.14	3.12	3.11	3.10	3.10	3.08	3.07	3.07	3.06	3.05	3.05	3.05	3.04
	0.23	0.38	0.59	0.83	1.46	2.26	3.22	4.34	5.36	7.17	8.83	10.67	12.68	14.86	17.21	19.74	22.44	25.31	28.35	31.57	34.96
4	6.00	5.33	4.99	4.79	4.56	4.44	4.35	4.30	4.25	4.22	4.20	4.17	4.16	4.14	4.13	4.12	4.11	4.10	4.09	4.08	4.08
	0.28	0.46	0.70	0.99	1.71	2.64	3.77	5.08	6.24	8.34	10.27	12.38	14.71	17.23	19.96	22.87	26.0	29.32	32.83	36.55	40.47
5	8.56	7.26	6.66	6.31	5.91	5.70	5.56	5.47	5.40	5.35	5.31	5.27	5.24	5.22	5.20	5.18	5.17	5.15	5.14	5.13	5.12
	0.33	0.54	0.81	1.13	1.95	2.99	4.26	5.74	7.03	9.38	11.54	13.93	16.52	19.35	22.39	25.67	29.16	32.87	36.80	40.97	45.36
6	11.98	9.58	8.55	7.98	7.36	7.03	6.83	6.69	6.59	6.51	6.55	6.40	6.36	6.32	6.29	6.26	6.24	6.22	6.20	66.19	6.17
	0.39	0.62	0.82	1.27	2.18	3.32	4.71	6.35	7.77	10.50	12.72	15.33	18.19	21.29	24.64	28.22	32.05	36.13	40.44	45.00	49.81
7	10.76	12.41	10.74	9.86	8.92	8.45	8.15	7.96	7.81	7.70	7.62	7.54	7.49	7.44	7.40	7.36	7.33	7.30	7.27	7.26	7.24
	0.46	0.71	1.03	1.42	2.40	3.64	5.15	6.93	8.46	11.27	13.83	16.66	19.74	23.10	26.71	30.59	34.73	39.14	43.79	48.73	53.93
8	23.92	15.95	13.28	11.96	10.62	9.95	9.54	9.28	9.07	8.93	8.82	8.72	8.64	8.58	8.52	8.48	8.44	8.40	8.36	8.34	8.31
	0.55	0.80	1.14	1.56	2.61	3.95	5.57	7.48	9.12	12.13	14.88	17.90	21.21	24.81	28.68	32.83	37.25	41.97	46.95	52.23	57.79
9	35.83	20.49	16.28	14.35	12.45	11.55	11.00	10.65	10.38	10.19	10.05	9.92	9.82	9.74	9.67	9.61	9.56	9.51	9.46	9.43	9.40
	0.68	0.91	1.26	1.71	2.83	4.26	5.98	8.01	9.76	12.96	15.88	19.10	22.62	26.42	30.54	34.95	39.66	44.66	49.93	55.55	61.45
10	59.52	26.53	19.88	17.07	14.45	13.25	12.53	12.08	11.74	11.49	11.31	11.15	11.03	10.92	10.83	10.76	10.69	10.63	10.57	10.53	10.49
	0.87	1.03	1.40	1.86	3.05	4.56	6.38	8.53	10.37	13.77	16.85	20.24	23.96	27.99	32.33	36.92	41.95	47.22	52.79	58.71	64.93

续表8.9-2(a)

h / d	3	4	5	6	8	10	12	14	16	18	20	22	24	26	28	30	32	34	36	38	40
12		47.54	29.73	23.85	19.04	17.00	15.84	15.12	14.59	14.22	13.94	13.69	13.51	13.35	13.22	13.11	13.01	12.92	12.83	12.78	12.72
		1.38	1.71	2.20	3.50	5.17	7.18	9.55	11.56	15.31	18.71	22.44	26.52	30.95	35.71	40.82	46.26	52.05	85.16	64.66	71.48
14			46.02	33.30	24.61	21.81	19.52	18.44	17.66	17.12	16.71	16.36	16.10	15.88	15.69	15.53	15.39	15.27	15.14	15.07	14.99
			2.12	2.60	3.98	5.79	7.97	10.54	12.72	16.80	20.49	24.52	28.95	33.74	38.90	44.42	50.33	56.59	63.18	70.22	77.60
16			78.13	47.39	31.55	26.32	23.64	22.08	20.96	20.20	19.65	19.16	18.80	18.50	18.25	18.03	17.84	17.68	17.51	17.41	17.30
			2.77	3.10	4.50	6.43	8.78	11.53	13.86	18.24	22.21	26.54	31.29	36.42	41.96	47.87	54.19	60.89	67.93	75.49	83.38
18				70.64	40.40	32.20	28.28	26.07	24.54	23.50	22.75	22.10	21.62	21.22	20.91	20.61	20.36	20.16	19.93	19.81	19.66
				3.79	5.10	7.11	9.60	12.54	15.00	19.68	23.90	28.50	33.55	39.01	44.91	51.18	57.89	65.02	72.49	80.51	88.89
20					52.08	39.22	33.56	30.49	28.41	27.03	26.04	25.19	24.57	24.06	23.64	23.27	22.96	22.70	22.42	22.26	22.08
					5.79	7.84	10.45	13.55	16.14	21.11	25.57	30.44	35.67	41.54	47.75	54.39	61.48	68.99	76.87	85.34	90.55
22					68.24	47.72	39.60	35.39	32.92	30.81	29.54	28.45	27.66	27.02	26.48	26.03	25.64	25.31	24.96	24.76	24.54
					6.62	8.66	11.35	14.61	17.37	22.53	27.23	32.34	37.95	44.02	50.54	57.52	64.96	72.85	81.11	90.02	99.29
24					92.03	58.25	46.58	40.87	37.22	34.88	33.26	31.88	30.90	30.10	29.43	28.87	28.40	27.99	27.57	27.33	27.05
					7.69	9.56	12.31	15.70	18.47	33.98	28.90	34.23	40.11	46.46	53.29	60.58	68.36	76.61	85.24	94.56	104.26
26						71.63	54.76	47.03	42.26	39.28	37.23	35.51	34.29	33.31	32.50	30.82	31.24	30.75	30.24	29.95	29.62
						10.61	13.35	16.84	19.68	25.44	30.57	36.13	42.25	48.87	55.99	63.59	71.70	80.31	89.27	99.00	109.10
28						89.17	64.46	54.01	47.81	44.03	41.47	39.35	37.86	36.67	35.68	34.86	37.17	33.59	32.98	32.63	32.24
						11.83	14.48	18.04	20.94	26.94	32.27	38.03	44.40	51.28	58.67	66.57	74.99	83.92	93.23	103.34	106.07
30						113.21	76.14	61.98	53.96	49.18	46.01	43.42	41.61	40.17	39.00	38.02	37.20	36.51	35.79	35.81	34.92
						13.33	15.74	19.33	22.23	28.47	34.00	39.96	46.54	53.68	61.34	69.52	78.24	87.50	97.12	108.25	113.82

续表 8.9-2(a)

d \ h		3	4	5	6	8	10	12	14	16	18	20	22	24	26	28	30	32	34	36	38	40
32								90.50	71.17	60.79	54.80	50.89	47.73	45.56	43.84	42.45	41.29	40.32	39.51	38.67	38.20	37.67
								17.16	20.71	23.61	30.04	35.74	41.89	48.70	56.07	63.99	72.44	81.46	91.03	100.97	111.81	123.02
34								108.56	81.89	68.44	60.93	56.14	52.32	49.72	47.68	46.04	44.68	43.55	42.60	41.63	41.08	40.47
								18.80	22.22	25.04	31.68	37.55	43.86	50.88	58.48	66.64	75.36	84.66	94.53	104.75	115.95	127.52
36								131.96	94.54	77.06	67.67	61.81	57.22	54.12	51.71	49.78	48.20	46.89	45.79	44.67	44.04	43.33
								20.72	23.87	26.57	33.39	39.39	45.86	53.08	60.90	69.30	78.27	87.84	98.00	108.51	120.05	131.96
38									109.70	86.84	75.10	67.95	62.44	58.77	55.94	53.69	51.85	50.34	49.08	47.79	47.07	46.26
									25.72	28.21	35.18	41.31	47.91	55.32	63.34	71.97	81.19	91.02	101.45	112.24	124.10	136.34
40									128.21	98.04	83.33	74.63	68.03	63.69	60.39	57.77	55.65	53.91	52.47	50.99	50.18	49.26
									27.81	29.98	37.05	43.29	50.01	57.59	65.81	74.65	81.10	94.19	104.90	115.94	128.13	140.69
45									199.12	134.73	108.43	94.14	83.88	77.39	72.56	68.81	65.82	63.40	61.42	59.41	58.30	57.07
									34.65	35.14	42.26	48.62	55.53	63.48	72.14	81.48	91.48	102.15	113.50	125.15	138.12	151.43
50										192.31	142.86	119.05	103.09	93.46	86.51	81.24	77.10	73.80	71.12	68.45	66.98	65.36
										41.98	48.52	54.68	61.56	69.76	78.76	88.52	99.00	110.21	122.13	134.33	148.05	162.05
55											192.98	151.93	126.87	112.59	102.65	95.31	89.67	85.24	81.69	78.18	76.27	74.17
											56.38	61.76	68.30	76.56	85.81	95.89	106.76	118.43	130.89	143.55	157.98	172.63
60											272.73	197.37	157.07	135.75	121.56	111.40	103.77	97.88	93.23	88.68	86.23	83.57
											67.03	70.40	75.99	84.07	93.37	103.67	114.86	126.91	139.83	152.89	167.98	183.24
65												264.23	196.67	164.35	144.00	129.96	119.69	111.92	105.88	100.05	96.45	93.59
												81.46	85.03	92.51	101.62	111.96	123.35	135.71	149.02	162.40	177.65	193.92

直流喷头垂直喷射计算　(H(m)/q(m^3/h))　　表 8.9-2(b)(h=45～140m,d=1～65mm)

h / d	45	50	55	60	65	70	75	80	85	90	95	100	105	110	115	120	125	130	135	140
1	1.00	1.00	1.00	1.00	1.00	1.00	1.00	1.00	1.00	1.00	1.00	1.00	1.00	1.00	1.00	1.00	1.00	1.00	1.00	1.00
	25.42	31.36	37.95	45.15	52.98	61.45	70.54	80.22	90.55	101.53	113.12	125.34	138.19	151.66	165.77	180.49	195.75	211.72	228.32	245.55
2	2.02	2.01	2.01	2.01	2.01	2.01	2.01	2.01	2.01	2.00	2.00	2.00	2.00	2.00	2.00	2.00	2.00	2.00	2.00	2.00
	36.02	44.44	53.74	63.94	75.01	86.97	99.81	113.53	128.17	143.66	160.06	177.31	195.48	214.54	234.43	255.26	276.97	299.58	323.06	347.35
3	3.04	3.03	3.03	3.02	3.02	3.02	3.01	3.01	3.01	3.01	3.01	3.01	3.01	3.01	3.01	3.01	3.00	3.00	3.00	3.00
	44.20	54.52	65.59	78.41	91.94	106.61	122.34	139.16	157.07	176.03	196.09	217.25	239.52	262.82	287.21	312.73	339.28	366.96	395.73	425.51
4	4.06	4.06	4.05	4.04	4.03	4.03	4.03	4.02	4.02	4.02	4.02	4.01	4.01	4.01	4.01	4.01	4.01	4.01	4.01	4.01
	51.15	63.06	76.22	90.64	106.30	123.22	141.38	160.80	181.46	203.39	226.55	250.97	276.66	308.44	331.74	361.17	391.89	423.81	456.98	491.47
5	5.10	5.08	5.07	5.06	5.05	5.05	5.04	5.03	5.03	5.03	5.02	5.02	5.02	5.02	5.02	5.01	5.01	5.01	5.01	5.01
	57.29	70.62	85.34	101.46	118.97	137.88	158.19	179.89	203.00	227.50	253.40	280.72	309.43	339.51	371.04	403.92	438.19	473.95	511.06	549.55
6	6.15	6.12	6.10	6.09	6.08	6.07	6.06	6.05	6.04	6.04	6.03	6.03	6.03	6.02	6.02	6.02	6.02	6.02	6.01	6.01
	62.88	77.49	93.62	111.28	130.46	151.18	173.41	197.20	222.51	249.35	277.71	307.64	399.08	372.03	407.36	442.59	480.17	519.30	559.93	602.12
7	7.20	7.17	7.14	7.12	7.10	7.09	7.08	7.07	7.06	7.05	7.05	7.04	7.04	7.03	7.03	7.03	7.02	7.02	7.02	7.02
	68.06	83.84	101.27	120.35	141.06	163.44	187.47	213.15	240.47	269.46	300.10	332.40	366.37	401.98	439.26	478.19	518.29	561.00	604.91	650.49
8	8.26	8.22	8.18	8.16	8.13	8.12	8.10	8.09	8.08	8.07	8.06	8.05	8.05	8.04	8.04	8.03	8.03	8.03	8.03	8.02
	72.91	89.78	108.41	128.81	150.97	174.89	200.57	228.01	257.23	288.21	320.98	355.21	391.83	429.88	469.70	511.34	554.34	599.89	646.80	695.51
9	9.33	9.28	9.23	9.20	9.17	9.15	9.13	9.11	9.10	9.09	9.08	9.07	9.06	9.05	9.05	9.04	9.04	9.04	9.03	9.03
	77.49	95.38	115.15	136.79	160.29	185.66	212.90	242.01	273.00	305.86	340.60	377.24	415.74	456.10	498.35	542.50	588.52	636.41	686.19	737.83
10	10.41	10.34	10.29	10.25	10.21	10.18	10.16	10.14	10.12	10.11	10.10	10.08	10.08	10.07	10.06	10.05	10.05	10.04	10.04	10.04
	81.85	100.71	121.56	144.37	169.13	195.87	224.58	255.28	287.80	322.58	359.20	397.82	438.41	480.92	525.45	571.99	620.49	697.97	723.43	777.89

续表 8.9-2(b)

d \ h	45	50	55	60	65	70	75	80	85	90	95	100	105	110	115	120	125	130	135	140
12	12.59	12.50	12.42	12.36	12.30	12.26	12.23	12.20	12.17	12.15	12.13	12.12	12.11	12.10	12.08	12.08	12.07	12.06	12.06	12.05
	90.02	110.71	133.55	158.53	185.67	214.96	246.42	280.04	315.79	353.68	393.85	436.13	480.42	527.18	575.95	626.94	680.07	735.32	792.77	852.45
14	14.81	14.68	14.57	14.49	14.42	14.36	14.31	14.27	14.24	14.21	14.18	14.16	14.15	14.13	14.12	14.11	14.10	14.09	14.08	14.07
	97.70	119.99	144.66	171.66	200.97	232.61	266.59	302.88	341.51	382.48	425.80	471.47	519.51	569.79	622.47	677.54	734.91	794.60	856.62	921.09
16	17.07	16.89	16.75	16.64	16.55	16.47	16.41	16.35	16.31	16.27	16.24	16.21	16.19	16.19	16.15	16.14	16.12	16.11	16.10	16.09
	104.81	128.72	155.36	183.97	215.30	249.18	285.44	324.23	365.52	409.32	455.62	504.44	555.79	609.87	665.83	724.69	786.03	849.83	916.14	985.04
18	19.37	19.14	18.96	18.81	18.69	18.60	18.52	18.45	18.39	18.34	18.30	18.27	18.24	18.21	18.19	18.17	18.16	18.14	18.13	18.12
	111.64	137.01	164.99	195.62	228.58	264.72	302.24	344.38	388.17	434.61	483.72	535.49	589.94	646.94	706.73	769.06	834.11	901.75	972.10	1045.15
20	21.70	21.41	21.19	21.01	20.86	20.74	20.64	20.56	20.48	20.43	20.38	20.33	20.30	20.26	20.24	20.21	20.19	20.17	20.16	20.15
	118.18	144.93	174.44	206.72	214.75	279.55	320.16	363.51	409.65	458.61	510.36	564.91	622.32	682.36	745.30	811.10	879.65	950.94	1025.09	1102.10
22	24.08	23.72	23.44	23.23	23.04	22.90	22.78	22.67	22.59	22.52	22.45	22.40	22.36	22.32	22.28	22.26	22.24	22.21	22.19	22.18
	124.48	153.15	183.50	217.36	254.09	293.74	336.32	381.79	430.17	503.45	535.77	592.99	653.18	716.15	782.12	851.15	923.04	997.79	1075.55	1156.32
24	26.49	26.06	25.73	25.47	25.25	25.07	24.93	24.80	24.70	24.61	24.54	24..48	24.43	24.38	24.34	24.31	24.28	24.25	24.23	24.21
	130.58	159.90	192.33	227.60	265.96	307.37	351.83	399.32	449.86	503.45	560.12	619.88	682.94	748.49	817.39	889.46	964.55	1042.62	1123.82	1208.15
26	28.95	28.44	28.04	27.73	27.47	27.26	27.01	26.95	26.82	26.72	26.64	26.57	26.51	26.45	26.40	26.36	26.33	26.29	26.27	26.25
	136.50	167.02	200.68	237.50	277.43	320.52	366.79	416.21	468.78	542.57	583.55	645.72	711.16	779.57	851.27	926.27	1004.43	1085.67	1170.16	1257.96
28	31.45	30.85	30.38	30.02	29.71	29.47	29.27	29.10	28.96	28.84	28.74	28.66	28.59	28.52	28.46	28.42	28.38	28.34	28.31	28.29
	142.28	173.97	208.89	251.18	288.53	333.24	381.25	432.52	487.08	544.96	606.14	670.66	738.55	809.53	883.91	961.77	1042.83	1127.14	1214.81	1305.92
30	34.00	33.30	32.75	32.33	31.98	31.69	31.46	31.27	31.10	32.97	30.85	30.76	30.68	30.60	30.53	30.49	30.44	30.39	30.36	30.34
	147.93	180.72	216.88	256.43	299.31	345.59	395.28	448.34	504.79	564.75	628.02	674.79	765.05	838.50	915.48	996.07	1079.96	1167.21	1257.95	1350.25

续表8.9-2(b)

d \ h	45	50	55	60	65	70	75	80	85	90	95	100	105	110	115	120	125	130	135	140
32	36.59	35.78	35.15	34.66	33.26	33.93	33.67	33.45	33.26	33.10	32.97	32.86	32.78	32.68	32.61	32.55	32.50	32.45	32.40	32.37
	153.47	187.34	224.69	265.33	309.81	357.60	408.91	463.70	522.01	585.23	649.21	718.18	790.77	866.59	946.09	1029.30	1115.96	1206.03	1299.74	1397.14
34	39.23	38.30	37.58	37.02	36.56	36.19	35.89	35.64	35.42	35.25	35.10	34.98	34.88	34.77	34.68	34.62	34.56	34.50	34.46	34.42
	158.89	193.83	232.32	274.42	320.06	369.30	422.19	478.41	538.70	602.45	669.86	740.91	815.72	893.86	975.78	1061.56	1150.86	1243.70	1340.28	1440.65
36	41.42	40.85	40.04	39.41	38.88	38.47	38.13	37.84	37.60	37.40	37.23	37.10	36.90	36.86	36.77	36.70	36.63	36.57	36.51	36.47
	163.26	200.19	239.79	281.12	330.07	380.73	435.15	493.22	555.02	620.59	689.93	763.05	838.98	920.39	1004.67	1092.92	1184.80	1280.32	1379.69	1482.98
38	44.62	43.45	42.53	41.81	41.23	40.76	40.38	40.06	39.78	39.56	39.38	39.22	39.10	38.96	38.86	38.78	38.71	38.63	38.57	38.53
	170.67	206.45	247.13	291.65	339.83	391.91	447.79	507.54	570.93	638.20	709.51	784.61	863.67	946.23	1032.80	1123.48	1217.87	1315.98	1418.07	1524.16
40	47.44	46.08	45.05	44.25	43.59	43.07	42.64	42.28	41.98	41.74	41.53	41.36	41.22	41.07	40.95	40.87	40.78	40.70	40.63	40.58
	174.73	212.62	254.36	300.02	349.49	402.86	460.19	521.37	586.49	655.61	728.63	805.68	886.80	971.47	1060.27	1153.28	1250.11	1350.75	1455.47	1564.32
45	54.64	52.85	51.49	50.45	49.60	48.92	48.37	47.91	47.52	74.21	46.94	46.72	46.55	46.36	46.21	46.10	45.99	45.89	45.80	45.74
	191.66	227.69	308.13	320.34	372.78	429.42	490.12	554.98	623.99	874.17	774.69	856.36	942.39	1032.12	1126.45	1224.90	1327.57	1434.25	1545.29	1660.74
50	62.19	59.88	58.14	56.82	55.74	54.89	54.20	5362	53.14	52.72	52.41	52.14	51.92	51.68	51.49	51.36	51.23	51.10	50.99	50.92
	200.06	242.37	288.97	339.97	395.18	454.80	518.82	587.12	659.81	736.81	818.56	904.63	995.27	1089.78	1188.94	1292.91	1401.12	1513.51	1630.50	1752.16
55	70.12	67.20	65.01	63.36	62.03	60.97	60.13	59.41	58.82	58.34	57.93	57.60	57.33	57.04	56.81	56.65	56.49	56.33	56.21	56.11
	212.50	256.75	305.57	359.02	416.89	479.34	546.44	618.00	694.19	775.09	860.59	950.82	1045.86	1145.01	1248.85	1357.87	1471.30	1589.12	1711.79	1839.38
60	78.45	74.81	72.12	70.07	68.46	67.17	66.15	65.29	64.57	63.99	63.51	63.11	62.79	62.44	62.16	61.97	61.78	61.59	61.44	61.33
	224.71	270.91	321.83	377.55	437.97	503.14	573.17	647.87	727.86	811.75	901.05	995.28	1094.48	1197.82	1306.33	1420.20	1538.62	1661.62	1789.69	1922.94
65	87.23	82.75	79.46	77.01	75.05	73.50	72.28	71.25	70.40	69.71	69.13	68.66	68.28	67.87	67.55	67.32	67.10	66.87	66.69	66.56
	236.94	284.92	337.82	395.80	458.55	526.31	599.15	676.79	759.47	847.26	940.12	1038.11	1141.38	1248.83	1361.73	1480.15	1630.43	1731.38	1864.63	2003.29

直流喷头垂直喷射计算 $(H(\mathrm{m})/q(\mathrm{m^3/h}))$ **表 8.9-2**(c)($h=22\sim65\mathrm{m}$, $d=70\sim215\mathrm{mm}$)

d \ h	22	24	26	28	30	32	34	36	38	40	45	50	55	60	65
70	250.90	200.57	171.07	151.61	137.82	127.62	119.82	112.41	108.51	104.32	96.47	91.30	87.07	84.14	81.80
	96.04	102.19	110.76	120.93	132.37	144.92	158.53	172.13	188.44	204.73	249.19	298.82	353.63	413.30	478.22
75		247.93	204.36	177.20	158.65	145.28	135.26	125.89	121.02	115.83	106.23	99.67	94.64	91.46	88.71
		113.62	121.06	130.74	142.02	154.62	168.43	182.17	199.01	215.73	261.48	312.69	369.26	431.34	498.53
80		312.50	246.31	207.90	182.82	165.29	152.44	140.65	134.59	128.21	116.55	108.70	103.09	99.01	95.79
		127.56	132.91	141.61	152.45	164.93	178.80	192.55	209.87	226.98	173.89	327.75	384.79	448.78	518.05
85			300.78	245.42	211.21	188.16	171.68	156.87	149.37	141.55	127.47	118.14	111.55	106.78	103.02
			146.87	153.87	163.86	175.96	189.75	203.35	221.09	184.81	286.44	340.43	400.27	466.05	537.26
90				292.32	245.03	214.54	193.88	174.79	165.53	155.98	139.06	128.02	120.32	114.80	110.48
				167.92	176.50	187.90	201.39	214.65	232.74	238.49	299.17	354.39	415.70	484.24	556.37
95				352.57	286.02	245.32	218.04	194.69	183.27	171.64	151.37	138.38	129.43	123.06	118.12
				184.42	190.69	200.93	213.85	266.54	244.90	262.61	312.13	368.44	431.16	500.32	575.28
100					336.70	281.69	246.31	216.92	202.84	188.68	164.47	149.25	138.89	131.58	125.94
					206.89	215.30	277.28	236.67	257.64	275.34	325.35	382.64	446.63	517.36	594.02
105						325.33	279.03	241.91	224.53	207.31	178.45	160.67	148.73	140.37	133.98
						231.39	241.91	252.52	271.07	288.62	338.90	397.01	462.18	534.35	612.69
110						278.66	217.37	270.21	248.70	227.74	193.39	172.68	158.96	149.46	142.23
						249.63	257.99	266.89	285.28	302.50	350.81	411.58	477.82	551.39	631.27
115							262.59	302.51	275.81	250.27	209.40	185.33	169.62	158.84	150.70
							275.88	282.39	300.43	317.11	367.11	426.39	493.58	568.48	649.80

续表 8.9-2(c)

d \ h	22	24	26	28	30	32	34	36	38	40	45	50	55	60	65
120							417.83	339.75	306.44	275.23	226.59	198.68	180.72	168.54	159.40
							291.02	299.27	316.67	332.55	381.89	441.48	509.47	585.53	668.29
125							485.44	383.14	341.30	303.03	245.10	212.77	192.31	178.57	168.35
							319.09	317.81	334.21	348.94	397.17	456.85	525.54	602.68	686.78
130								434.35	381.34	334.19	265.09	227.67	204.40	188.95	177.55
								338.38	353.27	366.44	413.05	472.58	541.81	619.95	705.29
135								495.69	427.82	369.36	286.75	243.46	217.04	199.70	187.01
								361.49	374.18	385.23	429.59	488.69	558.31	637.34	723.84
140									482.43	409.36	310.28	260.22	230.26	210.84	196.74
									397.34	405.56	446.87	505.23	575.06	654.88	742.43
145										455.26	335.96	278.04	244.11	222.39	206.76
										427.69	465.00	522.24	592.11	672.58	761.10
150										508.47	364.08	297.03	258.62	234.38	217.08
										452.00	484.06	539.79	609.45	690.47	779.86
155											395.01	317.30	273.85	246.82	227.71
											504.21	557.90	627.14	708.56	798.73
160											429.18	338.98	289.86	259.74	238.66
											525.65	576.65	645.21	726.86	817.21
165											467.16	362.24	306.69	237.18	249.96
											548.33	596.11	663.68	745.43	836.84

续表 8.9-2(c)

d \ h	22	24	26	28	30	32	34	36	38	40	45	50	55	60	65
170											509.59	387.24	324.43	287.16	261.62
											572.69	616.33	681.54	764.27	856.14
175											557.32	414.20	343.14	301.72	273.65
											598.90	637.23	702.01	783.40	875.60
180											611.41	443.35	362.90	318.90	286.08
											627.30	659.47	721.94	805.40	895.27
185												474.97	383.82	332.73	298.92
												682.59	742.46	822.68	915.14
190												509.38	405.98	349.26	312.19
												706.87	763.59	842.87	935.23
195												546.98	429.52	336.54	325.92
												732.50	785.41	863.47	955.57
200												588.24	454.55	384.62	340.14
												759.63	807.98	884.50	976.20
205												633.69	481.22	403.54	354.86
												788.43	831.34	906.00	997.10
210												684.04	509.71	423.39	370.11
												819.15	855.60	928.01	1018.30
215												740.10	540.20	444.21	385.93
												852.05	880.82	950.56	1039.84

直流喷头垂直喷射计算　(H(m)/q(m^3/h))　　**表 8.9-2**(d)(h=70～140m，d=70～215mm)

d \ h	70	75	80	85	90	95	100	105	110	115	120	125	130	135	140
70	79. 96	78. 52	77. 31	76. 30	75. 50	74. 82	74. 26	73. 82	73. 34	72. 96	72. 70	72. 42	72. 17	71. 91	71. 81
	584. 95	624. 45	704. 98	790. 68	881. 74	1987. 01	1079. 64	1186. 78	1298. 20	1415. 26	1538. 20	1665. 91	1798. 71	1936. 96	2080. 84
75	86. 56	84. 87	83. 45	82. 83	81. 35	80. 56	79. 92	79. 41	78. 84	78. 41	78. 11	77. 80	77. 50	77. 26	77. 08
	571. 12	649. 21	732. 44	823. 78	915. 26	1014. 84	1119. 97	1230. 84	1346. 05	1479. 21	1594. 39	1726. 65	1863. 91	2006. 95	2155. 86
80	93. 28	91. 32	89. 69	88. 34	87. 26	86. 36	85. 62	85. 03	84. 39	83. 39	83. 54	83. 20	82. 85	82. 58	82. 37
	592. 91	673. 47	759. 33	850. 76	947. 93	1050. 71	1159. 23	1273. 70	1392. 58	1517. 57	1648. 95	1785. 50	1927. 18	2074. 85	2228. 63
85	100. 15	97. 90	96. 02	94. 48	93. 24	92. 21	91. 37	90. 71	89. 97	89. 41	89. 01	88. 62	88. 23	87. 91	87. 68
	614. 25	697. 27	785. 67	879. 81	979. 87	1085. 75	1197. 54	1315. 48	1437. 90	1566. 66	1702. 05	1842. 76	1988. 72	2140. 86	2299. 35
90	107. 17	104. 59	102. 45	100. 69	99. 29	98. 16	97. 17	96. 41	95. 95	94. 96	94. 51	94. 06	93. 62	93. 27	93. 01
	635. 52	720. 70	811. 55	908. 28	1011. 16	1120. 03	1234. 96	1356. 30	1484. 92	1614. 55	1753. 84	1898. 56	2048. 66	2205. 15	2368. 22
95	114. 33	111. 40	108. 98	106. 99	105. 42	104. 10	103. 03	102. 18	101. 25	100. 54	100. 04	99. 54	99. 05	98. 66	98. 36
	656. 40	743. 80	837. 02	936. 27	1041. 91	1153. 68	1271. 67	1396. 22	1527. 37	1661. 33	1804. 43	1953. 02	2107. 15	2267. 87	2435. 37
100	121. 65	118. 34	115. 61	113. 38	111. 61	110. 13	108. 93	107. 99	106. 95	106. 16	105. 60	105. 04	104. 49	104. 06	103. 73
	677. 08	766. 62	862. 10	963. 82	1072. 06	1186. 56	1307. 57	1435. 36	1567. 72	1703. 51	1853. 90	2006. 27	2164. 30	2329. 17	2500. 93
105	129. 14	125. 41	122. 34	119. 85	117. 87	116. 23	114. 89	113. 85	112. 69	111. 81	111. 19	110. 57	109. 96	109. 48	109. 12
	697. 62	789. 19	886. 84	990. 94	1101. 71	1218. 98	1342. 87	1437. 80	1609. 24	1751. 97	1902. 34	2058. 41	2220. 22	2389. 05	2565. 08
110	136. 78	132. 61	129. 18	126. 41	124. 21	122. 39	120. 91	119. 75	118. 47	117. 50	116. 81	116. 13	115. 46	114. 93	114. 54
	717. 95	811. 53	911. 30	1017. 69	1130. 95	1280. 87	1377. 59	1511. 49	1649. 99	1796. 00	1968. 84	2109. 52	2275. 07	2447. 80	2628. 01

续表 8.9-2(d)

d \ h	70	75	80	85	90	95	100	105	110	115	120	125	130	135	140
115	144.60	139.95	136.13	133.06	130.62	128.61	126.97	125.70	124.29	123.22	122.46	121.72	120.98	120.40	119.97
	738.20	833.69	935.49	1044.13	1159.77	1282.26	1411.70	1548.60	1690.04	1839.20	1996.41	2159.70	2328.81	2505.38	2689.58
120	152.59	147.42	143.20	139.79	137.11	134.89	133.10	131.69	130.15	128.98	128.15	127.33	126.53	125.89	125.42
	758.32	855.64	959.47	1070.21	1188.25	1313.19	1445.38	1585.07	1729.41	1881.70	2042.27	2208.90	2381.63	2561.86	2749.99
125	160.77	155.04	150.38	146.63	143.68	141.24	139.28	137.74	136.05	134.77	133.87	132.98	132.10	131.41	130.89
	778.36	877.46	1006.78	1096.05	1216.37	1342.72	1478.52	1621.03	1768.14	1923.42	2087.30	2257.33	2433.44	2617.36	2805.25
130	167.14	162.18	157.67	153.56	150.32	147.66	145.51	143.84	142.00	140.60	139.62	138.65	137.70	136.94	136.38
	793.63	899.18	1030.20	1121.65	1244.16	1373.92	1511.22	1656.53	1806.39	1964.58	2130.56	2304.95	2484.48	2671.86	2867.56
135	177.70	170.72	165.09	160.58	157.05	154.14	151.80	149.98	147.99	146.47	145.40	144.35	143.32	142.50	141.90
	818.32	920.76	1053.46	1147.10	1271.70	1403.74	1543.54	1691.52	1844.10	2005.17	2175.34	2351.85	2534.67	2752.57	2925.02
140	186.47	178.80	172.63	161.70	163.86	160.70	158.16	156.18	154.02	152.37	151.22	150.09	148.97	148.09	147.43
	838.27	942.30	1076.58	1172.16	1298.98	1433.30	1575.45	1726.13	1881.29	2045.16	2218.45	2398.16	2584.15	2778.51	2981.47
145	195.44	187.04	180.29	174.93	170.75	167.32	164.57	162.43	160.09	158.31	157.07	155.85	154.65	153.69	152.99
	858.19	963.77	1071.68	1197.16	1326.01	1462.52	1607.15	1760.33	1918.00	2084.64	2260.94	2443.74	2636.87	2830.56	3037.17
150	204.64	195.44	188.09	182.26	177.73	174.01	171.04	168.73	166.20	164.29	162.95	161.64	160.34	159.32	158.56
	878.16	985.17	1099.67	1221.98	1352.48	1494.48	1638.44	1794.14	1954.26	2123.65	2302.88	2488.72	2680.95	2881.94	3091.97
155	214.06	204.01	196.02	189.70	184.79	180.78	177.57	175.08	172.37	170.31	168.87	167.46	166.07	164.97	164.16
	898.14	1006.54	1122.57	1246.68	1379.45	1520.21	1669.42	1827.59	1990.21	2162.21	2344.34	2533.19	2728.44	2932.59	3146.09

续表 8.9-2(d)

d \ h	70	75	80	85	90	95	100	105	110	115	120	125	130	135	140
160	223.71	212.77	204.08	197.24	191.94	187.62	184.16	181.49	178.57	176.37	174.83	173.31	171.82	170.65	169.78
	918.16	1027.92	1146.41	1271.21	1405.88	1548.70	1700.12	1861.74	2025.68	2200.34	2385.35	2577.00	2775.27	2982.65	3199.49
165	233.61	221.70	212.29	204.89	199.18	194.53	190.82	187.95	184.32	182.46	180.81	179.19	177.60	176.35	175.42
	938.26	1049.27	1168.22	1295.63	1432.15	1576.97	1730.59	1893.57	2060.83	2238.01	2421.04	2620.35	2821.56	3032.05	3252.20
170	243.76	230.82	220.64	212.66	206.51	201.52	197.54	194.46	191.12	188.60	186.83	185.10	183.41	182.07	181.08
	958.43	1070.63	1190.98	1319.97	1458.27	1605.05	1760.80	1926.09	2095.66	2275.35	2465.86	2663.21	2867.35	3080.84	3304.25
175	254.18	240.14	229.13	220.54	213.94	208.58	204.32	201.03	197.46	194.77	192.89	191.05	189.24	187.82	186.77
	978.70	1093.03	1219.68	1344.20	1484.27	1632.92	1790.76	1958.35	2130.13	2312.27	2505.53	2705.67	2912.56	3129.11	3355.76
180	264.86	249.65	237.78	228.54	221.46	215.72	211.17	207.66	203.85	200.98	198.98	197.02	195.10	193.59	192.47
	999.05	1113.45	1236.37	1368.36	1510.13	1660.63	1820.53	1990.38	2164.32	2348.84	2544.77	2747.62	2957.31	3176.81	3406.59
185	275.83	259.38	246.58	236.66	229.07	222.95	218.08	214.34	210.29	207.24	205.11	203.03	200.99	199.39	198.20
	1019.53	1134.94	1259.04	1392.46	1535.86	1688.23	1850.08	2022.14	2198.25	2385.14	2583.67	2789.21	3001.62	3224.04	3456.92
190	287.10	269.31	255.55	244.91	236.79	230.25	225.07	221.08	216.77	213.53	211.28	209.07	206.90	205.21	203.95
	1040.15	1156.46	1281.74	1416.52	1561.52	1715.65	1879.49	2053.69	2231.86	2421.07	2622.25	2830.40	3045.43	3270.77	3506.71
195	298.67	279.47	264.68	253.28	244.61	237.63	232.12	227.88	223.30	219.87	217.48	215.14	212.85	211.05	209.72
	1060.90	1178.09	1304.43	1440.52	1587.10	1742.93	1908.70	2085.04	2265.23	2455.80	2660.44	2871.19	3088.91	3316.97	3555.97
200	310.56	289.86	273.97	261.78	252.53	245.10	239.23	234.74	229.89	226.24	223.71	221.24	218.82	216.92	215.52
	1081.81	1199.77	1327.13	1464.49	1612.59	1770.11	1937.71	2116.19	2298.41	2492.09	2698.28	2911.61	3131.93	3362.78	3604.80

续表 8.9-2(d)

d \ h	70	75	80	85	90	95	100	105	110	115	120	125	130	135	140
205	322.78	300.48	283.44	270.41	260.55	252.65	246.42	241.66	236.52	232.66	229.99	227.37	224.82	222.81	221.33
	1102.89	1221.55	1349.87	1488.44	1637.99	1797.17	1966.62	2147.15	2331.32	2527.19	2735.89	2951.67	3174.58	3403.13	3653.07
210	335.36	311.34	293.09	279.18	268.68	260.29	253.68	248.64	243.20	239.13	236.30	233.54	230.85	228.73	227.17
	1124.17	1243.43	1372.66	1512.38	1663.35	1824.14	1995.38	2177.94	2364.01	2562.09	2773.17	2991.45	3216.87	3453.11	3700.95
215	348.29	322.46	302.92	288.09	276.92	268.01	261.02	255.68	249.93	245.63	242.55	239.74	236.90	234.68	233.04
	1145.64	1265.44	1395.49	1536.33	1688.67	1850.99	2024.04	2208.56	2396.50	2596.68	2810.18	3030.90	3528.75	3497.74	3748.46

注:1. 计算公式

$$H = \frac{h}{1 - \alpha h}$$

$$q = K\varphi\varepsilon\sqrt{H} = K\mu\sqrt{H}$$

$$\alpha = \frac{0.25}{d + (0.059d)^3}$$

$$K = \frac{\pi}{4}\sqrt{2g}d^2 = 3.48d^2$$

式中 H——喷水前水压 m;

h——喷水高度 m;

q——喷水流量 m^3/h

K——折算系数;

φ——流速系数;

ε——出流断面收缩系数;

μ——流量系数;

α——压力损失系数;

d——喷嘴管径 mm。

2. 为减少喷射水柱分散雾化,应在表中粗实线右上方选用。

8.9.3　直流喷头的倾斜喷射计算用表

直流喷头倾斜喷射计算表　　表 8.9-3

α	C_h	C_L	C_h/C_L	C_1	C_2	α	C_h	C_L	C_h/C_L	C_1	C_2
1	0.0004	0.1014	0.0039	0.0525	0.0489	34	0.4302	2.6785	0.1606	1.3466	1.3319
2	0.0018	0.2085	0.0086	0.1047	0.1038	35	0.4498	2.7104	0.1660	1.3649	1.3455
3	0.0042	0.3154	0.0133	0.1585	0.1569	36	0.4705	2.7345	0.1721	1.3753	1.3592
4	0.0072	0.4162	0.0173	0.2088	0.2074	37	0.4907	2.7571	0.1780	1.3868	1.3703
5	0.0114	0.5208	0.0219	0.2610	0.2598	38	0.5107	2.7759	0.1840	1.3966	1.3793
6	0.0164	0.6235	0.0263	0.3125	0.3111	39	0.5306	2.7909	0.1901	1.4044	1.3865
7	0.0223	0.7257	0.0307	0.3631	0.3626	40	0.5505	2.8011	0.1965	1.4100	1.3911
8	0.0288	0.8214	0.0351	0.4123	0.4091	41	0.5701	2.8100	0.2029	1.4143	1.3957
9	0.0364	0.8803	0.0413	0.4486	0.4317	42	0.5848	2.8209	0.2073	1.4240	1.3969
10	0.0448	1.0225	0.0438	0.5116	0.5110	43	0.6088	2.8142	0.2163	1.4164	1.3978
11	0.0542	1.1179	0.0485	0.5601	0.5578	44	0.6278	2.8071	0.2236	1.4110	1.3961
12	0.0642	1.2149	0.0528	0.6079	0.6070	45	0.6465	2.8001	0.2309	1.4084	1.3917
13	0.0748	1.3075	0.0572	0.6547	0.6528	46	0.6647	2.7927	0.2380	1.4054	1.3873
14	0.0865	1.3994	0.0618	0.7006	0.6988	47	0.6828	2.7795	0.2457	1.3991	1.3804
15	0.0988	1.4894	0.0663	0.7456	0.7438	48	0.7004	2.7612	0.2537	1.3897	1.3715
16	0.1117	1.5766	0.0708	0.7896	0.7870	49	0.7176	2.7393	0.2620	1.3780	1.3613
17	0.1255	1.6625	0.0755	0.8326	0.8299	50	0.7335	2.7125	0.2704	1.3640	1.3485
18	0.1396	1.7448	0.0800	0.8742	0.8706	51	0.7508	2.6859	0.2795	1.3502	1.3357
19	0.1547	1.8261	0.0847	0.9150	0.9111	52	0.7666	2.6407	0.2903	1.3340	1.3067
20	0.1705	1.9026	0.0896	0.9536	0.9490	53	0.7821	2.6193	0.2986	1.3157	1.3036
21	0.0863	1.9792	0.0941	0.9922	0.9870	54	0.7969	2.5812	0.3087	1.2959	1.2853
22	0.2029	2.0517	0.0989	1.0288	1.0229	55	0.8100	2.5407	0.3188	1.2760	1.2647
23	0.2201	2.1195	0.1038	1.0616	1.0579	56	0.8251	2.5031	0.3296	1.2589	1.2442
24	0.2376	2.1884	0.1086	1.0978	1.0906	57	0.8385	2.4480	0.3548	1.2265	1.2215
25	0.2549	2.2537	0.1131	0.1324	1.1213	58	0.8512	2.3976	0.3550	1.2002	1.1974
26	0.2739	2.3259	0.1178	1.1738	1.1521	59	0.8634	2.3447	0.3682	1.1725	1.1722
27	0.2926	2.3705	0.1234	1.1899	1.1806	60	0.8745	2.2906	0.3818	1.1456	1.1450
28	0.3117	2.4249	0.1285	1.2175	1.2074	61	0.8861	2.2303	0.3973	1.1126	1.1177
29	0.3246	2.4638	0.1317	1.2433	1.2205	62	0.8965	2.1696	0.4132	1.0808	1.0888
30	0.3508	2.5139	0.1395	1.2599	1.2540	63	0.9064	2.1066	0.4303	1.0478	1.0588
31	0.3716	2.5773	0.1442	1.2898	1.2875	64	0.9157	2.0409	0.4487	1.0135	1.0274
32	0.3901	2.6079	0.1496	1.3105	1.2974	65	0.9240	1.9523	0.4733	0.9575	0.9948
33	0.4101	2.6447	0.1551	1.3291	1.3156	66	0.9327	1.9031	0.4901	0.9415	1.9621

续表 8.9-3

α	C_h	C_L	C_h/C_L	C_1	C_2	α	C_h	C_L	C_h/C_L	C_1	C_2
67	0.9404	1.8316	0.5134	0.9036	1.9280	79	0.9931	0.8744	1.1358	0.4087	0.4657
68	0.9474	1.7515	0.5391	0.8643	1.8932	80	0.9945	0.7910	1.2573	0.3669	0.4241
69	0.9540	1.6842	0.5664	0.8268	0.8574	81	0.9968	0.7077	1.4085	0.3252	0.3825
70	0.9600	1.6071	0.5973	0.7865	0.8206	82	0.9973	1.6259	1.5034	0.2841	0.3418
71	0.9655	1.5298	0.6311	0.7461	0.7837	83	0.9982	1.5422	1.8410	0.2439	0.2983
72	0.9705	1.4504	0.6691	0.7048	0.7456	84	0.9989	0.4600	2.1715	0.2041	0.2559
73	0.9750	1.3703	0.7115	0.6631	0.7072	85	0.9992	0.3874	2.5792	0.1740	0.2134
74	0.9791	1.2890	0.7596	0.6211	0.6679	86	0.9997	0.3150	3.1737	0.1440	0.1710
75	0.9825	1.2068	0.8141	0.5787	0.6281	87	0.9999	0.2212	4.5203	0.0931	0.1281
76	0.9858	1.1245	0.8767	0.5362	0.5883	88	0.9999	0.1452	6.8863	0.0597	0.0855
77	0.9886	1.0415	0.9492	0.4936	0.5479	89	0.9999	0.0712	14.0435	0.0283	0.0429
78	0.9910	0.9580	1.0344	0.4510	0.5070	90	1.000	0.0000	∞	0.0000	0.0000

注：计算表的使用方法

1. 已知垂直喷高 h_{90}。

   求栓喷嘴直径 d、喷头前水压 H 和出流量 Q。

   根据 h_{90} 值，可直接从表中查出一系列 d、H、Q 值，可从中选取一组合适的数值。

2. 已知倾斜喷高 h_0 和射程 L_α。

   求算喷头安装角度、喷嘴直径 d、喷头前水压 H 和出流量 Q。算出高、距比 h_α/L_α 值，从表 8.9-3 中查出 $C_h/C_L=h_\alpha/L_\alpha$ 的安装角值和相应折算系数 C_h、C_L。

   算出相当垂直喷 $h_{90}=h_\alpha/C_h=L_\alpha/C_L$。根据 h_{90}值，可从表 8.9-2 中查出一系列 d、H、Q 值，可从中选取一组合适的数值。

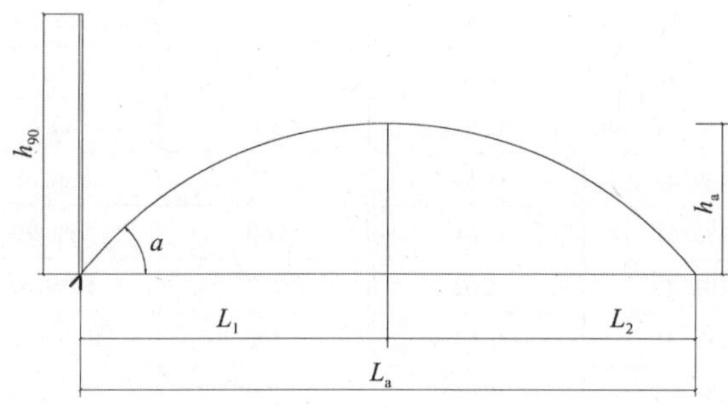

8.9.4　溢流堰计算用表

薄壁堰计算表　　　　**表 8.9-4**（a）

H(mm)	$q\left(m^3/(h\cdot m)\right)$	v(m/s)	H(mm)	$q\left(m^3/(h\cdot m)\right)$	v(m/s)
5	2.65	0.15	115	292.10	0.71
6	3.48	0.16	120	311.35	0.72
7	4.39	0.17	125	331.01	0.74
8	5.36	0.19	130	351.07	0.75
9	6.40	0.20	135	371.52	0.76
10	7.49	0.21	140	392.35	0.78
12	9.85	0.23	145	413.56	0.79
14	12.41	0.25	150	435.13	0.81
16	15.16	0.26	155	457.07	0.82
18	18.09	0.28	160	479.36	0.83
20	21.18	0.29	165	502.00	0.85
25	29.61	0.33	170	525.00	0.86
30	38.92	0.36	175	548.33	0.87
35	49.04	0.39	180	571.99	0.88
40	59.92	0.42	185	596.00	0.89
45	71.50	0.44	190	620.31	0.91
50	83.74	0.47	195	644.96	0.92
55	96.61	0.49	200	669.93	0.93
60	110.08	0.51	210	720.79	0.95
65	124.12	0.53	220	772.89	0.98
70	138.72	0.55	230	826.18	1.00
75	153.84	0.57	240	880.64	1.02
80	169.48	0.59	250	936.25	1.04
85	185.61	0.61	260	992.98	1.06
90	202.23	0.62	270	1050.82	1.08
95	219.31	0.64	280	1109.73	1.10
100	236.85	0.66	290	1169.71	1.12
105	254.84	0.67	300	1230.73	1.14
110	273.26	0.69			

注：计算公式

$$q = K_1 H^{3/2} 7490 H^{3/2}$$

$$v = K_2 H^{1/2} 2.08 H^{1/2}$$

式中　q——单宽流量，L/（s·m）；

H——堰上水头，m；

v——堰上流速，m/s。

宽顶堰计算表 **表 8.9-4**（b）

H(mm)	q(L/(s·m))	q(m³/(h·m))	v(m/s)	h(m)	H(mm)	q(L/(s·m))	q(m³/(h·m))	v(m/s)	h(m)
5	0.58	2.09	0.12	0.20	115	64.70	230.65	0.55	
6	0.76	2.74	0.13	0.25	120	68.30	245.88	0.57	
7	0.96	3.46	0.14	0.35	125	72.61	261.40	0.58	
8	1.18	4.25	0.15	0.45	130	77.01	277.24	0.59	
9	1.40	5.04	0.16	0.50	135	81.50	293.40	0.60	
10	1.64	5.90	0.17	0.60	140	86.07	309.85	0.61	
12	2.16	7.78	0.18	0.75	145	90.72	326.59	0.62	
14	2.72	9.79	0.19	0.90	150	95.45	343.62	0.63	
16	3.33	11.99	0.21	1.15	155	100.26	360.94	0.64	
18	3.97	14.29	0.22	1.30	160	105.15	378.54	0.65	
20	4.65	16.74	0.23	1.40	165	110.12	396.43	0.66	
25	6.49	23.36	0.26	1.80	170	115.16	414.58	0.67	
30	8.54	30.74	0.28	2.20	175	120.28	433.01	0.68	
35	10.76	38.74	0.31	2.60	180	125.47	451.69	0.69	
40	13.14	47.30	0.33	3.00	185	130.74	470.66	0.70	
45	15.68	56.45	0.35	3.40	190	136.07	489.85	0.71	
50	18.37	66.13	0.37	3.70	195	141.48	509.33	0.72	
55	21.19	76.28	0.38	4.10	200	146.95	529.02	0.73	
60	24.15	86.94	0.40	4.50	210	158.11	569.20	0.75	
65	27.23	98.03	0.42	4.90	220	168.61	607.00	0.77	
70	30.43	109.55	0.43	5.30	230	181.23	652.43	0.78	
75	33.75	121.50	0.45	5.70	240	193.18	695.45	0.80	
80	37.18	133.85	0.46	6.10	250	205.38	739.37	0.82	
85	40.72	146.59	0.48	6.50	260	217.82	784.15	0.83	
90	44.36	159.70	0.49	6.90	270	230.51	829.84	0.85	
95	48.11	173.20	0.50	7.30	280	243.43	876.35	0.86	
100	51.96	187.06	0.52	7.70	290	256.59	923.72	0.88	
105	55.90	201.24	0.53	8.10	300	269.97	971.89	0.89	
110	59.94	215.28	0.54	8.50					

注：1. 计算公式

$$q = K_1 H^{3/2} 1643 H^{3/2}$$

$$v = K_2 H^{1/2} 1.643 H^{1/2}$$

式中 q——单宽流量（L/s·m）；

H——堰上水头（m）；

v——堰上流速（m/s）；

h——连续水膜高度（m）。

2. 表中数值适合堰面及边缘较光滑的情况。
3. 其他堰形的流量和流速可根据表中数值乘以系数得到，圆角和斜角堰乘 1.13，斜坡堰按斜角 20°～80°分别乘 1.18～1.06。

附　录

附录 A　生活饮用水水质卫生规范（GB 5749—2006）

饮用水质常规指标及限值　　附表 A1

指　　标	限　　值
1. 微生物指标①	
总大肠菌群（MPN/100mL 或 CFU/100mL）	不得检出
耐热大肠菌群（MPN/100mL 或 CFU/100mL）	不得检出
大肠埃希氏菌（MPN/100mL 或 CFU/100mL）	不得检出
菌落总数（CFU/mL）	100
2. 毒理指标	
砷（mg/L）	0.01
镉（mg/L）	0.005
铬（六价，mg/L）	0.05
铅（mg/L）	0.01
汞（mg/L）	0.001
硒（mg/L）	0.01
氰化物（mg/L）	0.05
氟化物（mg/L）	1.0
硝酸盐（以 N 计，mg/L）	10（地下水源限制时为 20）
三氯甲烷（mg/L）	0.06
四氯化碳（mg/L）	0.002
溴酸盐（使用臭氧时，mg/L）	0.01
甲醛（使用臭氧时，mg/L）	0.9
亚氯酸盐（使用二氧化氯消毒时，mg/L）	0.7
氯酸盐（使用复合二氧化氯消毒时，mg/L）	0.7
3. 感官性状和一般化学指标	
色度（铂钴色度单位）	15
浑浊度（NTU-散射浊度单位）	1（水源与净水技术条件限制时为 3）
臭和味	无异臭、异味
肉眼可见物	无
pH（pH 单位）	不小于 6.5 且不大于 8.5

续表

指　　标	限　　值
铝（mg/L）	0.2
铁（mg/L）	0.3
锰（mg/L）	0.1
铜（mg/L）	1.0
锌（mg/L）	1.0
氯化物（mg/L）	250
硫酸盐（mg/L）	250
溶解性总固体（mg/L）	1000
总硬度（以 $CaCO_3$ 计，mg/L）	450
耗氧量（COD_{Mn}法，以 O_2 计，mg/L）	3（水源限制，原水耗氧量>6mg/L 时为5）
挥发酚类（以苯酚计，mg/L）	0.002
阴离子合成洗涤剂（mg/L）	0.3
4. 放射性指标②	指导值
总 α 放射性（Bq/L）	0.5
总 β 放射性（Bq/L）	1

注：① MPN 表示最可能数；CFU 表示菌落形成单位。当水样检出总大肠菌群时，应进一步检验大肠埃希氏菌或耐热大肠菌群；水样未检出总大肠菌群，不必检验大肠埃希氏菌或耐热大肠菌群。

② 放射性指标超过指导值，应进行核素分析和评价，判定能否饮用。

饮用水中消毒剂常规指标及要求　　附表 A2

消毒剂名称	与水接触时间	出厂水中限值	出厂水中余量	管网末梢水中余量
氯气及游离氯制剂（游离氯，mg/L）	≮30min	4	≥0.3	≥0.05
一氯胺（总氯，mg/L）	≮120min	3	≥0.5	≥0.05
臭氧（O_3，mg/L）	≮12min	0.3		0.02，如加氯，总氯≥0.05
二氧化氯（ClO_2，mg/L）	≮30min	0.8	≥0.1	≥0.02

饮用水质非常规指标及限值　　附表 A3

指　　标	限　　值
1. 微生物指标	
贾第鞭毛虫（个/10L）	<1
隐孢子虫（个/10L）	<1
2. 毒理指标	
锑（mg/L）	0.005
钡（mg/L）	0.7
铍（mg/L）	0.002
硼（mg/L）	0.5
钼（mg/L）	0.07
镍（mg/L）	0.02
银（mg/L）	0.05

续表

指　　标	限　　值
铊（mg/L）	0.0001
氯化氰（以 CN^- 计，mg/L）	0.07
一氯二溴甲烷（mg/L）	0.1
二氯一溴甲烷（mg/L）	0.06
二氯乙酸（mg/L）	0.05
1，2-二氯乙烷（mg/L）	0.03
二氯甲烷（mg/L）	0.02
三卤甲烷（mg/L） （三氯甲烷、一氯二溴甲烷、二氯一溴甲烷、三溴甲烷的总和）	该类化合物中各种化合物的实测浓度与其各自限值的比值之和不超过1
1，1，1-三氯乙烷（mg/L）	2
三氯乙酸（mg/L）	0.1
三氯乙醛（mg/L）	0.01
2，4，6-三氯酚（mg/L）	0.2
三溴甲烷（mg/L）	0.1
七氯（mg/L）	0.0004
马拉硫磷（mg/L）	0.25
五氯酚（mg/L）	0.009
六六六（总量，mg/L）	0.005
六氯苯（mg/L）	0.001
乐果（mg/L）	0.08
对硫磷（mg/L）	0.003
灭草松（mg/L）	0.3
甲基对硫磷（mg/L）	0.02
百菌清（mg/L）	0.01
呋喃丹（mg/L）	0.007
林丹（mg/L）	0.002
毒死蜱（mg/L）	0.03
草甘膦（mg/L）	0.7
敌敌畏（mg/L）	0.001
莠去津（mg/L）	0.002
溴氰菊酯（mg/L）	0.02
2，4-滴（mg/L）	0.03
滴滴涕（mg/L）	0.001
乙苯（mg/L）	0.3
二甲苯（mg/L）	0.5
1，1-二氯乙烯（mg/L）	0.03
1，2-二氯乙烯（mg/L）	0.05
1，2-二氯苯（mg/L）	1

续表

指　　标	限　　值
1，4-二氯苯（mg/L）	0.3
三氯乙烯（mg/L）	0.07
三氯苯（总量，mg/L）	0.02
六氯丁二烯（mg/L）	0.0006
丙烯酰胺（mg/L）	0.0005
四氯乙烯（mg/L）	0.04
甲苯（mg/L）	0.7
邻苯二甲酸二（2-乙基己基）酯（mg/L）	0.008
环氧氯丙烷（mg/L）	0.0004
苯（mg/L）	0.01
苯乙烯（mg/L）	0.02
苯并（a）芘（mg/L）	0.00001
氯乙烯（mg/L）	0.005
氯苯（mg/L）	0.3
微囊藻毒素-LR（mg/L）	0.001
3. 感官性状和一般化学指标	
氨氮（以N计，mg/L）	0.5
硫化物（mg/L）	0.02
钠（mg/L）	2000

农村小型集中式供水和分散式供水部分水质指标及限值　　附表A4

指　　标	限　　值
1. 微生物指标	
菌落总数（CFU/mL）	500
2. 毒理指标	
砷（mg/L）	0.05
氟化物（mg/L）	1.2
硝酸盐（以N计，mg/L）	20
3、感官性状和一般化学指标	
色度（铂钴色度单位）	20
浑浊度（NTU-散射浊度单位）	3 水源与净水技术条件限制时为5
pH（pH单位）	不小于6.5且不大于9.5
溶解性总固体（mg/L）	1500
总硬度（以 $CaCO_3$ 计，mg/L）	550
耗氧量（COD_{Mn}法，以 O_2 计，mg/L）	5
铁（mg/L）	0.5
锰（mg/L）	0.3
氯化物（mg/L）	300
硫酸盐（mg/L）	300

附录 B 湿陷性黄土的物理学性质指标

湿陷性黄土的物理学性质指标

附表 B1

分区	亚区	地貌	黄土层厚度(m)	湿陷性黄土层厚度(m)	地下水埋藏深度(m)	物理化学性质								特征简述
						含水量 ω(%)	天然密度 ρ(g/cm^3)	液限 ω_L(%)	塑性指数 I_p	孔隙比 e	压缩系数 a (MPa^{-1})	湿陷系数 δ_s	自重湿陷系数 δ_{zs}	
陇西地区①		低阶地	4~25	3~16	4~18	6~25	1.20~1.80	21~30	4~12	0.70~1.20	0.10~0.90	0.020~0.200	0.010~0.200	自重湿陷性黄土分布很广，湿陷性黄土层厚度通常大于10m，地基湿陷等级多为Ⅲ~Ⅳ级，湿陷性敏感
		高阶地	15~100	8~35	20~80	3~20	1.20~1.80	21~30	5~12	0.80~1.30	0.10~0.70	0.020~0.220	0.010~0.200	
陇东、陕北、晋西地区②		低阶地	3~30	4~11	4~14	10~24	1.40~1.70	20~30	7~13	0.97~1.18	0.26~0.67	0.019~0.079	0.005~0.041	自重湿陷性黄土分布广泛，湿陷性黄土层厚度通常大于10m，地基湿陷等级一般为Ⅲ~Ⅳ级，湿陷性较敏感
		高阶地	50~150	10~15	40~60	9~22	1.40~1.60	26~31	8~12	0.80~1.20	0.17~0.63	0.023~0.088	0.006~0.048	

续表

分区	亚区	地貌	黄土层厚度(m)	湿陷性黄土层厚度(m)	地下水埋藏深度(m)	物理化学性质								特征简述
						含水量 ω(%)	天然密度 ρ(g/cm^3)	液限 ω_L(%)	塑性指数 I_p	孔隙比 e	压缩系数 a (MPa^{-1})	湿陷系数 δ_s	自重湿陷系数 δ_{zs}	
关中地区Ⅲ		低阶地	5~20	4~10	6~18	14~28	1.50~1.80	22~32	9~12	0.94~1.13	0.24~0.64	0.029~0.076	0.003~0.039	低阶地多属非自重湿陷性黄土，高阶地和黄土塬多属自重湿陷性黄土，湿陷性黄土层厚度：在渭北高原一般大于10m；在渭河流域两岸多为4~10m，秦岭北麓地带有的小于4m。地基湿陷等级一般为Ⅱ~Ⅲ级，自重湿陷性黄土层一般埋藏较深，湿陷发生较迟缓
		高阶地	50~100	6~23	14~40	11~21	1.40~1.70	27~32	10~13	0.95~1.21	0.17~0.63	0.030~0.080	0.005~0.042	

附表 B2

湿陷性黄土的物理学性质指标

分区	亚区	地貌	黄土层厚度(m)	湿陷性黄土层厚度(m)	地下水埋藏深度(m)	物理化学性质								特征简述
						含水量 $\omega(\%)$	天然密度 $\rho(g/cm^3)$	液限 $\omega_L(\%)$	塑性指数 I_p	孔隙比 e	压缩系数 a (MPa^{-1})	湿陷系数 δ_s	自重湿陷系数 δ_{zs}	
山西、冀北地区Ⓘ	汾河流域区、冀北区Ⅳ	低阶地	5~15	2~10	4~8	6~19	1.40~1.70	25~29	8~12	0.58~1.10	0.24~0.87	0.030~0.070	—	低阶地多属非自重湿陷性黄土，高阶地(包括山麓堆积)多属自重湿陷性黄土。湿陷性黄土层厚度多为5~10m；个别地段小于5m或大于10m，地基湿陷等级一般为Ⅱ~Ⅲ级。在低阶地新近堆积黄土分布较普遍，土的结构松散，压缩性较高。冀北部分地区黄土含砂量大
		高阶地	30~100	5~20	50~60	11~24	1.50~1.60	27~31	10~13	0.97~1.31	0.12~0.62	0.015~0.089	0.007~0.040	
	晋东南区Ⅳ2		30~53	2~12	4~7	18~23	1.50~1.80	27~33	10~13	0.85~1.02	0.29~1.00	0.030~0.070	0.015~0.052	
河南地区Ⓥ			6~25	4~8	5~25	16~21	1.60~1.80	26~32	10~13	0.86~1.07	0.18~0.33	0.023~0.045	—	一般为非自重湿陷性黄土。湿陷性黄土层厚度一般为5m，土的结构较密实，压缩性较低。该区浅布分布新近堆积黄土，压缩性较高

续表

分区	亚区	地貌	黄土层厚度(m)	湿陷性黄土层厚度(m)	地下水埋藏深度(m)	物理化学性质								特征简述
						含水量 ω(%)	天然密度 ρ(g/cm³)	液限 ω_L(%)	塑性指数 I_p	孔隙比 e	压缩系数 a (MPa⁻¹)	湿陷系数 δ_s	自重湿陷系数 δ_{zs}	
冀鲁地区Ⅵ	河北区Ⅵ1		3~30	2~6	5~12	14~18	1.60~1.70	25~29	9~13	0.85~1.00	0.18~0.60	0.024~0.048	—	一般为非自重湿陷性黄土。湿陷性黄土层厚度一般小于5m，地基湿陷等级一般为Ⅱ级，土的结构较密实，压缩性较低。在黄土边缘地带及鲁山北麓的局部地段，湿陷性黄土层薄，含水量高，湿陷系数小，地基湿陷等级为Ⅰ级或不具湿陷性
	山东去Ⅵ2		3~20	2~6	5~8	15~23	1.60~1.70	28~31	10~13	0.85~0.90	0.19~0.51	0.020~0.041	—	
边缘地区Ⅶ	宁、陕区Ⅶ1		5~30	1~10	5~25	7~13	1.40~1.60	22~27	7~10	1.02~1.14	0.22~0.57	0.032~0.059	—	为非自重湿陷性黄土，湿陷性黄土层厚度一般小于5m，地基湿陷等级一般为Ⅰ~Ⅱ级，土的压缩性较低，土的含砂量低，湿陷性黄土分布不连续
	河西走廊Ⅶ2		5~10	2~5	5~10	14~18	1.60~1.70	23~32	8~12	—	0.17~0.36	0.029~0.050	—	

续表

分区	亚区	地貌	黄土层厚度(m)	湿陷性黄土层厚度(m)	地下水埋藏深度(m)	物理化学性质								特征简述
						含水量 ω(%)	天然密度 ρ(g/cm^3)	液限 ω_L(%)	塑性指数 I_p	孔隙比 e	压缩系数 a (MPa^{-1})	湿陷系数 δ_s	自重湿陷系数 δ_{zs}	
边缘地区⑦	内蒙中部、辽西区Ⅶ3	低阶地	5~15	5~11	5~10	6~20	1.50~1.70	19~27	8~10	0.87~1.05	0.11~0.77	0.026~0.048	0.040	靠近山西、陕西的黄土地区，一般为非自重湿陷性黄土，地基湿陷等级一般为Ⅰ级，湿陷性黄土厚度一般为5~10m。低阶地新近堆积黄土分布较广，土的结构松散，压缩性较高，高阶地土的结构较密实，压缩性低
		高阶地	10~20	8~15	12	12~18	1.50~1.90	—	9~11	0.85~0.99	0.10~0.40	0.020~0.041	0.069	

附录C 我国主要城镇抗震设防烈度用表

主要城镇抗震设防烈度表　　附表C1

抗震设防烈度	所属城镇地区
一、首都和直辖市	
8度	北京（除昌平、门头沟外的11个市辖区），平谷，大兴，延庆，宁河，汉沽。
7度	密云，怀柔，昌平，门头沟，天津（除汉沽、大港外的12个市辖区），蓟县，宝坻，静海，大港，上海（除金山外的15个市辖区），南汇，奉贤。
6度	崇明，金山，重庆（14个市辖区），巫山，奉节，云阳，忠县，丰都，长寿，壁山，合川，铜梁，大足，荣昌，永川，江津，綦江，南川，黔江，石柱，巫溪。
二、河北省	
8度	廊坊（2个市辖区），唐山（5个市辖区），三河，大厂，香河，丰南，丰润，怀来，涿鹿。
7度	邯郸（4个市辖区），邯郸县，文安，任丘，河间，大城，涿州，高碑店，涞水，固安，永清，玉田，迁安，卢龙，滦县，唐海，乐亭，宣化，蔚县，阳原，成安，磁县，临漳，大名，宁晋，石家庄（6个市辖区），保定（3个市辖区），张家口（4个市辖区），沧州（2个市辖区），衡水，邢台（2个市辖区），霸州，雄县，易县，沧县，张北，万全，怀安，兴隆，迁西，抚宁，昌黎，青县，献县，广宗，平乡，鸡泽，隆尧，新河，曲周，肥乡，馆陶，广平，高邑，内丘，邢台县，赵县，武安，涉县，赤城，涞源，定兴，容城，徐水，安新，高阳，博野，蠡县，肃宁，深泽，安平，饶阳，魏县，藁城，栾城，晋州，深州，武强，辛集，冀州，任县，柏乡，巨鹿，南和，沙河，临城，泊头，永年，崇礼，南宫，秦皇岛（海港、北戴河），清苑，遵化，安国。
6度	正定，围场，尚义，灵寿，无极，平山，鹿泉，井陉，元氏，南皮，吴桥，景县，东光，承德（除鹰手营子外的2个市辖区），隆化，承德县，宽城，青龙，阜平，满城，顺平，唐县，望都，曲阳，定州，行唐，赞皇，黄骅，海兴，孟村，盐山，阜城，故城，清河，山海关，沽源，新乐，武邑，枣强，威县，丰宁，滦平，鹰手营子，平泉，临西，邸县。
三、山西省	
8度	太原（6个市辖区），临汾，忻州，祁县，平遥，古县，代县，原平，定襄，阳曲，太谷，介休，灵石，汾西，霍州，洪洞，襄汾，晋中，浮山，永济，清徐。
7度	大同（4个市辖区），朔州（朔城区），大同县，怀仁，浑源，广灵，山阴，灵丘，繁峙，五台，古交，交城，文水，汾阳，曲沃，孝义，侯马，新绛，稷山，绛县，河津，闻喜，翼城，万荣，夏县，运城，芮城，平陆，沁源，宁武，长治（2个市辖区），阳泉（3个市辖区），长治县，阳高，天镇，左云，右玉，神池，寿阳，昔阳，安泽，乡宁，垣曲，沁水，平定，和顺，黎城，潞城，壶关，平顺，榆社，武乡，娄烦，交口，隰县，蒲县，吉县，静乐，盂县，沁县，陵川，平鲁。
6度	偏关，河曲，保德，兴县，临县，方山，柳林，晋城，离石，左权，襄垣，屯留，长子，高平，阳城，泽州，五寨，苛岚，岚县，中阳，石楼，永和，大宁。
四、内蒙古自治区	
8度	土默特右旗，达拉特旗，包头（除白云矿区外的5个市辖区），呼和浩特（4个市辖区），土默特左旗，乌海（3个市辖区），杭锦后旗，磴口，宁城，托克托。
7度	喀喇沁旗，五原，乌拉特前旗，临河，固阳，武川，凉城，和林格尔，赤峰（红山，元宝山区），阿拉善左旗，集宁，清水河，开鲁，傲汉旗，乌特拉后旗，卓资，察右前旗，丰镇，扎兰屯，乌特兰中旗，赤峰（松山区），通辽，东胜，准格尔旗。
6度	满洲里，新巴尔虎右旗，莫力达瓦旗，阿荣旗，翁牛特旗，兴和，商都，察右后旗，科左中旗，科左后旗，奈曼旗，库仑旗，苏尼特右旗，达尔罕茂明安联合旗，阿拉善右旗，鄂托克旗，鄂托克前旗，白云，伊金霍洛旗，杭锦旗，四王子旗，察右中旗。

续表

抗震设防烈度	所　属　城　镇　地　区
五、辽宁省	
8度	普兰店，东港。
7度	营口（4个市辖区），丹东（3个市辖区），海城，大石桥，瓦房店，盖州，金州，沈阳（9个市辖区），鞍山（4个市辖区），大连（除金州外的5个市辖区），朝阳（2个市辖区），辽阳（5个市辖区），抚顺（除顺城外的3个市辖区），铁岭（2个市辖区），盘锦（2个市辖区），盘山，朝阳县，辽阳县，岫岩，铁岭县，凌源，北票，建平，开原，抚顺县，灯塔，台安，大洼，辽中。
6度	本溪（4个市辖区），阜新（5个市辖区），锦州（3个市辖区），葫芦岛（3个市辖区），昌图，西丰，法库，彰武，铁法，阜新县，康平，新民，黑山，北宁，义县，喀喇沁，凌海，兴城，绥中，建昌，宽甸，凤城，庄河，长海，顺城。
六、吉林省	
8度	前郭尔罗斯，松原。
7度	大安，长春（6个市辖区），吉林（除丰满外的3个市辖区），白城，乾安，舒兰，九台，永吉。
6度	四平（2个市辖区），辽源（2个市辖区），镇赉，洮南，延吉，汪清，图们，珲春，龙井，和龙，安图，蛟和，桦甸，梨树，磐石，东丰，辉南，梅河口，东辽，榆树，靖宇，抚松，长岭，通榆，德惠，农安，伊通，公主岭，扶余，丰满。
七、黑龙江省	
8度	绥化，萝北，泰来。
7度	哈尔滨（7个市辖区），齐齐哈尔（7个市辖区），大庆（5个市辖区），鹤岗（6个市辖区），牡丹江（4个市辖区），鸡西（6个市辖区），佳木斯（5个市辖区），七台河（3个市辖区），伊春（伊春区，乌马河区），鸡东，望奎，穆棱，绥芬河，东宁，宁安，五大连池，嘉荫，汤原，桦南，桦川，依兰，勃利，通河，方正，木兰，巴彦，尚志，宾县，安达，明水，绥棱，庆安，兰西，肇东，肇州，肇原，呼兰，阿城，双城，五常，讷河，北安，甘南，富裕，龙江，黑河，青冈，海林。
八、江苏省	
8度	宿迁，宿豫，新沂，邳州，睢宁。
7度	扬州（3个市辖区），镇江（2个市辖区），东海，沭阳，泗洪，江都，大丰，南京（11个市辖区），淮安（除楚州外的3个市辖区），徐州（5个市辖区），铜山，沛县，常州（4个市辖区），泰州（2个市辖区），赣榆，泗阳，射阳，江浦，武进，盐城，盐都，东台，海安，姜堰，如皋，如东，扬中，仪征，兴化，高邮，六合，句容，丹阳，金坛，丹徒，溧阳，溧水，昆山，太仓，连云港（4个市辖区），灌云。
6度	南通（2个市辖区），无锡（6个市辖区），苏州（6个市辖区），通州，宜兴，江阴，洪泽，金湖，建湖，常熟，吴江，靖江，泰兴，张家港，海门，启东，高淳，丰县，响水，滨海，阜宁，宝应，金湖，灌南，涟水，楚州。
九、浙江省	
7度	岱山，嵊泗，舟山（2个市辖区）。
6度	杭州（6个市辖区），宁波（5个市辖区），湖州，嘉兴（2个市辖区），温州（3个市辖区），绍兴，绍兴县，长兴，安吉，临安，奉化，鄞县，象山，德清，嘉善，平湖，海盐，桐乡，余杭，海宁，萧山，上虞，慈溪，余姚，瑞安，富阳，平阳，苍南，乐清，永嘉，奉顺，景宁，云和，庆元，洞头。

续表

抗震设防烈度	所 属 城 镇 地 区
十、安徽省	
7度	五河，泗县，合肥（4个市辖区），蚌埠（4个市辖区），阜阳（3个市辖区），淮南（5个市辖区），枞阳，怀远，长丰，六安（2个市辖区），灵璧，固镇，凤阳，明光，定远，肥东，肥西，舒城，庐江，桐城，霍山，涡阳，安庆（3个市辖区），铜陵县。
6度	铜陵（3个市辖区），芜湖（4个市辖区），巢湖，马鞍山（4个市辖区），滁州（2个市辖区），芜湖县，砀山，萧县，亳州，界首，太和，临泉，阜南，利辛，蒙城，凤台，寿县，颍上，霍邱，金寨，天长，来安，全椒，含山，和县，当涂，无为，繁昌，池州，岳西，潜山，太湖，怀宁，望江，东至，宿松，南陵，宣城，朗溪，广德，泾县，青阳，石台，濉溪，淮北，宿州。
十一、福建省	
8度	金门。
7度	厦门（7个市辖区），漳州（2个市辖区），晋江，石狮，龙海，长泰，漳浦，东山，诏安，泉州（4个市辖区），福州（除马尾外的4个市辖区），安溪，南靖，华安，平和，云霄，莆田（2个市辖区），长乐，福清，莆田县，平谭，惠安，南安，马尾。
6度	三明（2个市辖区），政和，屏南，霞浦，福鼎，福安，柘荣，寿宁，周宁，松溪，宁德，古田，罗源，沙县，尤溪，闽清，闽侯，南平，大田，漳平，龙岩，永定，泰宁，宁化，长汀，武平，建宁，将乐，明溪，清流，连城，上杭，永安，建瓯，连江，永泰，德化，永春，仙游。
十二、江西省	
7度	寻乌，会昌。
6度	南昌（5个市辖区），九江（2个市辖区），南昌县，进贤，余干，九江县，彭泽，湖口，星子，瑞昌，德安，都昌，武宁，修水，靖安，铜鼓，宜丰，宁都，石城，瑞金，安远，定南，龙南，全南，大余。
十三、山东省	
8度	郯城，临沭，莒南，莒县，沂水，安丘，阳谷。
7度	临沂（3个市辖区），潍坊（4个市辖区），荷泽，东明，聊城，苍山，沂南，昌邑，昌乐，青州，临驹，诸城，五莲，长岛，蓬莱，龙口，莘县，寿光，烟台（4个市辖区），威海，成武，曹县，广饶，博兴，高青，桓台，文登，沂源，蒙阴，费县，微山，禹城，枣庄（5个市辖区），淄博（除博山外的4个市辖区），平原，高唐，茌平，东阿，平阴，梁山，郓城，定陶，巨野，成武，曹县，广饶，博头，高青，桓台，文登，沂源，蒙阴，费县，微山，禹城，冠县，莱芜（2个市辖区），单县，夏津，东营（2个市辖区），招远，新泰，栖霞，莱州，日照，平度，高密，恳利，博山，滨州，平邑。
6度	德州，宁阳，陵县，曲阜，邹城，鱼台，乳山，荣城，兖州，济南（5个市辖区），青岛（7个市辖区），泰安（2个市辖区），济宁（2个市辖区），武城，乐陵，庆云，无棣，阳信，宁津，沾化，利津，惠民，商河，临邑，济阳，齐河，邹平，章丘，泗水，莱阳，海阳，金乡，藤州，莱西，即墨，胶南，胶州，东平，汶上，嘉祥，临清，长清，肥城。
十四、河南省	
8度	新乡（4个市辖区），新乡县，安阳（4个市辖区），安阳县，鹤壁（3个市辖区），原阳，延津，汤阴，淇县，卫辉，获嘉，范县，辉县。
7度	郑州（6个市辖区），濮阳，濮阳县，长桓，封丘，修武，武陟，内黄，浚县，滑县，台前，南乐，清丰，灵宝，三门峡，陕县，林州，洛阳（6个市辖区），焦作（4个市辖区），开封（5个市辖区），南阳（2个市辖区），开封县，许昌县，沁阳，博爱，孟州，孟津，巩义，济源，新密，新郑，民权，兰考，长葛，温县，荥阳，中牟，杞县，许昌。

续表

抗震设防烈度	所属城镇地区
6度	商丘（2个市辖区），信阳（2个市辖区），漯河，平顶山（4个市辖区），登封，义马，虞城，夏邑，通许，尉氏，睢县，宁陵，柘城，新安，宜阳，嵩县，汝阳，伊川，禹州，郏县，宝丰，襄城，郾城，扶沟，太康，鹿邑，郸城，沈丘，项城，淮阳，周口，商水，上蔡，临颍，西华，西平，栾川，内乡，镇平，唐河，邓州，新野，社旗，平舆，新县，驻马店，泌阳，汝南，桐柏，淮滨，息县，正阳，遂平，光山，罗山，潢川，商城，固始，南召，舞阳，汝州，睢县，永城，卢氏，洛宁，渑池。
十五、湖北省	
7度	竹溪，竹山，房县。
6度	武汉（13个市辖区），荆州（2个市辖区），荆门，襄樊（2个市辖区），襄阳，十堰（2个市辖区），宜昌（4个市辖区），宜昌县，黄石（4个市辖区），恩施，咸宁，麻城，团风，罗田，英山，黄冈，鄂州，浠水，蕲春，黄梅，武穴，郧西，郧县，丹江口，谷城，老河口，宜城，南漳，保康，神农架，钟祥，沙洋，远安，兴山，巴东，秭归，当阳，建始，利川，公安，宜恩，咸丰，长阳，宜都，枝江，松滋，江陵，石首，监利，洪湖，孝感，应城，云梦，天门，仙桃，红安，安陆，潜江，嘉鱼，大冶，通山，赤壁，崇阳，通城，五峰，京山。
十六、湖南省	
7度	常德（2个市辖区），岳阳（3个市辖区），岳阳县，汨县，湘阴，临澧，澧县，津市，桃源，安乡，汉寿。
6度	长沙（5个市辖区），长沙县，益阳（2个市辖区），张家界（2个市辖区），郴州（2个市辖区），邵阳（3个市辖区），邵阳县，泸溪，沅陵，娄底，宜章，资兴，平江，宁乡，新化，冷水江，涟源，双峰，新邵，邵东，隆回，石门，慈利，华容，南县，临湘，沅江，桃江，望城，溆浦，会同，靖州，韶山，江华，宁远，道县，临武，湘乡，安化，中方，洪江。
十七、广东省	
8度	汕头（5个市辖区），澄海，潮安，南澳，徐闻，潮州。
7度	揭阳，揭东，潮阳，饶平，广州（除花都外的9个市辖区），深圳（6个市辖区），湛江（4个市辖区），汕尾，海丰，普宁，惠来，阳江，阳东，阳西，茂名，化州，廉江，遂溪，吴川，丰顺，南海，顺德，中山，珠海，斗门，电白，雷州，佛山（2个市辖区），江门（2个市辖区），新会，陆丰
6度	韶关（3个市辖区），肇庆（2个市辖区），花都，河源，揭西，东源，梅州，东莞，清远，清新，南雄，仁化，始兴，乳源，曲江，英德，佛冈，龙门，龙川，平远，大埔，从化，梅县，兴宁，五华，紫金，陆河，增城，博罗，惠州，惠阳，惠东，三水，四会，云浮，云安，高要，高明，鹤山，封开，郁南，罗定，信宜，新兴，开平，恩平，台山，阳春，高州，翁源，连平，和平，蕉岭，新丰。
十八、广西壮族自治区	
7度	灵山，田东，玉林，兴业，横县，北流，百色，田阳，平果，隆安，浦北，博白，乐业。
6度	南宁（6个市辖区），桂林（5个市辖区），柳州（5个市辖区），梧州（3个市辖区），钦州（2个市辖区），贵港（2个市辖区），防城港（2个市辖区），北海（2个市辖区），兴安，灵川，临桂，永福，鹿寨，天峨，东兰，巴马，都安，大化，马山，融安，象州，武宣，桂平，平南，上林，宾阳，武鸣，大新，扶绥，东兴，合浦，钟山，贺州，藤县，苍梧，容县，岑溪，陆川，凤山，凌云，田林，隆林，西林，德保，靖西，那坡，天等，崇左，上思，龙州，宁明，融水，凭祥，全州。
十九、海南省	
8度	海口（3个市辖区），琼山，文昌，定安。
7度	澄迈，临高，琼海，儋州，屯昌。
6度	三亚，万宁，琼中，昌江，白沙，保亭，陵水，东方，乐东，通什。

续表

抗震设防烈度	所　属　城　镇　地　区
二十、四川省	
≮9度	康定，西昌。
8度	冕宁，松潘，道孚，泸定，甘孜，炉霍，石棉，喜德，普格，宁南，德昌，理塘，九寨沟。
7度	宝兴，茂县，巴塘，德格，马边，雷波，越西，雅江，九龙，平武，木里，盐源，会东，新龙，天全，荥经，汉源，昭觉，布拖，丹巴，芦山，甘洛，成都（除龙泉驿、清白江的5个市辖区），乐山（除金口河外的3个市辖区），自贡（4个市辖区），宜宾，宜宾县，北川，安县，绵竹，汶川，都江堰，双流，新津，青神，峨边，沐川，屏山，理县，得荣，新都，攀枝花（3个市辖区），江油，什邡，彭州，温江，大邑，崇州，邛崃，蒲江，彭山，丹棱，眉山，洪雅，夹江，峨眉山，若尔盖，色达，壤塘，马尔康，石渠，白玉，金川，黑水，盐边，米易，乡城，稻城，金口河，朝天区，青川，雅安，名山，美姑，金阳，小金，会理。
6度	泸州（3个市辖区），内江（2个市辖区），德阳，宣汉，达州，达县，大竹，渠县，广安，华蓥，隆昌，富顺，泸县，南溪，江安，长宁，高县，珙县，兴文，叙永，古蔺，金堂，广汉，简阳，资阳，仁寿，资中，荣县，威远，南江，通江，万源，巴中，苍溪，阆中，仪陇，西充，南部，盐亭，三台，射洪，大英，乐至，旺苍，龙泉驿，清白江，绵阳（2个市辖区），梓潼，中江，阿坝，筠连，井研，广元（除朝天区外的2个市辖区），剑阁，罗江，红原。
二十一、贵州省	
7度	望谟，威宁。
6度	贵阳（除白云外的5个市辖区），凯里，毕节，安顺，都匀，六盘水，黄平，福泉，贵定，麻江，清镇，龙里，平坝，纳雍，织金，水城，普定，六枝，镇宁，惠水，长顺，关岭，紫云，罗甸，兴仁，贞丰，安龙，册亨，金沙，印江，赤水，习水，思南，赫章，普安，晴隆，兴义，盘县。
二十二、云南省	
≮9度	寻甸，东川，澜沧。
8度	剑川，嵩明，宜良，丽江，鹤庆，永胜，潞西，龙陵，石屏，建水，耿马，双江，沧源，勐海，西盟，孟连，石林，玉溪，大理，永善，巧家，江川，华宁，峨山，通海，洱源，宾川，弥渡，祥云，会泽，南涧，昆明（壶东川外的4个市辖区），思茅，保山，马龙，呈贡，澄江，晋宁，易门，漾濞，巍山，云县，腾冲，施甸，瑞丽，梁河，安宁，凤庆，陇川，景洪，永德，镇康，临沧。
7度	中甸，泸水，大关，新平，沾益，个阳，红河，元江，禄丰，双柏，开远，盈江，永平，昌宁，宁蒗，南华，楚雄，勐腊，华坪，景东，曲靖，弥勒，陆良，富民，禄劝，武定，兰坪，云龙，景谷，普洱，盐津，绥江，德钦，水富，贡山，昭通，彝良，鲁甸，福贡，永仁，大姚，元谋，姚安，牟定，墨江，绿春，镇沅，江城，金平，富源，师宗，泸西，蒙自，元阳，维西，宣威。
6度	威信，镇雄，广南，富宁，西畴，麻栗坡，马关，丘山，砚山，屏边，河口，文山，罗平。
二十三、西藏自治区	
≮9度	当雄，墨脱。
8度	申扎，米林，波密，普兰，聂拉木，萨嘎，拉萨，堆龙德庆，尼木，仁布，尼玛，洛隆，隆子，错那，曲松，那曲，林芝（八一镇），林周。
7度	札达，吉隆，拉孜，谢通门，亚东，洛扎，昂仁，日土，江孜，康马，白朗，扎囊，措美，桑日，加查，边坝，八宿，丁青，类乌齐，乃东，琼结，贡嘎，朗县，达孜，日喀则，噶尔，南木林，班戈，浪卡子，墨竹工卡，曲水，安多，聂荣，改则，措勤，仲巴，定结，芒康，昌都，定日，萨迦，岗巴，巴青，工布江达，索县，比加，嘉黎，察雅，左贡，察隅，江达，贡觉。
6度	革吉。

续表

抗震设防烈度	所属城镇地区
二十四、陕西省	
8 度	西安（8 个市辖区），渭南，华县，华阴，潼关，大荔，陇县。
7 度	咸阳（3 个市辖区），宝鸡（2 个市辖区），高陵，千阳，岐山，凤翔，扶风，武功，兴平，周至，宝鸡县，三原，富平，澄城，蒲城，泾阳，礼泉，长安，户县，蓝田，韩城，合阳，凤县，安康，平利，乾县，洛南，白水，耀县，淳化，麟游，永寿，商州，铜川（2 个市辖区），柞水，太白，留坝，勉县，略阳。
6 度	延安，清涧，神木，佳县，米脂，绥德，安塞，延川，延长，定边，吴旗，志丹，甘泉，富县，商南，旬阳，紫阳，镇巴，白河，岚皋，镇坪，子长，府谷，吴堡，洛川，黄陵，旬邑，洋县，西乡，石泉，汉阴，宁陕，汉中，南郑，城固，宁强，宜川，黄龙，宜君，长武，彬县，佛坪，镇安，丹凤，山阳。
二十五、甘肃省	
≮9 度	古浪。
8 度	天水（2 个市辖区），礼县，西和，宕昌，文县，肃北，武都，兰州（5 个市辖区），成县，舟曲，徽县，康县，武威，永登，天祝，景泰，靖远，陇西，武山，秦安，清水，甘谷，漳县，会宁，静宁，庄浪，张家川，通渭，华亭。
7 度	康乐，嘉峪关，玉门，酒泉，高台，临泽，肃南，白银（2 个市辖区），永靖，岷县，东乡，和政，广河，临谭，卓尼，迭部，渭源，皋兰，崇信，榆中，定西，金昌，两当，阿克塞，民乐，永昌，平凉，张掖，合作，玛曲，金塔，积石山，敦煌，安西，山丹，临夏，临夏县，夏河，碌曲，径川，灵台，民勤，镇原，环县。
6 度	华池，正宁，庆阳，合水，宁县，西峰。
二十六、青海省	
8 度	玛沁，玛多，达日。
7 度	祁连，玉树，甘德，门源，乌兰，治多，称多，杂多，囊谦，西宁（4 个市辖区），同仁，共和，德令哈，海晏，湟源，徨中，平安，民和，化隆，贵德，尖扎，循化，格尔木，贵南，同德，河南，曲麻莱，久治，班玛，天峻，刚察，大通，互助，乐都，都兴，兴海。
6 度	泽库。
二十七、宁夏回族自治区	
8 度	海原，银川（3 个市辖区），石嘴山（3 个市辖区），吴忠，惠农，平罗，贺兰，永宁，青铜峡，径源，灵武，陶乐，固原，西吉，中卫，中宁，同心，隆德。
7 度	彭阳。
6 度	盐池。
二十八、新疆维吾尔自治区	
≮9 度	乌恰，塔什库尔干。
8 度	阿图什，喀什，疏附，乌鲁木齐（7 个市辖区），乌鲁木齐县，温宿，阿克苏，柯坪，米泉，乌苏，特克斯，库车，巴里坤，青河，富蕴，乌什，尼勒克，新源，巩留，精河，奎屯，沙湾，玛纳斯，石河子，独山子，疏勒，伽师，阿克陶，英吉沙。
7 度	库尔勒，新和，轮台，和静，焉耆，博湖，巴楚，昌吉，拜城，阜康，木垒，伊宁，伊宁县，霍城，察布查尔，呼图壁，岳普湖，吐鲁番，和田，和田县，昌吉，吉木萨尔，洛浦，奇台，伊吾，鄯善，托克逊，和硕，尉犁，墨玉，策勒，哈密，克拉玛依（克拉玛依区），博乐，温泉，阿合奇，阿瓦提，沙雅，莎车，泽普，叶城，麦盖堤，皮山。
6 度	于田，哈巴河，塔城，额敏，福海，和布克塞尔，乌尔禾，阿勒泰，托里，民丰，若羌，布尔津，吉木乃，裕民，白碱滩，且末。

续表

抗震设防烈度	所　属　城　镇　地　区
二十九、港澳特区和台湾省	
≮9度	台中，苗栗，云林，嘉义，花莲。
8度	台北，桃园，台南，基隆，宜兰，台东，屏东，高雄，澎湖。
7度	香港。
6度	澳门。

附录D 建筑物允许噪声级

住宅及公共建筑室内允许噪声级　　附表D1

建筑级别	房间类别	允许噪声级（A声，级dB）				备注
		特级	一级	二级	三级	
住宅	卧室、书房（或卧室兼起居室）	—	≤40	≤45	≤50	
	起居室		≤45	≤50	≤50	
学校	有特殊安静要求的房间	—	≤40	—	—	语言教室、录音室、阅览室
	一般教室	—	—	≤50	—	
	无特殊要求的房间	—	—	—	≤55	健身房、舞蹈教室、教师办公室及休息室、以操作为主的实验室
医院	病房、医护人员休息室	—	≤40	≤45	≤50	
	门诊室	—	≤55	≤55	≤60	
	手术室	—	≤45	≤45	≤50	
	听力测听室	—	≤25	≤25	≤30	
旅馆	客房	≤35	≤40	≤45	≤55	
	会议室	≤40	≤45	≤50	≤50	
	多用途大厅	≤40	≤45	≤50	—	
	办公室	≤45	≤50	≤55	≤50	
	餐厅、宴会厅	≤40	≤55	≤60	—	

注：1. 特级，根据特殊要求确定为：一级为较高标准；二级为一般标准；三级为最低限。
2. 本标准引自《民用建筑隔声设计规范》(GBJ 118—1988)。

厂界噪声限制值（A声级，dB）　　附表D2

厂界毗邻区域的环境类别	昼间	夜间	备注
特殊住宅区	45	35	
居民、文教区	50	40	
一类混合区	55	45	
商业中心区、三类混合区	60	50	
工业集中区	65	55	
交通干线道路两侧	70	55	

注：本标准引自《工业企业噪声控制设计规范》(GBJ 87—1985)。